FLUCK/BECKE-GOEHRING

Einführung in die Theorie der quantitativen Analyse

Einführung in die Theorie der quantitativen Analyse

von Prof. Dr. Dr. h. c. Ekkehard Fluck
Wiss. Mitglied und Direktor des Gmelin-Instituts
für Anorganische Chemie der Max-Planck-Gesellschaft, Frankfurt

und Prof. Dr. Dr. E. h. Margot Becke-Goehring
em. Wiss. Mitglied des Gmelin-Instituts
für Anorganische Chemie der Max-Planck-Gesellschaft, Frankfurt

unter Mitarbeit von
Dr. H.-D. Hausen und Prof. Dr. J. Weidlein
Institut für Anorganische Chemie der Universität Stuttgart

7., neu bearbeitete Auflage mit einer Aufgabensammlung von H.-D. Hausen und J. Weidlein

Mit 52 Abbildungen und 45 Tabellen

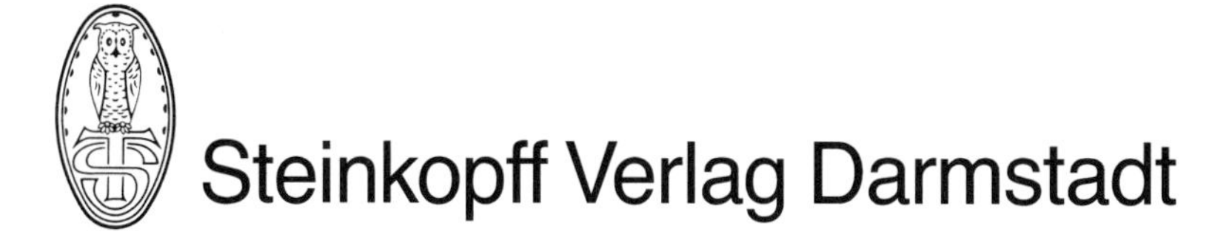

CIP-Titelaufnahme der Deutschen Bibliothek

Fluck, Ekkehard:
Einführung in die Theorie der quantitativen Analyse / von Ekkehard Fluck u. Margot Becke-Goehring. Unter Mitarb. von H.-D. Hausen u. J. Weidlein. – 7., neu bearb. Aufl. / mit e. Aufgabensammlung von H.-D. Hausen u. J. Weidlein. – Darmstadt: Steinkopff, 1990
ISBN 3-7985-0788-0
NE: Becke-Goehring, Margot:

Verlagsredaktion: Dr. Maria Magdalene Nabbe – Herstellung: Heinz J. Schäfer

Printed in Germany

Satz: Typoservice, Alsbach
Druck: Betz-Druck, Darmstadt
Gedruckt auf säurefreiem Papier

Vorwort zur 7. Auflage

Die analytische Chemie nimmt im Ausbildungsplan für Studenten der Chemie einen verhältnismäßig breiten Raum ein. Vielfach lernt der Student zuerst am Beispiel der Analyse zu experimentieren und über das Experiment nachzudenken. Eine Beschäftigung mit der Theorie der analytischen Chemie erweist sich dabei als unerläßlich. Um dem jungen Studenten zu helfen, sich einige theoretische Grundlagen zu erarbeiten, haben die Verfasser an den Universitäten Heidelberg und Stuttgart Vorlesungen über die Theorie der quantitativen Analyse gehalten. Aus diesen Vorlesungen ist das vorliegende Buch entstanden.

Die neue, siebte Auflage wurde – selbstverständlich auch unter Berücksichtigung der SI-Einheiten – vollständig überarbeitet. Ergänzt wurde sie außerdem um ein Kapitel „Aufgaben und Lösungen": Es enthält die Aufgabenstellungen zu den Problemen der Kapitel 1 bis 3, 5 und 10. Hilfestellung für die Berechnung von pH-Werten und die Löslichkeit schwerlöslicher Salze geben dabei in den Text eingefügte Formeltafeln. Die praktische Lehrerfahrung der früheren Jahre ließ es zweckmäßig erscheinen, einige der theoretischen Behandlungen auch durch Beispiele im Text zu verdeutlichen.

Die vorliegende Einführung macht es sich vor allem zur Aufgabe, den Leser anzuleiten, Konzentrationen und Konzentrationsänderungen rechnerisch zu erfassen. Sie versucht, mit den wichtigsten Fragen vertraut zu machen, die bei der Neutralisationsanalyse, bei der Fällungsanalyse und bei der Analyse, die sich der Komplexbildung bedient, für die analytische Methodik eine Rolle spielen. Sie führt in die Problematik der Oxidations- und Reduktionsvorgänge ein. Vorgänge der Elektroanalyse sollen in ihrer analytischen Bedeutung abschätzbar werden. Methoden der Titration bzw. der Endpunktsbestimmung bei Titrationen sollen verständlich gemacht werden. Schließlich sollen die rein rechnerischen Grundlagen der Gasanalyse gegeben werden. Einige Abschnitte sind mehr der praktischen Seite der quantitativen Analyse zugewandt. Es bestand dabei nicht die Absicht, den ursprünglichen Charakter des Buches zu verändern, und die praktischen Hinweise erheben keinen Anspruch auf Vollständigkeit. Es sollte damit dem Leser jedoch leichter gemacht werden, die Verknüpfungspunkte zwischen den praktischen Analysenverfahren und den Arbeitsvorschriften einerseits und deren theoretischem Hintergrund andererseits zu erkennen.

Das ursprünglich für den Studenten gedachte Buch wird vielleicht auch dem weiterstrebenden Laboranten ein tieferes Verständnis für seine Arbeit vermitteln helfen. Daß es dem Chemiker im Laboratorium grundsätzlich die Arbeit erleichtern möchte, ist der Wunsch der Verfasser.

Frau G. Weckler danke ich für die große Hilfe und Umsicht bei der Überarbeitung des Manuskriptes zur 7. Auflage und bei der Korrekturarbeit, Herrn Professor O. Haxel für die Durchsicht des Abschnitts 10.5. Schließlich danke ich dem Verlag für die gute Zusammenarbeit und Ausstattung des Buches.

Frankfurt, im Januar 1990 E. Fluck

Vorbemerkung

Die quantitative Analyse ist eines der wichtigsten Hilfsmittel, das die Chemie zur Lösung ihrer Aufgaben auf allen Gebieten braucht. Sie durchdringt alle Bereiche der Chemie und bedient sich in gleicher Weise chemischer und physikalischer Erkenntnisse. Die Theorie der quantitativen Analyse findet ihre Wurzeln in allen Bereichen der Naturwissenschaften. Derjenige, der die Methoden der quantitativen Analyse verstehen will, muß diese Wurzeln kennen und vor allem, neben der Vertrautheit mit dem Stoff, Kenntnisse über die physikalischen Erscheinungen besitzen.
Zu den theoretischen Grundlagen der analytischen Chemie gibt es gute, ausführliche Lehrbücher. Diese Lehrbücher will die vorliegende kleine Einführung nicht ersetzen, und der Gebrauch ausführlicherer Werke kann nicht genug empfohlen werden. Hier sei zunächst auf die Bücher von I. M. Kolthoff et al.: Volumetric Analysis, Band I bis III, Intersience Publishers, Inc., New York, sowie auf die ausgezeichneten eingehenden Werke von G. Hägg: Die theoretischen Grundlagen der analytischen Chemie, Birkhäuser, Basel, und F. Seel: Grundlagen der analytischen Chemie, Verlag Chemie, Weinheim, hingewiesen.
In dem Buch von G. Hägg wurden zum ersten Male in einem Lehrbuch graphische Methoden verwendet, um die Konzentrationsverhältnisse in Lösungen anschaulich darzustellen. Die logarithmischen Diagramme, die auf Arnfelt und Oelander sowie auf Bjerrum zurückgehen, besitzen einen großen didaktischen und heuristischen Wert; sie werden deshalb auch in unserer Einführung in großem Maße benutzt. Das Kapitel über die komplexometrische Analyse folgt im wesentlichen der Darstellung von G. Schwarzenbach und H. Flaschka in „Die komplexometrische Titration", F. Enke-Verlag, Stuttgart. Ebenso wurde die dort benutzte Symbolik übernommen.
Die Aufgaben sind teilweise in Anlehnung an folgende Werke entstanden: C. E. Mortimer: Chemie – Das Basiswissen der Chemie in Schwerpunkten, 4. Auflage (1983), Thieme, Stuttgart; W. Wittenberger: Rechnen in der Chemie, 1. Teil, 8. Auflage (1971), Springer, Wien; D. Schaum, J. L. Rosenberg: Übungen zur Allgemeinen Chemie, (1976), McGraw-Hill, Inc., London; P. Nylén, N. Wigren: Einführung in die Stöchiometrie, 17. Auflage (1978), Steinkopff, Darmstadt.
Nicht besprochen sind in der vorliegenden Einführung spektroskopische und röntgenographische Methoden, obwohl beide heute ein breites Anwendungsgebiet gefunden haben und viele analytische Probleme glatt zu lösen vermögen. Ebenso mußten die Polarographie, die Thermogravimetrie und die Anwendung der Magnetochemie auf Probleme der analytischen Chemie sowie spezielle kryoskopische und ebullioskopische Methoden unberücksichtigt bleiben. Es erscheint uns richtiger, sich mit diesen Verfahren aus den vorhandenen umfangreicheren, speziellen Einführungen in diese Gebiete vertraut zu machen, da sich Methodisches und Prinzipielles hier nur schwer trennen lassen.

Inhaltsverzeichnis

1. Grundlagen

Ziel der quantitativen Analyse ist es, Aufschluß über die Zusammensetzung eines Stoffes hinsichtlich der Mengenverhältnisse der Bestandteile zu geben. Es kann die Aufgabe der Analyse sein, einen *reinen Stoff* zu untersuchen oder auch die Zusammensetzung *homogener* oder *heterogener Systeme* festzustellen.
Im folgenden sollen einige theoretische Grundlagen für die quantitative Analyse gegeben werden, soweit sie sich mit Lösungen und speziell mit wäßrigen Lösungen sowie mit gasförmigen Systemen befassen. Diese Auswahl ist deshalb berechtigt, weil die Untersuchung von festen Stoffen oder Systemen etwa nach den Methoden der Elementaranalyse organischer Stoffe oder der quantitativen Spektralanalyse von Metallen entweder keine besonderen Kenntnisse allgemeiner theoretischer Grundlagen erfordert oder so umfangreiche Kenntnisse nötig macht, daß diese durch Speziallehrbücher vermittelt werden müssen. Darüber hinaus nimmt die Untersuchung wäßriger Systeme in der quantitativen Analyse einen breiten Raum ein. Dabei ist die Theorie der Reaktionen gerade in diesen Systemen nicht ganz einfach.

1.1. Konzentrationsangaben

Über die Bezeichnung von Stoffmengen und Konzentrationsangaben geben Tabellen 1.1 und 1.2 Auskunft. Dabei wurden wie auch häufig in den folgenden Kapiteln des Buches die bislang üblichen Namen, Einheiten und Symbole benützt. Die 1970 von der Internationalen Union für Reine und Angewandte Chemie empfohlenen Namen und Symbole physikalischer und chemischer Größenarten und Einheiten sind in Kapitel 11 zusammengefaßt. Sind a Gramm Substanz mit dem Molekulargewicht MG in b Gramm Lösungsmittel gelöst und ist d die Dichte der Lösung, so berechnet sich die Molarität der Lösung, d. h. die Anzahl der Mole eines Stoffes, die in 1 Liter der Lösung enthalten sind, auf folgendem Weg: Die Anzahl der gelösten Mole in V ml Lösungsmittel beträgt $\frac{a}{MG}$. Da die Dichte der Lösung $d = \frac{a + b}{V}$

ist und daher $\frac{d}{a+b} = \frac{1}{V}$ gilt, ergibt sich für die Anzahl der gelösten Mole pro Milliliter Lösung $\frac{a/MG}{V} = \frac{a}{MG \cdot V} = \frac{a \cdot d}{MG\,(a+b)}$ oder für die Anzahl der gelösten Mole pro Liter Lösung, d. h. für die Molarität der Lösung Gl. (1).

$$\text{Molarität} = \frac{a \cdot d \cdot 1000}{MG\,(a+b)} \qquad (1)$$

Die Molalität der Lösung, d. h. die Anzahl der in 1 kg Lösungsmittel gelösten Mole ergibt sich aus folgender Überlegung: Die Anzahl der gelösten Mole beträgt $\frac{a}{MG}$. Die Anzahl der gelösten Mole eines Stoffes pro Gramm Lösungsmittel errechnet sich zu $\frac{a/MG}{b} = \frac{a}{MG \cdot b}$. Hieraus ergibt sich die Molalität der Lösung aus Gl. (2).

$$\text{Molalität} = \frac{a \cdot 1000}{MG \cdot b} \qquad (2)$$

Die Bezeichnungen Atomgewicht, Molekulargewicht, Äquivalentgewicht, Formelgewicht usw. werden heute vielfach durch die Bezeichnungen Atommasse, Molekülmasse, Äquivalentmasse, Formelmasse usw. ersetzt (vgl. jedoch Kapitel 11).

Tabelle 1.1

Bezeichnungen der Stoffmenge	Symbol
Grammolekül oder Mol = Menge in Gramm, die $6{,}022 \cdot 10^{23}$ Moleküle enthält (numerischer Wert gleich dem des Molekulargewichts)	mol
Millimol = $\frac{1}{1000}$ des Mols	mmol
Grammatom = Menge in Gramm, die $6{,}022 \cdot 10^{23}$ Atome enthält (numerischer Wert gleich dem des Atomgewichts)	g-atom
Grammion = Menge in Gramm, die $6{,}022 \cdot 10^{23}$ Ionen der fraglichen Art enthält	g-ion
Grammformelgewicht = Menge in Gramm, die $6{,}022 \cdot 10^{23}$ Formeleinheiten enthält	g-Formelgewicht oder mol
Grammäquivalent = Menge in Gramm, die ein g-atom Wasserstoff in einer chemischen Verbindung zu ersetzen oder mit ihm zu reagieren vermag	g-Äquivalent

Tabelle 1.2

Konzentrationsangaben	Symbol
Gewichtsprozent = Gramm in einer Gesamtgewichtsmenge von 100 g	% oder Gew.-%
Volumprozent = ml in einem Gesamtvolumen von 100 ml	$\frac{\text{ml}}{\text{100 ml}}$ oder Vol.-%
Gramm in einem Gesamtvolumen von 1 l	$\frac{\text{g}}{\text{l}}$
Molarität* oder Volummolarität = Mol in einem Gesamtvolumen von 1 l Lösung	$\frac{\text{mol}}{\text{l}}$ oder M*
Verdünnung = Liter Gesamtvolumen je 1 mol Bestandteil	$\frac{\text{l}}{\text{mol}}$
Molalität oder Grammolarität = Mol je 1 kg Lösungsmittel	$\frac{\text{mol}}{\text{kg Lösungsmittel}}$
Molprozent = Mol in 100 Gesamtmolen	$\frac{\text{mol}}{\text{100 Gesamtmol}}$
Molenbruch = $\frac{1}{100}$ der Zahl der Molprozente	$\frac{\text{mol}}{\text{Gesamtmol}}$
Partialdruck	p

* s. S. 4

Alle Konzentrationsangaben gehen auf die Masseneinheit 1 Gramm, alle Volumenangaben auf die Volumeneinheit 1 Liter zurück. Ursprünglich war 1 Liter definiert als das Volumen einer Wassermenge von 4 °C und einer Masse von 1 kg bei Atmosphärendruck. Nach dieser Definition unterschieden sich Kubikzentimeter und Milliliter ein wenig, nämlich um den Faktor 0,99997, mit dem man Kubikzentimeter multiplizieren mußte, um Milliliter zu erhalten. 1 cm^3 entsprach also 0,99997 ml. Seit 1964 wird jedoch die Bezeichnung Liter als anderer Name für die Einheit Kubikdezimeter verwendet (vgl. S. 237).
Die Konzentrationsangaben in Molarität und Molalität unterscheiden sich bei verdünnten Lösungen wenig. In der physikalisch-chemischen Literatur wird jedoch neuerdings die Angabe der Konzentration in Molen je Kilogramm Lösungsmittel bevorzugt, da diese Größe, die Molalität, im Gegensatz zur Molarität temperaturunabhängig ist.
Der Chemiker benutzt zweckmäßig Lösungen, die eine bestimmte Anzahl von Molekülen (Ionen usw.) in einem bestimmten Volumen enthalten. Ein geeignetes Maß ist die Stoffmenge, die in einem Liter Lösung enthalten ist. So enthält z. B. eine HCl-Lösung der (molaren) Konzentration c = 1 mol/l

1 mol Chlorwasserstoff in 1 l Lösung. Eine solche Lösung wurde früher als „1-molar“ bezeichnet. Für die „Molarität“ war das Einheitenzeichen M in Gebrauch. Statt „1-molarer Salzsäure“ sagte man auch „1-M-HCl“. Entsprechend war beispielsweise eine Natronlauge der Molarität 0,2 eine „0,2-M-NaOH“. Das Adjektiv „molar“ ist heute für stoffmengenbezogene Größen reserviert und M keine im „Gesetz über Einheiten im Meßwesen“ vorgesehene Einheit. Die beiden Bezeichnungen sind deshalb bei strenger Beachtung der SI-Einheiten zu vermeiden. In der Praxis werden die früheren Bezeichnungen jedoch noch viel benützt, da sie im sprachlichen Umgang handlicher sind. M wird dabei als Abkürzung für die Dimension mol/l verstanden. Analoges gilt für die „Normalität“. Eine Schwefelsäure der Konzentration $c(1/2\ H_2SO_4) = 0{,}1$ mol/l wurde früher und wird in der Praxis auch heute oft noch als „0,1-normale Schwefelsäure“ oder „0,1-N-H_2SO_4“ bezeichnet. Nach Einführung der SI-Einheiten sind jedoch die „Normalität“ und das Zeichen N obsolet. Trotzdem ist im folgenden näher darauf eingegangen, da die Kenntnis dieser Größe für die Benützung der Literatur erforderlich ist.
Speziell bei maßanalytischen Verfahren wird oft noch die Normalität der Maßlösung als Konzentrationsangabe benützt. Sie bezeichnet die Anzahl der Gramm-Äquivalente (s. unten) des gelösten Stoffes in 1 Liter Lösung. Eine Lösung, die 1 Grammäquivalentgewicht des fraglichen Stoffes enthält, ist 1-normal oder 1-N. Gleiche Volumina von Lösungen gleicher Normalität enthalten äquivalente Mengen der gelösten Stoffe.
Es läßt sich experimentell leicht zeigen, daß ein Liter einer 1-M-Lösung von NaOH einen Liter einer 1-M-Lösung von HCl neutralisiert. Es sind jedoch zwei Liter einer 1-M-Lösung von NaOH notwendig, um einen Liter einer 1-M-Schwefelsäure zu neutralisieren. Dies ist eine Folge der durch die beiden Reaktionsgleichungen

$$HCl + NaOH \rightarrow NaCl + H_2O$$
$$H_2SO_4 + 2\,NaOH \rightarrow Na_2SO_4 + 2\,H_2O$$

beschriebenen Tatsache, daß ein Mol der Salzsäure mit einem Mol Natriumhydroxid reagiert, während sich ein Mol der Schwefelsäure mit zwei Mol Natriumhydroxid umsetzt. Ein Mol Natriumhydroxid ist chemisch also einem Mol Salzsäure oder einem halben Mol Schwefelsäure äquivalent.
Die in Tabelle 1.1 gegebene Definition des Grammäquivalentgewichts (oft als Grammäquivalent bezeichnet), wonach diese Größe die Menge eines Stoffes in Gramm angibt, die ein Grammatom Wasserstoff in einer chemi-

schen Verbindung zu ersetzen oder mit ihm zu reagieren vermag, oder die gleichwertige Definition, wonach es sich um die Menge eines Stoffes handelt, die sich mit 8,00 Gewichtsteilen Sauerstoff zu verbinden vermag oder diesen sonst chemisch äquivalent ist, kann auf eine allgemeingültigere ausgedehnt werden: Grammäquivalentgewichte sind die Grammzahlen eines an einer chemischen Reaktion beteiligten Stoffes, bei der N Elektronen oder Protonen übergehen oder N negative oder positive Ladungen neutralisiert werden, wenn N die Loschmidtsche Zahl [$(6{,}022045 \pm 0{,}000031) \cdot 10^{23}\ mol^{-1}$] bedeutet.

Grammäquivalente, die bei der Bestimmung der Normalität einer Lösung verwendet werden, müssen also von der fraglichen Reaktion abgeleitet werden. Bei Neutralisationsreaktionen ist die Angabe der Normalität im allgemeinen ganz einfach. Das gleiche gilt für Maßlösungen der Fällungsanalyse. Wenn ein Grammformelgewicht Silbernitrat und ein Grammformelgewicht Natriumchlorid reagieren

$$AgNO_3 + NaCl \rightarrow AgCl + NaNO_3,$$

bilden Ag^+- und Cl^--Ionen das Kristallgitter des schwerlöslichen AgCl (vgl. Kapitel 3). Dabei werden N positive und N negative Ladungen elektrostatisch neutralisiert. Daher sind die Grammäquivalentgewichte von $AgNO_3$ und NaCl jeweils ein Grammformelgewicht der Stoffe. Bei der Fällung von Sulfationen aus einer Lösung von Na_2SO_4 durch Bariumchlorid

$$Na_2SO_4 + BaCl_2 \rightarrow BaSO_4 + 2NaCl$$

werden 2N positive und 2N negative Ladungen neutralisiert. Dementsprechend ist das Grammäquivalentgewicht von $BaCl_2$ ebenso wie das von Na_2SO_4 ein halbes Grammformelgewicht.

Besondere Beachtung ist der Angabe der Normalität bei Maßlösungen der Oxidations- und Reduktionsanalyse (vgl. Kapitel 5) zu widmen. So ist z. B. die Oxidation von Fe^{2+}-Ionen durch 1 Grammformelgewicht Kaliumpermanganat in *saurer* Lösung, die durch die Gleichungen

$$MnO_4^- + 8H^+ + 5e^- \rightleftharpoons Mn^{2+} + 4H_2O$$
$$5Fe^{2+} \rightleftharpoons 5Fe^{3+} + 5e^-$$

beschrieben werden kann, mit dem Übergang von 5N Elektronen von dem zu oxidierenden Stoff auf das Oxidationsmittel verbunden, während bei der Oxidation von Mn^{2+}-Ionen durch Kaliumpermanganat in annähernd *neutraler* Lösung

$$MnO_4^- + 4H^+ + 3e^- \rightleftharpoons MnO_2 + 2H_2O$$
$$Mn^{2+} + 2H_2O \rightleftharpoons MnO_2 + 4H^+ + 2e^-$$

nur 3N Elektronen von dem zu oxidierenden Stoff auf 1 Grammformelgewicht des Oxidationsmittels übergehen. Eine 1-M-Lösung von $KMnO_4$ ist demnach in bezug auf die Oxidationsreaktion in saurer Lösung 5-normal, in bezug auf die Oxidationsreaktion in neutraler Lösung jedoch nur 3-normal.
Häufig ist es bequem, anstelle der Konzentrationsangaben in Mol/Liter den mit −1 multiplizierten dekadischen Logarithmus der Konzentration zu benutzen. Man bezeichnet diesen im allgemeinen mit dem Symbol *p*.

Aufgabe: 1 Liter Lösung enthält 224,8 g $FeSO_4 \cdot 7H_2O$. Ihre Dichte beträgt 1,194 g/cm^3. Wie groß sind die Molarität und Molalität der Lösung?

Lösung: Die Molarität errechnet sich nach Gl. (1). a = 224,8 g, d = 1,194 g/cm^3, MG = 278,03 (für $FeSO_4 \cdot 7H_2O$), b = Lösungsmittelmenge (zunächst unbekannt), (a + b) = Masse eines Liters der Lösung 1194 g. Nach Einsetzen dieser Größen in Gl. (1) resultiert für die Molarität 0,8086 mol $FeSO_4 \cdot 7\,H_2O$/l. Für die Lösungsmittelmenge b gilt: b = (a · d · 1000 − a · Molarität · MG)/Molarität · MG = 969,15 g (Wasser). Die Molalität errechnet sich aus Gl. (2). Nach Einsetzen aller bekannten Größen ergibt sie sich zu 0,8343 mol $FeSO_4 \cdot 7\,H_2O$/kg Wasser.

1.2. Chemische Grundgesetze

Das am frühesten erkannte chemische Grundgesetz, das die Massenverhältnisse bei chemischen Reaktionen betrifft, war das von A. L. LAVOISIER im Jahre 1785 ausgesprochene *Gesetz von der Erhaltung der Masse*: Bei allen chemischen Reaktionen bleibt die Gesamtmasse der Reaktionspartner erhalten.
Strenggenommen gilt das Gesetz von der Erhaltung der Masse nur, wenn bei der in Frage stehenden chemischen Reaktion keine Energie frei oder verbraucht wird. Meist sind chemische Reaktionen jedoch mit derartigen Energieumsätzen verbunden. Jeder Energie entspricht eine bestimmte Masse (s. S. 219). Dadurch ist die Masse der Reaktanden einer exothermen Reaktion beispielsweise größer als die Masse der Reaktionsprodukte. Diese Massenunterschiede sind jedoch unmeßbar klein. Eine Wärmetönung einer chemischen Reaktion von 41,8 kJ (10 kcal) entspricht einer Massenänderung von etwa $5 \cdot 10^{-10}$ g.
Die folgenden chemischen Grundgesetze machen Aussagen über die Massenverhältnisse, in denen Stoffe miteinander reagieren. Sie fanden, ebenso wie das Gesetz von der Erhaltung der Masse, ihre Erklärung in der von DALTON im Jahre 1807 aufgestellten Atomhypothese.

Gesetz der konstanten Proportionen: Das Gewichtsverhältnis zweier sich zu einer chemischen Verbindung vereinigender Elemente ist konstant (J.-L. PROUST).

Gesetz der multiplen Proportionen: Die Gewichtsverhältnisse zweier sich zu verschiedenen chemischen Verbindungen vereinigender Elemente stehen im Verhältnis einfacher ganzer Zahlen (J.-L. DALTON, 1808).

Zur Illustration dieses Gesetzes seien die Verbindungen betrachtet, die Stickstoff und Sauerstoff miteinander eingehen, nämlich die Verbindungen N_2O, NO, N_2O_3, NO_2 und N_2O_5.

	Gew.-% N	Gew.-% O	Gew.-Verhältnis N:O
N_2O	63,65	36,35	1:0,571 = 1:(1 · 0,571)
NO	46,68	53,32	1:1,142 = 1:(2 · 0,571)
N_2O_3	36,86	63,14	1:1,713 = 1:(3 · 0,571)
NO_2	30,45	69,55	1:2,284 = 1:(4 · 0,571)
N_2O_5	25,94	74,06	1:2,855 = 1:(5 · 0,571)

Gesetz der äquivalenten Proportionen: Elemente vereinigen sich immer im Verhältnis bestimmter Verbindungsgewichte oder ganzzahliger Vielfacher dieser Gewichte zu chemischen Verbindungen (J. B. RICHTER, 1791).

Die Verbindungsgewichte werden auch als Äquivalentgewichte bezeichnet. Es sind relative Größen, die diejenigen Mengen von Stoffen bezeichnen, die sich mit 1,008 Teilen Wasserstoff oder 8,000 Teilen Sauerstoff verbinden bzw. diese Menge in einer Verbindung ersetzen (vgl. S. 5).

Aus den obigen Gesetzen folgt direkt die quantitative Bedeutung einer chemischen Formel. Die Summe der Atomgewichte ergibt das Molekulargewicht. Setzt man für die einzelnen Elemente die Atomgewichte ein, so erhält man daraus das Gewichtsverhältnis der Bauelemente. So hat Schwefeldioxid, SO_2, beispielsweise das Molekulargewicht $32{,}066 + 2 \cdot 15{,}999 = 64{,}064$ und besteht zu $32{,}066/64{,}064 = 50{,}05$ Gewichtsprozent aus Schwefel und zu $31{,}998/64{,}064 = 49{,}95$ Gewichtsprozent aus Sauerstoff.

Soll umgekehrt aus den Daten der Elementaranalyse einer chemischen Verbindung ihre *einfachste* oder *empirische* Formel abgeleitet werden, so werden dazu die Prozentzahlen durch die Atomgewichte der fraglichen Elemente dividiert. Die Quotienten stehen im Verhältnis der relativen Zahlen der Atome der Verbindung. Ein Kohlenoxid besteht beispielsweise aus 27,29% Kohlenstoff und 72,71% Sauerstoff. 100 g des Kohlenoxids enthalten demnach 27,29 g Kohlenstoff und 72,71 g Sauerstoff. In Grammatomen ausgedrückt sind dies

$$\frac{27{,}29}{\text{Atomgewicht des Kohlenstoffs}} = \frac{27{,}29}{12{,}01} = 2{,}27 \text{ Grammatom Kohlenstoff}$$

$$\frac{72{,}71}{\text{Atomgewicht des Sauerstoffs}} = \frac{72{,}71}{16{,}00} = 4{,}54 \text{ Grammatom Sauerstoff.}$$

Da ein Grammatom jedes Elements gleich viele Atome enthält ($6{,}022 \cdot 10^{23}$), verhalten sich die in Grammatom ausgedrückten Mengen wie die Zahlen der Atome der Verbindung, d. h., die Zahl der Kohlenstoffatome verhält sich zu der der Sauerstoffatome wie 2,27:4,54 oder, wie sich durch Division durch die kleinere (bei mehr als zwei Verhältniszahlen durch die kleinste) Zahl ergibt, wie 1:2. Ob diese einfachste Formel auch die Molekülformel ist, kann erst eine Molekulargewichtsbestimmung ergeben. Im vorliegenden Fall sind die empirische Formel und die Molekülformel identisch, nicht jedoch im folgenden Beispiel.
Ein Phosphoroxid besteht aus 43,6% Phosphor und 56,4% Sauerstoff.

$$\frac{43{,}6}{\text{Atomgewicht des Phosphors}} = \frac{43{,}6}{30{,}97} = 1{,}41 \text{ Grammatom Phosphor}$$

$$\frac{56{,}4}{\text{Atomgewicht des Sauerstoffs}} = \frac{56{,}4}{16{,}00} = 3{,}53 \text{ Grammatom Sauerstoff.}$$

Die relativen Zahlen der Atome verhalten sich demnach wie P:O = 1,41:3,53 oder wie 1:2,5. Das einfachste *ganzzahlige* Verhältnis ist also 2:5, die empirische Formel der Verbindung P_2O_5. Die Molekulargewichtsbestimmung ergibt einen Wert von 284. Das Molekül enthält offensichtlich doppelt so viele Atome wie die einfachste Formel angibt. Die Molekülformel der Verbindung lautet daher P_4O_{10}.
Auf analoge Weise lassen sich Formeln von Doppelsalzen, Solvaten usw. aus den prozentualen Anteilen ihrer Komponenten ermitteln. Beim Erhitzen von 3,000 g Kupfervitriol $CuSO_4 \cdot xH_2O$ verdampfen 1,083 g Wasser. Der Rückstand besteht aus $CuSO_4$. Kupfervitriol besteht danach aus 63,9% $CuSO_4$ und 36,1% H_2O. Division der Prozentzahlen durch das Formel- bzw. Molekulargewicht führt zu den relativen Molzahlen der Komponenten:

$$\frac{63{,}9}{\text{Formelgewicht } CuSO_4} = \frac{63{,}9}{159{,}60} = 0{,}40 \text{ mol}$$

$$\frac{36{,}1}{\text{Molekulargewicht } H_2O} = \frac{36{,}1}{18{,}02} = 2{,}00 \text{ mol.}$$

Die beiden Komponenten der Verbindung stehen im Zahlenverhältnis $CuSO_4 : H_2O = 0{,}40 : 2{,}00$ oder, wie sich durch Division von Zähler und Nenner durch die kleinere Zahl ergibt, wie 1:5. Die Formel des Kupfervitriols lautet also $CuSO_4 \cdot 5\,H_2O$.
Berücksichtigt man noch das Gesetz von der Erhaltung der Masse, so lassen sich analoge Betrachtungen auf die quantitativen Verhältnisse bei chemischen Reaktionen ausdehnen:

$$S \quad + \quad O_2 \quad = \quad SO_2$$
$$32{,}066\,g\,S + 31{,}998\,g\,O_2 = 64{,}064\,g\,SO_2$$

Da ein Mol eines gasförmigen Stoffes bei Atmosphärendruck und 0 °C ein Volumen von 22 415 ml einnimmt (vgl. Kapitel 9.3), gilt entsprechend:

$$32{,}066\,g\,S + 22{,}415\,l\,O_2 = 22{,}415\,l\,SO_2.$$

1.3. Mischungen von Stoffen

1.3.1. Die Mischungsregel

Die Mischungsregel erlaubt es, Eigenschaftswerte von Mischungen aus den Eigenschaftswerten der Einzelkomponenten zu ermitteln, wenn diese additiver Natur sind. Dies ist beispielsweise der Fall, wenn Wässer verschiedener Temperatur gemischt werden. Gleiches gilt in guter Näherung für Konzentrationen. Die Mischungsregel entspricht in der mathematischen Formulierung der Gleichung zur Berechnung des gewogenen arithmetischen Mittels

$$E_M = \frac{k_1}{\Sigma k} \cdot E_1 + \frac{k_2}{\Sigma k} \cdot E_2 + \ldots \frac{K_n}{\Sigma k} \cdot E_n, \qquad (3)$$

wobei E_M der Eigenschaftswert der aus n Komponenten bestehenden Mischung und $E_1, E_2 \ldots E_n$ die Eigenschaftswerte der 1., 2., ... n. Komponente sind. $\frac{k_1}{\Sigma k} = x_1, \frac{k_2}{\Sigma k} = x_2 \ldots \frac{k_n}{\Sigma k} = x_n$ sind die Mengenanteile der 1., 2., ... n. Komponente an der Gesamtmischung.

Für Mischungen aus zwei Komponenten vereinfacht sich die Mischungsregel:

$$E_M = x_1 \cdot E_1 + x_2 \cdot E_2 = y_1 + y_2$$

Da $x_2 = 1 - x_1$ ist, gilt:

$$E_M = x_1 \cdot E_1 + (1 - x_1) \cdot E_2 = y_1 + y_2$$

Diese Beziehung ist in Abb. 1.1. graphisch dargestellt.
Die Anwendung der Mischungsregel auf Zweikomponentensysteme erfolgt im allgemeinen mit der sog. Kreuzregel. Das Kreuz, manchmal auch als Andreaskreuz bezeichnet, wird so aufgeschrieben, daß alle zu einer Mischung gehörenden Daten auf einer Zeile stehen, wobei die Folge E_1 E_M E_2 beachtet wird:

Komponente 1: E_1 ↘ ↗ $k_1 = E_M - E_2$ $\qquad x_1 = \dfrac{E_M - E_2}{E_1 - E_2}$

E_M

Komponente 2: E_2 ↗ ↘ $k_2 = E_1 - E_M$ $\qquad x_2 = \dfrac{E_1 - E_M}{E_1 - E_2}$

Die Eigenschaftswerte, die auf die Masse bezogen sind, ergeben x-Werte als Massenanteile, auf Stoffmengen bezogene Werte führen zu Stoffmengenanteilen.
Abschließend sei noch einmal darauf hingewiesen, daß sich die Mischungsregel nur anwenden läßt, wenn sich die Eigenschaftswerte streng additiv verhalten. Dies ist manchmal bei solchen, die sich auf das Volumen beziehen, nicht der Fall (z. B. Alkohol/Wasser).

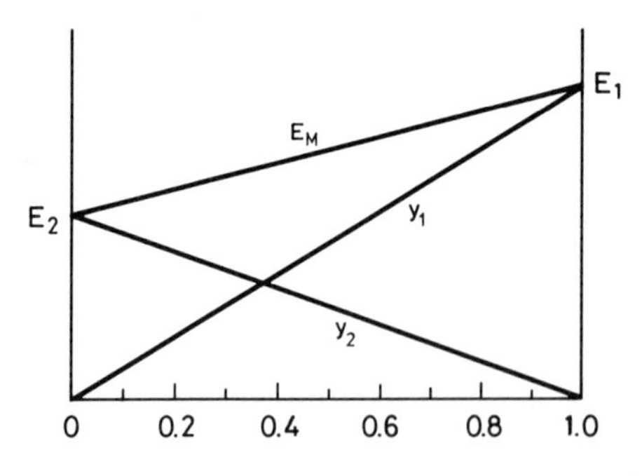

Abb. 1.1. Graphische Darstellung der Mischungsregel für binäre Mischungen. Auf der Abszisse ist der Mengenanteil x_1 aufgetragen.

1.3.2. Das Dreiecksdiagramm

Die Additivitätsregel für Dreikomponentensysteme lautet

$$E_M = x_1 \cdot E_1 + x_2 \cdot E_2 + x_3 \cdot E_3 ,$$

wobei $x_1 + x_2 + x_3 = 1$ ist. Zur Beschreibung der Zusammensetzung derartiger ternärer Systeme aus den Anteilen A_1, A_2 und A_3 wird häufig das Dreiecksdiagramm benützt. Abb. 1.2 zeigt ein Dreiecksdiagramm für $A_1 = 0{,}2$, $A_2 = 0{,}3$ und $A_3 = 0{,}5$. Die Summe der in Richtung der Dreiecksseiten verlaufenden Koordinaten eines Punktes innerhalb des gleichseitigen Dreiecks ist gleich dessen Seitenlänge. Die reinen Komponenten werden durch die Ecken des Dreiecks wiedergegeben, binäre Gemische ergeben Punkte auf den Seiten des Dreiecks, ternäre erscheinen auf dessen Fläche.

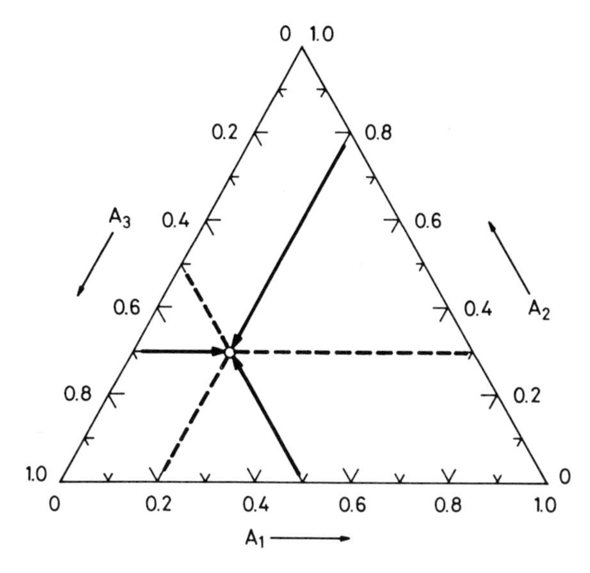

Abb. 1.2. Dreiecksdiagramm für ein ternäres System

1.3.3. Prozentuale Zusammensetzung von Stoffgemischen

Liegt ein Gemisch von zwei Stoffen vor, so kann die prozentuale Zusammensetzung besonders einfach auf graphischem Wege ermittelt werden. Die analytische Zusammensetzung der beiden Komponenten wird auf zwei

Ordinaten eines Diagramms eingetragen, und die entsprechenden Markierungen werden miteinander verbunden. Abb. 1.3 zeigt das Diagramm für das Stoffgemisch Na_2CO_3/Na_2SO_4. Auf der Abszisse ist das Mischungsverhältnis der beiden Komponenten linear aufgetragen. Es läßt sich nun für jedes beliebige Mischungsverhältnis dessen prozentuale Zusammensetzung ablesen. Abb. 1.3 zeigt sofort, daß im vorliegenden Fall der Sauerstoffge-

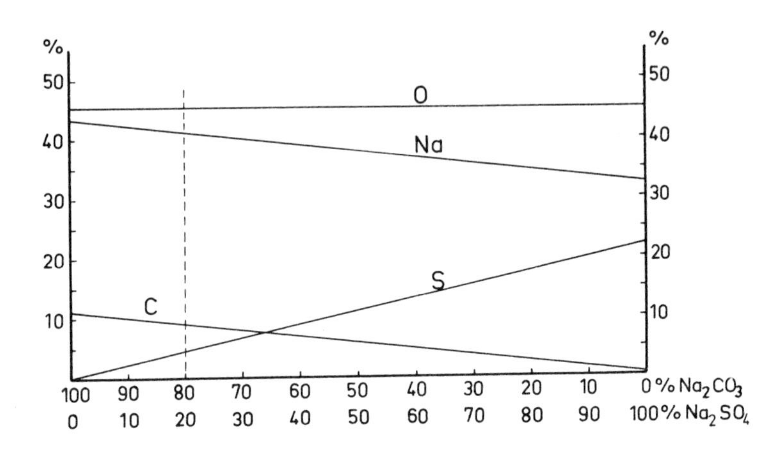

Abb. 1.3. Prozentuale Zusammensetzung eines Gemisches aus Na_2CO_3 und Na_2SO_4

halt der Mischung aus Na_2CO_3 und Na_2SO_4 nahezu unabhängig vom Mischungsverhältnis der Komponenten ist. Für ein Mischungsverhältnis von 80% Na_2CO_3 und 20% Na_2SO_4 ergibt sich die Zusammensetzung 45,2% Sauerstoff, 41,2% Natrium, 9,1% Kohlenstoff und 4,5% Schwefel (gestrichelte Linie in Abb. 1.3). Ist umgekehrt das Mischungsverhältnis unbekannt, so kann dieses aus dem Diagramm ermittelt werden, wenn der Gehalt eines (oder mehrerer) Bestandteile der Mischung bekannt ist. Zweckmäßigerweise wählt man ein Element, dessen Anteil sich mit variierender Zusammensetzung möglichst stark ändert, d. h. im Diagramm durch eine möglichst steile Gerade dargestellt ist.

Aufgabe: Berechnen Sie die einfachste Formel für eine Verbindung mit der folgenden Zusammensetzung: 12,06% Na, 11,35% B, 29,36% O, 47,23% H_2O (Kristallwasser).

Lösung:

Atom (Molekül)	Na		B		O		H_2O
Gehalt in Gew.-%	12,06		11,35		29,36		47,23
Atom- bzw. Molekulargewicht	22,99		10,811		15,999		18,016
Grammatom(Formelgewicht)-Verhältnisse	0,525	:	1,05	:	1,835	:	2,62

Division durch den kleinsten Teiler ergibt

1 : 2 : 3,5 : 5

Die einfachste Formel mit ganzzahligen Verhältnissen lautet $Na_2B_4O_7 \cdot 10H_2O$.

1.4. Die chemische Reaktion

Homogene chemische Reaktionen, wie wir sie in der Analyse vielfach benutzen, laufen im allgemeinen nicht vollständig ab. Läßt man zwei gasförmige oder gelöste Stoffe A und B miteinander reagieren und vereinigen sich diese zu einem Stoff AB

$$A + B \rightarrow AB, \qquad (4)$$

so geht mit der Bildung von AB immer die Dissoziationsreaktion

$$AB \rightarrow A + B \qquad (5)$$

einher. Damit A und B miteinander reagieren können, müssen ihre Moleküle zusammenstoßen. Die Reaktionsgeschwindigkeit v_1 der Reaktion (4) ist der Zahl der Zusammenstöße in der Zeiteinheit proportional, die ihrerseits mit den Konzentrationen von A und B zunimmt

$$v_1 = k_1 \cdot c_A \cdot c_B . \qquad (6)$$

k_1 wird als Geschwindigkeitskonstante der Reaktion (4) bezeichnet und ist bei gegebener Temperatur für jede chemische Reaktion eine charakteristische Größe.
Für die Dissoziationsreaktion (5) läßt sich in analoger Weise eine Geschwindigkeitsgleichung mit der Geschwindigkeitskonstante k_2 aufstellen

$$v_2 = k_2 \cdot c_{AB} . \qquad (7)$$

1.4.1. Das chemische Gleichgewicht

Die Geschwindigkeit der Gesamtreaktion, die nach außen hin beobachtbar ist, entspricht der Differenz von v_1 und v_2. Werden v_1 und v_2 gleich groß, d. h., wird $v = v_1 - v_2 = 0$, so scheint die Reaktion nach außen hin zum Stillstand gekommen, da jetzt in der Zeiteinheit gleich viele Moleküle AB zerfallen, wie gebildet werden. Ist diese Bedingung $v = 0$ erfüllt, d. h., hat sich der Gleichgewichtszustand eingestellt, so erhält man aus Gl. (6) und Gl. (7)

$$k_1 \cdot c_A \cdot c_B = k_2 \cdot c_{AB} \quad \text{oder} \quad \frac{c_A \cdot c_B}{c_{AB}} = \frac{k_2}{k_1} = K_c . \tag{8}$$

K_c ist die temperaturabhängige *stöchiometrische Gleichgewichtskonstante* der Reaktion

$$AB \rightleftharpoons A + B . \tag{4,5}$$

Sind an einer Reaktion mehrere Moleküle derselben Art beteiligt, so lautet die Gleichung für die Reaktion

$$n_1A + n_2B + \cdots \rightleftharpoons m_1C + m_2D + \cdots \tag{9}$$

$$K_c = \frac{c_C^{m_1} \cdot c_D^{m_2} \ldots}{c_A^{n_1} \cdot c_B^{n_2} \ldots}, \tag{10}$$

also z. B. für die Umsetzung $2NH_3 \rightleftharpoons N_2 + 3H_2$

$$K_c = \frac{c_{N_2} \cdot c_{H_2}^3}{c_{NH_3}^2} .$$

Gleichung (10) stellt die Anwendung des sog. Massenwirkungsgesetzes (GULDBERG und WAAGE 1867) auf das chemische Gleichgewicht (9) dar, wenn man die Stoffmengen in dem Konzentrationsmaß der Molarität oder Molalität mißt.

Sind am Gleichgewicht nur Gase beteiligt und verwendet man als deren Konzentrationsmaß die Partialdrücke (vgl. Kapitel 9, 5), dann erhält man für die Reaktion Gl. (9) die Gleichgewichtskonstante K_p:

$$K_p = \frac{p_C^{m_1} \cdot p_D^{m_2} \ldots}{p_A^{n_1} \cdot p_B^{n_2} \ldots} . \tag{11}$$

Es gilt:

$$K_p = K_c \cdot (RT)^{-\Delta n}, \tag{12}$$

wobei Δn die Differenz der Molzahlen vor der Reaktion und nach der Reaktion bedeutet (R = Gaskonstante; T = absolute Temperatur in K):

$$\Delta n = (n_1 + n_2 + \cdots) - (m_1 + m_2 + \cdots).$$

Bei vielen homogenen chemischen Reaktionen ist K_c in Wirklichkeit nicht ganz konstant. Gl. (8) bzw.(10) gilt strenggenommen nur unter idealen Verhältnissen, bei denen die an der Reaktion beteiligten Stoffe nur im Sinne der Gl. (4, 5) bzw. (9) miteinander in Wechselwirkung treten, sonst aber keine Beziehungen zueinander haben. Dies ist in erster Näherung jedoch nur der Fall, wenn sich die Reaktionspartner in einer sehr verdünnten Lösung befinden oder die Reaktion in der Gasphase bei niedrigem Druck abläuft. In konzentrierten Lösungen oder in Gasen bei hohen Drücken üben die an der Reaktion beteiligten Moleküle anziehende oder abstoßende Kräfte aufeinander aus, so daß keine idealen Verhältnisse vorliegen, wie sie die strenge Gültigkeit des Massenwirkungsgesetzes erfordert.
Die Werte von Gleichgewichtskonstanten sind oft sehr groß oder sehr klein. Man verwendet daher anstelle der Konstanten bequemer den mit − 1 multiplizierten dekadischen Logarithmus, den sogenannten Gleichgewichtsexponenten. Sein Symbol ist pK_c. Es gilt also:

$$pK_c = -\log K_c$$
$$K_c = 10^{-pK_c}.$$

1.5. Elektrolyte

1.5.1. Definition

Die Fähigkeit der Lösungen von Salzen, Säuren oder Basen, den elektrischen Strom zu leiten, wurde schon 1881 durch H. von Helmholtz in dem Sinne gedeutet, daß diese Stoffe geladene Teilchen in Lösung zu senden vermögen. Die Stoffe, die in dieser Weise zur Bildung von Ionen (Faraday) in der Lage sind, bezeichnet man als Elektrolyte. Svante Arrhenius (1884) hat erkannt, daß Salze, Säuren oder Basen in Lösung, ohne daß ein äußeres elektrisches Feld wirksam wird, in geladene Teilchen, Ionen, dissoziieren können.

1.5.2. Das Gleichgewicht der elektrolytischen Dissoziation

1.5.2.1. Die stöchiometrische Dissoziationskonstante

Zwischen den Molekeln des Elektrolyten und den freien Ionen existiert das Dissoziationsgleichgewicht. Auf dieses Gleichgewicht kann man, wie auf jedes chemische Gleichgewicht, das Massenwirkungsgesetz anwenden. So gilt z. B. für den einfachsten Fall der elektrolytischen Dissoziation eines Stoffes AB in die Ionen A^+ und B^-

$$AB \rightleftharpoons A^+ + B^- \tag{13}$$

Gl. (13). K_c wird hier als Dissoziationskonstante oder besser *stöchiometrische Dissoziationskonstante* bezeichnet.
Der Bruchteil der ursprünglich neutralen Molekeln, der in Ionen zerfallen ist, wird *Dissoziationsgrad* α des Elektrolyten genannt. Betrachtet man n_0 Moleküle AB vor der Dissoziation, so hat man nach der Dissoziation $n_u = n_0 (1 - \alpha)$ undissoziierte Molekeln, $n_i = n_0 \cdot \alpha$ Ionen der Art A^+ und $n_i = n_0 \cdot \alpha$ Ionen der Art B^-. Da die Zahl der Moleküle im Mol konstant ist, nämlich $6{,}022 \cdot 10^{23}$ beträgt, und die Zahl der gelösten Mole in der Volumeneinheit gleich der Molarität c ist, kann man die Partikelzahl direkt durch die Volumenkonzentration c ausdrücken. Bezeichnet man also die Ausgangskonzentration an AB mit C_0 und die Konzentration des im elektrolytischen Dissoziationsgleichgewicht undissoziiert vorliegenden Anteils mit c, so ist der Dissoziationsgrad α durch Gl. (14) definiert:

$$\alpha = \frac{C_0 - c}{C_0}. \tag{14}$$

Nach Anwendung des Massenwirkungsgesetzes [Gl. (8)] auf das Gleichgewicht Gl. (13) ergibt sich dann

$$\frac{\alpha \cdot C_0 \cdot \alpha \cdot C_0}{(1 - \alpha) \cdot C_0} = K_c \tag{15}$$

oder

$$\frac{\alpha^2 \cdot C_0}{1 - \alpha} = K_c. \tag{15a}$$

In dieser Gleichung bedeutet C_0 die der aufgelösten Menge des betrachteten Stoffes entsprechende stöchiometrische Konzentration. Die Anwen-

dung des Massenwirkungsgesetzes auf die elektrolytische Dissoziation wird als das *Ostwaldsche Verdünnungsgesetz* bezeichnet. Es gilt in dieser Form nur für schwache Elektrolyte mit kleinem Dissoziationsgrad α.
Das Ostwaldsche Verdünnungsgesetz sei am Beispiel des schwachen Elektrolyten Essigsäure erläutert.
Solange die Ionenkonzentrationen klein sind (vgl. S. 18), gilt z. B. für die elektrolytische Dissoziation der Essigsäure in wäßriger Lösung (Essigsäure, CH_3COOH = HAc; Acetation, CH_3COO^- = Ac^-)

$$HAc \rightleftharpoons H^+ + Ac^-$$

die Gleichgewichtsbeziehung

$$\frac{c_{H^+} \cdot c_{Ac^-}}{c_{HAc}} = K_c \, .$$

Der Dissoziationsgrad ist definiert durch die Gleichung:

$$\alpha = \frac{C_{HAc} - c_{HAc}}{C_{HAc}} \, .$$

Dabei bedeutet C_{HAc} die Totalkonzentration der Essigsäure vor der Dissoziation, c_{HAc} die Konzentration nach der Einstellung des Gleichgewichtes, d. h., nachdem ein Teil des Stoffes dissoziiert ist. Die Summen von c_{HAc} + c_{H^+} und $c_{HAc} + c_{Ac^-}$ müssen natürlich gleich der Totalkonzentration C_{HAc} bleiben:

$$c_{HAc} + c_{H^+} = C_{HAc}$$

$$c_{HAc} + c_{Ac^-} = C_{HAc} \, .$$

Beachtet man, daß $c_{H^+} = c_{Ac^-} = \alpha \cdot C_{HAc}$ und $c_{HAc} = (1 - \alpha)\, C_{HAc}$ ist, erhält man:

$$\frac{\alpha^2}{1 - \alpha} = \frac{K_c}{C_{HAc}} \, .$$

Diese Form des Ostwaldschen Verdünnungsgesetzes macht besonders deutlich, daß der Dissoziationsgrad außer von der Dissoziationskonstante auch von der Gesamtkonzentration des dissoziierenden Stoffes abhängig ist. Je kleiner diese ist, desto größer ist der Dissoziationsgrad.
Man unterscheidet je nach dem Dissoziationsgrad starke und schwache

Elektrolyte. Unter starken Elektrolyten versteht man solche Stoffe, die schon bei großen Konzentrationen erheblich mehr als zur Hälfte elektrolytisch dissoziiert sind. Zu den in wäßriger Lösung starken Elektrolyten gehören die meisten Salze, die starken Säuren und die starken Basen. Zu den schwachen Elektrolyten gehören die Halogenverbindungen des Quecksilbers, Cadmiums, Zinns und Antimons, aber auch Stoffe wie Eisenrhodanid und Eisenacetat sowie viele organische Säuren und Basen. In die Gruppe der schwachen Elektrolyte gehört schließlich auch das Wasser.

1.5.2.2. Die thermodynamische Dissoziationskonstante

Für die elektrolytische Dissoziation gilt das Massenwirkungsgesetz in der oben gegebenen Form streng wieder nur dann, wenn wir eine ideal verdünnte Lösung vorliegen haben. Darunter hat man eine Lösung zu verstehen, in der die elektrostatischen Wechselwirkungen zwischen den Ionen des gelösten Stoffes vernachlässigbar klein sind und in der Ionen vollkommen regellos verteilt sind. Tatsächlich zeigt sich nun, daß die stöchiometrischen Dissoziationskonstanten in allen realen Lösungen starker Elektrolyte und auch in konzentrierteren Lösungen schwacher Elektrolyte gar nicht konstant sind. Infolge der oben erwähnten Wechselwirkung der Ionen nehmen in Wirklichkeit nur Bruchteile der Ionen und des undissoziierten Stoffs aktiv an dem Dissoziationsgleichgewicht teil. Diese Bruchteile bezeichnet man als Aktivitätskoeffizienten. Multipliziert man die Konzentration eines Stoffes mit dem auf Volumenkonzentrationen bezogenen, sog. *praktischen Aktivitätskoeffizienten*, f_a, so erhält man die *Aktivität* a:

$$f_a \cdot c = a. \tag{16}$$

Es sei darauf hingewiesen, daß die Aktivität nicht durch Gl. (16) definiert ist. Zur Definition der Aktivität vgl. Physikalisch-chemische Lehrbücher.
Genaugenommen ist das Massenwirkungsgesetz nur für Aktivitäten gültig und lautet dann für die elektrolytische Dissoziation des Stoffes AB folgendermaßen:

$$\frac{a_{A^+} \cdot a_{B^-}}{a_{AB}} = K_a. \tag{17}$$

K_a ist die *thermodynamische Gleichgewichtskonstante.*
Für verdünnte Lösungen besitzt der Aktivitätskoeffizient eines Elektrolyten in allen Lösungen der gleichen Ionenstärke den gleichen Wert. Dabei hat man unter der Ionenstärke I nach Lewis und Randall die Größe

$$I = \frac{1}{2} \sum c_i \cdot z_i^2 \tag{18}$$

zu verstehen.
c_i in Gl. (18) ist die stöchiometrische Molarität des Ions i und z_i die Ladung des betreffenden Ions. Eine 0,01-M-Lösung von K_2SO_4 hat danach die Ionenstärke $I = \frac{1}{2}(0{,}02 + 0{,}01 \cdot 4) = 0{,}03$.
Für verdünnte Lösungen gilt, daß der dekadische Logarithmus des Aktivitätskoeffizienten der Quadratwurzel aus der Ionenstärke proportional ist:

$$\log f_a = -A \cdot z_i^2 \sqrt{I}. \tag{19}$$

Gl. (19) wird als *Debye-Hückelsches Gesetz* bezeichnet. In den Proportionalitätsfaktor

$$A = \frac{1}{2{,}303} \cdot \frac{e^2}{2\,DkT} \sqrt{\frac{8\pi e^2 N}{1000\,DkT}} \tag{20}$$

gehen die Ladung e des Elektrons, die Loschmidt-Konstante N, die Boltzmann-Konstante k, die Dielektrizitätskonstante D des Lösungsmittels und die absolute Temperatur T ein. Er hat für Wasser bei 25 °C den Wert 0,512, so daß das Debye-Hückelsche Gesetz für verdünnte Lösungen bei Zimmertemperatur durch Gl. (21) ausgedrückt werden kann:

$$\log f_a = -0{,}512\, z_i^2 \sqrt{I}. \tag{21}$$

Obwohl diese Beziehung die Berechnung der Aktivität einer einzelnen Ionenart erlaubt, können experimentell selbstverständlich nur die Aktivitäten eines Paares von Kation und Anion gemeinsam gemessen werden, d. h., experimentell läßt sich nur ein mittlerer Aktivitätskoeffizient $f_{a\pm}$ bestimmen. Für ihn gilt in erster Näherung

$$\log f_{a\pm} = -0{,}512\, z_+ z_- \sqrt{I}. \tag{21a}$$

Da das Debye-Hückelsche Gesetz in der Form von Gl. (19) unter anderem von der Annahme ausgeht, daß die Ionen in Lösung statistisch-zufällig verteilt und nicht polarisiert oder verzerrt sind, sondern eine kugelförmige Ladungsverteilung haben und weiter alle Elektrolyte in Lösung vollkommen oder zumindest in bekanntem Ausmaß dissoziiert sind, beschreibt es die Verhältnisse in konzentrierteren Lösungen nicht mehr mit ausreichender Genauigkeit. Bei Salzen aus einfach geladenen Ionen führt es lediglich bis zu Ionenstärken von etwa 0,05, bei Salzen aus zweifach geladenen Ionen bis zu Ionenstärken von etwa 0,01 und bei Salzen, an denen dreifach geladene Ionen beteiligt sind, sogar nur bis zu Ionenstärken von etwa 0,005 zu brauchbaren Aktivitätskoeffizienten.

Den Verhältnissen in stärker konzentrierten Lösungen trägt eine „erweiterte Debye-Hückel-Gleichung" Rechnung:

$$\log f_a = -0{,}512 \cdot z_i^2 \frac{\sqrt{I}}{1 + B\,a\sqrt{I}}. \qquad (22)$$

Tabelle 1.3. Aktivitätskoeffizienten bei verschiedenen Ionenstärken (25°C) nach J. KIELLAND

Ion	Ionenradius a [Å]	Ionenstärke				
		0,001	0,005	0,01	0,05	0,10
H^+	9	0,967	0,933	0,914	0,86	0,83
Li^+	6	0,965	0,930	0,909	0,845	0,81
Na^+, IO_3^-, HCO_3^-, HSO_3^-, $H_2PO_4^-$, $H_2AsO_4^-$	4	0,964	0,927	0,901	0,815	0,77
K^+, Rb^+, Cs^+, Tl^+, Ag^+, NH_4^+, OH^-, F^-, SCN^-, HS^-, ClO_3^-, ClO_4^-, BrO_3^-, IO_4^-, MnO_4^-, Cl^-, Br^-, I^-, CN^-, NO_3^-	3	0,964	0,925	0,899	0,805	0,755
Mg^{2+}, Be^{2+}	8	0,872	0,755	0,69	0,52	0,45
Ca^{2+}, Cu^{2+}, Zn^{2+}, Sn^{2+}, Mn^{2+}, Fe^{2+}, Ni^{2+}, Co^{2+}	6	0,870	0,749	0,675	0,485	0,405
Sr^{2+}, Ba^{2+}, Ra^{2+}, Cd^{2+}, Pb^{2+}, Hg^{2+}, S^{2-}, CO_3^{2-}, SO_3^{2-}	5	0,868	0,744	0,67	0,465	0,38
Hg_2^{2+}, SO_4^{2-}, $S_2O_3^{2-}$, CrO_4^{2-}, HPO_4^{2-}	4	0,867	0,740	0,660	0,445	0,355
Al^{3+}, Fe^{3+}, Cr^{3+}, Ce^{3+}, La^{3+}	9	0,738	0,54	0,445	0,245	0,18
PO_4^{3-}, $[Fe(CN)_6]^{3-}$	4	0,725	0,505	0,395	0,16	0,095
Th^{4+}, Zr^{4+}, Ce^{4+}, Sn^{4+}	11	0,588	0,35	0,255	0,10	0,065
$[Fe(CN)_6]^{4-}$	5	0,57	0,31	0,20	0,048	0,021

Der Parameter B hängt von der absoluten Temperatur T und der Dielektrizitätskonstante D der Lösung

$$B = \frac{50{,}3}{\sqrt{DT}} \qquad (23)$$

ab, während der Parameter a den effektiven Radius des solvatisierten – in Wasser hydratisierten – Ions in Å beschreibt. Da B für T = 298 K und D = 78,5 (Wasser) den Wert 0,328 annimmt und für viele Ionen der Radius größenordnungsmäßig 3 Å beträgt, vereinfacht sich Gl. (22) für wäßrige Lösungen zu

$$\log f_a = -0{,}512 \cdot z_i^2 \frac{\sqrt{I}}{1 + \sqrt{I}}. \tag{24}$$

Tabelle 1.3 verzeichnet auf der Grundlage der erweiterten Debye-Hückel-Gleichung berechnete Aktivitätskoeffizienten für zahlreiche Ionen bei verschiedenen Ionenstärken.
Bei sehr großen Verdünnungen nähert sich der Aktivitätskoeffizient dem Wert 1. In diesen Lösungen wird dementsprechend die Aktivität gleich der Konzentration. In sehr konzentrierten Elektrolytlösungen kann der Aktivitätskoeffizient $f_{a\pm}$ auch größer als Eins sein.

2. Neutralisationsanalyse

Die Neutralisationsanalyse beruht auf Reaktionen, bei denen Protonen von einem Stoff auf einen anderen übertragen werden. Sie dient zum Messen der Konzentration von Säuren und von Basen. Führt man die Titration in wäßrigem Medium aus, wie das bei weitem das üblichste ist, so beruht die Neutralisationsanalyse auf der Reaktion von Wasserstoffionen mit OH-Ionen zu undissoziiertem Wasser. Diese Reaktion kann durch die folgende Gleichung wiedergegeben werden, wobei allerdings zu beachten ist, daß die Ionen in wäßriger Lösung hydratisiert vorliegen:

$$H^+ + OH^- \rightleftharpoons H_2O\,. \qquad (1)$$

Diese Reaktion ist eine Gleichgewichtsreaktion. Daß sie die Grundlage aller Neutralisationsvorgänge in wäßrigem Medium ist, kann man daran erkennen, daß die bei der Neutralisation von Basen mit Säuren und umgekehrt entwickelte Wärmemenge unabhängig von der Natur der Base bzw. Säure immer 57,3 kJ je Mol gebildetes H_2O beträgt.

2.1. Die Dissoziation des Wassers

Auf das Neutralisationsgleichgewicht (1) kann man das Massenwirkungsgesetz von GULDBERG und WAAGE anwenden. Dabei wird in der folgenden Gleichung eine vereinfachte Schreibweise gewählt, bei der die Konzentration der Wasserstoffionen als c_{H^+} bezeichnet ist, obgleich in wäßriger Lösung keine freien, sondern nur hydratisierte Protonen, wie z. B. H_3O^+, aber auch höhere Assoziate wie $H_9O_4^+$ existieren. Das Massenwirkungsgesetz, in diesem Sinne auf das Neutralisationsgleichgewicht

$$H_2O \rightleftharpoons H^+ + OH^- \qquad (1a)$$

angewandt, lautet:

$$\frac{c_{H^+} \cdot c_{OH^-}}{c_{H_2O}} = K_c\,. \qquad (2)$$

Da die Dissoziationskonstante des Wassers sehr klein ist, ist die Konzentration an undissoziiertem Wasser c_{H_2O} praktisch gleich der Gesamtkonzentration C_{H_2O} (undissoziierter + dissoziierter Anteil) und konstant (etwa

55,5 M). C_{H_2O} kann daher in die Konstante für das Dissoziationsgleichgewicht einbezogen werden. Man darf also schreiben:

$$c_{H^+} \cdot c_{OH^-} = K_c \cdot C_{H_2O} = K_W \, . \qquad (3)$$

Im allgemeinen wird Gl. (3) in der Form der Gl. (3a) formuliert, um daran zu erinnern, daß, wie oben gesagt, in wäßriger Lösung keine freien Protonen vorliegen und man im Grunde unter der „Wasserstoffionenkonzentration“ die Konzentration der hydratisierten Protonen versteht:

$$c_{H_3O^+} \cdot c_{OH^-} = K_W \, . \qquad (3a)$$

Die Konstante K_W hat entsprechend einem Vorschlag von NERNST den Namen *Ionenprodukt des Wassers* erhalten. Da in wäßriger Lösung das Produkt der Konzentrationen von H-Ionen und von OH-Ionen bei bestimmter Temperatur stets konstant ist, gehört zu jeder Wasserstoffionenkonzentration immer eine bestimmte OH-Ionenkonzentration und umgekehrt.
Das Ionenprodukt des Wassers ist von der Temperatur abhängig. Die Tabelle 2.1 zeigt das Ionenprodukt des Wassers und den dazugehörenden mit – 1 multiplizierten Logarithmus des Ionenproduktes, den man mit pK_W bezeichnet, bei verschiedenen Temperaturen.

Tabelle 2.1. Ionenprodukt des Wassers bei verschiedenen Temperaturen

Temperatur °C	pK_W	K_W (aufger.)
0	14,9435	$0,11 \cdot 10^{-14}$
10	14,5346	$0,29 \cdot 10^{-14}$
15	14,3463	$0,45 \cdot 10^{-14}$
20	14,1669	$0,68 \cdot 10^{-14}$
24	14,0000	$1,00 \cdot 10^{-14}$
25	13,9965	$1,01 \cdot 10^{-14}$
30	13,8330	$1,47 \cdot 10^{-14}$
40	13,5348	$2,92 \cdot 10^{-14}$
50	13,2617	$5,47 \cdot 10^{-14}$
60	13,0171	$9,61 \cdot 10^{-14}$
100	12,13	$74,1 \cdot 10^{-14}$

Strenggenommen hat man das Massenwirkungsgesetz nicht für Konzentrationen, sondern für Aktivitäten zu formulieren:

$$\frac{a_{H^+} \cdot a_{OH^-}}{a_{H_2O}} = K_a . \quad (4)$$

Für die Praxis der Analyse genügt es aber meistens, die Konzentrationsgleichungen zu verwenden.

2.2. Säuren und Basen, Protolyte

Es ist schon sehr lange bekannt, daß es Stoffe gibt, die in wäßriger Lösung zur Neutralisationsreaktion befähigt sind. Stoffe, die unter Abgabe des Kations H^+ zu dissoziieren vermögen, wurden frühzeitig Säuren genannt, während man als Basen solche Verbindungen bezeichnet hat, die zu der Abgabe von Hydroxidionen, OH^-, befähigt sind. Diese Definitionen erwiesen sich als nicht voll ausreichend. J. N. BRÖNSTED gab deshalb 1923 eine neue *Definition der Begriffe Säure und Base*. Danach ist eine Säure s eine Verbindung, die unter gleichzeitiger Bildung der korrespondierenden Base b ein Proton abgeben kann:

$$s \rightleftharpoons b + H^+ . \quad (5)$$

Eine Base ist eine Verbindung, die unter gleichzeitiger Bildung der korrespondierenden Säure ein Proton aufzunehmen vermag:

$$b + H^+ \rightleftharpoons s . \quad (6)$$

Säuren und Basen werden nach BRÖNSTED als *Protolyte* bezeichnet. Für derartige Protolytsysteme mit korrespondierenden Säuren und Basen seien im folgenden einige Beispiele genannt:

Säuren				Basen
HCl	$\rightleftharpoons$	H^+	+	Cl^-
CH_3COOH	$\rightleftharpoons$	H^+	+	CH_3COO^-
NH_4^+	$\rightleftharpoons$	H^+	+	NH_3
H_3PO_4	$\rightleftharpoons$	H^+	+	$H_2PO_4^-$
$H_2PO_4^-$	$\rightleftharpoons$	H^+	+	HPO_4^{--}
HPO_4^{--}	$\rightleftharpoons$	H^+	+	PO_4^{---}

Wie man an diesen Beispielen sieht, können Protolyte sowohl Moleküle als auch Ionen sein. Man unterscheidet daher auch zwischen Neutral-, Kationen- und Anionensäuren und den entsprechenden Basen.

Eine Säure kann natürlich nur dann als Protonendonator wirken, wenn ein Protonenakzeptor, d. h. eine Base, vorhanden ist. Eine der Gl. (5) entsprechende Reaktion läuft also nur dann ab, wenn sie mit einer Reaktion gekoppelt ist, wie sie Gl. (6) darstellt:

$$s_1 \rightleftharpoons b_1 + H^+ \quad (5a)$$
$$b_2 + H^+ \rightleftharpoons s_2 \quad (6a)$$
$$s_1 + b_2 \rightleftharpoons b_1 + s_2 . \quad (7)$$

Diese Gesamtreaktion von Säuren und Basen wird auch als *Protolyse*, das Gleichgewicht (7) als Protolysegleichgewicht bezeichnet.

2.3. Die Autoprotolyse des Wassers

Betrachtet man die Dissoziation des Wassers – Gl. (8) –, so könnte es zunächst so scheinen, als ob hier die Gl. (5) isoliert, d. h. nicht gekoppelt mit Gl. (6), zur Beschreibung geeignet sei. Dies ist aber nicht der Fall. Auch im Wasser liegt bei dessen Dissoziation tatsächlich ein richtiges Protolysegleichgewicht vor. Die nach Gl. (8) entstandenen Protonen werden von H_2O-Molekülen unter Bildung von Stoffen wie z. B. H_3O^+ (Hydrogen-Ion) hydratisiert. Die Protolyse des Wassers kann man dann auf folgende Weise beschreiben:

$$H_2O \rightleftharpoons H^+ + OH^- \quad (8)$$
$$H^+ + H_2O \rightleftharpoons H_3O^+ \quad (9)$$
$$2H_2O \rightleftharpoons H_3O^+ + OH^- . \quad (10)$$

Diese Gleichungen zeigen, daß Wasser sowohl als Säure als auch als Base reagieren kann. Nach Gl. (8) verhält sich Wasser als ein Protonendonator, also als eine Säure, nach Gl. (9) dagegen als ein Protonenakzeptor, d. h. als Base. Einen derartigen Stoff, der sowohl als Säure wie auch als Base zu reagieren vermag, bezeichnet man nach BRÖNSTED als *Ampholyt*.

2.4. Die Autoprotolyse anderer Lösungsmittel

Ebenso wie bei Wasser tritt bei vielen anderen protischen Lösungsmitteln Eigendissoziation oder Autoprotolyse auf. Wird das Lösungsmittel mit Hb bezeichnet, so läßt sich die Autoprotolyse allgemein durch Gl. (11) wiedergeben:

$$2\,Hb \rightleftharpoons H_2b^+ + b^- . \qquad (11)$$

Das Ausmaß der Protolyse wird durch die Autoprotolysekonstante K_a beschrieben:

$$c_{H_2b^+} \cdot c_{b^-} = K_a . \qquad (12)$$

Wegen der Elektroneutralität der Lösungen gilt für die Konzentration der durch die Autoprotolyse gebildeten Säure H_2b^+ und Base b^-

$$c_{H_2b^+} = c_{b^-} = \sqrt{K_a} . \qquad (13)$$

Tabelle 2.2 verzeichnet die mit -1 multiplizierten dekadischen Logarithmen der Autoprotolysekonstante K_a, die sog. pK_a-Werte, für eine Reihe protischer Lösungsmittel. Die Autoprotolysekonstante des Wassers wird im allgemeinen als Ionenprodukt des Wassers und mit K_W bezeichnet. Das Kation des Autoprotolyse-Gleichgewichts ist jeweils die stärkste existenzfähige Säure, das Anion die stärkste existenzfähige Base des betreffenden Systems.

Tabelle 2.2. Autoprotolysekonstanten für verschiedene Lösungsmittel bei 24 °C

Lösungsmittel	Autoprotolyse	pK_a
Ammoniak	$2\,NH_3 \rightleftharpoons NH_4^+ + NH_2^-$	29,8
Ethanol	$2\,C_2H_5OH \rightleftharpoons C_2H_5OH_2^+ + C_2H_5O^-$	18,9
Methanol	$2\,CH_3OH \rightleftharpoons CH_3OH_2^+ + CH_3O^-$	16,7
Schweres Wasser	$2\,D_2O \rightleftharpoons D_3O^+ + OD^-$	14,8
Wasser	$2\,H_2O \rightleftharpoons H_3O^+ + OH^-$	14,0
Essigsäure	$2\,CH_3COOH \rightleftharpoons CH_3COOH_2^+ + CH_3COO^-$	12,6
Wasserstoffperoxid	$2\,H_2O_2 \rightleftharpoons H_3O_2^+ + HOO^-$	12
Fluorwasserstoff	$3\,HF \rightleftharpoons H_2F^+ + HF_2^-$	9,7
Ameisensäure	$2\,HCOOH \rightleftharpoons HCOOH_2^+ + HCOO^-$	6,2
D_2SO_4	$2\,D_2SO_4 \rightleftharpoons D_3SO_4^+ + DSO_4^-$	4,3
Schwefelsäure	$2\,H_2SO_4 \rightleftharpoons H_3SO_4^+ + HSO_4^-$	3,6
Phosphorsäure	$2\,H_3PO_4 \rightleftharpoons H_4PO_4^+ + H_2PO_4^-$	2,0

2.5. Die quantitative Behandlung der Protolyse von Säuren und Basen und die Stärke von Säuren und Basen

2.5.1. Die Dissoziationskonstanten

Man unterscheidet zwischen *starken* und *schwachen Säuren* bzw. zwischen *starken* und *schwachen Basen*.
Unter einer starken Säure ist eine Substanz zu verstehen, bei der das Dissoziationsgleichgewicht (5) weit rechts liegt. Eine starke Base ist danach eine Substanz, bei der das Gleichgewicht (6) weit nach rechts verschoben ist. Einer starken Säure s muß immer eine schwache Base b und umgekehrt entsprechen. Dieses ist leicht einzusehen, denn wenn s viel Protonen liefert, muß die korrespondierende Base b offensichtlich keine besondere Neigung zeigen, Protonen anzulagern. Dabei hat man zu berücksichtigen, daß durch das jeweilige Lösungsmittel sowohl die Säure als auch die Base protolysiert werden können.

$$\underset{\text{(stark)}}{s} \rightleftharpoons \underset{\text{(schwach)}}{b} + H^+ .$$

Löst man z. B. Chlorwasserstoff in Wasser, so läßt sich das gesamte Protolysesystem durch die folgenden Gleichungen beschreiben:

$$HCl \rightleftharpoons H^+ + Cl^- \tag{14}$$

$$H^+ + H_2O \rightleftharpoons H_3O^+ \tag{9}$$

$$\underset{s}{HCl} + H_2O \rightleftharpoons H_3O^+ + \underset{b}{Cl^-} . \tag{15}$$

Im Falle einer sehr starken Säure entspricht also die Wasserstoffionenkonzentration der wäßrigen Lösung der Konzentration an dem Säureanion, das die korrespondierende Base darstellt, und nahezu der Gesamtkonzentration von Base und Säure; d. h., in unserem Beispiel ist undissoziierte HCl praktisch nicht vorhanden.
Das gleiche gilt für andere starke Säuren, wie Iodwasserstoffsäure, Bromwasserstoffsäure, Schwefelsäure oder Perchlorsäure. Wäßrige Lösungen dieser Stoffe zeigen bei gleicher Konzentration die gleichen sauren Eigenschaften, da diese in allen Fällen auf der gleichen Konzentration der gebildeten H_3O^+-Ionen, der stärksten im Wasser existierenden Säure, beruhen. Wasser hat, wie man sagt, einen *nivellierenden* Effekt auf Säuren, die stär-

ker als die Säure H_3O^+ sind. Bei Stoffen, die schwächere Säuren als H_3O^+ sind, liegt das Gleichgewicht (16)

$$s + H_2O \rightleftharpoons H_3O^+ + b \tag{16}$$

nicht vollkommen auf der rechten Seite, so daß diese im Lösungsmittel nach ihrer Säurestärke unterschieden werden können.
Wird eine Säure in einem anderen protischen Lösungsmittel als Wasser gelöst, so tritt eine der Gleichung (7) entsprechende Säure-Base-Reaktion ein. Lösungen von Chlorwasserstoff und Perchlorsäure in Eisessig werden beispielsweise durch die Gleichgewichtsreaktionen (17) und (18) beschrieben:

$$HCl + CH_3COOH \rightleftharpoons CH_3COOH_2^+ + Cl^- \tag{17}$$

$$HClO_4 + CH_3COOH \rightleftharpoons CH_3COOH_2^+ + ClO_4^- . \tag{18}$$

Da Eisessig eine viel schwächere Base, d. h. ein viel schwächerer Protonenakzeptor als Wasser ist, verlaufen beide Protolysereaktionen nicht vollständig, wie es in Wasser der Fall ist. $HClO_4$ ist jedoch stärker als HCl dissoziiert. In diesem Lösungsmittel ist es also im Gegensatz zur wäßrigen Lösung möglich, zwischen den Säurestärken dieser beiden und anderer sehr starker Säuren zu unterscheiden. Man findet beispielsweise in diesem Lösungsmittel, daß die Säurestärken in der Reihenfolge $HClO_4 > HI > HBr > HCl \approx H_2SO_4 > HNO_3$ abnehmen.
Allgemein hängt also die Lage des Gleichgewichts (7) sowohl von dem Säurecharakter der Säure s_1 als auch vom Basecharakter der Base b_2 ab. Je größer die Tendenz von s_1 zur Abgabe eines Protons und je größer die Tendenz von b_2 zur Aufnahme eines Protons ist, desto mehr wird das Protolysegleichgewicht auf die rechte Seite verschoben. Die gleiche Säure wird in verschiedenen Lösungsmitteln, je nach deren Basecharakter, verschieden stark dissoziiert vorliegen. Essigsäure ist beispielsweise in Wasser eine schwache Säure. In flüssigem Ammoniak, einem stark basischen Lösungsmittel, ist sie dagegen vollkommen dissoziiert und verhält sich also wie eine starke Säure. Es wird dabei die Säure im Ammonosystem NH_4^+ gebildet:

$$CH_3COOH + NH_3 \rightleftharpoons CH_3COO^- + NH_4^+ . \tag{19}$$

Beschränken wir uns im folgenden zunächst auf wäßrige Lösungen und wenden auf Gl. (16) das Massenwirkungsgesetz an, so folgt

$$\frac{c_b \cdot c_{H_3O^+}}{c_s \cdot c_{H_2O}} = K \tag{20}$$

und

$$\frac{c_b \cdot c_{H_3O^+}}{c_s} = c_{H_2O} \cdot K = C_{H_2O} \cdot K = K_s\,. \tag{21}$$

K_s wird als Dissoziationskonstante der Säure oder als *Säurekonstante* bezeichnet; der mit -1 multiplizierte Logarithmus dieser Konstante ist der pK_s-Wert der Säure oder der *Säureexponent*:

$$-\log K_s = pK_s\,. \tag{22}$$

Die Säurekonstante der Säure H_3O^+ berechnet sich danach zu

$$K_s = \frac{c_{H_2O} \cdot c_{H_3O^+}}{c_{H_3O^+}} = c_{H_2O} = 55{,}5 \tag{23}$$

$$pK_s = -1{,}74,$$

die Säurekonstante der Säure H_2O zu

$$K_s = \frac{c_{OH^-} \cdot c_{H_3O^+}}{c_{H_2O}} = \frac{K_W}{c_{H_2O}} = 1{,}8 \cdot 10^{-16} \tag{24}$$

$$pK_s = 15{,}74.$$

Sehr starke Säuren haben pK_s-Werte, die kleiner als $-1{,}74$ sind. Soll zwischen den Säurestärken solcher Säuren differenziert werden, so ist es

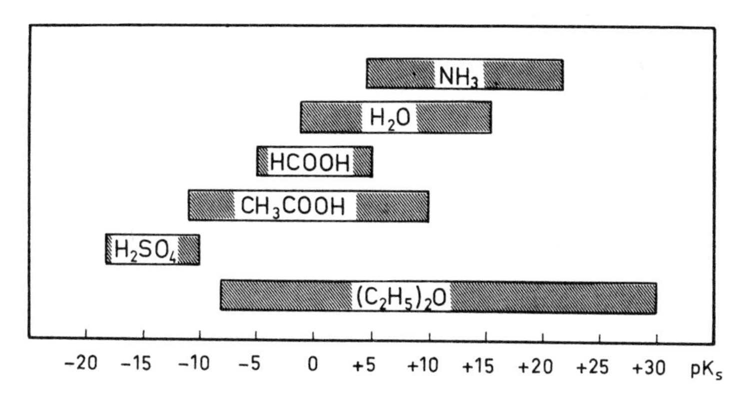

Abb. 2.1. pK_S-Bereiche für verschiedene Lösungsmittel, innerhalb derer eine Differenzierung nach Säurestärken möglich ist

notwendig, ein geeignetes Lösungsmittel zu wählen. Der Bereich der Säurestärken, der in einem bestimmten Lösungsmittel untersucht werden kann, ist um so größer, je geringer die Autoprotolyse des Lösungsmittels ist. Abb. 2.1 zeigt für einige Lösungsmittel die pK_s-Bereiche, innerhalb derer zwischen verschiedenen Säurestärken unterschieden werden kann. Es sei jedoch hervorgehoben, daß die Differenzierung am Rand der Bereiche nur zu Näherungswerten führt. Abschließend sei noch betont, daß verschiedene Lösungsmittel verschiedene pH-Skalen haben.
Die Dissoziationskonstanten von Säuren sind in flüssigem Ammoniak im allgemeinen etwa 10^{10}mal so groß wie in Wasser. Die pK_s-Werte einiger Säuren in Wasser und flüssigem Ammoniak als Medium sind in Tabelle 2.3 verglichen.
Um anzugeben, welcher Bruchteil des Protolysesystems Gl. (16) als Säure vorliegt, verwendet man den Säurebruch x_s (vgl. hierzu S. 60).

$$x_s = \frac{c_s}{c_s + c_b} . \tag{25}$$

Tabelle 2.3. pK_s-Werte einiger Säuren in Wasser und flüssigem Ammoniak als Lösungsmittel

Säure	pK_s in Wasser	pK_s in flüssigem Ammoniak
NH_4^+	9,3	– 1,62
H_2N-CN	10,4	0
PH_3	27	16

In Gl. (25) sind c_s und c_b die Konzentrationen der Säure s bzw. der korrespondierenden Base b. Dementsprechend bezeichnet der Basebruch x_b

$$x_b = \frac{c_b}{c_s + c_b} \tag{26}$$

den Bruchteil des Protolysesystems Gl. (16), der als Base vorliegt. Die Summe von Säure- und Basebruch eines korrespondierenden Säure-Base-Systems ist definitionsgemäß 1:

$$x_s + x_b = 1 . \tag{27}$$

Neben den hier behandelten einwertigen Säuren gibt es mehrwertige Säuren, die in mehreren Stufen zu dissoziieren vermögen. Hierzu gehört z. B.

die Phosphorsäure H_3PO_4, deren Protolyse durch die folgenden Gleichungen beschrieben werden kann:

$$
\begin{array}{llllr}
H_3PO_4 & & \rightleftharpoons H^+ & + H_2PO_4^- & \text{1. Stufe (28)} \\
H^+ & + H_2O & \rightleftharpoons H_3O^+ & & \\
H_2PO_4^- & & \rightleftharpoons H^+ & + HPO_4^{2-} & \text{2. Stufe (29)} \\
H^+ & + H_2O & \rightleftharpoons H_3O^+ & & \\
HPO_4^{2-} & & \rightleftharpoons H^+ & + PO_4^{3-} & \text{3. Stufe (30)} \\
H^+ & + H_2O & \rightleftharpoons H_3O^+ & & \\
\hline
H_3PO_4 & + 3H_2O & \rightleftharpoons 3H_3O^+ & + PO_4^{3-}\,. & (31)
\end{array}
$$

Die gesamte Protolyse solch einer mehrwertigen Säure setzt sich aus den einzelnen Protolysesystemen Gl. (28), (29) und (30) zusammen. Auf jedes Protolysesystem kann das Massenwirkungsgesetz angewendet werden. Der stufenweisen Protolyse entsprechen die stufenweisen Dissoziationskonstanten, die man als K_{s_1}, K_{s_2} und K_{s_3}, als erste, zweite und dritte Dissoziationskonstante der Säure bezeichnet. Die Dissoziationskonstante des Brutto-Protolysegleichgewichts (31) ist, wie man leicht nachprüfen kann, gleich dem Produkt der stufenweisen Dissoziationskonstanten K_{s_1}, K_{s_2} und K_{s_3}:

$$\frac{c^3_{H_3O^+} \cdot c_{PO_4^{3-}}}{c_{H_3PO_4}} = K_{s,\,brutto} = K_{s_1} K_{s_2} K_{s_3}\,. \qquad (32)$$

Wird eine Säure s_1 nicht mit Wasser, sondern mit einer beliebigen Base b_2 protolysiert (vgl. hierzu S. 28), so entsteht unter Protonenaustausch neben der Base b_1 die Säure s_2. Die Konstante, die man nach Anwendung des Massenwirkungsgesetzes auf dieses Gleichgewicht erhält, ist die Protolysekonstante der Säure in dem betreffenden Lösungsmittel:

$$s_1 + b_2 \rightleftharpoons s_2 + b_1 \quad \frac{c_{s_2} \cdot c_{b_1}}{c_{s_1} \cdot c_{b_2}} = K \quad \text{bzw.} \quad \frac{c_{s_2} \cdot c_{b_1}}{c_{s_1}} = K \cdot c_{b_2} = K_s\,.$$

Der Dissoziationskonstante der Säure entspricht die Dissoziationskonstante K_b oder die Basekonstante der korrespondierenden Base. Die Protolyse der Base ist durch die folgende Gleichung zu beschreiben:

$$b + H_2O \rightleftharpoons s + OH^-\,. \qquad (33)$$

Wendet man das Massenwirkungsgesetz auf Gl. (33) an, so folgt:

$$\frac{c_s \cdot c_{OH^-}}{c_b \cdot c_{H_2O}} = K \quad \frac{c_s \cdot c_{OH^-}}{c_b} = K \cdot c_{H_2O} = K \cdot C_{H_2O} = K_b\,. \qquad (34)$$

Nach Gl. (3) gilt

$$c_{OH^-} = \frac{K_W}{c_{H^+}} \quad \text{bzw.} \quad c_{OH^-} = \frac{K_W}{c_{H_3O^+}} \tag{35}$$

und danach

$$\frac{c_s \cdot K_W}{c_b \cdot c_{H_3O^+}} = K_b \,. \tag{36}$$

Der mit -1 multiplizierte Logarithmus der Basekonstante K_b ist der Base-exponent. Entsprechend Gl. (22) gilt:

$$-\log K_b = pK_b \,. \tag{37}$$

Die Basestärke der Base H_2O berechnet sich danach zu

$$K_b = \frac{c_{H_3O^+} \cdot c_{OH^-}}{c^2_{H_2O}} = \frac{K_W}{c^2_{H_2O}} = 1{,}8 \cdot 10^{-16} \tag{38}$$

$$pK_b = 15{,}74 \,,$$

die Basekonstante der Base OH^- zu

$$K_b = \frac{c_{H_2O} \cdot c_{OH^-}}{c_{OH^-}} = c_{H_2O} = 55{,}3 \tag{39}$$

$$pK_b = 1{,}74 \,.$$

Das Produkt der Dissoziationskonstanten K_s und K_b korrespondierender Säuren und Basen muß gleich dem Ionenprodukt des Wassers sein bzw. die Summe der pK_s- und pK_b-Werte des Säure-Base-Paares gleich pK_W:

$$\frac{c_{b_1} \cdot c_{H_3O^+}}{c_{s_1}} = K_s = \frac{K_W}{K_b} \tag{40}$$

$$K_s \cdot K_b = K_W \tag{41}$$

$$pK_s + pK_b = pK_W \,. \tag{42}$$

In Tabelle 2.4 sind die mit -1 multiplizierten Logarithmen der Dissoziationskonstanten zahlreicher korrespondierender Säuren und Basen ange-

Tabelle 2.4. Säure- und Baseexponenten korrespondierender Säuren und Basen in wäßrigem Medium

korrespondierende				
Säure	pK_s	Temperatur °C	Base	pK_b
$HClO_4$	sehr starke Säuren		ClO_4^-	sehr schwache Basen
HI			I^-	
HBr			Br^-	
HCl			Cl^-	
H_2SO_4			HSO_4^-	
H_3O^+	−1,74	25	H_2O	15,74
HNO_3	−1,32	25	NO_3^-	15,32
HIO_3	0,77	25	IO_3^-	13,23
$H_4P_2O_7$	0,85	18	$H_3P_2O_7^-$	13,38
$H_3P_2O_7^-$	1,49	18	$H_2P_2O_7^{2-}$	12,74
HIO_4	1,64	25	IO_4^-	12,36
$SO_2 + H_2O$	1,81	18	HSO_3^-	12,42
HSO_4^-	1,92	25	SO_4^{2-}	12,08
H_3PO_3	2,00	18	$H_2PO_3^-$	12,23
H_3PO_4	2,12	25	$H_2PO_4^-$	11,88
H_3AsO_4	2,25	18	$H_2AsO_4^-$	11,98
HF	3,45	25	F^-	10,55
HNO_2	3,37	12,5	NO_2^-	11,11
$HCOOH$	3,75	20	$HCOO^-$	10,43
CH_3COOH	4,75	25	CH_3COO^-	9,25
$H_2P_2O_7^{2-}$	5,77	18	$HP_2O_7^{3-}$	8,46
NH_3OH^+	6,21	20	NH_2OH	7,97
$H_2PO_3^-$	6,59	18	HPO_3^{2-}	7,64
$H_2AsO_4^-$	6,77	18	$HAsO_4^{2-}$	7,46
HSO_3^-	6,91	18	SO_3^{2-}	7,32
H_2S	7,0	25	HS^-	7,0
$H_2PO_4^-$	7,21	25	HPO_4^{2-}	6,79
$HOCl$	7,53	18	OCl^-	6,70
$HP_2O_7^{3-}$	8,22	18	$P_2O_7^{4-}$	6,01
$N_2H_5^+$	8,41	20	N_2H_4	5,77
H_3BO_3	9,14	20	$H_2BO_3^-$	5,04
NH_4^+	9,25	25	NH_3	4,75
HCN	9,31	25	CN^-	4,69
HCO_3^-	10,25	25	CO_3^{2-}	3,75
HOI	10,64	25	OI^-	3,36
$HAsO_4^{2-}$	11,60	18	AsO_4^{3-}	2,63
HPO_4^{2-}	12,67	18	PO_4^{3-}	1,56
$H_2BO_3^-$	12,74	20	HBO_3^{2-}	1,44
HS^-	s. S. 101		S^{2-}	s. S. 101
HBO_3^{2-}	13,80	20	BO_3^{3-}	0,38
H_2O	15,74	24	OH^-	−1,74

Weitere Werte siehe die Hand- und Taschenbücher für Chemiker.

Tabelle 2.5. Säureexponenten einiger organischer Säuren in wäßriger Lösung

Säure	Temperatur °C	Diss.-Stufe	pK_s
Ameisensäure	20		3,75
Ascorbinsäure	24	pK_1	4,10
	16	pK_2	11,79
Benzoesäure	25		4,19
Chloressigsäure	25		2,85
Citronensäure	18	pK_1	3,08
	18	pK_2	4,74
	18	pK_3	5,40
Essigsäure	25		4,75
Oxalsäure	25	pK_1	1,23
	25	pK_2	4,19
Phenol	20		9,89
o-Phthalsäure	25	pK_1	2,89
	25	pK_2	5,51
Sulfanilsäure	25		3,23
Trinitrophenol	25		0,80

geben. Tabelle 2.5 verzeichnet die Säureexponenten einiger organischer Säuren, Tabelle 2.6 die Baseexponenten einiger organischer Basen in wäßrigem Medium. Je kleiner der pK-Wert ist, um so stärker ist die Säure bzw. die Base. Sehr starke Säuren und Basen haben pK-Werte < 0. Fallen die pK-Werte in die Bereiche von 0 – 4,5; 4,5 – 9,5; 9,5 – 14,0 und > 14, so bezeichnet man die Säuren bzw. Basen als stark, schwach, sehr schwach und äußerst schwach.

Für die Protolyse von Basen seien die folgenden Beispiele angeführt:

$$NH_3 + H^+ \rightleftharpoons NH_4^+ \tag{43}$$
$$H_2O \rightleftharpoons H^+ + OH^- \tag{8}$$
$$NH_3 + H_2O \rightleftharpoons NH_4^+ + OH^- \tag{44}$$

oder

$$Ac^- + H^+ \rightleftharpoons HAc \tag{45}$$
$$H_2O \rightleftharpoons H^+ + OH^- \tag{8}$$
$$Ac^- + H_2O \rightleftharpoons HAc + OH^- . \tag{46}$$

Wie man sieht, sind diese Protolysegleichgewichte von Ammoniak und von Acetation durch das allgemeine Schema Gl. (33) zu beschreiben. Bei der

Tabelle 2.6. Baseexponenten einiger organischer Basen in wäßriger Lösung

Base	Temperatur °C	Diss.-Stufe	pK_b
Ethylamin	20		3,36
Anilin	25		9,37
Chinolin	20		9,27
Diethylamin	40		3,046
Dimethylamin	25		3,265
Glycin	25	pK_1	4,2169
	25	pK_2	11,6462
Methylamin	25		3,340
α-Naphthylamin	25		10,08
β-Naphthylamin	25		9,84
4-Nitroanilin	25		13,0
Piperidin	25		2,874
Pyridin	25		8,75

Protolyse von Basen mit Wasser entsteht OH^--Ion, das seinerseits in wäßrigen Systemen die stärkste existenzfähige Base darstellt. Auf Stoffe, die stärkere Basen als das OH^--Ion sind, hat Wasser wiederum einen nivellierenden Effekt. Sie reagieren mit Wasser unter Bildung von OH^--Ionen. Dies ist z. B. der Fall für die Basen NH_2^- oder H^-:

$$NH_2^- + H_2O \rightarrow NH_3 + OH^- \quad (47)$$

$$H^- + H_2O \rightarrow H_2 + OH^- . \quad (48)$$

Dagegen können in nichtwäßrigen Medien stärkere Basen als OH^- existieren. Die beim Auflösen von Natriumacetat in Wasser beobachtete Reaktion, die man auch als *Hydrolyse* bezeichnet, ist lediglich die Folge der Protolyse einer Base, und zwar derjenigen der Anionenbase Acetat. Diese Protolyse ist leicht zu verstehen. Das Salz dissoziiert, wie die meisten Salze, vollständig in Natriumionen und Acetationen. Die Acetationen stellen aber eine Base dar, die nach dem oben angegebenen Schema bei der Protolyse OH^--Ionen liefert und daher basische Reaktion verursacht; die Natriumionen protolysieren nicht.
Analoge Verhältnisse werden bei der Protolyse von Ammoniumchlorid beobachtet. Das Salz dissoziiert nahezu vollständig in NH_4^+-Ionen und Cl^--Ionen. Das Ammoniumion vermag in folgender Weise zu protolysieren:

$$NH_4^+ \rightleftharpoons NH_3 + H^+ \quad (43)$$

$$H_2O + H^+ \rightleftharpoons H_3O^+ \quad (9)$$

$$NH_4^+ + H_2O \rightleftharpoons NH_3 + H_3O^+ . \quad (49)$$

Obgleich das Ammoniumion nur eine schwache Säure ist, bewirkt die Protolyse saure Reaktion der Salzlösung, da das Chloridion seinerseits nicht protolysiert. Auch diese Protolyse einer Kationensäure hat man seit alters als *Hydrolyse* bezeichnet.
Die Säurekonstante einer solchen Kationensäure kann in diesem Falle auch als Hydrolysekonstante bezeichnet werden; ebenso kann man die Basekonstante einer Anionenbase, wie z. B. des Acetations, Hydrolysekonstante nennen.
Dieses Verhalten der *Hydrolyse* zeigen prinzipiell Salze, die in Ionen zu dissoziieren vermögen, von denen entweder das Kation oder das Anion ein verhältnismäßig starker Protolyt ist. Etwas komplizierter wird die Erscheinung der Hydrolyse, wenn beide Ionen des Salzes verhältnismäßig starke Protolyte darstellen. Ammoniumacetat löst sich beispielsweise in Wasser unter Bildung von Ammoniumion und Acetation, die beide zu protolysieren vermögen.

2.5.2. Die Wasserstoffionenkonzentration in Säure-, Base- und Salzlösungen

2.5.2.1. Starke Säuren

Die Wasserstoffionenkonzentration einer Säure-, Base- oder Salzlösung von bestimmter Konzentration ist leicht zu berechnen.
Besonders einfach ist dies, wenn es sich um sehr *starke Säuren* handelt. Zum Beispiel sind Salzsäure, Perchlorsäure oder Salpetersäure in Wasser so stark protolysiert, daß die Wasserstoffionenkonzentration praktisch der Gesamtkonzentration an Säure und Säurerest-Anion entspricht, d. h. der Säuremenge, die man in die wäßrige Lösung hineingegeben hat. Eine 0,1-M-Salzsäure enthält daher etwa 0,1 Grammäquivalent Wasserstoffionen je Liter usw. Bezeichnet man die Gesamtkonzentration an Säure und Säurerest-Anionen mit C_s, so gilt für eine einwertige starke Säure

$$c_{H_3O^+} = C_s . \quad (50)$$

Auch für eine mehrwertige starke Säure gilt Gl. (50), wenn die Dissoziationskonstante für die Dissoziation in der zweiten Stufe um mehrere Zehnerpotenzen kleiner ist als die Dissoziationskonstante für die erste Stufe. Nur, wenn z. B. bei einer zweiwertigen Säure beide Dissoziationskonstanten sehr groß sind, gilt angenähert:

$$c_{H_3O^+} = 2 \cdot C_s \,. \tag{51}$$

2.5.2.2. Starke Basen

Das Analoge gilt für *starke Basen*. NaOH liefert bei der Dissoziation OH^--Ionen. Eine 0,1-M-Lösung von NaOH in Wasser enthält 0,1 Grammäquivalent OH^- im Liter. Da der OH^--Ionenkonzentration in wäßriger Lösung immer eine bestimmte, durch das Ionenprodukt des Wassers gegebene Wasserstoffionenkonzentration entspricht, beträgt die Wasserstoffionenkonzentration in einer derartigen Natronlauge nach Gl. (35) bei Raumtemperatur 10^{-13} Grammäquivalente pro Liter.
Für starke Basen gilt also:

$$c_{OH^-} = C_b \tag{52}$$

$$c_{H_3O^+} = \frac{K_W}{C_b}, \tag{53}$$

bzw. für eine zweiwertige starke Base mit großen Dissoziationskonstanten in erster Näherung:

$$c_{OH^-} = 2 \cdot C_b \,. \tag{54}$$

2.5.2.3. Mehrere starke Säuren bzw. mehrere starke Basen nebeneinander

Sind in einer Lösung mehrere starke Säuren bzw. mehrere starke Basen vorhanden, so tritt an die Stelle von C_s bzw. C_b die Summe der Ausgangskonzentrationen der Säuren oder Basen:

$$c_{H_3O^+} = \sum C_s \quad \text{bzw.} \quad c_{OH^-} = \sum C_b \,. \tag{50a, 52a}$$

2.5.2.4. Schwache Säuren

Etwas anders muß man rechnen, wenn man die Wasserstoffionenkonzentration der Lösung *schwacher Säuren* ermitteln will.

Betrachtet man z. B. eine 0,1-M-Lösung von Essigsäure, so gilt zunächst Gl. (16) bzw. Gl. (21), die, für Essigsäure formuliert, folgendermaßen lautet:

$$\frac{c_{H_3O^+} \cdot c_{Ac^-}}{c_{HAc}} = K_{HAc}\,. \tag{55}$$

Die Konzentration der Acetationen ist gleich der Konzentration an Wasserstoffionen, wenn man von der sehr geringen Autoprotolyse des Wassers absieht, was für alle praktischen Fälle statthaft ist.
Gleichung (55) geht dann über in:

$$c^2_{H_3O^+} = K_{HAc} \cdot c_{HAc}\,. \tag{56}$$

Da nun die Konzentration an undissoziierter Essigsäure gleich der gegebenen Ausgangskonzentration an Säure, C_s, abzüglich der Wasserstoffionenkonzentration ist, enthält die Gl. (56) tatsächlich nur *eine* Unbekannte und ist wie jede quadratische Gleichung lösbar. Für viele praktische Fälle kann man aber noch die Tatsache berücksichtigen, daß Essigsäure eine schwache Säure und daß daher die Konzentration an undissoziierter Essigsäure praktisch nahezu gleich der Ausgangskonzentration an dieser Säure ist. Die Gleichung vereinfacht sich dann und nimmt folgende Form an:

$$c^2_{H_3O^+} = K_{HAc} \cdot C_{HAc}\,. \tag{57}$$

Allgemein:

$$c^2_{H_3O^+} = K_s \cdot C_s \qquad c_{H_3O^+} = \sqrt{K_s \cdot C_s}\,. \tag{57a}$$

Nimmt man die oben erwähnten Vereinfachungen nicht vor, so gilt:

$$\frac{c_{H_3O^+} \cdot c_b}{C_s - c_{H_3O^+}} = K_s \tag{58}$$

oder wegen $c_{H_3O^+} \approx c_{b^-}$

$$c^2_{H_3O^+} + c_{H_3O^+} \cdot K_s - C_s K_s = 0 \tag{59a}$$

$$c_{H_3O^+} = -\frac{K_s}{2} + \sqrt{\frac{K_s^2}{4} + K_s C_s}\,. \tag{59}$$

Die Lösung mit dem negativen Vorzeichen vor der Wurzel hat keine physikalische Bedeutung. Ob die Wasserstoffionenkonzentration der Lösung einer schwachen Säure mit ausreichender Genauigkeit durch Gl. (57a) beschrieben wird oder ob dazu die Anwendung der quadratischen Gleichung (59) erforderlich ist, hängt sowohl von der Dissoziationskonstante der Säure K_s als auch von der Konzentration ab. Einen Überblick über die Größe des Fehlers bei Verwendung der Näherungsgleichung (57a) für verschiedene Säurestärken und verschiedene Konzentrationen gibt das in Abb. 2.2 gezeigte Diagramm.

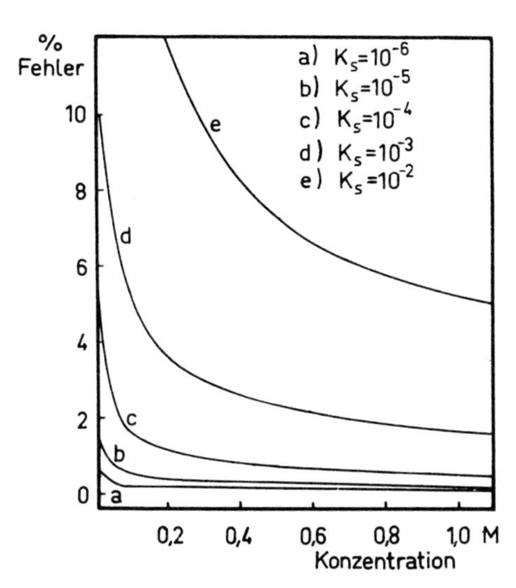

Abb. 2.2. Fehler bei der Berechnung der Wasserstoffionenkonzentration der wäßrigen Lösung einer schwachen Säure nach Gl. (57a) (nach J. E. House und R. C. Reiter)

2.5.2.5. Starke und schwache Säuren nebeneinander

Mischt man eine starke Säure, z. B. Salzsäure, mit einer schwachen Säure, z. B. Essigsäure, so hat man anzusetzen:

$$c_{H_3O^+} = \frac{K_{HAc} \cdot c_{HAc}}{c_{Ac^-}} . \qquad (55a)$$

Da die Lösung elektroneutral sein muß, gilt:

$$c_{H_3O^+} = c_{Ac^-} + c_{OH^-} + c_{Cl^-} ,$$

d. h., die Konzentration der in der Lösung vorhandenen Kationen muß gleich der Summe der Konzentrationen an vorhandenen Anionen sein. Nun ist c_{OH^-} in einer sauren Lösung sehr klein, und c_{Cl^-} ist gleich der Konzentration an zugesetzter Salzsäure, da diese als vollkommen dissoziiert angesehen werden kann. Deshalb kann man schreiben:

$$c_{H_3O^+} = c_{Ac^-} + c_{Cl^-} \quad \text{oder} \quad c_{Ac^-} = c_{H_3O^+} - c_{Cl^-} .$$

Setzt man diesen Ausdruck in Gl. (55a) ein, so erhält man:

$$c_{H_3O^+} = \frac{K_{HAc} \cdot c_{HAc}}{c_{H_3O^+} - c_{Cl^-}} .$$

Die Konzentration c_{HAc} an undissoziierter Essigsäure ist praktisch wieder gleich der Ausgangskonzentration C_{s_1} an dieser Säure. Die Vernachlässigung der Dissoziation der Essigsäure, d. h. die Annahme $c_{HAc} = C_{s_1}$ ist um so mehr berechtigt, als die Protolyse der Essigsäure durch die erhöhte Wasserstoffionenkonzentration der Lösung gegenüber einer reinen Essigsäurelösung zurückgedrängt ist. Nach Umformen der Gleichung erhält man unter Berücksichtigung dieser Tatsache

$$c^2_{H_3O^+} - c_{H_3O^+} \cdot c_{Cl^-} = K_{HAc} \cdot C_{s_1}$$

oder

$$c_{H_3O^+} = \frac{c_{Cl^-}}{2} + \sqrt{\frac{c^2_{Cl^-}}{4} + K_{HAc} \cdot C_{s_1}} .$$

Bezeichnet man die Ausgangskonzentration an zugesetzter starker Säure (Gesamtkonzentration von Säure und Säurerest-Anionen) mit C_{s_2}, so ist allgemein für den Fall der Mischung einer schwachen Säure s_1 und einer starken Säure s_2 zu schreiben:

$$c_{H_3O^+} = \frac{C_{s_2}}{2} + \sqrt{\frac{C^2_{s_2}}{4} + K_{s_1} \cdot C_{s_1}} .$$

Man sieht, daß die Wasserstoffionenkonzentration nahezu gleich der Konzentration der starken Säure ist, wenn K_{s_1} klein gegen C_{s_2} wird. Nur wenn die Konzentration an schwacher Säure groß gegenüber der Konzentration der starken Säure ist, wird der Einfluß der schwachen Säure bedeutungsvoll.

2.5.2.6. Mehrere schwache Säuren nebeneinander

Mischt man dagegen eine schwache Säure s_1 mit einer zweiten schwachen Säure s_2, so gilt für die beiden schwachen Säuren s_1 und s_2, für die wieder die Voraussetzung gemacht werden darf, daß die Konzentrationen der undissoziierten Säuren praktisch gleich deren Ausgangskonzentrationen sind,

$$\frac{c_{H_3O^+} \cdot c_{b_1}}{c_{s_1}} = K_{s_1} \quad \text{bzw.} \quad c_{H_3O^+} \cdot c_{b_1} = K_{s_1} \cdot C_{s_1} \tag{21a}$$

und

$$\frac{c_{H_3O^+} \cdot c_{b_2}}{c_{s_2}} = K_{s_2} \quad \text{bzw.} \quad c_{H_3O^+} \cdot c_{b_2} = K_{s_2} \cdot C_{s_2} \tag{21b}$$

Die sich in der Mischung einstellende Wasserstoffionenkonzentration ist gegeben durch

$$c_{H_3O^+} \cdot (c_{b_1} + c_{b_2}) = K_{s_1} \cdot C_{s_1} + K_{s_2} \cdot C_{s_2} \,. \tag{60}$$

Läßt man die aus der Dissoziation des Wassers herrührenden Wasserstoffionen unberücksichtigt, entspricht die Wasserstoffionenkonzentration der Lösung der Summe der Konzentrationen der korrespondierenden Basen b_1 und b_2.

$$c_{H_3O^+} = c_{b_1} + c_{b_2} \,.$$

Daraus folgt für die Wasserstoffionenkonzentration der Lösung:

$$c^2_{H_3O^+} = K_{s_1} \cdot C_{s_1} + K_{s_2} \cdot C_{s_2} \tag{61}$$

oder

$$c_{H_3O^+} = \sqrt{K_{s_1} \cdot C_{s_1} + K_{s_2} \cdot C_{s_2}} \,. \tag{61a}$$

Aufgabe: 150 ml einer 1-M-Essigsäure und 200 ml einer 1-M-Benzoesäurelösung werden gemischt und auf 1 Liter aufgefüllt. Berechnen Sie die Protonenkonzentration und den *p*H-Wert der entstehenden Lösung [$K_s(HAc) = 1{,}8 \cdot 10^{-5}$, $K_s(\text{Benzoes.}) = 6{,}3 \cdot 10^{-5}$].

Lösung: Die Berechnung erfolgt nach Gl. (61a):

$$c_{H_3O^+} = \sqrt{1{,}8 \cdot 10^{-5} \frac{150}{1000} + 6{,}3 \cdot 10^{-5} \frac{200}{1000}} = 3{,}91 \cdot 10^{-3} \text{ mol/l}$$

$pH = 2{,}408$.

2.5.2.7. Salze, die bei der Dissoziation als Kation eine Säure liefern, während das Anion nicht protolysiert

Liefert ein Salz bei der Dissoziation eine schwache Kationensäure, während das Anion nicht protolysiert, so liegen nach dem früher Gesagten die gleichen Verhältnisse wie bei jeder beliebigen schwachen Säure vor. Betrachten wir als Beispiel Ammoniumchlorid, so führt die Anwendung des Massenwirkungsgesetzes auf das Protolysegleichgewicht

$$NH_4^+ + H_2O \rightleftharpoons NH_3 + H_3O^+ \tag{49}$$

zu Gl. (62)

$$\frac{c_{NH_3} \cdot c_{H_3O^+}}{c_{NH_4^+}} = K_s \,. \tag{62}$$

K_s ist in Gl. (62) die Säurekonstante der schwachen Kationensäure NH_4^+. Da Ammoniumchlorid in wäßriger Lösung praktisch vollkommen dissoziiert ist, kann die NH_4^+-Konzentration gleich der Ausgangskonzentration an Ammoniumchlorid C_s gesetzt werden. Berücksichtigt man noch, daß nach Gl. (49) die Konzentrationen der Wasserstoffionen und des Ammoniaks in der Lösung gleich groß sind (wenn wieder die aus der Autoprotolyse des Wassers stammenden Wasserstoffionen vernachlässigt werden), so erhält man ganz analog zu Gl. (57a)

$$c_{H_3O^+} = \sqrt{K_s \cdot C_s} \quad \text{bzw.} \quad c_{H_3O^+} = \sqrt{\frac{K_W}{K_b} \cdot C_s}\,, \tag{63}$$

wenn K_b die Basekonstante der korrespondierenden Base NH_3 ist.

2.5.2.8. Schwache Basen

Für eine *schwache Base* wie Ammoniak sieht die analoge Berechnung der Wasserstoffionenkonzentration folgendermaßen aus:
Nach Gl. (36) gilt:

$$\frac{c_{NH_4^+} \cdot K_W}{c_{NH_3} \cdot c_{H_3O^+}} = K_{NH_3} \,. \tag{64}$$

Man kann nach Gl. (44) ansetzen:

$$c_{NH_4^+} = c_{OH^-} = \frac{K_W}{c_{H_3O^+}}. \tag{65}$$

Durch Einsetzen von Gl. (65) in Gl. (64) folgt:

$$c^2_{H_3O^+} = \frac{K^2_W}{c_{NH_3} \cdot K_{NH_3}}.$$

Wieder kann man vereinfachend sagen, daß die Konzentration c_{NH_3} gleich der Ausgangskonzentration C_{NH_3} an Ammoniak ist

$$c^2_{H_3O^+} = \frac{K^2_W}{C_{NH_3} \cdot K_{NH_3}} \tag{66}$$

oder allgemein

$$c^2_{H_3O^+} = \frac{K^2_W}{C_b \cdot K_b} \qquad c_{H_3O^+} = K_W \sqrt{\frac{1}{C_b \cdot K_b}}. \tag{66a}$$

2.5.2.9. Starke und schwache Basen nebeneinander

Mischt man starke Basen mit schwachen Basen, so kann man für die Ermittlung der Wasserstoffionenkonzentration der Lösung eine ähnliche Rechnung durchführen, wie sie auf S. 39 für die Mischungen starker und schwacher Säuren angegeben worden ist. Wählen wir als Beispiel einer starken Base NaOH und als Beispiel einer schwachen Base NH_3, so ergibt die Anwendung des Massenwirkungsgesetzes auf das Protolysegleichgewicht der schwachen Base Ammoniak Gl. (44)

$$\frac{c_{NH_4^+} \cdot c_{OH^-}}{c_{NH_3}} = K_{NH_3}. \tag{67}$$

Die Elektroneutralitätsbedingung fordert

$$c_{H_3O^+} + c_{NH_4^+} + C_{Na^+} = c_{OH^-}. \tag{68}$$

Die Konzentration der Wasserstoffionen ist in der alkalischen Lösung gegenüber den anderen Konzentrationen in Gl. (68) vernachlässigbar klein, so daß wir schreiben können:

$$c_{NH_4^+} = c_{OH^-} - C_{Na^+} \,. \tag{69}$$

Ersetzen wir in Gl. (67) die Ammoniumionenkonzentration durch diese Größe, so erhalten wir

$$\frac{c^2_{OH^-} - c_{OH^-} \cdot C_{Na^+}}{c_{NH_3}} = K_{NH_3} \,. \tag{70}$$

Die Konzentration an undissoziiertem Ammoniak ist, da es sich um eine schwache Base handelt, praktisch wieder gleich der Ausgangskonzentration, so daß Gl. (70) in Gl. (71) übergeführt werden kann:

$$c^2_{OH^-} - c_{OH^-} \cdot C_{Na^+} = K_{NH_3} \cdot C_{NH_3} \tag{71}$$

oder

$$c_{OH^-} = \frac{C_{Na^+}}{2} + \sqrt{\frac{C^2_{Na^+}}{4} + K_{NH_3} \cdot C_{NH_3}} \,. \tag{71a}$$

Bezeichnet man die Ausgangskonzentration der starken Base mit C_{b_2}, die der schwachen Base mit C_{b_1}, so gilt allgemein:

$$c_{OH^-} = \frac{C_{b_2}}{2} + \sqrt{\frac{C^2_{b_2}}{4} + K_{b_1} \cdot C_{b_1}} \,. \tag{72}$$

Die OH^--Konzentration der Mischung einer starken und schwachen Base gleicht damit in erster Näherung der OH^--Konzentration, die von der starken Base stammt. Nur wenn die Konzentration der schwachen Base groß gegen die Konzentration der starken Base wird, ergeben sich merkliche Abweichungen.

2.5.2.10. Mehrere schwache Basen nebeneinander

Für die Wasserstoffionenkonzentration einer Lösung, die mehrere schwache Basen nebeneinander enthält, gilt

$$c_{H_3O^+} = K_W \cdot \sqrt{\frac{1}{C_{b_1} \cdot K_{b_1} + C_{b_2} \cdot K_{b_2}}} \,. \tag{73}$$

2.5.2.11. Salze, die bei der Dissoziation als Anion eine Base liefern, während das Kation nicht protolysiert

Betrachtet man die Lösung eines *Salzes*, das bei der Dissoziation als Anion eine Base liefert, während das Kation nicht protolysiert, wie beispielsweise die Lösung von Natriumacetat, so gilt Gl. (46). Diese Gleichung kann man allgemein fassen, indem man Ac^- als b und HAc als s bezeichnet. Durch Anwendung des Massenwirkungsgesetzes ergibt sich:

$$\frac{c_b \cdot c_{H_2O}}{c_s \cdot c_{OH^-}} = \frac{1}{K} \quad \text{bzw.} \quad \frac{c_s \cdot c_{OH^-}}{c_b} = K_b . \tag{34}$$

Die Säurekonzentration c_s ist nun nach Gl. (46) gleich der OH^--Konzentration c_{OH^-}. Dann ergibt sich:

$$\frac{c^2_{OH^-}}{c_b} = K_b . \tag{74}$$

Man kann umformen und schreiben:

$$\frac{K^2_W}{c^2_{H_3O^+} \cdot c_b} = K_b \qquad c^2_{H_3O^+} = \frac{K^2_W}{K_b c_b} . \tag{66a}$$

Die Konzentration c_b kann gleich der Ausgangskonzentration an Natriumacetat gesetzt werden, also

$c_b = C_b$.

Dann gilt wieder die allgemeine Gleichung:

$$c^2_{H_3O^+} = \frac{K^2_W}{K_b \cdot C_b} \qquad c_{H_3O^+} = K_W \sqrt{\frac{1}{K_b \cdot C_b}} . \tag{66a}$$

Natürlich kann man die Basekonstante allgemein durch die Konstante der korrespondierenden Säure (in unserem Beispiel der Essigsäure) ausdrücken; dann ergibt sich für

$$c_{H_3O^+} = \sqrt{\frac{K_W \cdot K_s}{C_b}} . \tag{75}$$

2.5.2.12. Salze, die bei der Dissoziation als Kation eine schwache Säure und als Anion eine schwache Base liefern

Für die Lösung eines Salzes wie Ammoniumacetat ist die Berechnung der Wasserstoffionenkonzentration später (S. 64) gegeben. Hier sei nur erwähnt, daß

$$c_{H_3O^+} = \sqrt{\frac{K_{s_1} \cdot K_W}{K_{b_2}}} = \sqrt{\frac{K_{s_2} \cdot K_W}{K_{b_1}}} \tag{76}$$

ist (K_{s_1} bedeutet in diesem Fall die Säurekonstante von NH_4^+ und K_{b_2} die Basekonstante von Ac^-, K_{b_1} die Basekonstante von NH_3 und K_{s_2} die Säurekonstante von Essigsäure).

2.6. Der *p*H-Wert

Der Gehalt wäßriger Lösungen an Wasserstoffionen ist im allgemeinen sehr gering, deshalb sind die üblichen Konzentrationsmaße für die praktische Handhabung unbequem. Um die umständlichen Rechnungen zu vereinfachen, hat SÖRENSEN 1909 als ein Maß für die Wasserstoffionenkonzentration den *p*H-Wert eingeführt. Dieses Konzentrationsmaß stellt den mit − 1 multiplizierten dekadischen Logarithmus der molaren Konzentration der Wasserstoffionen dar. Die Bezeichnung *p*H leitet sich von „potentia hydrogenii" ab. Im modernen Sinne müßte man den *p*H-Wert richtig als den mit − 1 multiplizierten Wert des dekadischen Logarithmus der Aktivität der Wasserstoffionen bezeichnen. In der Praxis der Maßanalyse wird jedoch

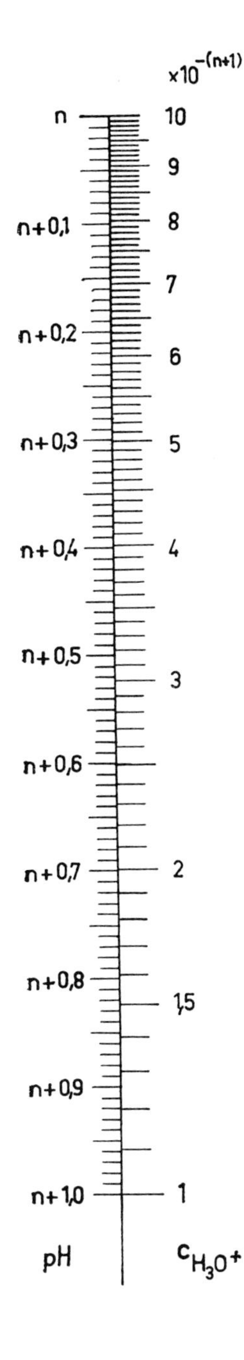

meistens von dem Aktivitätskoeffizienten abgesehen. Der mathematische Ausdruck für die *p*H-Definition von SÖRENSEN lautet demnach:

$$-\log c_{H^+} = -\log c_{H_3O^+} = -\log[H^+] = pH \qquad (77)$$

bzw.

$$-\log a_{H^+} = -\log a_{H_3O^+} = pH\,.$$

Um eine gegebene Molkonzentration von Wasserstoffionen in den entsprechenden *p*H-Wert der Lösung umzurechnen und umgekehrt, kann man sich des nebenstehenden *Nomogramms* bedienen. Wie man das Nomogramm benützt, sei an folgenden Beispielen erläutert:

1. Es soll die dem *p*H = 4,6 zugehörige Wasserstoffionenkonzentration ermittelt werden. Dazu sucht man auf der *p*H-Skala den Wert n + 0,6 auf. n ist in diesem Falle gleich 4. Auf der $c_{H_3O^+}$-Skala findet man den Wert für die zugehörige Wasserstoffionenkonzentration zu $c_{H_3O^+} = 2{,}50 \cdot 10^{-(n+1)} = 2{,}50 \cdot 10^{-5}$.

2. Soll umgekehrt zu einer vorgegebenen Wasserstoffionenkonzentration, z. B. $c_{H_3O^+} = 2{,}3 \cdot 10^{-4}$ ($c_{H_3O^+} = 2{,}3 \cdot 10^{-(3+1)}$), der korrespondierende *p*H-Wert aufgesucht werden, so findet man für diesen Wert auf der *p*H-Skala n + 0,64. Da n = 3 ist, entspricht der gegebenen Wasserstoffionenkonzentration das *p*H = 3,64.

Ebensogut wie zur Umrechnung von Wasserstoffionenkonzentrationen in *p*H-Werte läßt sich das Nomogramm auch zur Berechnung von Dissoziationskonstanten in Säure- oder Baseexponenten oder auch zur Umrechnung von beliebigen Ionenkonzentrationen in Ionenexponenten benutzen.

Da in reinem Wasser die Konzentration der Wasserstoffionen gleich der Konzentration an Hydroxidionen ist, wird der *p*H-Wert von reinem Wasser durch das Ionenprodukt des Wassers bestimmt. Da bei Zimmertemperatur (vgl. Tab. 2.1) der Wert für das

Ionenprodukt des Wassers angenähert 10^{-14} beträgt, so haben wir für diese Bedingungen:

$$c_{H_3O^+} = c_{OH^-} = \sqrt{K_W} = \sqrt{10^{-14}} = 10^{-7}. \qquad (78)$$

Wasser von Zimmertemperatur hat einen *p*H-Wert von ungefähr 7. Eine derartige Lösung mit $pH = 7$ bezeichnen wir als neutral. Ist der *p*H-Wert kleiner als 7, so ist die Lösung sauer, ist der *p*H-Wert größer als 7, so ist die Lösung alkalisch oder basisch.
Es ist sehr bequem, auch anstelle der Hydroxidionenkonzentration den mit −1 multiplizierten dekadischen Logarithmus dieser Konzentration zu benutzen und anstelle der Säure- oder Basekonstanten den mit −1 multiplizierten Logarithmus dieser Konstanten einzuführen.
Für *Wasser* ist dann:

$$pH + pOH = pK_W \qquad (79)$$

bzw.

$$pH = 14 - pOH. \qquad (79a)$$

Für den *p*H-Wert der Lösung einer *starken Säure* gilt [vgl. Gl. (50)]:

$$pH = -\log C_s. \qquad (80)$$

Eine Erniedrigung des *p*H-Wertes um *eine* Einheit bedeutet danach die 10fache Erhöhung der Wasserstoffionenkonzentration, eine Erhöhung des *p*H-Wertes um *eine* Einheit die 10fache Verminderung.
Für den *p*H-Wert der Lösung einer *starken Base* gilt [vgl. Gl. (53)]:

$$pH = pK_W + \log C_b. \qquad (81)$$

Für die Lösung einer *schwachen Säure* [vgl. Gl. (57a) bzw. (63)] ist *p*H nach folgenden Gleichungen zu berechnen:

$$pH = \frac{1}{2} pK_s - \frac{1}{2} \log C_s \qquad (82)$$

bzw.

$$pH = 7 - \frac{1}{2} pK_b - \frac{1}{2} \log C_s. \qquad (83)$$

Für die Lösung einer *schwachen Base* haben wir anzusetzen [vgl. Gl. (66a) und (75)]:

$$pH = 14 - \frac{1}{2} pK_b + \frac{1}{2} \log C_b \qquad (84)$$

$$pH = 7 + \frac{1}{2} pK_s + \frac{1}{2} \log C_b . \tag{85}$$

Diese Gleichungen seien an einigen *Beispielen* erläutert.

Eine 0,01-M-Lösung von Salzsäure besitzt $C_s = 0{,}01$; $-\log C_s = 2$ und $pH = 2$.

Eine 0,01-M-Lösung von Natriumhydroxid besitzt $C_b = 0{,}01$; $-\log C_b = 2$ und $pH = 12$.

Eine 0,1-M-Lösung von Essigsäure ($C_s = 0{,}1$; $K_s = 1{,}8 \cdot 10^{-5}$; $pK_s = 4{,}74$) besitzt $pH = 2{,}37 + 0{,}5 = 2{,}87$.

Für eine 0,1-M-Lösung von Ammoniak ergibt sich entsprechend:

($C_b = 0{,}1$; $K_b = 1{,}8 \cdot 10^{-5}$; $pK_b = 4{,}74$) $pH = 14 - 2{,}37 - 0{,}5 = 11{,}13$.

Für eine 0,1-M-Ammoniumchloridlösung gilt:

($C_s = 0{,}1$; $K_b = 1{,}8 \cdot 10^{-5}$; $pK_b = 4{,}74$; $pK_s = 9{,}26$) $pH = 4{,}63 + 0{,}5 = 5{,}13$ oder $pH = 7{,}0 - 2{,}37 + 0{,}5 = 5{,}13$.

Eine 0,1-M-Lösung von Natriumacetat ($C_b = 0{,}1$; $pK_b = 9{,}26$; $pK_s = 4{,}74$) besitzt den $pH = 7 + 2{,}37 - 0{,}5 = 8{,}87$ oder $pH = 14 - 4{,}63 - 0{,}5 = 8{,}87$.

Es sei an dieser Stelle darauf hingewiesen, daß Lösungen auch *p*H-Werte haben können, die <0 oder >14 sind. Im ersten Fall bezeichnet man die Lösungen als übersauer, im zweiten Fall als überalkalisch. So ist das *p*H einer 40%igen Schwefelsäure beispielsweise -2. Dieser Wert macht jedoch keine direkte Aussage mehr über die tatsächliche Konzentration der hydratisierten Protonen in der Lösung (vgl. S. 23).

Aufgabe: Welchen *p*H-Wert hat eine 10^{-8}-M-HCl-Lösung?

Lösung: Nach Gl. (50) und (77) würde sich ein *p*H-Wert von 8 errechnen, d. h., das Ergebnis dieser einfachen Rechnung würde besagen, daß eine stark verdünnte HCl-Lösung alkalisch reagiert. Der Fehler liegt darin, daß der aus der Dissoziation des Wassers herrührende Anteil der H_3O^+-Ionenkonzentration unberücksichtigt blieb. In Wirklichkeit handelt es sich um das Gemisch der starken Säure HCl und der sehr schwachen Säure Wasser. Es kann daher die Betrachtung in Abschnitt 2.5.2.5. Anwendung finden. Die Wasserstoffionenkonzentration ergibt sich aus der Gl.

$$c_{H_3O^+} = \frac{C_{s_2}}{2} + \sqrt{\frac{C_{s_2}^2}{4} + K_{s_1} \cdot C_{s_1}}$$

(s_1 = schwache Säure, s_2 = starke Säure).

Zwar fehlen in der Aufgabe die Größen K_{s_1} und C_{s_1} für die schwache Säure Wasser. Ihr Produkt ist jedoch nach Gl. (3) identisch mit $K_W = 10^{-14}$ (für 24 °C). $c_{H_3O^+}$ beträgt danach $1{,}051 \cdot 10^{-7}$ mol/l, $pH = 6{,}978$.

2.7. Die Titration einer starken Säure mit einer starken Base und umgekehrt

2.7.1. Der Äquivalenzpunkt

Wie bereits gesagt, dient die Neutralisationsanalyse der Ermittlung der Konzentration einer vorliegenden Säure oder Base. Die Analysenmethode beruht darauf, daß man die zu bestimmende Base oder Säure mit einer Säure oder Base von bekannter Konzentration versetzt, bis der Äquivalenzpunkt der Säure-Base-Reaktion erreicht ist. Dieser ist bei der Titration von starken Säuren bzw. Basen gleich dem Neutralpunkt, bei dem die Lösung bei Raumtemperatur den *p*H-Wert 7 besitzt.

2.7.2. Die Neutralisationskurven

Die Verhältnisse bei der Neutralisation einer starken Säure mit einer starken Base und umgekehrt lassen sich leicht graphisch darstellen. Betrachtet man z. B. die Titration einer 0,01-M-Salzsäure mit 0,01-M-Natronlauge, so sieht man, daß der *p*H-Wert – entsprechend einer Wasserstoffionenkonzentration von 0,01 Grammäquivalent/Liter – zu Beginn der Titration 2 ist. Wenn 90% der Salzsäure neutralisiert sind, ist die Wasserstoffionenkonzentration nur noch 10^{-3} Grammäquivalent/Liter, der *p*H-Wert der Lösung also 3. Bei 99%iger Neutralisation und einer Wasserstoffionenkonzentration von 10^{-4} Grammäquivalent/Liter beträgt der *p*H-Wert 4; bei voll-

Tabelle 2.7. Titration von 0,01-M-Salzsäure mit Lauge bei Zimmertemperatur

Neutralisiert %	*p*H	*p*OH	$\frac{\Delta pH}{\Delta c}$
0	2	12	
90	3	11	0,01
99	4	10	0,11
99,9	5	9	1,1
100	7	7	20
Überschuß an Base			
0,1	9	5	20
1	10	4	1,1
10	11	3	0,11

ständiger Neutralisation haben wir $pH = 7$. Trägt man den pH-Wert in Abhängigkeit von der Menge an zugesetzter Natronlauge auf, so sieht man, daß sich der pH-Wert der Lösung im Bereich des Äquivalenzpunktes außerordentlich schnell ändert. In der Nähe des Äquivalenzpunktes wird also durch eine Zugabe von sehr wenig Reagenz eine große pH-Änderung erzielt. Tabelle 2.7 zeigt dies noch einmal deutlich. Der Quotient $\Delta pH/\Delta c$ gibt dabei die pH-Änderung in Abhängigkeit von der zur Erzeugung dieser pH-Änderung notwendigen Menge des Reagenz an. Dieser Quotient hat am Äquivalenzpunkt ein Maximum, und die Titration ist um so genauer, je größer dieser Maximalwert ist. Die Darstellung, wie sie in Abb. 2.3 gegeben ist, setzt voraus, daß sich das Volumen der Lösung während der entscheidenden Phase der Titration nur unwesentlich ändert. Würde es stark zunehmen, so müßte der pH-Wert nach Überschreiten des Äquivalenzpunktes weniger stark zunehmen, als es in Abb. 2.3 beschrieben ist, und vor dem Äquivalenzpunkt würde der pH-Wert stärker ansteigen. Die Kurve würde am Äquivalenzpunkt dann keinen so starken pH-Sprung zeigen.

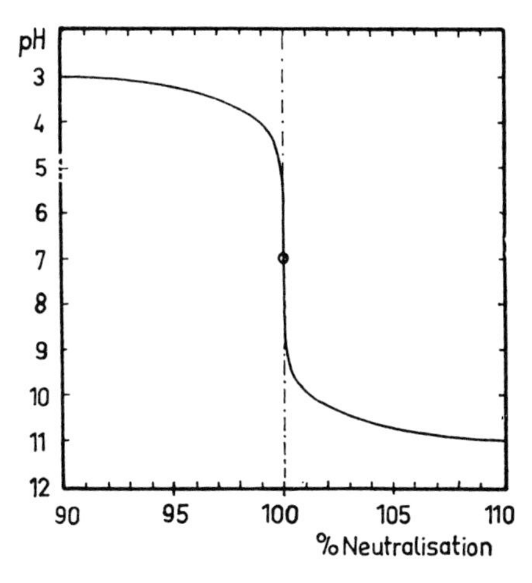

Abb. 2.3. Titration von 0,01-M-Salzsäure mit Natronlauge bei Raumtemperatur

Die Größe der Änderung der Wasserstoffionenkonzentration hängt natürlich von K_W ab. Da das Ionenprodukt des Wassers sich mit der Temperatur ändert, wird die Gestalt der Titrationskurve auch durch die Temperatur der Lösung beeinflußt. Mit zunehmender Temperatur der Lösung wird der pH-Sprung im Verlauf der Titrationskurve kleiner; vgl. Abb. 2.4.
Die Steilheit der Neutralisationskurve ist weiter von der Konzentration der zu bestimmenden Säure abhängig. Abb. 2.5 gibt die Neutralisationskurven

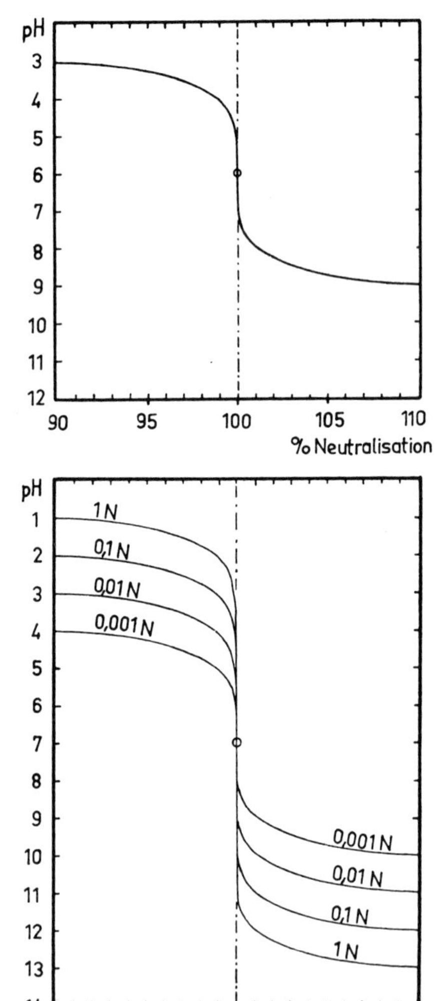

Abb. 2.4. Titration von 0,01-M-Salzsäure mit Natronlauge bei 100°C

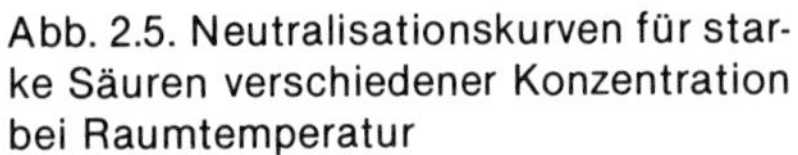

Abb. 2.5. Neutralisationskurven für starke Säuren verschiedener Konzentration bei Raumtemperatur

für eine einwertige Säure wieder, die zu Beginn der Titration 1M, 0,1M, 0,01M und 0,001 M ist.

Alle hier gezeigten Titrationskurven sind idealisiert. Meist enthalten die Lösungen etwas CO_2, und dies bedingt, daß der Äquivalenzpunkt nicht genau bei pH = 7 liegt.

2.7.3. Die Ermittlung des Äquivalenzpunktes mit Hilfe von Indikatoren

Praktisch kann man den Äquivalenzpunkt auf verschiedene Weise feststellen. Sehr bequem ist es, sich zur Ermittlung des Titrationsendpunktes sogenannter Indikatoren zu bedienen. Dabei hat man unter einem Indikator einen Farbstoff zu verstehen, dessen verdünnte Lösung je nach Wasserstoffionenkonzentration eine verschiedene Farbe anzunehmen vermag. Ein guter Indikator hat die Eigenschaft, beim Übergang von niedrigerem zu höherem *p*H oder umgekehrt seine Farbe innerhalb eines bestimmten *p*H-Bereiches, der möglichst klein sein soll, möglichst gut erkennbar zu ändern. Umschlagsgebiete von verschiedenen gebräuchlichen Indikatoren sind in Tabelle 7.1 (S. 179) angegeben. Die Wahl des Indikators muß sich nach der Form der Neutralisationskurve richten. Der Umschlagsbereich des Indikators soll innerhalb des *p*H-Sprunges der Titrationskurve liegen. Wenn dies der Fall ist, wird durch Zusatz eines Tropfens Reagenz eine große *p*H-Änderung erzielt, die durch eine drastische Farbänderung angezeigt wird. Selbstverständlich ist es besonders leicht, mit dieser Methode einen großen *p*H-Sprung zu erkennen. Deshalb ist es einfacher, bei Raumtemperatur als bei höherer Temperatur zu titrieren, und die Titration von stark verdünnten Lösungen ist weniger genau und weniger bequem durchzuführen als die Titration konzentrierter Lösungen. Durch Bereiten von Lösungen, die genau den *p*H-Wert des Äquivalenzpunktes besitzen und die mit dem Indikator angefärbt werden, kann man sich für besondere Fälle Vergleichsfärbungen herstellen. Man kann dann auf den Farbton dieser Lösung zu titrieren versuchen und dadurch unter Umständen den Äquivalenzpunkt auch dann noch genau erfassen, wenn der *p*H-Sprung an diesem Punkt klein ist.
Auch mit Mischungen von Indikatoren kann man manchmal bestimmte *p*H-Werte und nicht nur Umschlagsintervalle erkennen (vgl. S. 181).

2.8. Die Titration einer schwachen Säure mit einer starken Base und umgekehrt

2.8.1. Die rechnerische Ermittlung des Äquivalenzpunktes und der *p*H-Werte, die im Verlaufe der Titration einer schwachen Säure auftreten

Bei der Titration einer schwachen Säure, z. B. Essigsäure, mit einer starken Base liegt der Äquivalenzpunkt nicht mehr bei *p*H = 7. Der Äquivalenzpunkt ist ja dadurch gekennzeichnet, daß zu der Säure s_1 so viel OH^--Ionen zugesetzt wurden, wie es der Gl. (86) entspricht:

$$\begin{array}{llll} s_1 & & \rightleftharpoons H^+ & + b_1 \\ H^+ & + OH^- & \rightleftharpoons H_2O & \\ \hline s_1 & + OH^- & \rightleftharpoons b_1 & + H_2O. \end{array} \tag{86}$$

Wenn s_1 eine schwache Säure ist, muß nach dem früher Gesagten b_1 eine starke Base sein. Bei der Protolyse einer starken Base entstehen aber OH^--Ionen. Am Äquivalenzpunkt muß daher die Lösung alkalisch reagieren.

Der *p*H-Wert beim Äquivalenzpunkt läßt sich nach Gl. (84) bzw. Gl. (85) berechnen:

$$pH = 7 + \frac{1}{2} pK_s + \frac{1}{2} \log C_b . \tag{85}$$

In Gl. (85) bedeutet pK_s den mit -1 multiplizierten dekadischen Logarithmus der Säurekonstante und C_b die Menge an OH^--Ionen, die zum Erreichen des Äquivalenzpunktes zugesetzt werden muß. Diese OH^--Ionenkonzentration ist für eine einwertige Säure gleich der Ausgangskonzentration an Säure.

Etwas schwieriger sind die *p*H-Werte für die noch nicht voll austitrierten Lösungen zu berechnen. Titriert man z. B. Essigsäure mit Natronlauge, so entstehen nach Gl. (86) Acetationen, und wir haben den *p*H-Wert der Lösung einer Essigsäure zu ermitteln, die eine bestimmte Menge Natriumacetat enthält. Nach dem Massenwirkungsgesetz muß für die Wasserstoffionenkonzentration in einer solchen Lösung Gl. (55a) gelten:

$$c_{H_3O^+} = \frac{c_{HAc}}{c_{Ac^-}} \cdot K_{HAc} . \tag{55a}$$

Hat man eine 0,1-M-Essigsäure zu 50% neutralisiert, so beträgt die Konzentration c_{HAc} an diesem Titrationspunkt angenähert 0,05 und die Konzentration an Acetationen ebenfalls angenähert 0,05. Ganz exakt ist dies zwar nicht; denn ein Teil der Essigsäure wird dissoziiert sein. Da es sich aber bei der Essigsäure um eine schwache Säure handelt, ist dieser Anteil sehr gering, und er wird durch die Anwesenheit von Acetationen in der Lösung nach Gl. (55a) noch verringert. Sind gleiche Mengen Essigsäure und Natriumacetat in einer Lösung zugegen, so ist, wie man sieht, der *p*H-Wert gleich dem pK_s-Wert der Säure. Unterscheiden sich die Mengen an Essigsäure und Natriumacetat, so entspricht der *p*H-Wert aufgrund Gl. (55a) der Formel:

$$pH = -\log c_{HAc} + \log c_{Ac^-} + pK_{HAc}. \tag{87}$$

Allgemein formuliert, ergibt sich Gl. (88):

$$pH = pK_s - \log c_s + \log c_b, \tag{88}$$

pK_s bedeutet den negativen Logarithmus der Säurekonstante der zu titrierenden Säure, c_b ist gleich der zugesetzten Menge Lauge, c_s ist gleich der Ausgangskonzentration an zu titrierender Säure, C_s, abzüglich c_b: $c_s = C_s - c_b$. Die Formel gilt sinngemäß für jede schwache Säure, der ihr Salz zugesetzt wurde. c_s ist dann in Gl. (88) die Konzentration der Säure, c_b die Konzentration des Salzes.

2.8.2. Die rechnerische Ermittlung des Äquivalenzpunktes und der *p*H-Werte, die im Verlaufe der Titration einer schwachen Base auftreten

Titriert man eine schwache Base mit einer starken Säure, so berechnet sich der *p*H-Wert des Äquivalenzpunktes ganz analog dem oben für die Titration einer schwachen Säure Gesagten nach Gl. (82) bzw. Gl. (83). Dabei ist in der Gl. (83)

$$pH = 7 - \frac{1}{2} pK_b - \frac{1}{2} \log C_s \tag{83}$$

pK_b gleich dem mit -1 multiplizierten dekadischen Logarithmus der Basekonstante und C_s gleich der zugesetzten Menge Säure, die für die Titration einer einwertigen Base deren Ausgangskonzentration entspricht. Für den *p*H-Wert einer beliebigen Lösung, wie sie im Verlaufe der Titration erhalten wird, gilt,

$$pH = pK_W - pK_b - \log c_s + \log c_b, \tag{89}$$

c_s ist gleich der zugesetzten Menge an Säure; c_b ist gleich der Anfangskonzentration an zu titrierender Base, C_b, vermindert um c_s: $c_b = C_b - c_s$.

2.8.3. Die Neutralisationskurven

Abb. 2.6 zeigt die berechnete Neutralisationskurve für 0,1-M-Essigsäure bei Raumtemperatur. Abb. 2.7 zeigt die analoge Titrationskurve für die schwache Base Ammoniak.

Die Steilheit der Neutralisationskurve ist, wie Abb. 2.8 zeigt, sehr stark von der Dissoziationskonstante der zu titrierenden Säure bzw. Base abhängig.

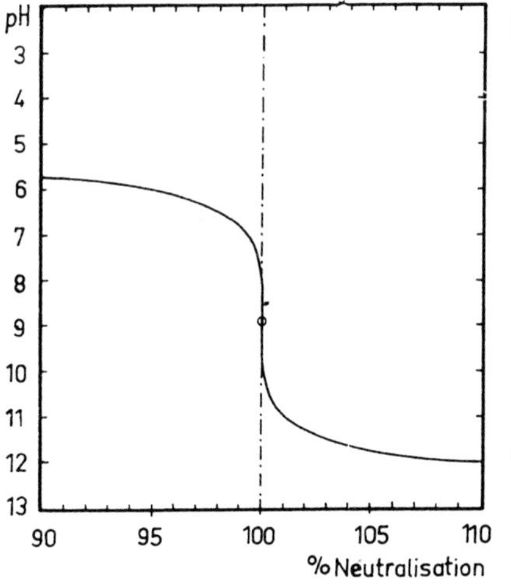

Abb. 2.6. Titration von 0,1-M-Essigsäure mit Natronlauge bei Raumtemperatur

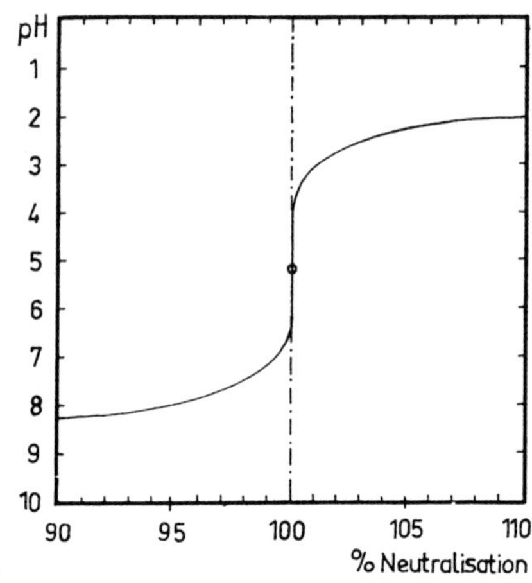

Abb. 2.7. Titration von 0,1-M-Ammoniak mit Salzsäure bei Raumtemperatur

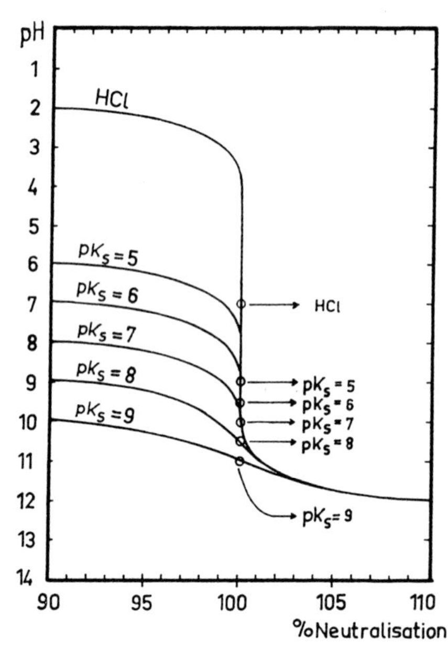

Abb. 2.8. Neutralisationskurven von 0,1-M-Säuren mit verschiedenen Säurekonstanten (Raumtemperatur)

2.8.4. Die graphische Ermittlung der Konzentrationen der einzelnen Komponenten im Protolysesystem

Wie man aus den Neutralisationskurven sieht, wird während einer Neutralisationsanalyse beim Titrieren eine ganze Reihe von *p*H-Werten durchlaufen. Um die Genauigkeit der Analyse zu ermitteln und das notwendige Verfahren festzulegen, muß man wissen, welche Ionen in dem Protolysesystem bei einem bestimmten *p*H-Wert nebeneinander existieren und in welchen Konzentrationen sie bei einer bestimmten Ausgangskonzentration von Säure oder Base vorliegen. Um diese Fragen bequem zu lösen, hat G. HÄGG eine graphische Methode angegeben, die auf folgenden Überlegungen beruht:
Für das Gleichgewicht

$$s + H_2O \rightleftharpoons b + H_3O^+ \qquad (16)$$

gilt

$$\frac{c_{H_3O^+} \cdot c_b}{c_s} = K_s\,. \qquad (21)$$

Die Summe von c_s und c_b muß konstant und gleich der Ausgangskonzentration C der Säure sein. Für die Konzentration der korrespondierenden Säure und Base erhält man dann

$$\frac{c_{H_3O^+}(C - c_s)}{c_s} = K_s \quad \text{bzw.} \quad \frac{c_{H_3O^+} \cdot c_b}{C - c_b} = K_s \qquad (90)$$

oder

$$c_s = \frac{C \cdot c_{H_3O^+}}{K_s + c_{H_3O^+}}, \qquad (91)$$

$$c_b = \frac{C \cdot K_s}{K_s + c_{H_3O^+}}. \qquad (92)$$

Trägt man die sich aus diesen Formeln für verschiedene *p*H-Werte ergebenden Werte von c_s und c_b eines gegebenen Protolysesystems in ein Koordinatensystem mit log c als Ordinate und *p*H als Abszisse ein, so erhält man zwei Kurven (Hyperbeln), deren Äste fast geradlinig sind. Die größte Richtungsänderung weisen die Kurven in der Nähe von *p*H = *p*K_s auf.

Die Asymptoten der Hyperbeln lassen sich nun recht einfach konstruieren: Ist nämlich $c_{H_3O^+} \gg K_s$, d. h., $pH < pK_s$, so vereinfacht sich Gl. (91) zu

$$c_s = C \quad \text{oder} \quad \log c_s = \log C\,. \tag{93}$$

Das bedeutet im Diagramm eine Gerade parallel zur pH-Achse mit der Ordinate log C.
Ist dagegen $c_{H_3O^+} \ll K_s$, also $pH > pK_s$, dann wird Gl. (91) zu

$$c_s = \frac{c_{H_3O^+} \cdot C}{K_s}$$

oder

$$\log c_s = -pH + \log C + pK_s\,. \tag{94}$$

Die Kurve ist also auch in diesem Bereich eine Gerade, da $\log c_s$ eine lineare Funktion von pH ist. Der Richtungskoeffizient ist -1, d. h., der Neigungswinkel der Geraden gegen die pH-Achse ist 45°. Da für $\log c_s = \log C$ $pH = pK_s$ wird, muß die Gerade durch den Punkt mit diesen Koordinaten verlaufen.
In ganz entsprechender Weise erhält man den Verlauf der Asymptoten für $\log c_b$ in Abhängigkeit von pH.
Ist $c_{H_3O^+} \gg K_s$, also $pH < pK_s$, so wird Gl. (92) zu

$$c_b = \frac{C \cdot K_s}{c_{H_3O^+}}$$

oder

$$\log c_b = \log C - pK_s + pH\,, \tag{95}$$

$\log c_b$ wird im Diagramm also durch eine Gerade mit dem Richtungskoeffizienten $+1$ dargestellt, die durch den Punkt $pH = pK_s$, $\log c_b = \log C$ verläuft.
Für $c_{H_3O^+} \ll K_s$, d. h. $pH > pK_s$, vereinfacht sich Gl. (92) zu

$$c_b = C \quad \text{oder} \quad \log c_b = \log C\,, \tag{96}$$

$\log c_b$ wird in diesem Bereich also durch eine Gerade mit der Ordinate log C dargestellt.
Damit sind alle Asymptoten der beiden Hyperbeln beschrieben, die $\log c_s$ bzw. $\log c_b$ in Abhängigkeit des pH-Wertes darsteilen.
Praktisch konstruiert man sie so, daß man den Punkt $pH = pK_s$, $\log c_s = \log C$ oder $pH = pK_s$, $\log c_b = \log C$ im Diagramm aufsucht, durch diesen

eine Gerade parallel zur pH-Achse und zwei Geraden mit Neigungswinkeln von 45° gegen die pH-Achse zieht.

Den genauen Verlauf der Kurven in der Nähe von $pH = pK_s$ findet man, wenn man beachtet, daß aus Gl. (91) und Gl. (92) für diesen Punkt folgt:

$$c_s = c_b = \frac{C}{2} \tag{97}$$

oder

$$\log c_s = \log c_b = \log C - \log 2 = \log C - 0{,}30\,. \tag{97a}$$

Die beiden Hyperbeln schneiden sich also im Punkt $pH = pK_s$, $\log c_s$ (bzw. $\log c_b$) $= \log C - 0{,}30$. Ist pH nur um 1 größer oder kleiner als pK_s, so fallen die exakten Kurven bereits mit den konstruierten Asymptoten zusammen. Die Konzentrationen der H_3O^+- und der OH^--Ionen in dem betrachteten System lassen sich ebenfalls direkt ablesen, wenn man die Geraden $-\log c_{H_3O^+} = pH$ und $\log c_{OH^-} = -pOH = pH - pK_W$ in das Diagramm einträgt.

Abb. 2.9 zeigt das pH/log c-Diagramm für 0,1-M- und 0,01-M-Essigsäure.

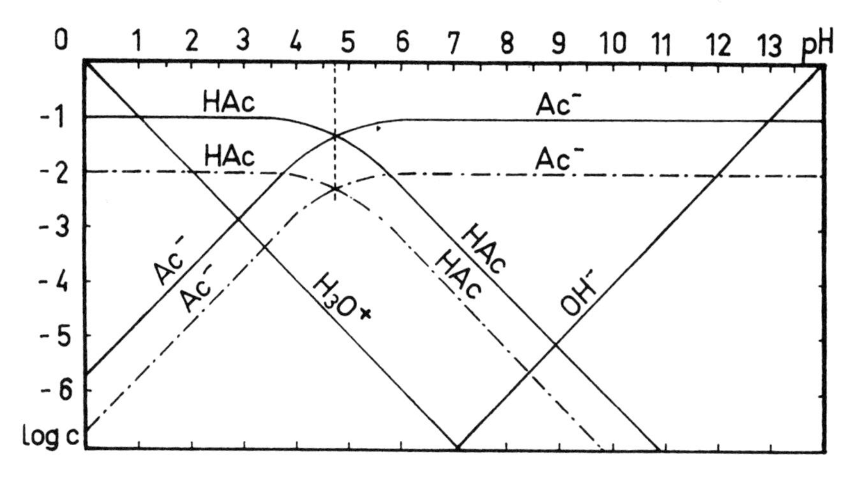

Abb. 2.9. pH/log c-Diagramm für 0,1-M- und 0,01-M-Essigsäure bzw. Acetation, 25°C

Aus Abb. 2.9 geht hervor, daß bei einer Wasserstoffionenkonzentration der Lösung, die der Dissoziationskonstante der Säure entspricht, die Konzentrationen der Säure s und ihrer korrespondierenden Base b gleich groß sind. Ist die Wasserstoffionenkonzentration größer als K_s, so liegt in der Lösung vorwiegend die Säure s vor; ist $c_{H_3O^+}$ andererseits kleiner als K_s, so liegt vorwiegend die Base b vor.

Für den Säurebruch x_s erhält man aus Gl. (25) und (91)

$$x_s = \frac{c_s}{c_s + c_b} = \frac{c_s}{C} = \frac{c_{H_3O^+}}{K_s + c_{H_3O^+}} = \frac{1}{1 + K_s/c_{H_3O^+}} = \frac{1}{1 + 10^{pH - pK_s}}, \qquad (98)$$

für den Basebruch x_b aus Gl. (26) und (92)

$$x_b = \frac{c_b}{c_s + c_b} = \frac{c_b}{C} = \frac{K_s}{K_s + c_{H_3O^+}} = \frac{1}{1 + c_{H_3O^+}/K_s} = \frac{1}{1 + 10^{pK_s - pH}}. \qquad (99)$$

Trägt man x_s und x_b als Funktion des *p*H-Wertes der Lösung auf, so entstehen Kurven der in Abb. 2.10 gezeigten Form, die sich nur durch die Lage bezüglich der *p*H-Ordinate unterscheiden. Sind die Konzentrationen der korrespondierenden Säure und Base gleich groß, d. h., gilt $c_s = c_b$ und damit $x_s = x_b = 0{,}5$, so wird nach Gl. (25) $c_{H_3O^+} = K_s$ und $pH = pK_s$. In Abb. 2.10 sind der Säure- und Basebruch x_s bzw. x_b als Funktion des *p*H-Wertes für das Säure-Base-Paar HAc/Ac$^-$ ($pK_s = 4{,}75$) und für ein Säure-Base-Paar s/b ($pK_s = 10$) dargestellt. Wie man sieht, hängen Säure- und Basebruch, d. h. der Protolysegrad nicht von der Gesamtkonzentration C, sondern nur vom Verhältnis $c_{H_3O^+}/K_s$ ab.

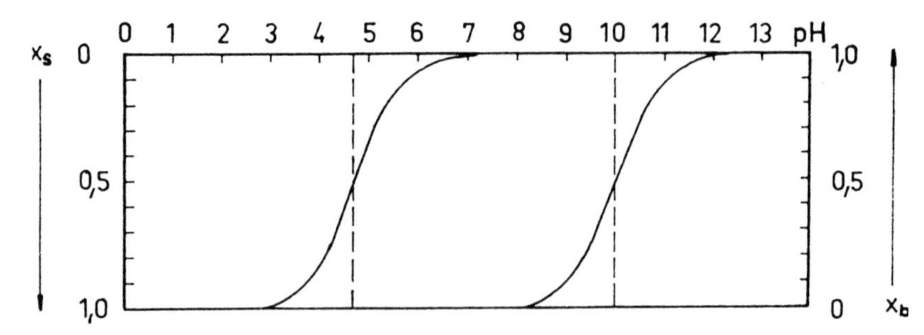

Abb. 2.10. *p*H/x-Diagramm für die Säure-Base-Paare HAc/Ac$^-$ ($pK_{HAc} = 4{,}75$) und s/b ($pK_s = 10$)

2.8.5. Die Ermittlung des Äquivalenzpunktes und die Genauigkeit der Titration

In Abb. 2.11 ist noch einmal das Diagramm für das System Essigsäure/Acetat wiedergegeben. Der Äquivalenzpunkt für die Titration einer 0,1-M-Essigsäure befindet sich bei Punkt D (*p*H = 8,87). Wenn man Essigsäure titrieren will, hat man es aber nicht nötig, genau auf diesen Endpunkt zu titrieren. 99%ige Neutralisation der Essigsäure ist bereits bei Punkt A, d. h. bei *p*H = 6,75, erreicht; denn dort beträgt die Konzentration an Essigsäure nur noch 10^{-3}M. 99,9%ige Neutralisation (Punkt B) ist bei *p*H = 7,75 erreicht. Wünscht man mit einer Titrationsgenauigkeit von ± 0,1 % zu titrieren, so kann man auf einen Titrationsendpunkt titrieren, der zwischen *p*H = 7,75 und *p*H = 10,0 liegt. Bei *p*H ~7,8 wird ein Titrationsfehler von 0,1 % durch noch anwesende Essigsäure verursacht, bei *p*H ~10 ein ebenso großer Fehler durch überschüssig zugesetztes OH^--Ion. Man sieht weiter, daß die Titration einer 0,01-M-Essigsäure mit der gleichen Genauigkeit von 0,1 % größere Schwierigkeiten bereitet. Man muß dann auf einen *p*H-Wert titrieren, der zwischen 7,7 (Punkt E) und 9 (Punkt F) liegt.

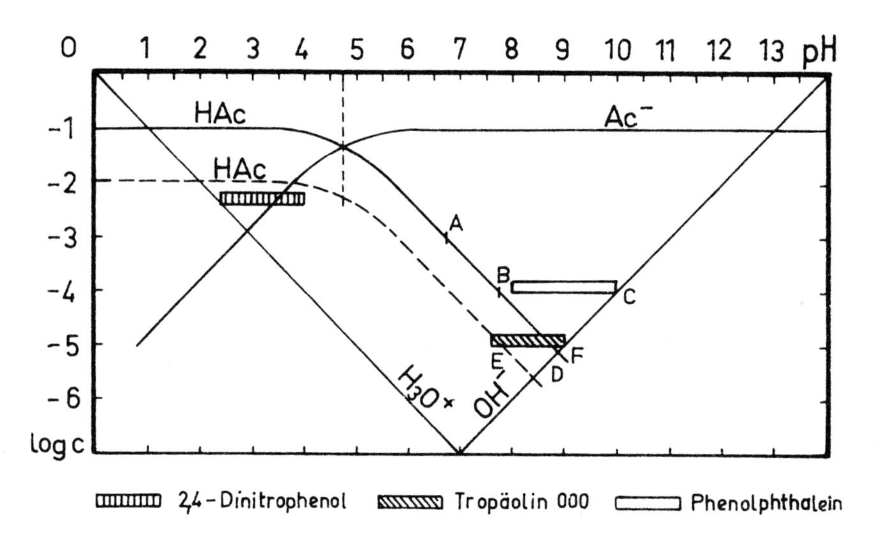

Abb. 2.11. *p*H/log c-Diagramm für Essigsäure/Acetat, 25 °C

Diese Überlegungen, die hier für das Beispiel der Essigsäure gegeben sind,

lassen sich natürlich für die Titration jeder schwachen Säure bzw. jeder schwachen Base anstellen.
Abb. 2.12 zeigt die Verhältnisse für Säuren mit verschiedenen Dissoziationskonstanten. Man sieht, daß sich eine 0,1-M-Säure mit $K_s = 10^{-5}$ auf einen Titrationsendpunkt zwischen *p*H 8 und *p*H 10 titrieren läßt. Meistens mißt man den Endpunkt mit Hilfe von Indikatoren, die, wie man aus Tabelle 7.1 (S. 179) sieht, vielfach ein Umschlagsintervall von 2 *p*H-Einheiten besitzen. Wählt man einen derartigen, zwischen *p*H 8 und 10 umschlagenden Indikator, so läßt sich die Titration einer Säure von $K_s = 10^{-5}$ ohne weiteres auf ± 0,1% genau ausführen. Eine 0,1-M-Säure mit $K_s = 10^{-6}$ läßt sich mit der gleichen Genauigkeit aber nur dann titrieren, wenn man einen Indikator wählt, der ein Umschlagsgebiet zwischen *p*H 9 und *p*H 10 besitzt. Die Titration einer Säure mit $K_s = 10^{-6}$ ist mit einem üblichen Indikator wie Thymolphthalein, der etwa zwischen 9,4 und 10,6 umschlägt, mit ungefähr 0,5%iger Genauigkeit möglich. Das gleiche gilt für eine Säure mit $K_s = 10^{-7}$.

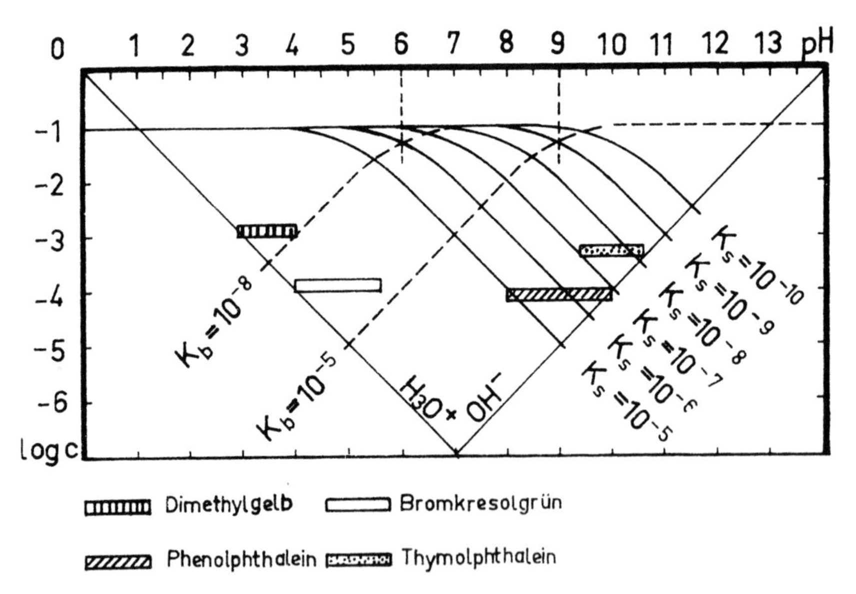

Abb. 2.12. *p*H/log c-Diagramm für Säuren und Basen mit verschiedenen Dissoziationskonstanten, 25°C

Will man aber eine Säure mit $K_s = 10^{-8}$ titrieren, so läßt sich eine Genauig-

keit von 0,3% nur erzielen, wenn man mit Hilfe von Vergleichslösungen den Äquivalenzpunkt auf 0,2 *p*H-Einheiten genau mißt.
Das hier für die Titration von Säuren Gesagte gilt sinngemäß für die Titration von Basen. In der Praxis hat man bei der Titration von manchen Alkaloiden mit Basekonstanten K_b zwischen 10^{-3} und 10^{-8} zu rechnen. Aus dem Diagramm lassen sich die *p*H-Werte für den Äquivalenzpunkt und die Genauigkeit der Titration ablesen.
Wenn sich eine schwache Säure mit Natronlauge nicht mehr bequem und genau titrieren läßt, ist es mitunter möglich, ihre korrespondierende Base mit einer starken Säure titrimetrisch zu erfassen. In Abb. 2.12 ist zu der Säure s mit $K_s = 10^{-9}$ der Kurvenzug für die korrespondierende Base b eingezeichnet. Wie man sieht, schneidet diese Kurve die H_3O^+-Kurve bei *p*H = 5, d. h., die Base läßt sich mit Salzsäure titrieren; der Äquivalenzpunkt liegt bei *p*H = 5. Ein Vergleich mit dem Kurvenzug für eine Säure mit $K_s = 10^{-5}$ lehrt, daß die Titration der fraglichen Base mit eben derselben Genauigkeit durchzuführen ist wie die Titration der Säure mit $K_s = 10^{-5}$.
Aus den Kurven der Abb. 2.11 und der Abb. 2.12 sieht man, daß es z. B. nicht sehr sinnvoll ist, eine Lösung von Natriumacetat mit Salzsäure zu titrieren. Der Äquivalenzpunkt liegt bei *p*H = 2,9. Wenn man nicht mit Hilfe von Vergleichslösungen genau auf diesen Umschlagspunkt titriert, sondern einen

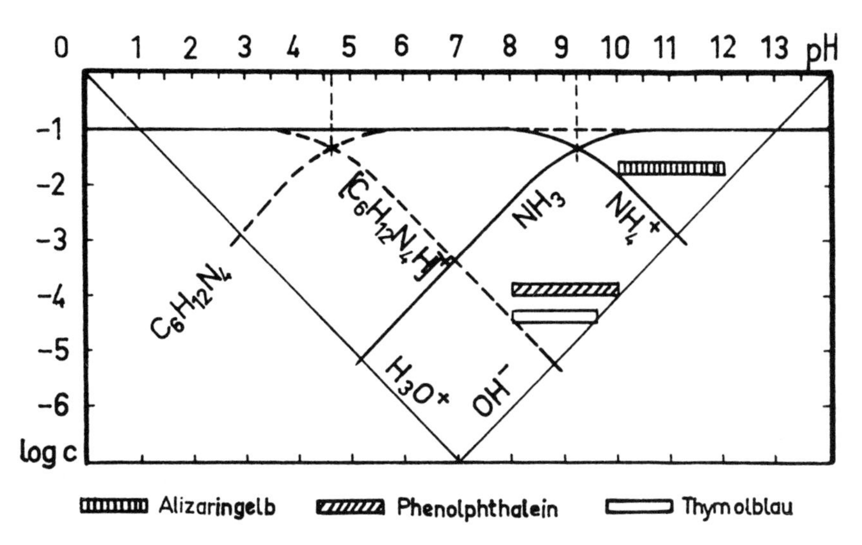

Abb. 2.13. *p*H/log c-Diagramm für Ammoniak/Ammoniumion bzw. Urotropin/Urotropiniumion (0,1 M, 25°C)

Indikator mit einem Umschlagsintervall einsetzt, wird die Titration recht fehlerhaft. Dagegen ist es noch denkbar, etwa das Natriumsalz von Diethylbarbitursäure ($K_s = 3{,}7 \cdot 10^{-8}$; $K_b = 2{,}7 \cdot 10^{-7}$) als Base zu titrieren, und praktisch macht man von dieser Möglichkeit auch Gebrauch.

Andererseits kann man NH_4Cl nur ungenau mit NaOH titrieren (Abb. 2.13). Erst wenn man durch Zusatz von Formaldehyd das Ammoniumchlorid in Hexamethylentetrammoniumchlorid übergeführt hat, läßt sich dieses gut als Säure titrieren (pK_b für Hexamethylentetramin 9,4, $pK_s = 4{,}6$). Auch Papaverinhydrochlorid ($K_b = 8 \cdot 10^{-9}$) läßt sich mit NaOH genau titrieren.

2.9. Die Titration einer schwachen Säure mit einer schwachen Base und umgekehrt

Titriert man eine schwache Base mit einer schwachen Säure oder umgekehrt, so ist die Lage des Äquivalenzpunktes wieder abhängig von K_s und K_b. In Abb. 2.14 sind die Verhältnisse für einfach molare Lösungen von Essigsäure und Ammoniak angegeben. Der Äquivalenzpunkt A liegt in diesem Fall bei $pH = 7$. Anders ausgedrückt, bedeutet dieses Ergebnis, daß einer Lösung von Ammoniumacetat das pH 7 zukommt, und zwar ist dieser pH-Wert unabhängig von der Konzentration an Ammoniumacetat. Abb. 2.14

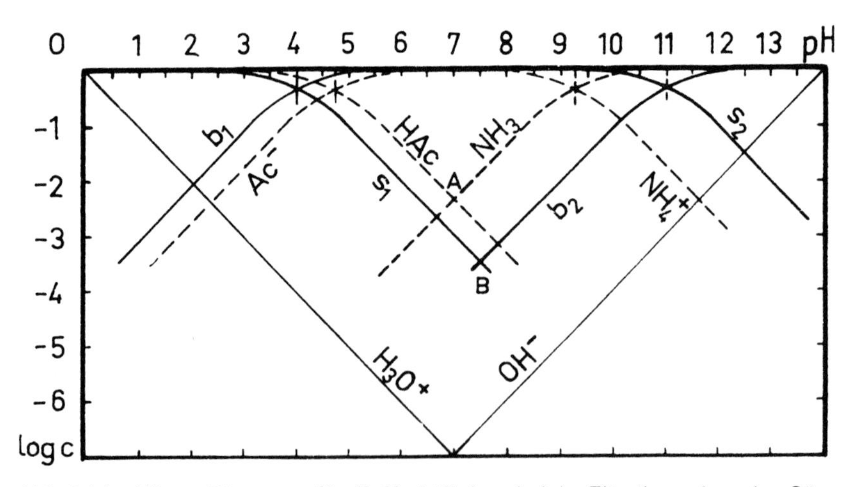

Abb. 2.14. pH/log c-Diagramm für die Verhältnisse bei der Titration schwacher Säuren mit schwachen Basen

zeigt weiter das Beispiel einer Säure s_1 mit $K_s = 10^{-4}$ ($pK_s = 4$), die mit einer Base b_2 mit $K_b = 10^{-3}$ ($pK_b = 3$) titriert wird. In diesem Fall liegt der Äquivalenzpunkt B bei $pH = 7{,}5$. Ein Salz, das sich von s_1 und b_2 ableitet, würde schwach alkalisch reagieren. Wiederum unabhängig von der Konzentration würde eine solche Salzlösung das $pH = 7{,}5$ besitzen, vorausgesetzt, daß man nicht zu verdünnte Lösungen betrachtet.

Es gilt:

$$pH = 7 + \frac{1}{2} pK_s - \frac{1}{2} pK_b \,. \qquad (100)$$

Praktisch führt man Titrationen von schwachen Säuren mit schwachen Basen oder umgekehrt zwar nicht direkt aus; aber bei der Titration einer mehrwertigen Säure mit starken Basen hat man in der Lösung Verhältnisse vorliegen, die den oben geschilderten entsprechen.

2.10. Die Titration von mehrwertigen Säuren und Basen

2.10.1. Die Dissoziationskonstanten

Aus den auf S. 31 angeführten Beispielen für protolytische Systeme sieht man, daß Phosphorsäure, H_3PO_4, unter Bildung von $H_2PO_4^-$ zu protolysieren vermag. $H_2PO_4^-$ seinerseits vermag durch Protolyse HPO_4^{--} zu bilden. Auch HPO_4^{--} kann als Säure reagieren und unter Bildung von PO_4^{---} protolysieren. Bei der Titration von Orthophosphorsäure müssen alle diese Ionen gebildet werden. Es liegen bei einer derartigen Titration mehrere Protolysesysteme vor; die Konzentrationen der Partner der einzelnen Systeme sind miteinander gekoppelt.
Allgemein formuliert, sind die Gleichgewichte für eine dreiwertige Säure folgende:

$$H_3b + H_2O \rightleftharpoons H_2b^- + H_3O^+$$
$$H_2b^- + H_2O \rightleftharpoons Hb^{--} + H_3O^+$$
$$Hb^{--} + H_2O \rightleftharpoons b^{---} + H_3O^+ \,.$$

H_2b^- und Hb^{--} können sowohl Säure als auch Base eines protolytischen Systems sein. Man bezeichnet sie als Ampholyte.
Wendet man auf diese Protolysegleichgewichte das Massenwirkungsge-

setz an, so erhält man Gleichungen für die drei Säurekonstanten der dreiwertigen Säure:

$$\frac{c_{H_3O^+} \cdot c_{H_2b^-}}{c_{H_3b}} = K_{s_1},$$

$$\frac{c_{H_3O^+} \cdot c_{Hb^{--}}}{c_{H_2b^-}} = K_{s_2},$$

$$\frac{c_{H_3O^+} \cdot c_{b^{---}}}{c_{Hb^{--}}} = K_{s_3}.$$

K_{s_1} ist die erste, K_{s_2} die zweite und K_{s_3} die dritte Dissoziationskonstante der dreiwertigen Säure.

Das Analoge gilt für die Dissoziationskonstanten einer mehrwertigen Base. Zum Beispiel:

$b^{--} + H_2O \rightleftharpoons Hb^- + OH^-$
$Hb^- + H_2O \rightleftharpoons H_2b + OH^-$

$$\frac{c_{Hb^-} \cdot c_{OH^-}}{c_{b^{--}}} = K_{b_1}$$

$$\frac{c_{H_2b} \cdot c_{OH^-}}{c_{Hb^-}} = K_{b_2}.$$

Die Dissoziationskonstanten mehrwertiger Säuren und Basen unterscheiden sich von Dissoziationsstufe zu Dissoziationsstufe gewöhnlich um mehrere, häufig um etwa fünf Zehnerpotenzen.

2.10.2. Die Neutralisationskurve

Die Titrationskurve einer mehrwertigen Säure zeigt mehrere Sprunggebiete, deren jedes der Neutralisation eines Protons entspricht. Ihre Konstruktion, d. h. die Berechnung der *p*H-Werte der Lösung als Funktion des Zusatzes einer starken Base, ist erheblich komplizierter als die Konstruktion der Titrationskurve einer einwertigen Säure, da jetzt verschiedene Gleichgewichte nebeneinander zu berücksichtigen sind. Dank der Tatsache, daß sich die einzelnen Dissoziationskonstanten mehrwertiger Säuren in der Praxis meist um einige Zehnerpotenzen unterscheiden, läßt sich der Verlauf solcher Titrationskurven dennoch auf einfache Weise in guter Näherung ermitteln. Für eine zweiwertige Säure H_2b, für die die Gleichgewichte

$$H_2b + H_2O \rightleftharpoons H_3O^+ + Hb^- \qquad (101)$$

und

$$Hb^- + H_2O \rightleftharpoons H_3O^+ + b^{--} \qquad (102)$$

gelten, kann beispielsweise zu Beginn der Titration, d. h., wenn die *p*H-Werte der Lösung verhältnismäßig klein sind, die Dissoziation in zweiter Stufe nach Gl. (102) unberücksichtigt bleiben. Für die Berechnung des *p*H-Wertes der Lösung einer zweiwertigen Säure gegebener Konzentration genügt deshalb Gl. (103)

$$\frac{c_{H_3O^+} \cdot c_{Hb^-}}{c_{H_2b}} = K_{s_1}, \qquad (103)$$

wenn die zweite Dissoziationskonstante K_{s_2} (Gl. 104) um mehrere Zehnerpotenzen kleiner als K_{s_1} ist.

$$\frac{c_{H_3O^+} \cdot c_{b^{--}}}{c_{Hb^-}} = K_{s_2} \qquad (104)$$

Die Wasserstoffionenkonzentration der Säure H_2b beträgt danach zu Beginn der Titration, wenn C_{H_2b} die Gesamtkonzentration an H_2b bedeutet,

$$c_{H_3O^+} = -\frac{K_{s_1}}{2} + \sqrt{\frac{K_{s_1}^2}{4} + K_{s_1} \cdot C_{H_2b}} \qquad \text{vgl. Gl. (59)}.$$

Setzen wir nun eine starke Base wie z. B. NaOH zu, so brauchen wir, solange H_2b im Überschuß vorhanden ist, nur die Reaktion

$$H_2b + OH^- \rightarrow Hb^- + H_2O$$

zu berücksichtigen. Es gelten dann für die Berechnung des jeweiligen *p*H-Wertes der Lösung in Abhängigkeit von der zugesetzten Base C_{NaOH} die folgenden Betrachtungen. Wenn wir zunächst die Dissoziation der Säure H_2b unberücksichtigt lassen, betragen die Konzentrationen von H_2b und Hb^-

(scheinbare Konzentrationen) nach dem Zusatz einer bestimmten Menge NaOH

scheinbare Konzentration an H_2b

$$c'_{H_2b} = C_{H_2b} - C_{NaOH}$$

scheinbare Konzentration an Hb^-

$$c'_{Hb^-} = C_{NaOH} .$$

Von der Säure H_2b liegt jedoch gemäß Gl. (101) ein Teil dissoziiert als H_3O^+ und Hb^- vor, so daß die tatsächlichen Konzentrationen von H_2b und Hb^- in der Lösung

$$c_{H_2b} = C_{H_2b} - C_{NaOH} - c_{H_3O^+}$$

und

$$c_{Hb^-} = C_{NaOH} + c_{H_3O^+}$$

betragen. Daraus ergibt sich nach Gl. (103) die Wasserstoffionenkonzentration und damit der *p*H-Wert der Lösung. Mit Hilfe dieser Beziehung können wir die Titrationskurve bis in die Nähe des ersten Äquivalenzpunktes berechnen.
Am ersten Äquivalenzpunkt, der der 50%igen Neutralisation der Säure H_2b entspricht, haben wir so viel Base zugefügt, daß die Säure H_2b formal vollständig in NaHb übergeführt worden ist. Es liegt jetzt eine Lösung des Monohydrogensalzes NaHb vor. Hb^- kann jedoch sowohl als Säure wie auch als Base fungieren, d. h., wir müssen die Reaktionen

$$Hb^- + H_2O \rightleftharpoons H_3O^+ + b^{--} \qquad (105)$$

und

$$Hb^- + H_3O^+ \rightleftharpoons H_2b + H_2O \qquad (106)$$

betrachten. Wenn wir annehmen, daß beide Reaktionen in gleichem Ausmaß ablaufen, erhalten wir durch Addition der Gl. (105) und (106)

$$2Hb^- \rightleftharpoons H_2b + b^{--} . \qquad (107)$$

Die Gleichgewichtskonstante für die Bruttoreaktion Gl. (107) ist gleich dem Quotienten aus den Gleichgewichtskonstanten K_{s_1} und K_{s_2}, wie man durch Division von Gl. (104) durch Gl. (103) leicht nachprüfen kann:

$$\frac{c_{H_2b} \cdot c_{b^{--}}}{c_{Hb^-}^2} = \frac{K_{s_2}}{K_{s_1}}. \tag{108}$$

Bezeichnen wir die scheinbare Konzentration an Hb^- mit $c'_{Hb^-} = C_{H_2b}$, so wird ein Teil davon entsprechend Gl. (107) als H_2b und b^{--} vorliegen. Nach Gl. (108) gilt dann wegen $c_{H_2b} = c_{b^{--}}$

$$\frac{c_{H_2b}^2}{(C_{H_2b} - 2\,c_{H_2b})^2} = \frac{K_{s_2}}{K_{s_1}}. \tag{109}$$

Hieraus lassen sich die Konzentrationen c_{H_2b}, $c_{b^{--}}$ ($= c_{H_2b}$) und c_{Hb^-} ($= C_{H_2b} - 2c_{H_2b}$) berechnen. Diese Werte in Gl. (103) oder (104) eingesetzt, ergeben schließlich die Wasserstoffionenkonzentration am ersten Äquivalenzpunkt (vgl. auch S. 75).

Jenseits des ersten Äquivalenzpunktes ist praktisch keine freie Säure H_2b mehr vorhanden. Wird Base zugesetzt, so vollzieht sich im wesentlichen die Reaktion

$$Hb^- + OH^- \rightarrow b^{--} + H_2O\,.$$

Jetzt gilt für die Berechnung des *p*H-Wertes der Lösung in Abhängigkeit von der zugesetzten Base

scheinbare Konzentration an Hb^-

$$c'_{Hb^-} = 2C_{H_2b} - C_{NaOH}$$

scheinbare Konzentration an b^{--}

$$c'_{b^{--}} = C_{NaOH} - C_{H_2b}\,.$$

Da in dem betrachteten Gebiet zwischen den beiden Äquivalenzpunkten die Protolyse der Ionen Hb^- und b^{--} nicht erheblich ist, können die scheinbaren Konzentrationen c'_{Hb^-} und $c'_{b^{--}}$ als tatsächliche Konzentrationen in Gl. (104) eingesetzt werden, so daß sich die Wasserstoffionenkonzentration aus Gl. (104a) ergibt:

$$c_{H_3O^+} = \frac{c_{Hb^-}}{c_{b^{--}}} \cdot K_{s_2}\,. \tag{104a}$$

Der zweite Äquivalenzpunkt ist erreicht, wenn die Säure H_2b vollständig neutralisiert ist. Es liegt jetzt eine Lösung von Na_2b vor. Die scheinbare Konzentration $c'_{b^{--}}$ entspricht der Konzentration C_{H_2b}. Wegen der Protolyse von b^{--} nach Gl. (102) liegen jedoch neben b^{--}- auch Hb^--Ionen in Lösung vor. Die tatsächlichen Konzentrationen sind

$$c_{b^{--}} = c_{H_2b} - c_{Hb^-}$$

$$c_{Hb^-} = c_{OH^-} = \frac{K_W}{c_{H_3O^+}}.$$

Setzen wir diese Größen in Gl. (104) ein, so ergibt sich aus ihr die Wasserstoffionenkonzentration und damit das *p*H der Lösung am zweiten Äquivalenzpunkt.

$$K_{s_2} = \frac{\left(c_{H_2b} - \frac{K_W}{c_{H_3O^+}}\right) \cdot c_{H_3O^+}}{\frac{K_W}{c_{H_3O^+}}} = \frac{(c_{H_2b} \cdot c_{H_3O^+} - K_W)\, c_{H_3O^+}}{K_W}$$

$$c^2_{H_3O^+} - \frac{K_W}{c_{H_2b}} \cdot c_{H_3O^+} = \frac{K_{s_2} \cdot K_W}{c_{H_2b}}$$

$$c_{H_3O^+} = \frac{K_W}{2\,c_{H_2b}} + \sqrt{\frac{K_W}{c_{H_2b}}\left(K_{s_2} + \frac{K_W}{4\,c_{H_2b}}\right)}.$$

Für den Fall $K_{s_2} \gg K_W$ vereinfacht sich die Gleichung zu

$$c_{H_3O^+} = \sqrt{\frac{K_W \cdot K_{s_2}}{c_{H_2b}}}.$$

Fügen wir unserer Lösung über den zweiten Äquivalenzpunkt hinaus starke Base zu, so steigt das *p*H der Lösung entsprechend der Zunahme der OH^--Konzentration.

Abb. 2.15 zeigt die Titrationskurve der 0,1-M-Lösung einer zweiwertigen Säure H_2b ($K_{s_1} = 10^{-2}$, $K_{s_2} = 10^{-8}$), bei deren Berechnung die Zunahme des Volumens im Laufe der Titration unberücksichtigt blieb. Wenn die Äquivalenzpunkte auf der *p*H-Skala wie im vorliegenden Fall durch mehrere *p*H-Einheiten getrennt sind, lassen sich beide Dissoziationsstufen titrimetrisch erfassen.

Für die Beurteilung, welche Größen im Protolysesystem einer mehrwertigen Säure bei einem gegebenen *p*H-Wert der Lösung eine Rolle spielen, empfiehlt es sich, zunächst ein *p*H/log c-Diagramm für den in Frage stehenden Fall zu konstruieren (vgl. S. 57 bzw. 73). Aus der Elektroneutralitäts-

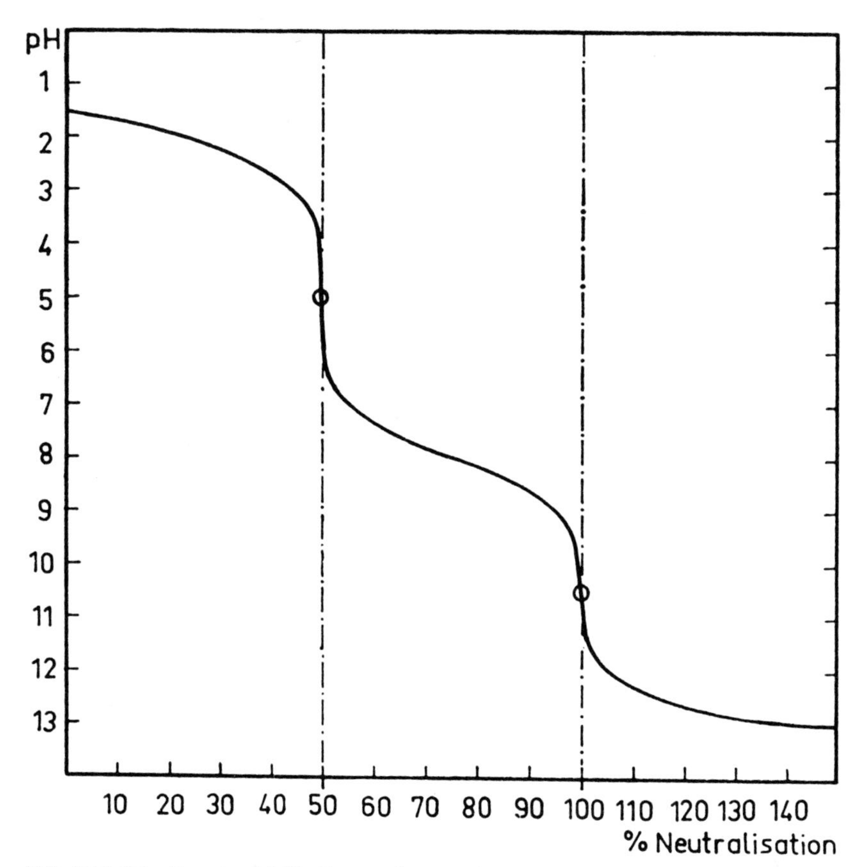

Abb. 2.15. Titration der 0,1-M-Lösung einer zweiwertigen Säure H_2b mit Natronlauge bei Raumtemperatur

bedingung folgt für den hier näher diskutierten Fall einer zweiwertigen Säure:

$$c_{Na^+} + c_{H_3O^+} = c_{Hb^-} + 2c_{b^{--}} + c_{OH^-} . \qquad (110)$$

Diese Gleichung muß für jeden beliebigen Punkt der Titration exakt erfüllt sein.
Weiter gilt:

$$c_{Na^+} = C_{NaOH}$$
$$C_{H_2b} = c_{H_2b} + c_{Hb^-} + c_{b^{--}} .$$

Die Konzentrationen an H_2b, Hb^- und b^{--} betragen danach nach Zusatz einer gegebenen Menge Natronlauge C_{NaOH}:

$$c_{Hb^-} = 2C_{H_2b} - C_{NaOH} - c_{H_3O^+} + c_{OH^-} - 2c_{H_2b} \quad (111)$$
$$c_{b^{--}} = C_{NaOH} - C_{H_2b} + c_{H_3O^+} - c_{OH^-} + c_{H_2b} \quad (112)$$
$$2c_{H_2b} = 2C_{H_2b} - C_{NaOH} - c_{Hb^-} - c_{H_3O^+} + c_{OH^-} \quad (113)$$

bzw.

$$c_{H_2b} = C_{H_2b} - C_{NaOH} + c_{b^{--}} - c_{H_3O^+} + c_{OH^-}. \quad (114)$$

Eine Betrachtung des *p*H/log c-Diagramms läßt in jedem Fall sofort erkennen, welche Größen in den Gl. (111), (112), (113) und (114) gegenüber den anderen additiven Gliedern vernachlässigbar sind. Aus den Gl. (103) bzw. (104) ergeben sich dann die Wasserstoffionenkonzentrationen für den jeweiligen Punkt der Titration, d. h. für verschiedene Größen C_{NaOH} bei der vorgegebenen Konzentration C_{H_2b}.

Als Sonderfall können zweibasige Säuren behandelt werden, bei denen Hb^- in wäßriger Lösung keine sauren Eigenschaften mehr hat. Dies ist beispielsweise bei dem Hydrogensulfidion HS^- der Fall, das ähnlich wie OH^- oder NH_2^- nur eine Base ist. HS^- reagiert deshalb wie eine einfache Base:

$$HS^- + H_2O \rightleftharpoons H_2S + OH^- \quad (115)$$

mit $K = K_W/K_1$. Wir erhalten deshalb

$$c_{H_2S} = c_{OH^-} \text{ und} \quad (115a)$$

$$c_{HS^-} = c_{Na^+} - c_{OH^-} \quad (115b)$$

In erster Näherung gilt $c_{HS^-} = c_{Na^+}$. Für eine 0,050-M-Lösung von NaHS ergibt sich beispielsweise:

$$c_{OH^-} = \frac{c_{HS^-}}{c_{H_2S} \cdot K} \text{ oder } c^2_{OH^-} = \frac{c_{HS^-}}{K} = \frac{c_{Na^+}}{K}$$

$$c_{OH^-} = \frac{\sqrt{c_{Na^+}}}{\sqrt{K}} = 7{,}2 \cdot 10^{-5} \text{ mol/l}$$

2.10.3. Die graphische Ermittlung der Konzentrationen der einzelnen Komponenten in dem Protolysesystem

Die Berechnung der Konzentrationen der Komponenten eines Protolysesystems mit mehrwertigen Säuren und Basen ist möglich, aber umständlich. Die graphische Ermittlung der Konzentrationen der einzelnen Komponenten ist dagegen, wenn man die Werte für die Dissoziationskonstanten kennt, verhältnismäßig einfach.
Abb. 2.16 zeigt ein *p*H/log c-Diagramm für eine 0,32-M- (log c = – 0,5) Lösung von Orthophosphorsäure, H_3PO_4.
Die Säureexponenten der Phosphorsäure bei 18 °C betragen:

$pK_{H_3PO_4} = 2{,}12$
$pK_{H_2PO_4^-} = 7{,}21$
$pK_{HPO_4^{2-}} = 12{,}32.$

Die Konstruktion des Diagramms erfolgt genauso wie früher beschrieben, nur daß man drei Protolysesysteme zu berücksichtigen hat. Man hat zu beachten, daß bei dem Punkt $pK_{s_1} = pH = 2{,}12$ H_3PO_4 die Säure ist und $H_2PO_4^-$ die Base darstellt, während bei $pK_{s_2} = pH = 7{,}21$ das Ion $H_2PO_4^-$ zur Säure wird und HPO_4^{--} als Base angesehen werden muß. Bei $pK_{s_3} = pH = 12{,}32$ schließlich ist HPO_4^{--} die Säure.

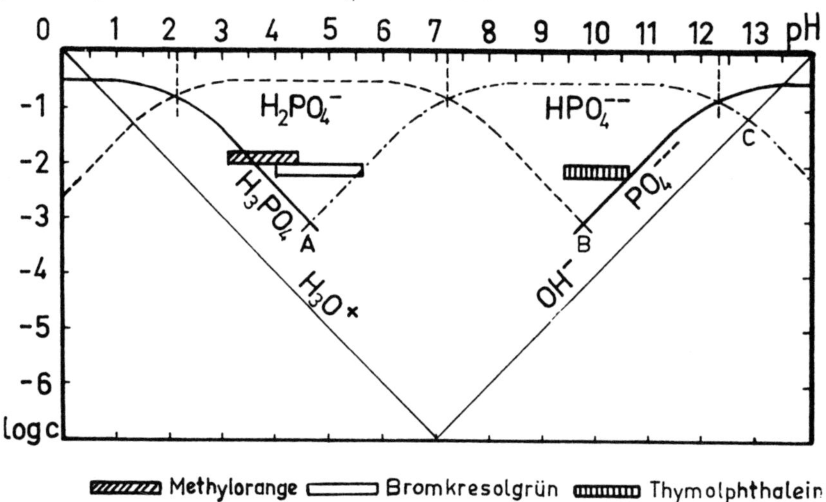

Abb. 2.16. *p*H/log c-Diagramm für 0,32-M-Phosphorsäure und ihre Ionen, 25 °C

Man sieht, daß die Äquivalenzpunkte für die Titration mit Lauge die Punkte A, B und C sind. Setzt man eine starke Base zu, so wird bei (A) der Punkt erreicht, bei dem ein Proton der Phosphorsäure titriert ist. Wegen der besonderen Lage der Umschlagsgebiete von gebräuchlichen Indikatoren muß man, wenn man genau titrieren will, hier möglichst mit Vergleichslösungen arbeiten. Der zweite Äquivalenzpunkt liegt bei (B), der dritte Äquivalenzpunkt bei (C). Der dritte Äquivalenzpunkt läßt sich durch Titration nicht mehr exakt erfassen.
Die Erfassung der einzelnen Äquivalenzpunkte nacheinander gelingt nur, wenn sich die Dissoziationskonstanten der mehrwertigen Säuren – wie im Falle der Phosphorsäure – um mehrere Zehnerpotenzen unterscheiden.

2.10.4. Der *p*H-Wert bei den Äquivalenzpunkten

Die Lage der beiden ersten Äquivalenzpunkte im Falle der dreiwertigen Phosphorsäure ist konzentrationsunabhängig wie die Lage des Äquivalenzpunktes bei der Titration einer schwachen Säure mit einer schwachen Base. Der *p*H-Wert dieser Äquivalenzpunkte läßt sich leicht errechnen.
Betrachtet man das Gebiet, in dem $H_2PO_4^-$ bzw. HPO_4^{--} das stabilste Ion ist, so hat man zwei protolytische Systeme zu berücksichtigen, da z. B. HPO_4^{--} oder allgemein Hb^- sowohl als Säure wie auch als Base zu reagieren vermag.

$$HPO_4^{--} + H_2O \rightleftharpoons H_3O^+ + PO_4^{---} \tag{116}$$

$$HPO_4^{--} + H_3O^+ \rightleftharpoons H_2PO_4^- + H_2O\,. \tag{117}$$

Hieraus erhält man für die Gleichgewichtskonstanten:

$$\frac{c_{H_3O^+} \cdot c_{PO_4^{---}}}{c_{HPO_4^{--}}} = K_{s_3}\,, \tag{118}$$

$$\frac{c_{H_2PO_4^-}}{c_{H_3O^+} \cdot c_{HPO_4^{--}}} = \frac{1}{K_{s_2}}\,. \tag{119}$$

Durch Division erhält man hieraus:

$$\frac{c^2_{H_3O^+} \cdot c_{PO_4^{---}}}{c_{H_2PO_4^-}} = K_{s_2} \cdot K_{s_3}\,. \tag{120}$$

Wie man aus Abb. 2.16 sieht, wird beim Äquivalenzpunkt $c_{PO_4^{---}} = c_{H_2PO_4^-}$.
Damit wird Gl. (120) zu:

$$c^2_{H_3O^+} = K_{s_2} \cdot K_{s_3}, \tag{121}$$

$$c_{H_3O^+} = \sqrt{K_{s_2} \cdot K_{s_3}}, \tag{122}$$

$$pH = \frac{1}{2} pK_{s_2} + \frac{1}{2} pK_{s_3}. \tag{123}$$

Für den ersten Äquivalenzpunkt A gilt sinngemäß:

$$pH = \frac{1}{2} pK_{s_1} + \frac{1}{2} pK_{s_2}. \tag{123a}$$

Bei einer zweiwertigen Säure, wie etwa der Kohlensäure, haben wir für die Titration mit Natronlauge den ersten Äquivalenzpunkt bei

$$pH = \frac{1}{2} pK_{s_1} + \frac{1}{2} pK_{s_2} \tag{123a}$$

zu suchen, wobei pK_{s_1} den Säureexponenten für die Dissoziation der Kohlensäure in erster Stufe, pK_{s_2} den Säureexponenten für die Dissoziation der Kohlensäure in zweiter Stufe bedeutet. Da für Kohlensäure $pK_{s_1} = 6{,}52$ und $pK_{s_2} = 10{,}4$ ist, liegt der Äquivalenzpunkt bei $pH = 8{,}4$.
Dieser Punkt gibt gleichzeitig den *p*H-Wert an, der sich einstellt, wenn man Hydrogensalz der betreffenden Säure in Wasser löst. So hat z. B. eine Natriumhydrogencarbonatlösung den *p*H-Wert 8,4. Dieses *p*H ist unabhängig von der Konzentration, vorausgesetzt, daß diese so groß ist, daß die Autoprotolyse des Wassers nicht berücksichtigt zu werden braucht.
Wie man aus Abb. 2.16 ersieht, hat eine Lösung von Natriumdihydrogenphosphat, NaH_2PO_4, den *p*H-Wert 4,5 und eine Lösung von Dinatriumhydrogenphosphat, Na_2HPO_4, den *p*H-Wert 9,7.

Aufgabe: Wie groß sind die Konzentrationen an H_3O^+-, HSO_4^--, SO_4^{2-}-Ionen und H_2SO_4 in einer Lösung, die als 0,2 molare Schwefelsäure bezeichnet wird?

Lösung: Bezüglich der 1. Dissoziationsstufe kann Schwefelsäure als sehr starke Säure angesehen werden. K_{s_2} beträgt $1{,}3 \cdot 10^{-2}$.
Da in 1. Stufe $H_2SO_4 + H_2O \rightleftharpoons H_3O^+ + HSO_4^-$ völlige Dissoziation angenommen werden kann, wird $c_{H_3O^+} = c_{HSO_4^-}$ zunächst 0,2 mol/l. Zwangsläufig wird $c_{H_2SO_4} = 0$ mol/l.
Für die Dissoziation in 2. Stufe gilt

$$K_{s_2} = \frac{c_{H_3O^+} \cdot c_{SO_4^{2-}}}{c_{HSO_4^-}}$$

$c_{H_3O^+}$ = $c_{H_3O^+}$ (Anteil aus 1. Stufe) + x (Anteil aus 2. Stufe) = 0,2 + x mol/l
$c_{HSO_4^-}$ = $c_{HSO_4^-}$ (Anteil aus 1. Stufe) − x (Anteil aus 2. Stufe) = 0,2 − x mol/l
$c_{SO_4^{2-}}$ = x mol/l (nur in 2. Stufe wird SO_4^{2-} gebildet).
Werden diese Werte in die oben angegebene Gleichung eingesetzt, erhält man

$$K_{s_2} = \frac{(0,2 + x) \cdot x}{(0,2 - x)}$$

$$x = c_{SO_4^{2-}} = 0,012 \text{ mol/l}$$

$c_{H_3O^+}$ (gesamt) = 0,2 + 0,012 = 0,212 mol/l
$c_{HSO_4^-}$ = 0,2 − 0,012 = 0,188 mol/l.
Die Berechnung der gesamten $c_{H_3O^+}$-Konzentration kann auch nach Abschnitt 2.5.2.5. mit Hilfe der Formel

$$c_{H_3O^+} = \frac{c_{s_2}}{2} + \sqrt{\frac{c_{s_2}^2}{4} + K_s \cdot c_{s_1}}$$

erfolgen. $c_{s_2} = c_{s,\,\text{stark}}$ = 0,2 mol/l; $c_{s_1} = c_{s,\,\text{schwach}}$ = 0,2 mol/l; $K_s = K_{s_2}$ = $1,3 \cdot 10^{-2}$.
Die Rechnung ergibt $c_{H_3O^+}$ = 0,212 mol/l.

2.10.5. Der isoelektrische Punkt

Wie früher bereits erwähnt, sind die Hydrogensalze von schwachen Säuren gleichzeitig Säuren und Basen, d. h. also *Ampholyte* (S. 65). Je nach dem *p*H-Wert der Lösung ist die Lage der folgenden Gleichgewichte verschieden:

$$Hb^- \rightleftharpoons H^+ + b^{--}$$
$$Hb^- + H^+ \rightleftharpoons H_2b\,.$$

Wenn die Säurereaktion des Ampholyten Hb^- das gleiche Ausmaß besitzt wie die Basereaktion, spricht man vom isoelektrischen Punkt. Anders ausgedrückt kann man auch sagen, daß der isoelektrische Punkt dann erreicht ist, wenn die beiden Ionen, die aus dem Ampholyten entstehen können, in gleicher Menge vorhanden sind. An diesem Punkt muß

$$\frac{c_{b^{--}} + c_{H_2b}}{c_{Hb^-}}$$

ein Minimum darstellen. Betrachten wir z. B. als Ampholyten Hydrogenphosphation, HPO_4^{--}, so ist der isoelektrische Punkt in der Lösung erreicht, wenn

$$\frac{c_{PO_4^{---}} + c_{H_2PO_4^-}}{c_{HPO_4^{--}}}$$

möglichst klein ist.
Wie man aus Abb. 2.16 sieht, ist dies bei dem Äquivalenzpunkt B der Fall. Der *p*H-Wert beim isoelektrischen Punkt ist definiert durch Gl. (123a).

2.11. Die Titration von zwei Säuren verschiedener Stärke nebeneinander

Die Frage, ob sich zwei Säuren nebeneinander titrieren lassen, ist davon abhängig, ob die Stärke der beiden Säuren sehr verschieden ist oder nicht. Wenn die Stärke sehr verschieden ist, kann die Protolyse der stärkeren Säure fast vollständig ablaufen, bevor die Protolyse der schwächeren Säure merklich wird. Man hat in diesem Fall zwei Protolysesysteme vorliegen, also praktisch den gleichen Fall, wie wir ihn bei der Titration von mehrwertigen Säuren, deren einzelne Dissoziationskonstanten sich stark unterscheiden, kennengelernt haben.
Als Beispiel für diesen Fall sei hier die Bestimmung von Salzsäure neben Ammoniumchlorid erwähnt. Salzsäure ist eine sehr starke, Ammoniumchlorid eine sehr schwache Säure (vgl. Tab. 2.4). Man kann in diesem Fall die Salzsäure unabhängig vom Ammoniumchlorid titrieren. Wie man aus Abb. 2.13 sieht, beträgt bei $pH = 6$ die Konzentration an Ammoniak weniger als 10^{-4}. Wählt man einen Indikator, der zwischen *p*H 4 und *p*H 6 umschlägt, z. B. Methylrot, so ist die Titration einer 0,1-M-Salzsäure auch bei Gegenwart von Ammoniumchlorid auf 0,1% genau. Ammoniumchlorid kann man aus den früher (S. 64) angeführten Gründen durch direkte Titration mit Natronlauge dagegen nicht genau bestimmen.
Anders ist es, wenn man z. B. 0,1-M-Essigsäure und 0,1-M-Salzsäure nebeneinander titrieren will. Die Protolyse der Essigsäure beginnt, wie dies Abb. 2.11 zeigt, schon bei einem so kleinen *p*H-Wert, daß eine genaue Titration der Salzsäure nicht mehr möglich wird. Dagegen läßt sich der zweite Äquivalenzpunkt, der bei $pH \sim 8{,}9$ liegt, gut erfassen. Die Gesamtkonzentration der Salzsäure und Essigsäure läßt sich also, wenn man auf diesen Punkt titriert, bestimmen.

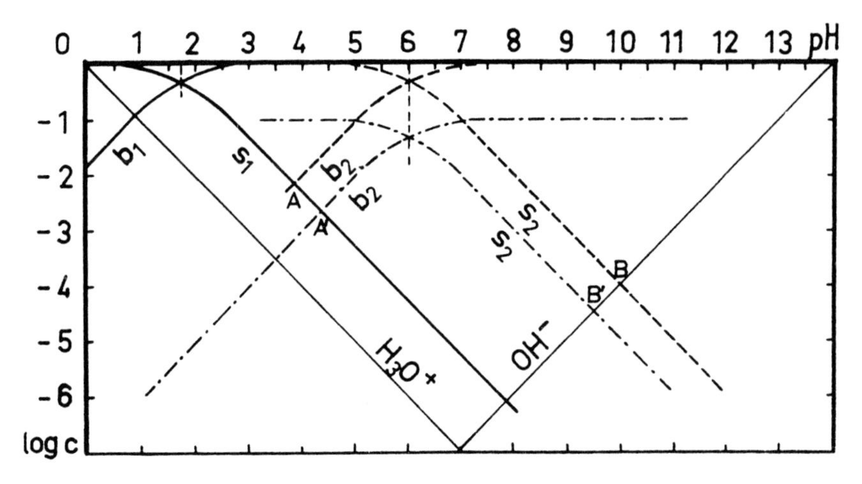

Abb. 2.17. *p*H/log c-Diagramm für Gemische zweier Säuren bzw. ihrer korrespondierenden Basen (25 °C)

In Abb. 2.17 ist das *p*H/log c-Diagramm für die Titration eines Gemisches einer Säure s_1 mit pK_{S1} = 1,85 und einer Säure s_2 mit pK_{S2} = 6 angegeben. Die Titration der Gesamtsäure mit dem Äquivalenzpunkt B muß, wie man sieht, in diesem Fall immer genügend genau gelingen. Die Titration der Säure s_1 wird dagegen , wenn man gleiche Ausgangskonzentrationen an s_1 und s_2 wählt, nicht mehr genau. Der Äquivalenzpunkt A liegt im Diagramm zu hoch. Wählt man die Konzentration an s_2 um eine Zehnerpotenz kleiner als die Konzentration an s_1, so erhalten wir den tiefer liegenden Äquivalenzpunkt A', und die Titration wird eher möglich.
Allgemein kann man sagen, daß die Titration von s_1 um so eher gelingt, je kleiner die Konzentration an s_2 und auch natürlich je größer der pK_s-Wert von s_2 ist. Will man zwei Säuren mit verschiedenen Säurekonstanten und verschiedenen Konzentrationen nebeneinander titrieren, so empfiehlt es sich, das entsprechende Diagramm aufzuzeichnen und sich nach dem früher erörterten Verfahren einen Überblick über die Genauigkeit der Bestimmung des Äquivalenzpunktes zu verschaffen.

2.12. Pufferlösungen

2.12.1. Die Herstellung und der *p*H-Wert von Pufferlösungen

Betrachtet man eine Titrationskurve, wie sie z. B. in Abb. 2.6 und Abb. 2.7 (S. 56) dargestellt ist, so sieht man, daß es Gebiete gibt, in denen sich der *p*H-Wert in Abhängigkeit von der zugesetzten Reagenzmenge sehr stark ändert, und andere Bereiche, in denen das *p*H ziemlich unabhängig von kleinen Säure- bzw. Basezusätzen ist. Solche Lösungen, die ihren *p*H-Wert beibehalten, auch wenn kleine Mengen von Säure oder Lauge zugesetzt werden oder wenn man die Lösung verdünnt, bezeichnet man als *Pufferlösungen*. Der *p*H-Wert gebräuchlicher Pufferlösungen liegt zwischen 2 und 12.
Betrachtet man wieder die Titrationskurve, so sieht man, daß auch stärker saure bzw. stärker alkalische Lösungen bei Zusatz von OH^-- bzw. H_3O^+-Ionen ihren *p*H-Wert nur wenig ändern. Die Wasserstoffionenkonzentration für eine starke Säure ist gegeben durch die Gleichung

$$c_{H_3O^+} = C - c_b \,. \tag{124}$$

C ist gleich der Ausgangskonzentration an Säure, c_b ist gleich der Menge an zugesetzter Base. Wenn c_b klein gegen C ist, wirkt sich ein Basezusatz auf den *p*H-Wert nur wenig aus. Das Analoge gilt für die stark alkalische Lösung. Eine solche Lösung besitzt Pufferwirkung oder Pufferkapazität, wird aber im allgemeinen noch nicht als Pufferlösung bezeichnet.
Die eigentlichen Pufferlösungen erhält man, wenn man Lösungen einer verhältnismäßig schwachen Säure mit Lösungen ihrer korrespondierenden Base mischt – insbesondere wenn man äquimolare Mengen anwendet. Solche Lösungen erhält man im Laufe der Titration einer schwachen einwertigen Säure bei 50%iger Neutralisation. Das *p*H einer Pufferlösung ergibt sich aufgrund des Gleichgewichtes

$$H_2O + s \rightleftharpoons b + H_3O^+ \tag{16}$$

zu

$$pH = pK_s - \log c_s + \log c_b \tag{88}$$

bzw.

$$pH = 14 - pK_b - \log c_s + \log c_b \,.$$

Eine äquimolare Mischung von Essigsäure und Natriumacetat hat nach obiger Gleichung $pH = pK_s = 4{,}75$.

Eine äquimolare Mischung von NaH_2PO_4 und Na_2HPO_4, die ebenfalls eine Pufferlösung darstellt, hat theoretisch das *p*H 7,12. Praktisch unterscheiden sich die gemessenen *p*H-Werte etwas von den nach Gl. (88) berechneten, da die Aktivitäten bei der Rechnung nicht berücksichtigt wurden.
Ähnliche Pufferlösungen, wie man sie durch Mischen der Lösung einer schwachen Säure mit der äquimolaren Menge der korrespondierenden Base erhält, kann man auch gewinnen, wenn man ein Mol einer schwachen Säure mit einem halben Mol einer starken Base versetzt bzw. ein Mol einer schwachen Base mit einem halben Mol einer starken Säure.
Durch Zusatz der starken Base zu der schwachen Säure wird dann ein halbes Mol der letzteren neutralisiert, und es entsteht auf diesem Weg wieder das äquimolare Gemisch der schwachen Säure mit ihrer korrespondierenden Base bzw. das äquimolare Gemisch der schwachen Base mit ihrer korrespondierenden Säure. Die *p*H-Werte einiger üblicher Pufferlösungen sind in Tabelle 2.8 zusammengestellt.

Tabelle 2.8. *p*H-Werte einiger Pufferlösungen bei 25°C

0,01-M-Kaliumhydrogentartrat	3,637
0,05-M-Kaliumhydrogenphthalat	4,005
0,025-M-KH_2PO_4 + 0,025-M-Na_2HPO_4	6,860
0,01-M-Borax	9,177

Setzt man einer solchen Pufferlösung eine starke Säure wie Salzsäure zu, so gilt für die Wasserstoffionenkonzentration, abgeleitet von Gl. (88):

$$pH = pK_s + \log \frac{C_b - c_{HCl}}{C_s + c_{HCl}}, \qquad (88a)$$

wobei C_b und C_s die Konzentrationen der korrespondierenden Base und Säure des Puffergemisches bedeuten, d. h., wenn man z. B. Essigsäure mit Natriumacetat versetzt hat, gleich den Ausgangskonzentrationen von Essigsäure bzw. Natriumacetat sind. c_{HCl} ist gleich der Menge an zugesetzter Salzsäure.
Dies folgt aus der Überlegung, daß durch Zusatz von Salzsäure die Konzentration der schwachen Base kleiner wird. Die Base bildet mit den zugefügten Protonen undissoziierte Säure, so daß deren Konzentration anwächst. Setzt man einer Pufferlösung dagegen Natronlauge zu, so gilt aufgrund einer analogen Überlegung:

$$pH = pK_s + \log \frac{C_b + c_{NaOH}}{C_s - c_{NaOH}}. \qquad (88b)$$

2.12.2. Die Pufferkapazität

Die Pufferwirkung oder Pufferkapazität wird nach D. VAN SLYKE durch den Differentialquotienten d*C*/d*p*H definiert. ΔC bedeutet den Zusatz einer starken Base, ΔpH die Änderung des *p*H-Wertes.
Es gilt

$$\beta = \lim_{\Delta C \to 0} \frac{\Delta C}{\Delta pH} = \frac{dC}{dpH}. \qquad (125)$$

Die Pufferkapazität

$$\beta = \frac{dC}{dpH}$$

hat die Dimension mol/l und ist immer positiv. Mit steigender Basekonzentration (positivem ΔC) wächst *p*H; ΔpH wird also positiv und ebenso d*C*/d*p*H. Umgekehrt wird mit sinkender Basekonzentration, d. h. negativem ΔC, aber *p*H kleiner, damit ΔpH negativ und d*C*/d*p*H wieder positiv. Betrachtet man die *C*/*p*H-Kurve innerhalb kleiner *p*H-Intervalle als geradlinig, so gibt $\beta \cdot \Delta p$H an, welche Menge einer starken Säure oder Base das *p*H der Lösung um ΔpH-Einheiten nach kleineren bzw. größeren *p*H-Werten verschiebt.
Bezüglich der Berechnung von β muß auf die ausführlichen Lehrbücher, z. B. von HÄGG oder von SEEL, verwiesen werden. Hier sei nur erwähnt, daß die Pufferkapazität für Bereiche, in denen $c_{H_3O^+}$ und c_{OH^-} klein sind, angenähert durch den folgenden Ausdruck wiedergegeben werden kann:

$$\beta = 2{,}3 \cdot \frac{c_s \cdot c_b}{c_s + c_b}. \qquad (126)$$

Betrachtet man den oben besprochenen Fall, für den $c_s = c_b$ ist, so ergibt sich

$$\beta = 2{,}3 \cdot \frac{c_s^2}{c_s + c_b}. \qquad (127)$$

Für den Fall einer Mischung von 0,1-M-Natriumacetat und 0,1-M-Essigsäure im Liter ergibt sich

$$\beta = 2{,}3 \cdot \frac{0{,}01}{0{,}2} = 0{,}115\,.$$

Verdünnt man die Lösung auf das Doppelte, so wird

$$\beta = 2{,}3 \cdot \frac{0{,}05^2}{0{,}1} = 0{,}058\,.$$

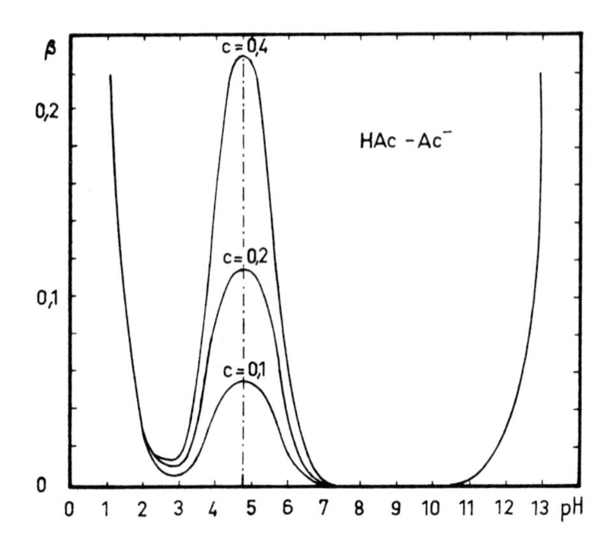

Abb. 2.18. Pufferkapazität bei äquimolaren Essigsäure-Acetat-Gemischen von verschiedener Gesamtmolarität c

Man sieht, daß die Größe der Pufferkapazität von der Konzentration der Pufferlösung abhängt, während der *p*H-Wert der Pufferlösung weitgehend konzentrationsunabhängig ist.

Die Pufferkapazität ist für jedes Protolysesystem dann am größten, wenn $c_s = c_b$, $pH = pK_s$ ist.

Nur im Bereich eines *p*H-Intervalls $pH = pK_s \pm 1$ kann man mit einer ins Gewicht fallenden Pufferwirkung rechnen (vgl. Abb. 2.18).

Nur wenn eine Lösung mehrere Protolysesysteme mit nicht stark voneinander verschiedenen pK_s- bzw. pK_b-Werten enthält, kann β innerhalb eines großen *p*H-Bereiches hohe Werte behalten. Dieser Fall liegt insbesondere dann vor, wenn man Lösungen schwacher, mehrbasischer Säuren mit Lösungen ihrer Salze mischt.

2.13. Herstellung von Standardlösungen (Normallösungen) für die Neutralisationsanalyse

Zur Titration von Basen in wäßriger Lösung werden im allgemeinen Salzsäure oder Schwefelsäure, seltener Salpetersäure oder Perchlorsäure, zur

Titration von Säuren Natronlauge oder Kalilauge verwendet. Die Konzentration der Säuren oder Basen wird mit Hilfe von Titersubstanzen ermittelt. Letztere müssen fest, chemisch-rein, nicht hygroskopisch und gegenüber Sauerstoff unempfindlich sein. Bei der Wägung dürfen sie kein CO_2 aufnehmen, und ihre Lösungen müssen über längere Zeit stabil sein. Weiter ist ein möglichst großes Äquivalentgewicht erwünscht, um den Einfluß von Wägefehlern klein zu halten, und schließlich soll die Säure- bzw. Basestärke der sog. Urtitersubstanzen möglichst groß sein, so daß der Äquivalenzpunkt bei der Titration der oben aufgeführten Basen und Säuren genau bestimmt werden kann. Salzsäure und Natronlauge werden also beispielsweise ungefähr auf die gewünschte Konzentration gebracht und anschließend durch Titration mit der Lösung einer Urtitersubstanz „eingestellt“: Es wird ihr Titer (franz. le titre = Gehalt), d. h. ihr genauer Säure- bzw. Basegehalt ermittelt.
Zur Einstellung von Säuren dienen als Urtitersubstanzen Tris(hydroxymethyl)aminomethan, $(HOCH_2)_3CNH_2$, wasserfreie Soda, Na_2CO_3, Kaliumhydrogencarbonat, $KHCO_3$, Thallium(I)-carbonat, Tl_2CO_3, oder Natriumoxalat nach der thermischen Zersetzung zu Na_2CO_3 nach $Na_2C_2O_4 \rightarrow CO + Na_2CO_3$. Der genaue Gehalt von Salzsäure kann auch durch Fällung der Cl^--Ionen als AgCl, von Schwefelsäure durch Fällung der SO_4^{--}-Ionen als $BaSO_4$ bestimmt werden.
Zur Einstellung von Basen sind als Urtitersubstanzen Monokaliumphthalat ($K_2 = 3{,}9 \cdot 10^{-6}$, Äquivalentgewicht 204,1)

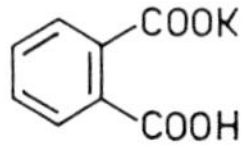

```
   ___ COOK
  /   \/
 |     |        ,
  \___/\
       COOH
```

Oxalsäuredihydrat, $H_2C_2O_4 \cdot 2H_2O$, Amidosulfonsäure, H_2NSO_3H, 2,4,6-Trinitrobenzoesäure oder das saure Cadmiumsalz der Hydroxyethylethylendiamin-triessigsäure,

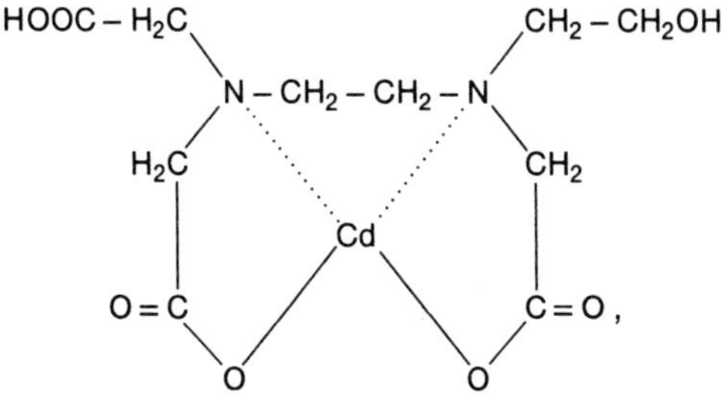

```
HOOC – H2C                    CH2 – CH2OH
         \                   /
          N – CH2 – CH2 – N
         / ·               · \
     H2C    ·             ·   CH2
      |       ·         ·      |
      |          Cd            |
      |        /    \          |
    O=C      /        \        C=O ,
       \   /            \    /
        O                 O
```

das ein Äquivalentgewicht von 388,7 hat und eine ziemlich starke Säure darstellt, geeignet.
Beim Einwiegen der Urtitersubstanz ist darauf zu achten, eine ausreichend große Menge zu verwenden. Berücksichtigt man, daß für die Einwaage einer bestimmten Menge einer Substanz zwei Wägungen erforderlich sind und nimmt man an, daß die Wägung auf ± 0,0001 g genau ist, so betragen die Fehlergrenzen der Wägung bei einem Gewicht des Wägegutes von 1,0000 g ± 0,0002 g. Die Wägung kann also mit einer Genauigkeit von 1:5000 durchgeführt werden. Da sie im allgemeinen besser als 1:1000 sein sollte, ist es notwendig, mindestens 0,200 g einzuwiegen.
Eine analoge Überlegung führt zu dem für eine ausreichend genaue Titration zu verwendenden Volumen des Titranden. Um ein Titrandvolumen zu bestimmen, sind wieder zwei Volumenmessungen bzw. Ablesungen notwendig. Ist jede Ablesung auf 0,02 ml genau, so wird die Genauigkeit 1:1000 bei einem Titrandvolumen von 40,00 ml erreicht. Die Fehlergrenzen der Titrandvolumenbestimmungen liegen bei ± 0,04 ml. Würde man nur ein Titrandvolumen von 10,00 ml verwenden, so wären die Fehlergrenzen gleich groß, die Genauigkeit der Bestimmung betrüge daher nur 1:250.

2.14. Tafel zur Berechnung von *p*H-Werten

	Wasserstoffionenkonzentration c_{H^+} (in mol/l)	*p*H
Einwertige starke Säuren	$c_{H^+} = C_s$	$pH = -\log C_s$
Zweiwertige starke Säuren	$c_{H^+} = C_s$ oder $c_{H^+} = 2C_s$	$pH = -\log C_s$ oder $pH = -\log 2C_s$
Einwertige schwache Säuren	$c_{H^+} = \sqrt{K_s \cdot C_s}$	$pH = \frac{1}{2} pK_s - \frac{1}{2} \log C_s$
Mischung einer schwachen Säure s_1 mit einer starken Säure s_2	$c_{H^+} = \frac{C_{s_2}}{2} + \sqrt{\frac{C_{s_2}^2}{4} + K_{s_1} \cdot C_{s_1}}$	$pH = -\log c_{H^+}$
Mischung einer schwachen Säure s_1 mit einer schwachen Säure s_2	$c_{H^+} = \sqrt{K_{s_1} \cdot C_{s_1} + K_{s_2} \cdot C_{s_2}}$	$pH = -\log c_{H^+}$
Salze, die bei der Dissoziation eine Kationensäure liefern, während das Anion nicht protolysiert (sauer hydrolysierende Salze)	$c_{H^+} = \sqrt{K_s \cdot C_s}$ $c_{H^+} = \sqrt{\frac{K_W}{K_b} \cdot C_s}$	$pH = \frac{1}{2} pK_s - \frac{1}{2} \log C_s$ $pH = 7 - \frac{1}{2} pK_b - \frac{1}{2} \log C_s$
Einwertige starke Basen	$c_{H^+} = \frac{K_W}{C_b}$	$pH = 14 + \log C_b$
Einwertige schwache Basen	$c_{H^+} = K_W \sqrt{\frac{1}{C_b \cdot K_b}}$	$pH = 14 - \frac{1}{2} pK_b + \frac{1}{2} \log C_b$
Mischung einer schwachen Base b_1 mit einer starken Base b_2	$c_{H^+} = \frac{K_W}{\frac{C_{b_2}}{2} + \sqrt{\frac{C_{b_2}^2}{4} + K_{b_1} \cdot C_{b_1}}}$	$pH = -\log c_{H^+}$

Erklärung der Zeichen	Beispiel	Bemerkungen
C_s = Ausgangs-, d. h. Gesamtkonzentration: Säure + Säurerest-Anionen	0,01-M-HCl: $C_s = 0{,}01$ $pH = 2$	
C_s = Ausgangskonzentration an Säure		vgl. S. 36
C_s = Ausgangskonzentration an Säure K_s = Dissoziationskonstante der Säure	0,1-M-Essigsäure: $C_s = 0{,}1$ $K_s = 1{,}8 \cdot 10^{-5}$ $pK_s = 4{,}74$ $pH = 2{,}37 + 0{,}5 = 2{,}87$	
K_{s_1} = Dissoziationskonstante von s_1 C_{s_1} = Ausgangskonzentration an schwacher Säure s_1 C_{s_2} = Ausgangskonzentration an starker Säure s_2	0,1-M-Essigsäure + 0,001-M-HCl $C_{s_1} = 0{,}1$ $C_{s_2} = 0{,}001$ $K_{s_1} = 1{,}8 \cdot 10^{-5}$ $pH = 2{,}71$ $pK_s = 4{,}74$	$pH \approx -\log C_{s_2}$, wenn s_1 schwach und die Konzentration C_{s_1} nicht zu groß ist
K_s = Dissoziationskonstanten von s_1 und von s_2 C_s = Ausgangskonzentrationen an Säuren	0,1-M-Essigsäure $C_{s_1} = 0{,}1$ + 0,1-M-Benzoesäure $C_{s_2} = 0{,}1$ $K_{s_1} = 1{,}8 \cdot 10^{-5}$ $pH = 2{,}54$ $K_{s_2} = 6{,}3 \cdot 10^{-5}$	
C_s = Ausgangskonzentration an Salz K_s = Dissoziationskonstante der Säure K_b = Dissoziationskonstante der korrespond. Base K_W = Ionenprodukt d. Wassers	0,1-M-NH_4Cl-Lösung: $C_s = 0{,}1$ $K_b = 1{,}8 \cdot 10^{-5}$ (NH_3) $pK_b = 4{,}74$ $pK_s = 9{,}26$ $pH = 4{,}63 + 0{,}5 = 5{,}13$ $pH = 7 - 2{,}37 + 0{,}5 = 5{,}13$	
C_b = Ausgangskonzentration an Base K_W = Ionenprodukt d. Wassers	0,01-M-NaOH: $C_b = 0{,}01$ $pH = 12$	
C_b = Ausgangskonzentration an Base K_b = Dissoziationskonstante der Base K_W = Ionenprodukt d. Wassers	0,1-M-NH_3-Lösung: $c_b = 0{,}1$ $K_b = 1{,}8 \cdot 10^{-5}$ $pK_b = 4{,}74$ $pH = 14 - 2{,}37 - 0{,}5 = 11{,}13$	
K_{b_1} = Dissoziationskonstante von b_1 C_{b_1} = Ausgangskonzentration an schwacher Base b_1 C_{b_2} = Ausgangskonzentration an starker Base b_2	0,1-M-Ammoniak $C_{b_1} = 0{,}1$ + 0,001-M-NaOH $C_{b_2} = 0{,}001$ $K_{b_1} = 1{,}8 \cdot 10^{-5}$ $pH = 11{,}29$	$pH \approx 14 + \log C_{b_2}$ wenn b_1 schwach und die Konzentration C_{b_1} nicht zu groß ist

Tafel zur Berechnung von *p*H-Werten (Fortsetzung)

	Wasserstoffionenkonzentration c_{H^+} (in mol/l)	*p*H
Mischung zweier schwacher Basen b_1 und b_2	$c_{H^+} = K_W \sqrt{\frac{1}{C_{b_1} \cdot K_{b_1} + C_{b_2} \cdot K_{b_2}}}$	$pH = -\log c_{H^+}$
Salze, die bei der Dissoziation eine Anionenbase liefern, während das Kation nicht protolysiert (alkalisch hydrolysierende Salze)	$c_{H^+} = \sqrt{\frac{K_W \cdot K_s}{C_b}}$	$pH = 7 + \frac{1}{2} pK_s + \frac{1}{2} \log C_b$
Salze, die bei der Dissoziation eine Kationensäure und eine Anionenbase liefern	$c_{H^+} = \sqrt{\frac{K_W \cdot K_s}{K_b}}$	$pH = 7 + \frac{1}{2} pK_s - \frac{1}{2} pK_b$
Hydrogensalze von mehrwertigen Säuren, deren Kation nicht protolysiert	$c_{H^+} = \sqrt{K_{s_1} \cdot K_{s_2}}$	$pH = \frac{1}{2} pK_{s_1} + \frac{1}{2} pK_{s_2}$
Mischung einer schwachen Säure mit ihrem Salz oder Mischung einer schwachen Säure mit einer starken Base	$c_{H^+} = \frac{K_s \cdot c_s}{C_b}$	$pH = pK_s - \log c_s + \log C_b$
Mischung einer schwachen Base mit ihrem Salz oder Mischung einer schwachen Base mit einer starken Säure	$c_{H^+} = K_W \frac{C_s}{K_b \cdot c_b}$	$pH = 14 - pK_b - \log C_s + \log c_b$

Erklärung der Zeichen	Beispiel	Bemerkungen
C_b = Ausgangskonzentrationen an Basen K_b = Dissoziationskonstanten der Basen K_W = Ionenprodukt d. Wassers	0,1-M-NH_3-Lösung + 0,1-M-Trimethylamin $C_{b_1} = 0,1$ $C_{b_2} = 0,1$ $K_{b_1} = 1,8 \cdot 10^{-5}$ $pH = 11,42 \quad K_{b_2} = 5,3 \cdot 10^{-5}$	
C_b = Ausgangskonzentration an Salz K_s = Dissoziationskonstante der zu der Anionenbase korrespondierenden Säure K_W = Ionenprodukt d. Wassers	0,1-M-Na-Acetat-Lösung $C_b = 0,1$ $K_s = 1,8 \cdot 10^{-5}$ (Essigsäure) $pK_s = 4,74$ $pH = 7 + 2,37 - 0,5 = 8,87$	
K_s = Dissoziationskonstante der Kationensäure K_b = Dissoziationskonstante der Anionenbase K_W = Ionenprodukt d. Wassers	Ammoniumacetat-Lösung $K_b = 1,8 \cdot 10^{-5}$ (Ammoniak) $K_s = 1,8 \cdot 10^{-5}$ (Essigsäure) $pH = 7$	Konzentrations-unabhängig
K_{s_1} = Dissoziationskonstante der Säure – 1. Stufe K_{s_2} = Dissoziationskonstante der Säure – 2. Stufe	Natriumhydrogencarbonat pK_{s_1} (Kohlensäure) = 6,52 pK_{s_2} = 10,4 $pH = 8,4$	Konzentrations-unabhängig
K_s = Dissoziationskonstante d. Säure C_s = Ausgangskonzentration an Säure, die mit Base versetzt wird C_b = Ausgangskonzentration an Salz oder zugesetzte Basemenge $c_s = C_s - C_b$ = Ausgangs-konzentration der Säure, die mit Salz versetzt wird	1. 0,1-M-Essigsäure + 0,1-M-Na-Acetat-Lösung pK_s (Essigsäure) = 4,74 $pH = 4,74$ 2. äquimolare Mischung von $NaH_2PO_4 + Na_2HPO_4$ $s = H_2PO_4^-$, $pK_s = 7,12$ $pH = 7,12$	Pufferlösung. Die Gl. gilt nicht für $c_s \approx 0$!
K_W = Ionenprodukt d. Wassers K_b = Dissoziationskonstante d. Base C_s = Ausgangskonzentration an Salz oder zugesetzte Säuremenge C_b = Ausgangskonzentration an Base, die mit Säure versetzt wird $c_b = C_b - C_s$ = Ausgangs-konzentration an Base, die mit Salz versetzt wird	0,1-M-NH_3-Lösung + 0,01-M-HCl $C_s = 0,01$ $C_b = 0,1$ $c_b = 0,09$ $K_b = 1,8 \cdot 10^{-5}$ $pK_b = 4,74$ $pH = 14 - 4,74 + 2 - 1,05$ $= 10,21$	Die Gl. gilt nicht für $c_b \approx 0$!

3. Fällungsanalyse

Die Fällungsanalyse beruht auf der Bildung schwerlöslicher Verbindungen aus Ionen gemäß Gleichung

$$A^+ + B^- \rightleftharpoons AB_{fest}\,. \tag{1}$$

Sie dient zur Ermittlung des Gehaltes einer vorgegebenen Lösung an einer bestimmten Ionenart. Grundsätzlich hat man bei der Fällungsanalyse die Möglichkeit, entweder den gebildeten schwerlöslichen Festkörper zu wägen oder die Menge an Reagenz zu messen, die zur vollständigen Ausfällung des Festkörpers notwendig ist. Die gewichtsanalytischen und die maßanalytischen Methoden haben die gleiche theoretische Grundlage. Die durch Gl. (1) beschriebene Reaktion verläuft über die Zwischenstufe

$$A^+ + B^- \rightleftharpoons AB \cdot xH_2O \tag{2}$$

hydratisierter, undissoziierter Moleküle, die als Ionenpaare aufgefaßt werden können und die ihrerseits mit dem Festkörper AB im Gleichgewicht stehen:

$$AB \cdot xH_2O \rightleftharpoons AB_{fest} + xH_2O\,. \tag{3}$$

Allerdings wird die Ionenpaarbildung in einem Lösungsmittel wie Wasser mit einer hohen Dielektrizitätskonstante keine sonderlich große Rolle spielen. Sie wird deshalb im folgenden bei quantitativen Betrachtungen unberücksichtigt bleiben. Prinzipiell wird das Lösungsverhalten eines schwerlöslichen Salzes besser durch Gl. (4) als durch Gl. (1) dargestellt:

$$AB_{fest} \rightleftharpoons AB \cdot xH_2O \rightleftharpoons A^+ + B^- + xH_2O\,. \tag{4}$$

Die Löslichkeit des Festkörpers AB entspricht, genau genommen, der Summe der Konzentrationen von A^+ und $AB \cdot xH_2O$. Für den ersten Schritt des Lösungsvorgangs gilt die Gleichgewichtskonstante

$$\frac{a_{AB \cdot xH_2O}}{a_{AB_{fest}}} = L^\circ\,. \tag{5}$$

Setzen wir definitionsgemäß die Aktivität des Festkörpers gleich Eins, so ergibt sich

$$a_{AB \cdot xH_2O} = L^\circ\,. \tag{6}$$

Die Aktivität der löslichen molekularen Form von AB ist bei Gegenwart eines Überschusses von AB konstant und unabhängig von Lösungspartnern.

Die Größe L° läßt sich experimentell nur schwer messen, da sie gegenüber den Konzentrationen bzw. Aktivitäten anderer Spezies des fraglichen Systems klein ist.

3.1. Löslichkeit fester Stoffe (Salze)

Für die Durchführbarkeit einer Fällungsanalyse ist jeweils die *Löslichkeit* der nach Reaktion (1) gebildeten schwerlöslichen Verbindung maßgebend. Bringt man einen aus Ionen aufgebauten festen Stoff in Wasser oder ein anderes Lösungsmittel, so bildet sich ein Gleichgewicht aus, das dadurch bedingt ist, daß sich einerseits von der Oberfläche des Kristallgitters Ionen ablösen, während andererseits Ionen aus der Lösung in das Kristallgitter eingebaut werden. Ist der Gleichgewichtszustand erreicht, so haben wir eine *gesättigte Lösung* vorliegen. Ist die Konzentration der Lösung geringer als die Gleichgewichtskonzentration, so sprechen wir von einer *ungesättigten Lösung*, ist sie größer, dann liegt eine *übersättigte Lösung* vor. In einer übersättigten Lösung kann man die Einstellung des Gleichgewichts (1) bzw. (4) durch „Impfen" mit einem Kristall des Festkörpers AB auslösen.
Die Gleichgewichtskonzentration oder die Löslichkeit eines Stoffes wird gewöhnlich in mol/l Lösung angegeben, und man versteht hierunter im allgemeinen die Totalkonzentration der gesättigten Lösung des fraglichen Festkörpers. In den meisten Fällen ist diese Totalkonzentration praktisch gleich der Konzentration des dissoziierten Stoffes; undissoziierte Anteile sind in den Lösungen starker Elektrolyte nicht vorhanden. Allerdings beeinflussen sich die Ionen des Elektrolyten gegenseitig. Die Lösung hat eine bestimmte Struktur, die bewirkt, daß zumindest einige entgegengesetzt geladene Ionen sehr nahe benachbart sind. Hierauf ist in Abschnitt 3.2.4. näher eingegangen.
Die Größe der Löslichkeit wird sowohl durch die Gitterenergien des Festkörpers wie auch durch die Hydratations- bzw. Solvatationsenergie der Ionen in der Lösung bestimmt. Sie wird durch Temperatur und Druck beeinflußt. Aber die Druckabhängigkeit der Löslichkeit spielt für die Fällungsanalyse keine Rolle. Die Temperaturabhängigkeit ist dagegen meistens bedeutend. Ihre Richtung ist von Fall zu Fall verschieden.
Die Löslichkeit eines Stoffes ist weiter bis zu einem gewissen Grade von der Teilchengröße des „Bodenkörpers", d. h. der festen ungelösten Phase des betrachteten Stoffes abhängig. Sehr kleine Teilchen stehen mit einer konzentrierteren Lösung im Gleichgewicht als größere. Ist der Durchmes-

ser der Teilchen aber größer als 10^{-3} cm, so fällt dieser Effekt nicht mehr ins Gewicht. Alle Löslichkeitsangaben beziehen sich auf gesättigte Lösungen mit einem Bodenkörper, dessen Teilchen diese Bedingungen erfüllen. Für das Ausfällen eines Festkörpers spielen die Vorgänge der *Keimbildung* und des *Kristallwachstums* eine Rolle.

Für analytische Zwecke wird die Ausbildung von Kristallen gewünscht, die möglichst frei von Verunreinigungen sind und die eine ausreichende Größe haben. Letzteres ist sowohl für die Filtrierbarkeit des Niederschlags notwendig als auch erwünscht, um seine Oberfläche, an der meist Lösungspartner adsorbiert werden, klein zu halten. Die Teilchengröße ist der relativen Übersättigung der Lösung bei der Fällung umgekehrt proportional. Die relative Übersättigung Ü ist gegeben durch

$$Ü = \frac{Q - L}{L},$$

wobei Q die Konzentration (mol/l) der Mischung der Reaktionspartner vor Eintritt der Fällung und L die Löslichkeit des Niederschlags bedeuten. Enthält also beispielsweise 1 Liter Lösung 10^{-2} mol $BaCl_2$ und 10^{-2} mol Na_2SO_4, so ergibt sich daraus bei einer Löslichkeit des Bariumsalzes von 10^{-5} M vor Beginn der Ausfällung eine relative Übersättigung $Ü = (10^{-2} - 10^{-5})/10^{-5} \approx 1000$. Die Geschwindigkeit, mit der sich der Niederschlag bildet, hängt von den Geschwindigkeiten der Keimbildung und des Kristallwachstums ab. Beide sind ihrerseits eine Funktion der Größe Q – L, der Übersättigung. Die Keimbildungsgeschwindigkeit ist $(Q - L)^x$ proportional, wobei x Werte von ungefähr 4 hat. Die Kristallwachstumsgeschwindigkeit ist dem Produkt aus Übersättigung, Q – L, und Oberfläche des Niederschlags F, d. h. der Größe (Q – L) F proportional. Ist die Übersättigung Q – L sehr groß, so kann die Keimbildungsgeschwindigkeit sehr viel größer als die Kristallwachstumsgeschwindigkeit sein, was zu einem äußerst feinkristallinen oder gar amorphen Niederschlag führen kann. Ist dagegen die Übersättigung weniger groß, so überwiegt normalerweise die Kristallwachstumsgeschwindigkeit. Um einen in analytischer Hinsicht guten Niederschlag zu erhalten, sollte deshalb Q so klein wie möglich gehalten werden. Dagegen sollte die Löslichkeit des Niederschlags zwar ausreichend gering sein, um eine genügend vollständige Ausfällung zu gewährleisten, andererseits aber so groß, daß die Übersättigung verhältnismäßig klein bleibt.

Aus diesen Überlegungen folgt, daß das Fällungsreagenz der Lösung langsam und zur Vermeidung lokaler starker Übersättigung unter Rühren zugesetzt werden soll, und die Fällung aus verdünnter Lösung erfolgt. Durch

beide Maßnahmen wird erreicht, daß Q keine großen Werte annimmt. Um die Löslichkeit L verhältnismäßig groß zu halten, wird weiter aus heißer Lösung gefällt, da L im allgemeinen mit zunehmender Temperatur größer wird.
Wenn ein fester Stoff aus einer gesättigten Lösung ausfällt, dann können weiter verschiedene Erscheinungen eintreten. Es können Lösungsgenossen adsorbiert werden; es ist aber auch möglich, daß Lösungsgenossen koagulierend oder teilweise koagulierend wirken. Der zunächst ausfallende Stoff kann eine instabile Modifikation der Substanz darstellen, die mehr oder weniger schnell in die stabile Modifikation übergehen kann. Diese Umwandlung des Niederschlages kann von den Lösungsgenossen und von der Temperatur abhängig sein.
In manchen Fällen kann das Ausfallen eines Niederschlages durch Erscheinungen der Übersättigung stark behindert werden. Auch die Übersättigungserscheinungen sind von der chemischen Natur der Lösungsgenossen abhängig und nicht ohne weiteres vorauszusagen.
Bei allen quantitativen Betrachtungen über die Löslichkeit, wie sie in den folgenden Abschnitten gegeben und benutzt werden, sind diese Erscheinungen, insbesondere die Erscheinung der Adsorption, der Alterung und Übersättigung, nicht berücksichtigt. Alle Folgerungen aus den quantitativen Betrachtungen bedürfen also in der Praxis einer gewissen Korrektur, die den besonderen Verhältnissen und dem chemischen Verhalten der Lösungsgenossen Rechnung trägt. Sie sind trotzdem nicht wertlos, da durch das erwähnte besondere Verhalten zwar die Größe der Effekte beeinflußt wird, nicht aber – oder nur sehr selten – deren Richtung.

3.2. Das Löslichkeitsprodukt

3.2.1 Der schwerlösliche Stoff ist kein Protolyt

Betrachtet man einen Elektrolyten A_mB_n, so zeigt sich, daß $c_A^m \cdot c_B^n$ für eine gesättigte Lösung bei gegebener Temperatur konstant ist. Es gilt:

$$c_A^m \cdot c_B^n = K_L \,. \qquad (7)$$

Die Konstante K_L wird das Löslichkeitsprodukt des Elektrolyten A_mB_n genannt.

Tabelle 3.1. Löslichkeitsprodukte (25 °C; Ionenstärke 0-M)

	pK_L
Hydroxide	
$Mg(OH)_2$	11,15
$Mn(OH)_2$	12,8
$Co(OH)_2$	14,9
PbO(gelb) ($\rightleftharpoons Pb^{2+} + 2\,OH^-$)	15,1
$Fe(OH)_2$	15,1
$Ni(OH)_2$	15,2
PbO(rot) ($\rightleftharpoons Pb^{2+} + 2\,OH^-$)	15,3
AgO ($\rightleftharpoons 2\,Ag^+ + 2\,OH^-$)	15,42
$Zn(OH)_2$	15,52
$Cu(OH)_2$	19,32
HgO(rot) ($\rightleftharpoons Hg^{2+} + 2\,OH^-$)	25,44
SnO ($\rightleftharpoons Sn^{2+} + 2\,OH^-$)	26,2
$Pd(OH)_2$	28,5
Cu_2O ($\rightleftharpoons 2\,Cu^+ + 2\,OH^-$)	29,4
$Cr(OH)_3$	29,8[b]
$Al(OH)_3(\alpha)$	33,5
$V(OH)_3$	34,4
$In(OH)_3$	36,9
$Ga(OH)_3$	37
Sulfide	
MnS(rosa)	10,5
MnS(grün)	13,5
FeS	18,1
$NiS(\alpha)$	19,4
Tl_2S	21,2
$CoS(\alpha)$	21,3
$ZnS(\beta)$	22,5
$ZnS(\alpha)$	24,7
$NiS(\beta)$	24,9
$CoS(\beta)$	25,6
SnS	25,9
$NiS(\gamma)$	26,6
CdS	27,0
PbS	27,5
CuS	36,1
Cu_2S	48,5
Ag_2S	50,1
HgS(schwarz)	52,7
HgS(rot)	53,5
In_2S_3	69,4
Bi_2S_3	96
Sulfate	
$CaSO_4$	4,32
Ag_2SO_4	4,83
Hg_2SO_4	6,13
$PbSO_4$	6,20
$SrSO_4$	6,50
$BaSO_4$	9,96
$RaSO_4$	10,37[a]
Halogenide	
LiF	2,77
BaF_2	5,76
MgF_2	8,18
SrF_2	8,54
CaF_2	10,41
PbF_2	28,3
TlCl	3,74
$PbCl_2$	4,78
CuCl	6,73
AgCl	9,74
Hg_2Cl_2	17,91
TlBr	5,44
$PbBr_2$	5,68
CuBr	8,3
AgBr	12,30
$HgBr_2$	18,9[c]
Hg_2Br_2	22,25
SnI_2	5,08
TlI	7,23
PbI_2	8,10
CuI	12,0
AgI	16,08
Hg_2I_2	27,95[c]
Iodate	
$Ca(IO_3)_2$	6,15
$AgIO_3$	7,15
$La(IO_3)_3$	10,99
$Pb(IO_3)_2$	12,61
Pseudohalogenide	
TlN_3	3,66
CuN_3	8,31
AgN_3	8,56
$Pd(N_3)_2$	8,57
$Hg_2(N_3)_2$	9,15
$Zn(CN)_2$	15,5[e]
AgCN	15,66
$Hg_2(CN)_2$	39,3
TlSCN	3,97
AgSCN	11,97
CuSCN	13,40[f]
$Hg_2(SCN)_2$	19,52
$Hg(SCN)_2$	19,56[d]
Carbonate	
$NiCO_3$	6,87
$MgCO_3$	7,46
$CaCO_3$(Aragonit)	8,22
$BaCO_3$	8,30
$CaCO_3$(Calcit)	8,35
$SrCO_3$	9,03
$MnCO_3$	9,30
$CuCO_3$	9,63
$ZnCO_3$	10,00
Ag_2CO_3	11,09
$PbCO_3$	13,13
$CdCO_3$	13,74
$Y_2(CO_3)_3$	30,6
$La_2(CO_3)_3$	33,4
Oxalate	
BaC_2O_4	6,0[b]
SrC_2O_4	6,4[b]
CaC_2O_4	7,9[b]
$La_2(C_2O_4)_3$	25,0[b]
Phosphate	
$MgHPO_4 \cdot 3H_2O$ ($\rightleftharpoons Mg^{2+} + HPO_4^{2-}$)	5,78
$CaHPO_4 \cdot 2H_2O$ ($\rightleftharpoons Ca^{2+} + HPO_4^{2-}$)	6,58
$SrHPO_4$ ($\rightleftharpoons Sr^{2+} + HPO_4^{2-}$)	6,92[a]
$BaHPO_4$ ($\rightleftharpoons Ba^{2+} + HPO_4^{2-}$)	7,40[a]
Ag_3PO_4	17,55
$GaPO_4$	21,0[d]
$InPO_4$	21,63[d]
$LaPO_4$	22,43[c]
$FePO_4 \cdot 2H_2O$	26,4
$Zn_3(PO_4)_2 \cdot 4H_2O$	35,3
$Fe_3(PO_4)_3 \cdot 8H_2O$	36,0
$Pb_3(PO_4)_2$	43,53
Chromate	
$CuCrO_4$	5,44
Hg_2CrO_4	8,70
$BaCrO_4$	9,67
Ag_2CrO_4	11,92
Tl_2CrO_4	12,01
Hexacyanoferrate(II)	
$Zn_2[Fe(CN)_6]$	15,68
$Pb_2[Fe(CN)_6]$	18,02
$Ag_4[Fe(CN)_6]$	44,07

a) 20 °C
b) Ionenstärke 0,1-M
c) Ionenstärke 0,5-M
d) Ionenstärke 1,0-M
e) Ionenstärke 3,0-M
f) Ionenstärke 5,0-M

Allerdings gilt diese Gleichung nur für sehr verdünnte Lösungen des Elektrolyten, d. h. nur für sehr schwer lösliche Stoffe exakt. Für konzentriertere Lösungen gilt:

$$a_A^m \cdot a_B^n = K_L . \qquad (8)$$

In dieser Gleichung bedeuten die Größen a die Aktivitäten der betreffenden Ionenart (vgl. S. 18).

Da die Löslichkeitsprodukte solcher Stoffe, die in der Fällungsanalyse interessieren, klein sind, ist es vielfach bequemer, anstelle von Löslichkeitsprodukten deren mit -1 multiplizierte dekadische Logarithmen (pK_L) zu verwenden:

$$-m \log c_A - n \log c_B = pK_L . \qquad (9)$$

In Tabelle 3.1 sind die Löslichkeitsprodukte verschiedener schwerlöslicher Stoffe angegeben. Tabelle 3.2 zeigt das Löslichkeitsprodukt von Silberchlorid in Abhängigkeit von der Temperatur.

Tabelle 3.2. Temperaturabhängigkeit des Löslichkeitsproduktes von Silberchlorid

Temperatur °C	K_L
4,7	$0{,}21 \cdot 10^{-10}$
9,7	$0{,}37 \cdot 10^{-10}$
25	$1{,}56 \cdot 10^{-10}$
50	$13{,}2 \cdot 10^{-10}$
100	$215 \cdot 10^{-10}$

Aus dem K_L- oder pK_L-Wert eines Elektrolyten vom Typ AB läßt sich seine Löslichkeit leicht berechnen. So beträgt z. B. für AgCl $p_{K_L} = 10{,}0$ bei Raumtemperatur. Es gilt:

$$pK_L = -\log c_{Ag^+} - \log c_{Cl^-} . \qquad (10)$$

c_{Ag^+} muß in der gesättigten Lösung von AgCl gleich c_{Cl^-} sein. Daraus folgt:

$$c_{Ag^+}^2 = K_L \quad \text{oder} \quad c_{Ag^+} = \sqrt{K_L}$$

$$-\log L = -\log c_{Ag^+} = -\log c_{Cl^-} = \frac{1}{2} pK_L . \qquad (11a)$$

Die Löslichkeit L des Silberchlorids beträgt also 10^{-5} mol/l.
Für ein Salz vom Typ AB_2 errechnet sich die Löslichkeit in der folgenden für $PbCl_2$ gezeigten Weise. Das Löslichkeitsprodukt K_L von $PbCl_2$ beträgt

$2 \cdot 10^{-5}$. Bezeichnet man die Löslichkeit von $PbCl_2$ mit L, so ist die Konzentration an Pb^{++} in der Lösung gleich L, diejenige von Cl^- gleich 2L.
Es gilt:

$$L \cdot (2L)^2 = 2 \cdot 10^{-5}$$
$$4L^3 = 2 \cdot 10^{-5}$$
$$L = \sqrt[3]{0{,}5 \cdot 10^{-5}} = 1{,}7 \cdot 10^{-2} \text{ mol/l.}$$

Allgemein errechnet sich die Löslichkeit eines Salzes A_mB_n aus dem Löslichkeitsprodukt nach der Formel:

$$L = c_{A_mB_n} = \sqrt[m+n]{\frac{K_L}{m^m n^n}}. \tag{11}$$

Der Gang der Löslichkeit in Abhängigkeit von einem Überschuß der einzelnen Ionenarten ist in Abb. 3.1 für einen Stoff MeX mit $pK_L = 12$ und in Abb. 3.2 für Me_2Y mit $pK_L = 12$ angegeben. Bei einem Salz wie $PbCl_2$ – allgemein AB_2 oder A_2B – ist die Beeinflussung der Löslichkeit durch einen Überschuß des einwertigen Ions viel größer als durch überschüssiges zweiwertiges Ion.

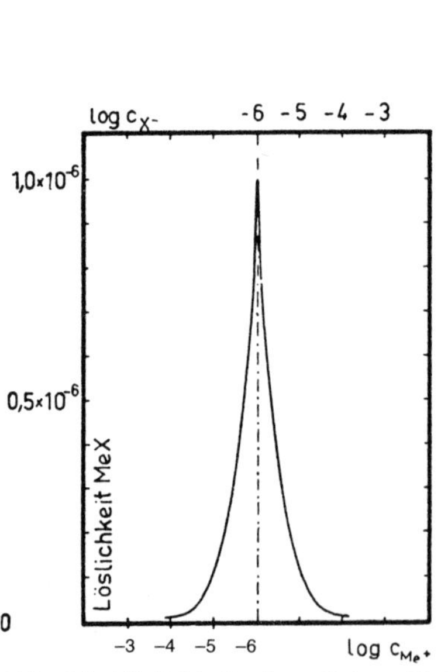

Abb. 3.1. Löslichkeit eines Salzes MeX in Abhängigkeit von der Konzentration an Me^+ und X^- ($pK_L = 12$)

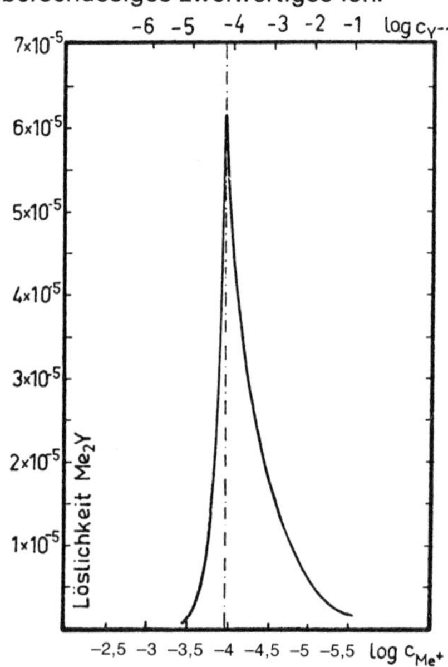

Abb. 3.2. Löslichkeit eines Salzes Me_2Y in Abhängigkeit von der Konzentration an Me^+ und Y^{2-} ($pK_L = 12$)

3.2.2. Der schwerlösliche Stoff ist ein Protolyt

Wenn der schwerlösliche Stoff eine Säure oder Base ist oder wenn eines der Ionen des schwerlöslichen Stoffes aufgrund der früher gegebenen Definitionen eine Säure oder Base darstellt, so wird die Löslichkeit durch Zusatz von Wasserstoffionen oder Hydroxidionen beeinflußt.

3.2.2.1. Schwerlösliche Säuren und Basen

Den ersten Fall beobachten wir bei vielen organischen Säuren. Nach Gl. (2,21) gilt für die Reaktion zwischen Säure und korrespondierender Base

$$\frac{c_{H_3O^+} \cdot c_b}{c_s} = K_s . \qquad (2,21)$$

Ist die Lösung gesättigt, d. h., liegt neben der Lösung feste Säure als Bodenkörper vor, so ist c_s konstant, und man erhält

$$c_{H_3O^+} \cdot c_b = K_L \qquad (12)$$

für das Löslichkeitsprodukt der Säure.
Die Löslichkeit der Säure, die gleich der Summe der Konzentrationen von Säure und korrespondierender Base ist, wird dann durch die folgende Gl. (13) gegeben:

$$L = c_s + c_b = c_s + \frac{K_L}{c_{H_3O^+}} . \qquad (13)$$

Gl. (13) hat nur bei Wasserstoffionenkonzentrationen Gültigkeit, die kleiner als die durch die Lösung der Säure in Wasser verursachte sind. Bei größeren Wasserstoffionenkonzentrationen ist die Löslichkeit konstant.
Soll beispielsweise die Löslichkeit von Benzoesäure in einer Lösung berechnet werden, der NaOH zugesetzt wurde, bis der *p*H-Wert der Lösung 4,5 ist, und die noch feste Benzoesäure (Löslichkeit in Wasser bei 25 °C 0,0278 mol/l; $K_s = 6 \cdot 10^{-5}$) enthält, so erhält man diese auf folgende Weise:
Wenn man beachtet, daß c_s praktisch gleich der Gesamtkonzentration der nur wenig dissoziierten Säure in der Lösung ist, ergibt sich das Löslichkeitsprodukt der Benzoesäure nach Gl. (2,21) und Gl. (12) zu

$$K_L = c_{H_3O^+} \cdot c_b = K_s \cdot c_s = 6 \cdot 10^{-5} \cdot 0{,}0278 = 1{,}668 \cdot 10^{-6} .$$

Daraus ergibt sich für die Löslichkeit der Benzoesäure in einer Lösung mit *p*H = 4,5 nach Gl. (13):

$$L = 0{,}0278 + \frac{1{,}668 \cdot 10^{-6}}{3{,}16 \cdot 10^{-5}} = 0{,}0806 \text{ mol/l.}$$

Für den Fall, daß der schwerlösliche Stoff eine Base ist, gilt analog:

$$L = c_b + \frac{K_L}{c_{OH^-}}. \qquad (14)$$

3.2.2.2. Schwerlösliche Stoffe, deren Kation oder Anion eine Säure oder Base darstellt

Dem zweiten Fall begegnen wir bei den für die analytische Chemie besonders bedeutungsvollen schwerlöslichen Salzen zweiwertiger Säuren. Die Anionen dieser Salze (besonders Carbonate, Oxalate, Sulfide) stellen schwache Basen dar, die im wäßrigen Medium protolysieren. Die Kationen in den schwerlöslichen Verbindungen dieser Säuren sind fast durchweg zweiwertige Metallionen. Ein solches Salz sei im folgenden mit Meb bezeichnet. In Lösung dissoziiert es in die Ionen Me^{++} und b^{--}. Für die Protolyse der Anionen b^{--} gilt nach Gl. (2,102):

$$b^{--} + H_3O^+ \rightleftharpoons Hb^- + H_2O. \qquad (15)$$

Hb^- kann als Ampholyt weiter protolysieren unter Bildung der Neutralsäure

$$Hb^- + H_3O^+ \rightleftharpoons H_2b + H_2O. \qquad (16)$$

Für die beiden Protolysegleichgewichte gilt nach Gl. (2,104 bzw. 2,103)

$$\frac{c_{Hb^-}}{c_{b^{--}} \cdot c_{H_3O^+}} = \frac{1}{K_{s_2}} \qquad (17)$$

und

$$\frac{c_{H_2b}}{c_{Hb^-} \cdot c_{H_3O^+}} = \frac{1}{K_{s_1}}, \qquad (18)$$

wobei K_{s_1} und K_{s_2} die erste und zweite Dissoziationskonstante der Säure H_2b darstellen.

Für die Löslichkeit des Salzes Meb muß gelten:

$$L = c_{Meb} = c_{b^{--}} + c_{Hb^-} + c_{H_2b}. \qquad (19)$$

Beachten wir noch, daß

$$c_{Meb} = c_{Me^{++}} \tag{20}$$

ist und das Löslichkeitsprodukt des Salzes Meb

$$K_L = c_{Me^{++}} \cdot c_{b^{--}} \tag{21}$$

durch Gl. (21) ausgedrückt wird, so lassen sich bei bekannter Wasserstoffionenkonzentration c_{Meb}, $c_{b^{--}}$, c_{H_2b} und $c_{Me^{++}}$ berechnen.
Die Rechnung wird einfach, wenn man die pH/log c-Diagramme für mehrbasische Säuren beachtet. Diese zeigen, daß, sofern der pH-Wert der Lösung nicht gleich oder sehr ähnlich dem Säureexponenten der Säure ist, bei bestimmten pH-Werten der Lösung jeweils nur die Neutralsäure H_2b, der Ampholyt Hb^- oder die korrespondierende Base b^{--} beständig ist. Ist $pH < pK_{s_1}$, so ist im wesentlichen nur die Säure H_2b vorhanden. Bei einem pH-Wert, der zwischen pK_{s_1} und pK_{s_2} liegt, können c_{H_2b} und $c_{b^{--}}$ gegenüber c_{Hb^-} vernachlässigt werden, und in pH-Bereichen, für die $pH > pK_{s_2}$ ist, sind fast nur b^{--}-Ionen vorhanden. Für diese drei pH-Bereiche errechnet sich die Löslichkeit der Salze Meb wie folgt:
Für $pH < pK_{s_1}$ gilt angenähert

$$L = c_{Meb} = c_{H_2b}\,.$$

Eliminiert man c_{H_2b} in Gl. (18) und substituiert c_{Hb^-} aus Gl. (17), so ergibt sich bei Beachtung von Gl. (19) und Gl. (21)

$$L_{Meb} = c_{H_2b} = c_{H_3O^+} \cdot \sqrt{\frac{K_L}{K_{s_1} \cdot K_{s_2}}}\,. \tag{22}$$

Für $pK_{s_1} < pH < pK_{s_2}$ gilt angenähert

$$L = c_{Meb} = c_{Hb^-}\,.$$

Aus den eben erwähnten Gleichungen ergibt sich für diesen pH-Bereich die Löslichkeit zu:

$$L_{Meb} = c_{Hb^-} = \sqrt{\frac{K_L}{K_{s_2}} \cdot c_{H_3O^+}}\,. \tag{23}$$

Für $pH > pK_{s_2}$ gilt angenähert $L = c_{Meb} = c_{b^{--}}$. Die Löslichkeit errechnet sich dann aus Gl. (21) zu

$$L_{Meb} = c_{b^{--}} = \sqrt{K_L}. \qquad (24)$$

Im folgenden Beispiel ist die Löslichkeit von Calciumoxalat, CaC_2O_4, ($K_L = 1{,}8 \cdot 10^{-9}$; $K_1 = 6{,}5 \cdot 10^{-2}$; $K_2 = 6 \cdot 10^{-5}$) in wäßrigen Lösungen bei verschiedenen pH-Werten berechnet.
Die Löslichkeit von CaC_2O_4 in Wasser ergibt sich nach Gl. (24) zu

$$L_{CaC_2O_4} = \sqrt{1{,}8 \cdot 10^{-9}} = 4{,}25 \cdot 10^{-5} \text{ mol/l}.$$

In einem Puffergemisch mit $p\text{H} = 4$ beträgt die Löslichkeit von CaC_2O_4 nach Gl. (23)

$$L_{CaC_2O_4} = \sqrt{\frac{1{,}8 \cdot 10^{-9}}{6 \cdot 10^{-5}} \cdot 10^{-4}} = 5{,}5 \cdot 10^{-5} \text{ mol/l}.$$

In 0,1-M-HCl ist CaC_2O_4 gut löslich, da $c_{C_2O_4^{--}}$ wegen der großen Wasserstoffionenkonzentration sehr klein wird und damit die Konzentration der Ca^{++}-Ionen sehr groß sein muß, damit das Löslichkeitsprodukt von CaC_2O_4 erreicht wird.
Wie schon erwähnt, gehören zu den schwerlöslichen Verbindungen, die für die Fällungsanalyse von großer Bedeutung sind, auch die Sulfide, da insbesondere mehrwertige Kationen mit Hilfe der Sulfidfällung quantitativ bestimmt oder getrennt werden können.
Für die beiden Protolysegleichgewichte erhält man durch Anwendung der Gl. (17) und Gl. (18) auf den Fall des Schwefelwasserstoffs:

$$\frac{c_{HS^-}}{c_{S^{--}} \cdot c_{H_3O^+}} = \frac{1}{K_2} \qquad (17a)$$

und

$$\frac{c_{H_2S}}{c_{HS^-} \cdot c_{H_3O^+}} = \frac{1}{K_1}. \qquad (18a)$$

Hieraus ergibt sich für die Konzentration an S^{--}:

$$c_{S^{--}} = \frac{K_1 \cdot K_2 \cdot c_{H_2S}}{c^2_{H_3O^+}}. \qquad (25)$$

Setzt man die Zahlenwerte von K_1 und K_2 in die Gl. (25) ein und beachtet weiter, daß in einer H_2S-Lösung, die mit gasförmigem Schwefelwasserstoff im Gleichgewicht steht, c_{H_2S} konstant ist, wenn die Temperatur und der

Partialdruck konstant sind, so ergibt sich für 18°C und einen Partialdruck von 1,013 bar ($c_{H_2S} = 0{,}12$)

$$c_{S^{--}} = \frac{K_1 \cdot K_2 \cdot 0{,}12}{c^2_{H_3O^+}} \qquad (25a)$$

Der Wert von K_2 ist für H_2S nicht genau bekannt. Nach neueren Untersuchungen ist er viel kleiner als bisher angenommen ($K_2 = 10^{-13}$) und beträgt etwa $K_2 = 10^{-19}$. Dies bedeutet, daß das Sulfidion S^{2-} in wäßriger Lösung eine extrem starke Base darstellt und für die Diskussion von Gleichgewichten in wäßrigen Systemen eine ebenso vernachlässigbare Rolle spielt, wie das Ion O^{2-}. Beide Ionen existieren zwar in Festkörpern, liegen aber in wäßriger Lösung protoniert als HS^- bzw. OH^- vor. Es kann also in anderen Worten davon ausgegangen werden, daß die Protolyse des Sulfidions

$$S^{2-} + H_2O \rightleftharpoons HS^- + OH^-$$

praktisch vollständig abläuft. Für eine 0,050-M-Lösung von Na_2S in Wasser gilt daher

$$c_{HS^-} = c_{OH^-} = 0{,}050\text{-M}$$
$$c_{Na^+} = 0{,}10\text{-M}$$

Die systematische Behandlung eines Problems führt zwar immer zum richtigen Ergebnis. Häufig führen aber einfachere Wege zu einem ähnlich guten Ergebnis, ohne daß sehr langwierige Rechnungen durchgeführt werden müssen. Dies läßt sich am Beispiel der Löslichkeit von Sulfiden leicht zeigen, zumal die systematischen Berechnungen mit der Ungewißheit über den genauen Wert von K_2 für H_2S behaftet sind.
Wenn ein schwerlösliches Metallsulfid wie ZnS in Wasser gelöst wird, kann der Vorgang durch die Gleichungen

$$\begin{array}{l} ZnS \rightleftharpoons Zn^{2+} + S^{2-} \\ S^{2-} + H_2O \rightleftharpoons HS^- + OH^- \\ \hline ZnS + H_2O \rightleftharpoons Zn^{2+} + OH^- + HS^- \end{array}$$

beschrieben werden. Es gilt daher für das Löslichkeitsprodukt

$$K_L = c_{Zn^{2+}} \cdot c_{S^{2-}} = c_{Zn^{2+}} \cdot c_{OH^-} \cdot c_{HS^-} \qquad (26)$$

Dies entspricht ganz der Behandlung des Löslichkeitsproduktes von Metalloxiden, wo O^{2-} im Gleichgewicht ebenfalls unberücksichtigt bleibt. Das Löslichkeitsprodukt von MgO wird z.B. durch

$$MgO + H_2O \rightleftharpoons Mg^{2+} + 2\,OH^-$$

$$K_L = c_{Mg^{2+}} \cdot c^2_{OH^-}$$

beschrieben.

Da die Fällungen der Sulfide gewöhnlich in saurem Medium vorgenommen und die Gleichgewichtsberechnungen für diesen Fall angestellt werden, kann davon ausgegangen werden, daß die HS^--Ionen protoniert sind. Die Lösung von ZnS in saurer Lösung kann durch die folgende Gleichung beschrieben werden:

$$ZnS + 2\,H^+ \rightleftharpoons Zn^{2+} + H_2S$$

$$K_{L,\,Säure} = \frac{c_{Zn^{2+}} \cdot c_{H_2S}}{c^2_{H^+}} \tag{27}$$

Die neue Konstante $K_{L,\,Säure}$ kann anstelle von K_L aus Gl. (26) für alle Gleichgewichtsberechnungen verwendet werden. $K_{L,\,Säure}$ unterscheidet sich von K_L durch den fast konstanten Faktor 10^{21}, z. B. HgS: $K_L = 4 \cdot 10^{-54}$, $K_{L,\,Säure} = 4 \cdot 10^{-33}$ oder CuS: $K_L = 8 \cdot 10^{-37}$, $K_{L,\,Säure} = 8 \cdot 10^{-16}$. Sulfide mit $K_{L,\,Säure}$-Werten, die größer als 10^{-2} sind, lösen sich leicht in Säuren, z. B. FeS ($K_L = 6 \cdot 10^{-19}$, $K_{L,\,Säure} = 6 \cdot 10^2$).

Für die Vollständigkeit einer H_2S-Fällung ist oft die Frage nach der Konzentration der in Lösung verbleibenden Metallionen wichtig. Prinzipiell kann die Antwort mit Hilfe der Gl. (25) gefunden werden. Der nicht hinlänglich gut bekannte Wert von K_2 führt jedoch dazu, daß $c_{S^{2-}}$ nicht genügend genau bekannt ist. Dagegen kann die Antwort unter Verwendung von $K_{L,\,Säure}$ leicht ermittelt werden.

Wie groß ist beispielsweise die Konzentration an Kupferionen, $c_{Cu^{2+}}$, in der Lösung nach der Fällung von CuS mit H_2S in einer Lösung, deren Wasserstoffionenkonzentration $c_{H^+} = 0{,}30$-M ist? In einer H_2S-Lösung, die mit gasförmigem Schwefelwasserstoff im Gleichgewicht steht, ist c_{H_2S} konstant, wenn die Temperatur und der Partialdruck konstant sind. Für 18 °C und einen Partialdruck von 1,013 bar beträgt $c_{H_2S} = 0{,}12$.

Es ergibt sich daher:

$$Cu^{2+} + H_2S \rightleftharpoons CuS + 2\,H^+$$

$$K = \frac{1}{K_{L,\,Säure}} = 1{,}25 \cdot 10^{15} = \frac{c^2_{H^+}}{c_{Cu^{2+}} \cdot c_{H_2S}} \tag{28}$$

$$c_{Cu^{2+}} = \frac{(0{,}3)^2}{1{,}25 \cdot 10^{15} \cdot 0{,}12} = 6 \cdot 10^{-16}\ \text{mol/l}$$

Ähnliche Rechnungen erlauben die Bedingungen festzulegen, bei denen zwei verschiedene Metallionen, z. B. Zn^{2+} und Fe^{2+}, getrennt werden können.
Es ist zu beachten, daß bei der Fällung von Metallionen mit Schwefelwasserstoff die Wasserstoffionenkonzentration der Lösung zunimmt:

$$Me^{++} + H_2S + 2\,H_2O \rightleftharpoons MeS + 2\,H_3O^+ \,.$$

Neben den Sulfiden spielen auch die *Hydroxide* eine wesentliche Rolle in der Fällungsanalyse, obwohl diese selbst zur quantitativen Bestimmung ungeeignet sind. Die mathematische Beziehung zwischen der Löslichkeit der Metallhydroxide und der Wasserstoffionenkonzentration der Lösung ergibt sich direkt aus dem Löslichkeitsprodukt der Hydroxide. Für die Löslichkeit des Hydroxids eines dreiwertigen Metalls erhält man aus dem Löslichkeitsprodukt

$$K_L = c_{Me^{+++}} \cdot c^3_{OH^-} \tag{29}$$

$$L = c_{Me^{+++}} = \frac{K_L}{c^3_{OH^-}} = \frac{c^3_{H_3O^+} \cdot K_L}{K^3_W}\,. \tag{30}$$

Auf ganz analoge Weise ergeben sich auch die Löslichkeiten der Hydroxide von Metallen anderer Wertigkeiten, z. B. für zweiwertige Metalle:

$$L = c_{Me^{++}} = \frac{K_L}{c^2_{OH^-}} = \frac{c^2_{H_3O^+} \cdot K_L}{K^2_W}\,. \tag{31}$$

Berechnet man für verschiedene Metallhydroxide die Löslichkeit bei verschiedenem *p*H und trägt man $\log L = \log c_{Me^{++}}$ in Abhängigkeit vom *p*H-Wert auf, so erhält man Abb. 3.3. Man kann die Fällungsbedingungen und die Trennungsmöglichkeiten, die sich durch Fällung bei verschiedenen *p*H-Werten ergeben, aus Abb. 3.3 direkt ablesen.
Manche schwerlöslichen Metallhydroxide lassen sich mit Ammoniak nur unvollständig aus einer Lösung ausfällen. Das in einer Ammoniaklösung vorliegende Gleichgewicht

$$NH_3 + H_2O \rightleftharpoons NH_4^+ + OH^- \tag{2,44}$$

wird beim Verbrauch von OH^--Ionen nach rechts verschoben.

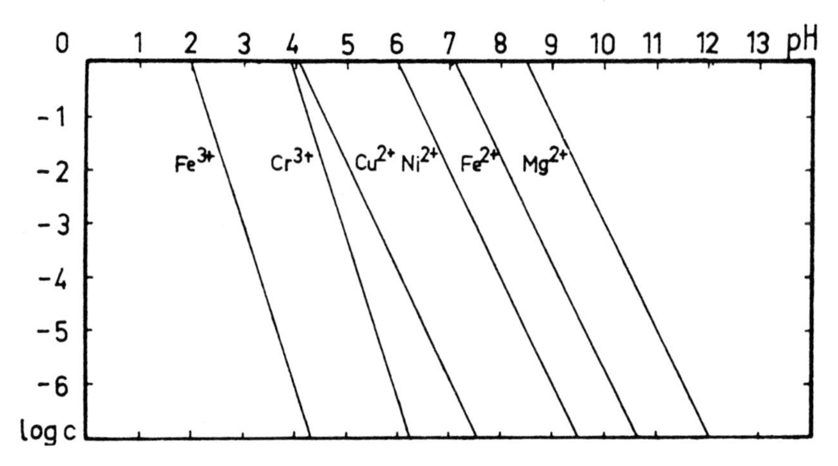

Abb. 3.3. *p*H/log c-Diagramm für Metallhydroxide

Das Massenwirkungsgesetz ergibt

$$c_{OH^-} = K_b \cdot \frac{c_{NH_3}}{c_{NH_4^+}}. \tag{32}$$

Man sieht, daß die mit der Fällung verbundene Bildung von NH_4^+ einer Zunahme der OH^--Konzentration entgegenwirkt, auch wenn die Abnahme der NH_3-Konzentration durch Zusatz von Ammoniak kompensiert wird. Wenn das Löslichkeitsprodukt des Metallhydroxids relativ groß ist, reicht die OH^--Ionenkonzentration nach Gl. (13) nicht zur Fällung aus. Aus diesem Grunde läßt sich z. B. $Mg(OH)_2$ mit Ammoniak nicht vollständig ausfällen. Enthält die Lösung schon im vorhinein genügend Ammoniumsalze, so läßt sich mit Ammoniak die OH^--Konzentration, die zur Überschreitung des Löslichkeitsproduktes von $Mg(OH)_2$ nötig ist, nicht mehr erreichen.
In der Praxis begegnet man sowohl bei den Sulfid- wie auch bei den Hydroxidfällungen meist wesentlich komplizierteren Verhältnissen, da die Löslichkeitsprodukte der Metallsulfide und -hydroxide sich im Laufe der Fällung verändern. Die meisten Hydroxide zeigen die Erscheinung der Alterung, durch die die Löslichkeit herabgesetzt wird. Manche Kationen, wie z. B. Sb^{+++}, fallen bei der Erhöhung der OH^--Konzentration in Form von basischen Salzen aus. Bei den Sulfidfällungen finden neben Alterungserscheinungen der gefällten Sulfide oft Übersättigungen der Lösung statt. So tritt z. B. eine Fällung von CoS und NiS erst bei wesentlich höheren *p*H-

Werten ein als diejenige von CdS, obwohl alle drei Sulfide ungefähr das gleiche Löslichkeitsprodukt besitzen. Andererseits sind gefälltes CoS und NiS infolge Alterung auch in stark saurer Lösung nur wenig löslich.
Da viele Hydroxide, wie z. B. $Zn(OH)_2$, $Al(OH)_3$, $Cr(OH)_3$ oder $Sn(OH)_4$ Ampholyte darstellen, ist bei ihrer Fällung zu beachten, daß sie sich bei zu großer Hydroxidionenkonzentration wieder auflösen. Die Löslichkeit ist am geringsten am isoelektrischen Punkt (vgl. S. 77)[für $Zn(OH)_2$ bei $pH = 8{,}5$, für $Al(OH)_3$ bei $pH = 7$, für $Cr(OH)_3$ bei $pH = 8{,}5$]. Die zunehmende Löslichkeit dieser Hydroxide mit wachsender OH^--Konzentration beruht auf der Bildung löslicher Komplexverbindungen, sogenannter Hydroxokomplexe, z. B.

$$Zn(OH)_2 + OH^- \rightleftharpoons [Zn(OH)_3]^- .$$

Aufgabe: Es soll ein Niederschlag von 850 mg Calciumoxalat ausgewaschen werden. Wieviel ml Wasser können dazu benützt werden, wenn nicht mehr als 0,05% des Niederschlages gelöst werden sollen? $K_L\,(CaC_2O_4) = 1{,}8 \cdot 10^{-9}$.

Lösung: Nach Kap. 3.2.1. beträgt die Löslichkeit des Calciumoxalats

$$L = \sqrt{K_L} = \sqrt{1{,}8 \cdot 10^{-9}} = 4{,}243 \cdot 10^{-5}\ \text{mol/l} .$$

1 mol/l CaC_2O_4 ≙ 128,102 g/l CaC_2O_4; $4{,}243 \cdot 10^{-5}$ mol/l CaC_2O_4 ≙ $5{,}435 \cdot 10^{-3}$ g/l CaC_2O_4

Maximal dürfen 0,05% von 850 mg, d. s. 0,425 mg Calciumoxalat in Lösung gehen. Da die Löslichkeit $5{,}435 \cdot 10^{-3}$ g/l beträgt, ist die Menge Wasser, die 0,425 mg = $4{,}25 \cdot 10^{-4}$ g löst, nach folgender Dreisatzrechnung zu ermitteln:

$$\text{Lösungsmittelmenge}\ (H_2O) = \frac{4{,}25 \cdot 10^{-4}\ \text{g} \cdot 1\ \text{l}}{5{,}435 \cdot 10^{-3}\ \text{g}} = 0{,}0782\ \text{l}\ H_2O .$$

Die Protolyse des Oxalations kann vernachlässigt werden, da der pH-Wert der Lösung größer ist als pK_{S_2} der dem Anion zugrunde liegenden Säure $H_2C_2O_4$ (s. dazu Kap. 3.2.2.2.).

3.2.3. Der schwerlösliche Stoff oder eines seiner Ionen bildet Komplexe

Der Fall der Bildung von Hydroxokomplexen ist nur ein spezieller Fall der sehr verbreiteten Bildung von Komplexverbindungen. Darunter sind Verbindungen zu verstehen, die durch Anlagerung bzw. Bindung von Ionen oder Molekülen an andere Ionen oder Moleküle entstehen und die in Lösung eine merkliche Beständigkeit haben.
So reagieren beispielsweise in wäßriger Lösung hydratisiert vorliegende Ni^{2+}-Ionen und Ammoniak entsprechend den Gl. (33) bis (38).

$$[Ni(H_2O)_6]^{2+} + NH_3 \rightleftharpoons [Ni(H_2O)_5(NH_3)]^{2+} + H_2O \quad (33)$$
$$[Ni(H_2O)_5(NH_3)]^{2+} + NH_3 \rightleftharpoons [Ni(H_2O)_4(NH_3)_2]^{2+} + H_2O \quad (34)$$
$$[Ni(H_2O)_4(NH_3)_2]^{2+} + NH_3 \rightleftharpoons [Ni(H_2O)_3(NH_3)_3]^{2+} + H_2O \quad (35)$$
$$[Ni(H_2O)_3(NH_3)_3]^{2+} + NH_3 \rightleftharpoons [Ni(H_2O)_2(NH_3)_4]^{2+} + H_2O \quad (36)$$
$$[Ni(H_2O)_2(NH_3)_4]^{2+} + NH_3 \rightleftharpoons [Ni(H_2O)(NH_3)_5]^{2+} + H_2O \quad (37)$$
$$[Ni(H_2O)(NH_3)_5]^{2+} + NH_3 \rightleftharpoons [Ni(NH_3)_6]^{2+} + H_2O \quad (38)$$

Die Gleichgewichtskonstante jeder Reaktion wird als *stufenweise Komplexbildungskonstante* bezeichnet. Für die Bildung des Pentaaquamonamminnickelions gilt

$$\frac{c_{[Ni(H_2O)_5(NH_3)]^{2+}}}{c_{[Ni(H_2O)_6]^{2+}} \cdot c_{NH_3}} = K_1 \,. \quad (39)$$

Die Gleichgewichte (34) bis (38) werden in entsprechender Weise durch die stufenweisen Komplexbildungskonstanten $K_2 \cdots K_6$ beschrieben. Die Bruttokomplexbildungskonstante für die Gesamtreaktion

$$[Ni(H_2O)_6]^{2+} + 6\,NH_3 \rightleftharpoons [Ni(NH_3)_6]^{2+} + 6\,H_2O \quad (40)$$

ist gleich dem Produkt der stufenweisen Komplexbildungskonstanten:

$$\beta_6 = K_1K_2K_3K_4K_5K_6 \,. \quad (41)$$

Ebenso lassen sich Bruttokomplexbildungskonstanten $\beta_1 \cdots \beta_5$ für die Bildung der Komplexe $[Ni(H_2O)_5(NH_3)]^{2+} \cdots [Ni(H_2O)(NH_3)_5]^{2+}$ formulieren. Erstere ist natürlich mit K_1 identisch. Weiter ist $\beta_2 = K_1K_2$, $\beta_3 = K_1K_2K_3$, $\beta_4 = K_1K_2K_3K_4$ und $\beta_5 = K_1K_2K_3K_4K_5$. Im vorliegenden Fall betragen bei Raumtemperatur $K_1 = 630$, $K_2 = 160$, $K_3 = 50$, $K_4 = 16$, $K_5 = 5$, $K_6 = 1$.
Je beständiger die komplexe Verbindung ist, desto mehr liegen die Gleichgewichte auf der rechten Seite, desto größer sind also die Komplexbildungskonstanten, die man aus diesem Grund auch als *Stabilitätskonstanten* bezeichnet.
Ammoniak bildet mit Silberionen das komplexe Ion $[AgNH_3]^+$

$$Ag^+ + NH_3 \rightleftharpoons [AgNH_3]^+ \,, \quad (42)$$

das mit einem weiteren Molekül Ammoniak zu dem Ion $[Ag(NH_3)_2]^+$ zusammenzutreten vermag:

$$[AgNH_3]^+ + NH_3 \rightleftharpoons [Ag(NH_3)_2]^+ \,. \quad (43)$$

Die aus der Anwendung des Massenwirkungsgesetzes auf die Gleichgewichte (42) und (43) hervorgehenden Komplexbildungskonstanten

$$K_1 = \frac{c_{[AgNH_3]^+}}{c_{Ag^+} \cdot c_{NH_3}} \tag{44}$$

und

$$K_2 = \frac{c_{[Ag(NH_3)_2]^+}}{c_{[AgNH_3]^+} \cdot c_{NH_3}} \tag{45}$$

des Systems Ag^+/NH_3 haben die Werte $K_1 = 2{,}5 \cdot 10^3$, $K_2 = 1{,}0 \cdot 10^4$. Tabelle 3.3 verzeichnet zahlreiche Komplexbildungskonstanten, die für die analytische Chemie eine Rolle spielen.
Der Diammin-Silber-Komplex *dissoziiert* nach den Gl. (46) und (47) in zwei Stufen.

$$[Ag(NH_3)_2]^+ \rightleftharpoons [AgNH_3]^+ + NH_3 \tag{46}$$

$$[AgNH_3]^+ \rightleftharpoons Ag^+ + NH_3\,. \tag{47}$$

Nach dem Massenwirkungsgesetz gilt:

$$\frac{c_{[Ag(NH_3)_2]^+}}{c_{[AgNH_3]^+}} = K_2 \cdot c_{NH_3}\,. \tag{48}$$

Damit ist für

$$c_{NH_3} = 1/K_2 \qquad c_{[Ag(NH_3)_2]^+} = c_{[AgNH_3]^+}\,,$$

für

$$c_{NH_3} > 1/K_2 \qquad c_{[Ag(NH_3)_2]^+} > c_{[AgNH_3]^+}$$

und für

$$c_{NH_3} < 1/K_2 \qquad c_{[Ag(NH_3)_2]^+} < c_{[AgNH_3]^+}\,.$$

Bei einer Ammoniakkonzentration, die gleich $1/K_2$ ist, sind also 50% des Komplexes dissoziiert, bei einer größeren Ammoniakkonzentration ist vorwiegend der Komplex $[Ag(NH_3)_2]^+$ beständig, bei einer kleineren Ammoniakkonzentration der Komplex $[AgNH_3]^+$, der allerdings weiter dissoziiert (s. unten). Der Anteil des undissoziierten Komplexes $[Ag(NH_3)_2]^+$ bei gegebener Ammoniakkonzentration läßt sich in der folgenden Weise berechnen.

Tabelle 3.3. Komplexbildungskonstanten (bei etwa 25° C)

Komplex	K_1	K_2	K_3	K_4	K_5	K_6
$[Ag(NH_3)_2]^+$	$2{,}5 \cdot 10^3$	$1{,}0 \cdot 10^4$				
$[AgCl_3]^{2-}$	$\beta_2 = 0{,}25 \cdot 10^6$		0,7			
$[Ag(py)_2]^+$	100	130				
$[Ag(SCN)_4]^{3-}$	$\beta_2 = 3{,}7 \cdot 10^7$		320	10		
$[Ag(S_2O_3)_2]^{3-}$	$6{,}6 \cdot 10^8$	$4{,}4 \cdot 10^4$				
$[AlF_6]^{3-}$	$1{,}4 \cdot 10^6$	$1{,}1 \cdot 10^5$	$7{,}1 \cdot 10^3$	570	42	3
$[Al(CH)_4]^-$	$7 \cdot 10^8$	$\beta_4 = 2 \cdot 10^{33}$				
$[Cd(NH_3)_6]^{2+}$	400	130	25	8	0,5	0,02
$[Cd(py)_2]^{2+}$	20	6,3				
$[CdI_4]^{2-}$	190	44	12	13		
$[Cd(CN)_4]^{2-}$	$3{,}5 \cdot 10^5$	$1{,}2 \cdot 10^5$	$5{,}0 \cdot 10^4$	$3{,}6 \cdot 10^3$		
$[Cd(S_2O_3)_2]^{2-}$	$8{,}3 \cdot 10^3$	330				
$[Co(NH_3)_6]^{3+}$	$2{,}0 \cdot 10^7$	$5{,}0 \cdot 10^6$	$1{,}3 \cdot 10^6$	$4{,}0 \cdot 10^5$	$1{,}3 \cdot 10^5$	$2{,}5 \cdot 10^4$
$[Co(NH_3)_6]^{2+}$	130	40	10	5	1	0,2
$[Co(CN)_6]^{4-}$	$\beta_6 = 1 \cdot 10^{19}$					
$[Cu(NH_3)_5]^{2+}$	$1{,}3 \cdot 10^4$	$3{,}2 \cdot 10^3$	800	130	0,32	
$[Cu(py)_4]^{2+}$	330	73	20	7,1		
$[Cu(CN)_3]^-$	$\beta_2 = 1{,}0 \cdot 10^{24}$		$3{,}9 \cdot 10^4$			
$[CuCl_2]^-$	$\beta_2 = 5{,}0 \cdot 10^4$					
$[CuI_2]^-$	$\beta_2 = 5{,}8 \cdot 10^8$					
$[Cu(S_2O_3)_2]^{3-}$	$1{,}9 \cdot 10^{10}$	90				
FeF_3	$1{,}9 \cdot 10^5$	$1{,}1 \cdot 10^4$	580			
$FeCl_3$	30	4,5	0,10			

Tabelle 3.3. (Fortsetzung)

Komplex	K_1	K_2	K_3	K_4	K_5	K_6
$[Fe(SCN)_2]^+$	138	20				
$[Fe(C_2O_4)_3]^{3-}$	$2,5 \cdot 10^9$	$6,3 \cdot 10^6$	$1,0 \cdot 10^4$			
$[Hg(NH_3)_4]^{2+}$	$6,3 \cdot 10^8$	$5,0 \cdot 10^8$	10	8		
$[Hg(py)_2]^{2+}$	$1,3 \cdot 10^5$	$8,0 \cdot 10^4$				
$[HgCl_4]^{2-}$	$1,9 \cdot 10^5$	$3,2 \cdot 10^7$	14	10		
$[HgBr_4]^{2-}$	$1,1 \cdot 10^9$	$1,9 \cdot 10^8$	260	18		
$[HgI_4]^{2-}$	$7,4 \cdot 10^{12}$	$8,9 \cdot 10^{10}$	$6,0 \cdot 10^3$	170		
$[Hg(CN)_4]^{2-}$	$1,0 \cdot 10^{18}$	$5,0 \cdot 10^{16}$	$6,3 \cdot 10^3$	$1,0 \cdot 10^3$		
$[Hg(S_2O_3)_3]^{4-}$	$\beta_2 = 2,8 \cdot 10^{29}$		290			
$[Ni(NH_3)_6]^{2+}$	630	160	50	16	5	1
$[Ni(py)_2]^{2+}$	63	12				
$[Ni(CN)_4]^{2-}$	$\beta_4 = 1,0 \cdot 10^{22}$					
$[Pb(OH)_3]^-$	$7 \cdot 10^7$	$\beta_3 = 2 \cdot 10^{13}$				
$[PbCl_3]^-$	44	$K_2K_3 = 1,7$				
$[PbBr_4]^{2-}$	14	5,9	$K_3K_4 = 13$			
$[PbI_4]^{2-}$	20	30	4	3		
$[Pb(C_2O_4)_2]^{2-}$	$\beta_2 = 3,5 \cdot 10^6$					
$[Pb(S_2O_3)_2]^{2-}$	$\beta_2 = 1,3 \cdot 10^5$					
$[Zn(NH_3)_4]^{2+}$	190	210	250	110		
$[Zn(py)_2]^{2+}$	10	3				
$[Zn(OH)_4]^{2-}$	$2 \cdot 10^4$	$\beta_3 = 2 \cdot 10^{14}$		10		
$[Zn(CN)_4]^{2-}$	$\beta_3 = 3,2 \cdot 10^{17}$			500		
$[Zn(C_2O_4)_2]^{2-}$	$\beta_2 = 2,3 \cdot 10^7$					

Ist C die Gesamtkonzentration an $[Ag(NH_3)_2]^+$ und $[AgNH_3]^+$, so erhält man aus Gl. (48)

$$\frac{c_{NH_3}(C - c_{[Ag(NH_3)_2]^+})}{c_{[Ag(NH_3)_2]^+}} = \frac{1}{K_2}$$

oder

$$c_{[Ag(NH_3)_2]^+} = \frac{C \cdot c_{NH_3}}{1/K_2 + c_{NH_3}} \tag{49}$$

und daraus für den Anteil des undissoziierten Komplexes $[Ag(NH_3)_2]^+$

$$x_2 = \frac{c_{[Ag(NH_3)_2]^+}}{c_{[Ag(NH_3)_2]^+} + c_{[AgNH_3]^+}} = \frac{c_{[Ag(NH_3)_2]^+}}{C} = \frac{c_{NH_3}}{1/K_2 + c_{NH_3}}$$

$$= \frac{1}{1/K_2 \cdot c_{NH_3} + 1} = \frac{1}{10^{pK_2 + pNH_3} + 1}. \tag{50}$$

Trägt man x_2 in einem Diagramm gegen pNH_3 auf, so ergibt sich die in Abb. 3.4 dargestellte Kurve 2.

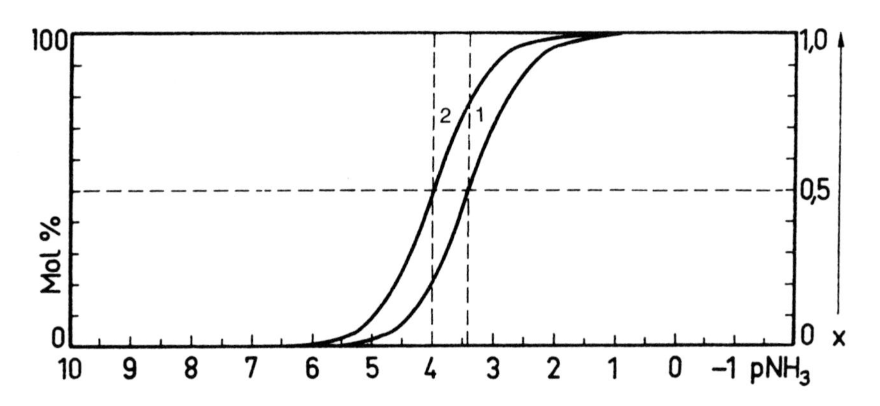

Abb. 3.4. Existenzbereiche der Ammin-Silber-Komplexe $[AgNH_3]^+$ (1) und $[Ag(NH_3)_2]^+$ (2)

Wie oben schon vermerkt, wird $[AgNH_3]^+$ nach Gl. (47) weiter dissoziieren. In Analogie zu Gl. (48) ist

$$\frac{c_{[AgNH_3]^+}}{c_{Ag^+}} = K_1 \cdot c_{NH_3}. \tag{51}$$

Daher ist für

$$c_{NH_3} = 1/K_1 \quad c_{[AgNH_3]^+} = c_{Ag^+} ,$$

für

$$c_{NH_3} > 1/K_1 \quad c_{[AgNH_3]^+} > c_{Ag^+}$$

und für

$$c_{NH_3} < 1/K_1 \quad c_{[AgNH_3]^+} < c_{Ag^+} .$$

Der Anteil des undissoziierten Komplexes $[AgNH_3]^+$ berechnet sich wie oben zu

$$x_1 = \frac{c_{[AgNH_3]^+}}{c_{[AgNH_3]^+} + c_{Ag^+}} = \frac{c_{NH_3}}{1/K_1 + c_{NH_3}} = \frac{1}{10^{pK_1 + pNH_3} + 1} . \quad (52)$$

Im Diagramm in Abb. 3.4 aufgetragen, ergibt sich daraus in Abhängigkeit von pNH_3 die Kurve 1.

Auf analoge Weise lassen sich auch die Existenzbereiche komplizierterer Komplexe darstellen, so z. B. für die Komplexe $[Cu(NH_3)_x(H_2O)_n]^{2+}$ (x = 1 – 5) in Abb. 3.5.

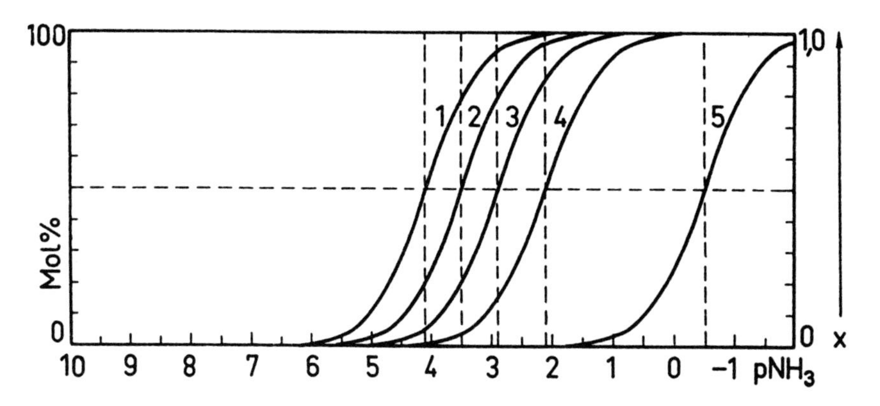

Abb. 3.5. Existenzbereiche der Ammin-Kupfer-Komplexe $[Cu(NH_3)_x(H_2O)_n]^{2+}$ (x = 1 – 5)

Den Diagrammen in Abb. 3.4 und 3.5 lassen sich kleine Konzentrationen ähnlich wie bei Säure-Base-Systemen (vgl. z. B. Abb. 2.10) nur ungenau entnehmen. Sind diese von Interesse, so kann man wie dort zu logarithmischen Diagrammen übergehen.

Versetzt man eine gesättigte Lösung von AgCl mit Ammoniak, so spielen sich die Komplexbildungsreaktionen Gl. (42) und Gl. (43) ab, die eine Verringerung der Ag^+-Konzentration zur Folge haben. Da aber das Löslichkeitsprodukt von AgCl konstant ist, muß die Cl^--Konzentration in der Lösung größer werden, d. h., es muß AgCl in Lösung gehen. Aus dem gleichen Grund fällt aus einer ammoniakalischen Silbernitratlösung beim Zusatz von Cl^- zunächst kein Silberchlorid aus: Die Silberionen sind „maskiert“. Kennt man die Komplexbildungskonstanten der sich bildenden Komplexe und das Löslichkeitsprodukt des schwerlöslichen Salzes, dann läßt sich die Löslichkeit der schwerlöslichen Verbindung berechnen. Im Falle der Silberhalogenide erhält man für ihre Löslichkeit in ammoniakalischen Lösungen folgendes Bild.
Die Löslichkeit der Silberhalogenide AgHal ist, wenn man molekular gelöstes $AgHal \cdot xH_2O$ (vgl. S. 90) vernachlässigt, gleich der Summe von c_{Ag^+}, $c_{[AgNH_3]^+}$ und $c_{[Ag(NH_3)_2]^+}$ bzw. gleich c_{Hal^-}:

$$L_{AgHal} = c_{Ag^+} + c_{[AgNH_3]^+} + c_{[Ag(NH_3)_2]^+} = c_{Hal^-} . \tag{53}$$

Aus Gl. (44) und Gl. (45) ergibt sich, daß schon bei einer sehr geringen Konzentration von Ammoniak c_{Ag^+} und $c_{[AgNH_3]^+}$ sehr klein gegen $c_{[Ag(NH_3)_2]^+}$ sind. Vernachlässigen wir daher die beiden ersten Größen in obiger Gl. (53), so erhalten wir:

$$L_{AgHal} = c_{[Ag(NH_3)_2]^+} = c_{Hal^-} . \tag{54}$$

Multiplizieren wir Gl. (44) mit Gl. (45) und substituieren noch c_{Ag^+} durch K_L/c_{Hal^-}, so ergibt sich

$$K_1 \cdot K_2 = \frac{c_{[Ag(NH_3)_2]^+} \cdot c_{Hal^-}}{K_L \cdot c^2_{NH_3}} \tag{55}$$

und daraus mit Hilfe von Gl. (54) für die Löslichkeit des Silberhalogenids

$$L_{AgHal} = c_{NH_3} \cdot \sqrt{K_1 \cdot K_2 \cdot K_L} . \tag{56}$$

Daraus ergeben sich z. B. für die Löslichkeiten der Silberhalogenide in 0,1-M-Ammoniaklösung $L_{AgCl} = 4 \cdot 10^{-3}$, $L_{AgBr} = 2{,}4 \cdot 10^{-4}$, $L_{AgI} = 4 \cdot 10^{-6}$.
Auch die erhöhte Löslichkeit von AgCl in chloridhaltigen Lösungen beruht auf Komplexbildung:

$$AgCl + Cl^- \rightleftharpoons [AgCl_2]^- . \tag{57}$$

In Abb. 3.6 ist die beobachtete und die ohne Berücksichtigung der Komplexbildung aus dem Löslichkeitsprodukt berechnete Löslichkeit von AgCl als Funktion der Chloridkonzentration aufgetragen.
Bei hohen Chloridkonzentrationen werden schließlich auch noch die Komplexionen $[AgCl_3]^{2-}$ und $[AgCl_4]^{3-}$ gebildet:

$$[AgCl_2]^- + Cl^- \rightleftharpoons [AgCl_3]^{2-} \tag{58}$$

$$[AgCl_3]^{2-} + Cl^- \rightleftharpoons [AgCl_4]^{3-} . \tag{59}$$

Die Löslichkeit von Silberchlorid ergibt sich dann aus der Summe der Konzentrationen aller silberhaltigen Ionen bzw. Moleküle:

$$L_{AgCl} = c_{Ag^+} + c_{[AgCl_2]^-} + c_{[AgCl_3]^{2-}} + c_{[AgCl_4]^{3-}} + c_{AgCl \cdot xH_2O} . \tag{60}$$

Die Konzentration des molekular gelösten Silberchlorids (vgl. Einleitung zu diesem Kapitel) beträgt bei Zimmertemperatur etwa 10^{-7} mol/l. Sind weiter die Bildungskonstanten der Chloroargentatkomplexe bekannt, so kann die Löslichkeit des Silberchlorids bei verschiedenen Chloridkonzentrationen berechnet werden. Besonders übersichtlich lassen sich die Konzentrationsverhältnisse darstellen, wenn ähnlich wie in Kapitel 2 logarithmi-

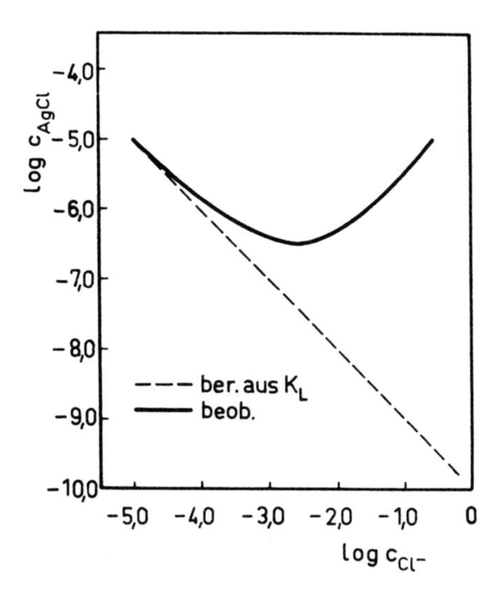

Abb. 3.6. Löslichkeit von Silberchlorid in chloridhaltigen Lösungen

sche Diagramme verwendet werden. Abb. 3.7 zeigt ein solches Diagramm für den vorliegenden Fall. Zwischen dem Logarithmus der Konzentration jeder der silberhaltigen Spezies und dem Logarithmus der Chloridkonzentration besteht ein linearer Zusammenhang.
Von Komplexbildungsreaktionen wird in der qualitativen und quantitativen Analyse häufig Gebrauch gemacht. So lassen sich z. B. Kupfer und Cadmium in KCN-haltigen Lösungen durch H_2S leicht trennen. Beim Zusatz von KCN zur Lösung des Kupfer- und Cadmiumsalzes bilden sich die komple-

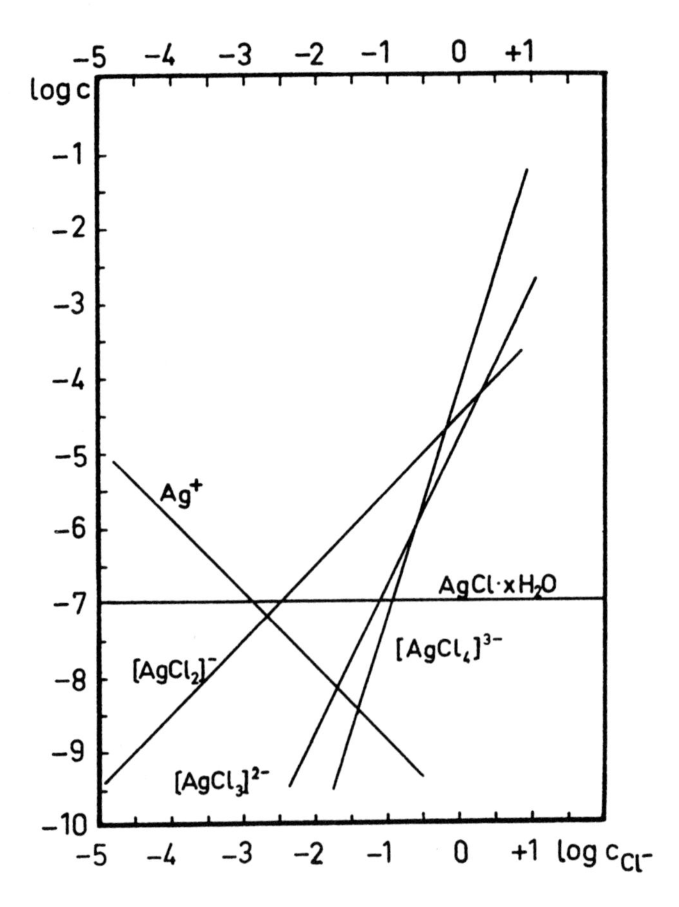

Abb. 3.7. Logarithmisches Diagramm der Konzentration silberhaltiger Spezies einer AgCl-Lösung als Funktion der Cl^--Konzentration

xen Ionen $[Cu(CN)_4]^{3-}$ und $[Cd(CN)_4]^{2-}$. Die Komplexbildungskonstante des Kupferkomplexes ist sehr groß, d. h., die Cu^+-Konzentration in der Lösung ist sehr klein, und zwar wird sie so klein, daß sie nicht zur Überschreitung des Löslichkeitsproduktes von Cu_2S ausreicht. Dagegen ist die Komplexbildungskonstante des Cadmiumkomplexes so klein, daß die in Lösung vorhandenen, unmaskierten Cd^{++}-Ionen zur Überschreitung des Löslichkeitsproduktes von CdS ausreichen. Aus einer Lösung, die Cu^{++}- und Cd^{++}-Ionen enthält, wird daher nach Zusatz von überschüssigem KCN durch H_2S nur CdS ausgefällt.

Auf der Komplexbildung beruht auch die Bestimmung von Cyanid nach LIEBIG. Setzt man einer Lösung von CN^- Silbernitratlösung zu, so bildet sich zunächst das außerordentlich stabile, leichtlösliche, komplexe Ion $[Ag(CN)_2]^-$:

$$Ag^+ + 2CN^- \rightleftharpoons [Ag(CN)_2]^- . \qquad (61)$$

Die Ag^+-Konzentration in der Lösung bleibt so klein, daß das Löslichkeitsprodukt des schwerlöslichen AgCN nicht überschritten wird. Erst wenn die Cyanidionen durch zugefügtes Ag^+ verbraucht sind, wird die Ag^+-Konzentration zur Überschreitung des Löslichkeitsproduktes von AgCN genügend groß. Es fällt dann festes Silbercyanid aus. Der Beginn der Fällung von AgCN zeigt somit den Endpunkt der Titration an. Aus Gl. (61) folgt, daß an diesem Punkt der Titration ein Grammion Ag^+ zwei Grammion CN^- äquivalent ist.

Aufgabe: Wieviel Ammoniak muß einer $5 \cdot 10^{-3}$-M-Lösung von Ag^+ zugesetzt werden, um die Fällung von AgCl zu verhindern, wenn eine Chloridionenkonzentration von 0,001 mol/l erreicht werden soll?
$K_L(AgCl) = 1{,}8 \cdot 10^{-10}$, $K_D[Ag(NH_3)_2]^+ = 4 \cdot 10^{-8}$.

Lösung: Die zulässige Ag^+-Konzentration ergibt sich aus

$$K_L = c_{Ag^+} \cdot c_{Cl^-} \qquad c_{Ag^+} = \frac{K_L}{c_{Cl^-}} = 1{,}8 \cdot 10^{-7}\ \text{mol/l} .$$

Die Ag^+-Ionen werden durch NH_3 abgefangen und in komplexes $[Ag(NH_3)_2]^+$ übergeführt. Nach Kap. 3.2.3. darf aufgrund der Stabilität dieses Komplexes c_{Ag^+} näherungsweise $c_{[Ag(NH_3)_2]^+}$ gesetzt werden, d. h., es gilt

$$c_{Ag^+} = 5 \cdot 10^{-3}\ \text{mol/l} \qquad c_{[Ag(NH_3)_2]^+} = 5 \cdot 10^{-3}\ \text{mol/l} .$$

Danach ist c_{NH_3} (gebunden) $= 2 \cdot c_{[Ag(NH_3)_2]^+} = 0{,}01$ mol/l .

Für die Ermittlung von c_{NH_3} (frei) gilt:

$$K_D = \frac{c_{Ag^+} \cdot c^2_{NH_3}}{c_{[Ag(NH_3)_2]^+}} \qquad c_{NH_3}(\text{frei}) = \sqrt{\frac{K_D \cdot c_{[Ag(NH_3)_2]^+}}{c_{Ag^+}}} =$$

$$= \sqrt{\frac{4 \cdot 10^{-8} \cdot 5 \cdot 10^{-3}}{1{,}8 \cdot 10^{-7}}} = 3{,}33 \cdot 10^{-2}\ \text{mol/l}\ .$$

Insgesamt sind der $5 \cdot 10^{-3}$-M-Ag^+ Lösung mindestens $3{,}33 \cdot 10^{-2}$ (frei) + $2 \times 5 \cdot 10^{-3}$ (gebunden) mol/l = $4{,}33 \cdot 10^{-2}$ mol/l NH_3 zuzusetzen, damit bei einer Konzentration von 10^{-3} mol/l Cl^- keine AgCl-Fällung eintritt.

3.2.4. Die Abhängigkeit der Löslichkeit von der Ionenstärke

Wie in Kapitel 1 gezeigt ist, unterscheiden sich die stöchiometrischen und die wirksamen Ionenkonzentrationen in der Lösung eines Elektrolyten. Für die Teilnahme des gelösten Elektrolyten am Lösungsgleichgewicht sind aber die letzteren, d. h. die Aktivitäten, maßgeblich. Strenggenommen ist nicht das Produkt der Konzentrationen, sondern nur das Produkt der Aktivitäten konstant. Als Beispiel sei das Löslichkeitsprodukt von TlCl betrachtet. Es beträgt bei 18°C und reinem Wasser als Lösungsmittel $2{,}1 \cdot 10^{-4}$. Betrachtet man dagegen eine Lösung, die 0,0335-M an KCl ist, so hat das Löslichkeitsprodukt von TlCl in dieser Lösung den Wert $2{,}8 \cdot 10^{-4}$. Das Produkt der stöchiometrischen Ionenkonzentrationen wird ganz allgemein wie in diesem Beispiel mit wachsender Konzentration der Lösung, d. h. mit wachsender Ionenstärke, größer.

Für diesen „Salzeffekt" ist es gleichgültig, ob die größere Ionenstärke durch Ionenarten bewirkt wird, die das schwerlösliche Salz enthält, oder durch fremde Ionen. Zusatz eines Fremdsalzes zur Lösung des fraglichen Elektrolyten bewirkt auf jeden Fall eine Vergrößerung des Produktes der Ionenkonzentrationen und damit eine Erhöhung der Löslichkeit des Elektrolyten. Enthält das zugesetzte Salz eines der Ionen des schwerlöslichen Elektrolyten, so überlagern sich bezüglich der Löslichkeit zwei Effekte. Einerseits wird die Löslichkeit dadurch herabgesetzt, daß die Konzentration gleichartiger Ionen steigt (vgl. S. 93), und andererseits nimmt die Löslichkeit durch den „Salzeffekt" zu. Meist überwiegt der erste Effekt, d. h., die Löslichkeit der schwerlöslichen Verbindung sinkt zwar, aber weniger stark, als nach Gl. (7) zu erwarten wäre. Abb. 3.8 demonstriert dieses Verhalten der Löslichkeit am Beispiel von Silbersulfat. Auf der Ordinate ist die Löslichkeit c von Ag_2SO_4 aufgetragen, auf der Abszisse die Konzentration von Fremdsalzen. Die Löslichkeit von Ag_2SO_4 beträgt bei 25°C $27 \cdot 10^{-3}$ mol/l. Bei Zusatz eines Fremdsalzes, dessen Kation und Anion von denen des Silbersulfats verschieden sind, nimmt die Löslichkeit des letzteren zu. Enthält das Fremdsalz Sulfationen, so sinkt die Löslichkeit des Silbersulfats zwar mit wachsender Konzentration des Fremdsalzes, aber weniger stark,

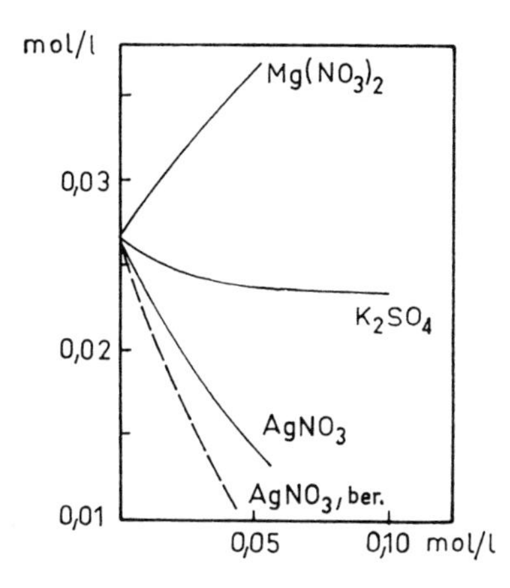

Abb. 3.8. Löslichkeit von Silbersulfat (25°C) in Gegenwart von Fremdsalzen

als nach Gl. (7) zu erwarten wäre. Das gleiche gilt, wenn $AgNO_3$ als Fremdsalz hinzugefügt wird. Für den letzten Fall zeigt Abb. 3.8 die nach Gl. (7) und (11) berechnete Abnahme der Löslichkeit, die jedoch in Wirklichkeit wegen des „Salzeffekts“ weniger groß ist.

3.3. Der Verlauf einer Fällungsreaktion

Versetzt man z. B. eine 0,01-M-Lösung von Natriumchlord mit einer Lösung von Silbernitrat, so beginnt ein Niederschlag auszufallen, wenn das Löslichkeitsprodukt von AgCl erreicht ist, d. h., wenn

$$c_{Ag^+} \cdot c_{Cl^-} = 10^{-10} \qquad (62)$$

ist. Bei dieser Titration ist zunächst ein großer Überschuß an Cl^- vorhanden. Die Ag^+-Konzentration ist, wenn wir die Differenz zwischen Ausgangskonzentration an Cl^- und zugesetzter Menge an Ag^+ mit c_{Cl^-} bezeichnen, durch Gl. (63) gegeben.

$$c_{Ag^+} = \frac{10^{-10}}{c_{Cl^-}}. \qquad (63)$$

Analoge Verhältnisse herrschen, wenn man den Äquivalenzpunkt bei der Titration erheblich überschritten hat. Dann ist Ag^+ im Überschuß vorhanden, und c_{Cl^-} wird, wenn man diesen Überschuß, d. h. die zugesetzte Menge an Ag^+ abzüglich der Ausgangskonzentration an Cl^-, mit c_{Ag^+} bezeichnet,

$$c_{Cl^-} = \frac{10^{-10}}{c_{Ag^+}}. \qquad (64)$$

Diese Gleichungen gelten nur angenähert; in der Nähe des Äquivalenzpunktes sind sie nicht mehr gültig. Die vereinfachten Gl. (63) und (64) setzen ja voraus, daß durch Zusatz einer bestimmten Menge Silberionen die stöchiometrische Menge Chloridionen aus der Lösung verschwindet, d. h., daß AgCl völlig unlöslich ist. Beim Äquivalenzpunkt muß aber die geringe Menge an Ag^+- bzw. Cl^--Ionen in Rechnung gestellt werden, die von gelöstem AgCl herrührt.
Die Verhältnisse beim Äquivalenzpunkt sollen allgemein für ein Salz der Zusammensetzung AB betrachtet werden:
Bezeichnen wir den Überschuß an einer Ionenart für ein solches Salz mit a, so ist die Gesamtkonzentration dieser Ionenart gleich der Summe dieses Überschusses und der Menge an Ionen, die infolge der Löslichkeit des Niederschlages in der Lösung vorhanden sind. Das Produkt der Ionenkonzentration ist nach Gl. (7) gleich dem Löslichkeitsprodukt. Da die Konzentration der im Unterschuß vorhandenen Ionenart gleich der Löslichkeit L sein muß, gilt:

$$(L + a) \cdot L = K_{L_{AB}}$$
$$L^2 + a \cdot L = K_{L_{AB}} \qquad (65a)$$

oder

$$L = -\frac{a}{2} + \sqrt{\frac{a^2}{4} + K_L} \qquad (65)$$

Für die Titration einer 0,01-M-Natriumchloridlösung mit Silbernitrat ergibt sich aus dieser Gl. (65), daß bei 99,9%iger Fällung des Chlorids, d. h. 0,1%igem Unterschuß an Silberionen oder 0,1%igem Überschuß an Chlor-

ionen, $L = 6{,}2 \cdot 10^{-6}$ beträgt. Die Konzentration c_{Ag^+} muß, da Silberion im Unterschuß vorhanden ist, gleich L, d. h. $6{,}2 \cdot 10^{-6}$, sein. Die Konzentration an Cl^- ergibt sich nach Gl. (62) dann zu $1{,}6 \cdot 10^{-5}$. Wendet man einen Überschuß von 0,1 % Silberion an, so beträgt entsprechend $c_{Cl^-} = 6{,}2 \cdot 10^{-6}$ und $c_{Ag^+} = 1{,}6 \cdot 10^{-5}$. Mit Hilfe der Gl. (63), (64) und (65) kann man die Titrationskurve für die Titration von Cl^- mit Ag^+ konstruieren, die in Abb. 3.9 dargestellt ist. Im Äquivalenzpunkt, der bei $c_{Ag^+} = c_{Cl^-} = \sqrt{K_L}$ liegt, besitzt die Titrationskurve einen Wendepunkt, wie wir das schon bei der Titration von Säuren und Basen kennengelernt haben. Der negative Logarithmus der Cl^--Konzentration, p_{Cl^-}, ändert sich in der Nähe des Äquivalenzpunktes bei einem kleinen Zusatz von Silbernitrat beträchtlich.
Die Größe des „Sprunges" beim Äquivalenzpunkt ist abhängig von der Größe des Löslichkeitsproduktes. Um dies zu zeigen, ist in Abb. 3.9 auch die Titration von 0,01-M-NaI mit Silbernitrat dargestellt ($K_{L_{AgI}} = 10^{-16}$).
Außerdem ist die Größe des „Sprunges" – ebenso wie bei der Neutralisationsanalyse – von der Ausgangskonzentration des zu titrierenden Ions abhängig. Mit zunehmender Konzentration wird der „Sprung" größer.

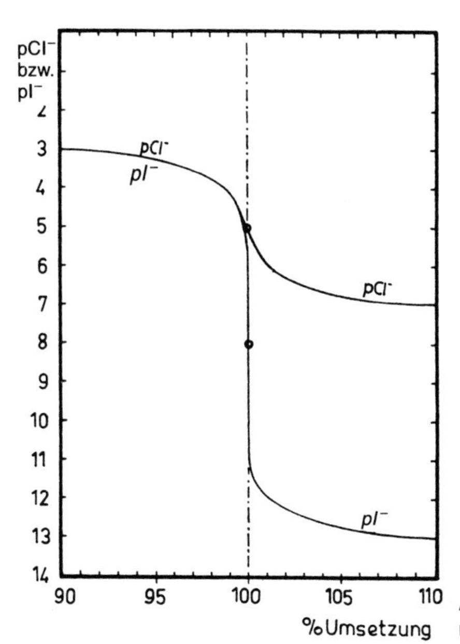

Abb. 3.9. Titration von 0,01-M-Chlorid und 0,01-M-Iodid mit Silbersalz

Die Genauigkeit, mit der sich eine Titration prinzipiell durchführen läßt, hängt von der Form der Titrationskurve ab. Verwendet man z. B. einen Indikator zur Bestimmung des Äquivalenzpunktes, der auf eine bestimmte Silberionenkonzentration, z. B. $pAg^+ = 4{,}7$, anspricht, so ist bei diesem pAg^+-Wert der Wendepunkt der Kurve bereits etwas überschritten, und die Titration von Cl^- ist nur auf etwa 0,1% genau.

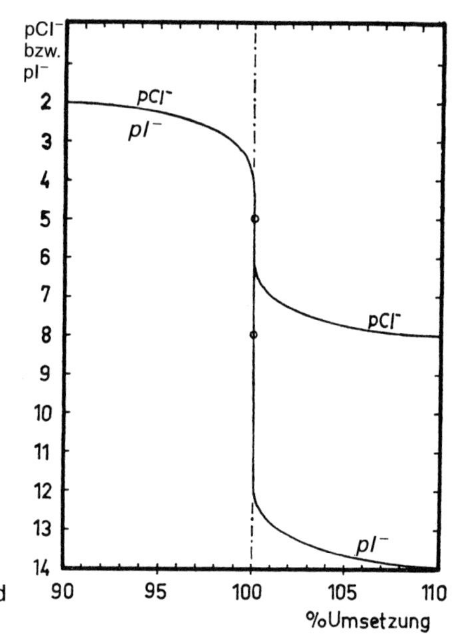

Abb. 3.10. Titration von 0,01-M-Chlorid und 0,1-M-Iodid mit Silbersalz

Titriert man anstelle einer 0,01-M-Lösung dagegen eine 0,1-M-Lösung (Abb. 3.10), so fällt dieser pAg^+-Wert in das Sprunggebiet, d. h., der Äquivalenzpunkt ist genau (auf etwa 0,01%) zu erfassen.

Diese Verhältnisse spielen eine Rolle, wenn man Cl^--Ionen mit Ag^+-Ionen titriert und den Endpunkt mit 0,01-M-CrO_4^{--}-Lösung bestimmt (Titration nach MOHR).

3.4. Fraktionierte Fällung

Versetzt man eine Lösung, die verschiedene Ionenarten A_1 und A_2 in ungefähr gleicher Konzentration enthält, mit einem Reagenz B, das mit diesen

Ionen schwerlösliche Verbindungen BA_1 und BA_2 bildet, so beobachtet man folgendes:
Wenn sich die Löslichkeitsprodukte der fraglichen Verbindungen stark unterscheiden, wird bei langsamem Zusatz des Reagenz nur die Verbindung ausfallen, deren Löslichkeitsprodukt zuerst überschritten wird. Dies gilt, solange

$$\frac{c_{A_1}}{c_{A_2}} > \frac{K_{L_{BA_1}}}{K_{L_{BA_2}}} \tag{66}$$

ist. Versetzt man z. B. eine Lösung, die 0,01-M an Natriumbromid und 0,01-M an Natriumchlorid ist, mit Silbernitratlösung, so wird zunächst AgBr ($K_{L_{AgBr}} = 10^{-12}$) abgeschieden. Erst wenn die Br^--Konzentration auf 10^{-4}, d. h. 1% der Ausgangskonzentration, abgesunken ist, beginnt auch AgCl auszufallen. Denn es gilt:

$$c_{Ag^+} \cdot c_{Cl^-} = 10^{-10}. \tag{62}$$

Daraus erhält man für die Ag^+-Konzentration an dem Punkt, bei dem AgCl auszufallen beginnt,

$$c_{Ag^+} = \frac{K_{L_{AgCl}}}{c_{Cl^-}} = \frac{10^{-10}}{10^{-2}} = 10^{-8} \text{ mol/l.}$$

An diesem Punkt beträgt die Br^--Konzentration in der Lösung:

$$c_{Br^-} = \frac{K_{L_{AgBr}}}{c_{Ag^+}} = \frac{K_{L_{AgBr}} \cdot c_{Cl^-}}{K_{L_{AgCl}}} = \frac{10^{-12}}{10^{-8}} = 10^{-4} \text{ mol/l.}$$

Allgemein kann man sagen, wenn

$$c_{A_1} = c_{A_2} \frac{K_{L_{BA_1}}}{K_{L_{BA_2}}} \tag{67}$$

ist, beginnt das Salz BA_2 auszufallen. Von diesem Punkt ab ändert sich c_{A_1} nur noch wenig.
Versetzt man eine Lösung, die Chlorid und Iodid nebeneinander enthält, mit Silbernitratlösung, so wird nach Gl. (67) nur AgI ausgeschieden, bis $c_{Cl^-} = 10^{-6} \cdot c_{I^-}$ ist.
Praktisch läßt sich die Trennung der Halogenide durch fraktionierte Fällung mit Ag^+ nur unvollkommen erreichen, da die Silberhalogenide feste Lösungen miteinander bilden.

3.5. Praktische Anwendung von Fällungsreaktionen

Fällungsreaktionen sind neben der elektrolytischen Abscheidung die Grundlage gravimetrischer Bestimmungsmethoden. Der durch Zusatz eines geeigneten Reagenz ausgefällte schwerlösliche Niederschlag wird gewa-

Tabelle 3.4. Einige Beispiele für gravimetrische Bestimmungsverfahren

Ion	Fällungsform	Wägeform
K^+	$KClO_4$	$KClO_4$
	$K[B(C_6H_5)_4]$	$K[B(C_6H_5)_4]$
Ag^+	$AgCl$	$AgCl$
Mg^{2+}	$MgNH_4PO_4$	$Mg_2P_2O_7$
	$Mg(oxinat)_2 \cdot 2H_2O$	$Mg(oxinat)_2$
Ca^{2+}	$CaC_2O_4 \cdot H_2O$	$CaCO_3$ oder CaO
Ba^{2+}	$BaCrO_4$	$BaCrO_4$
Zn^{2+}	$ZnNH_4PO_4$	$Zn_2P_2O_7$
Ni^{2+}	Ni-dimethylglyoxim	Ni-dimethylglyoxim
Pb^{2+}	$PbSO_4$	$PbSO_4$
Al^{3+}	$Al(OH)_3$	Al_2O_3
	$Al(oxinat)_3$	$Al(oxinat)_3$ oder Al_2O_3
Fe^{3+}	$Fe(OH)_3$	Fe_2O_3
	Fe-kupferrat	Fe_2O_3
Sn^{4+}	$SnO_2 \cdot xH_2O$	SnO_2
Th^{4+}	$Th(C_2O_4)_2$	ThO_2
F^-	$PbClF$	$PbClF$
Cl^-	$AgCl$	$AgCl$
SO_4^{2-}	$BaSO_4$	$BaSO_4$
PO_4^{3-}	$MgNH_4PO_4$	$Mg_2P_2O_7$
	$(NH_4)_3P(Mo_3O_{10})_4 \cdot 2HNO_3 \cdot H_2O$	$(NH_4)_3P(Mo_3O_{10})_4$ (300°) oder $P_2O_5 \cdot 24MoO_3$ (400°)
AsO_4^{3-}	Ag_3AsO_4	Ag_3AsO_4
	$MgNH_4AsO_4$	$Mg_2As_2O_7$
SiO_4^{2-}	$SiO_2 \cdot xH_2O$	SiO_2

schen und nach dem Trocknen oder nach Umwandlung der Fällungsform in eine geeignete Wägeform (s. unten) gewogen. In Tabelle 3.4 sind häufig benützte gravimetrische Bestimmungsverfahren mit deren Fällungs- und Wägeformen aufgeführt. Besonders gut ausgebildete Niederschläge werden oft erhalten, wenn das Fällungsreagenz der Lösung nicht zugetropft, sondern langsam durch Hydrolyse eines gelösten Stoffes gebildet wird. Durch eine solche „Fällung aus homogener Lösung“ werden lokal hohe Konzentrationen des Fällungsreagenz vermieden. So entsteht in der Hitze aus

Tabelle 3.5. Organische Fällungsreagenzien

Ion	Fällungsreagenz	
Ca^{2+}	O=C–OH | O=C–OH	
Ti^{4+}, Th^{4+}, Zr^{4+}, Hf^{4+}, Sn^{4+}, Ce^{4+}	C_6H_5–As(OH)$_2$=O	Phenylarsonsäure
K^+, Rb^+, Cs^+, NH_4^+	OH, O_2N, NO_2, NO_2 (2,4,6-Trinitrophenol)	Pikrinsäure
K^+	$Na[B(C_6H_5)_4]$ Natrium-tetraphenylborat „Kalignost"	
SO_4^{2-}	H_2N–C_6H_4–C_6H_4–NH_2	Benzidin
NO_3^-, ClO_4^-	(Strukturformel)	3,5,6-Triphenyl-2,3,5,6-tetra-azabicyclo[2.1.1]hex-1-en „Nitron"
ClO_4^-, IO_4^-, MnO_4^-	$[As(C_6H_5)_4]Cl$ Tetraphenylarsoniumchlorid	

Harnstoff durch Hydrolyse langsam Ammoniak. Die OH^--Konzentration der Lösung erhöht sich nach und nach, bis das Löslichkeitsprodukt des zu fällenden Hydroxids erreicht ist. Zur Fällung von Oxalaten aus homogener Lösung kann Diethyloxalat, von Sulfaten Dimethylsulfat oder Amidosulfonsäure, von Phosphaten Trimethylphosphat und von Sulfiden Thioacetamid, $CH_3C(S)NH_2$, verwendet werden.

In zunehmendem Maß werden organische Verbindungen für die Fällung anorganischer Kationen und Anionen benützt, die mit diesen schwerlösliche Salze bilden. Häufig benützte Verbindungen dieser Art sind in Tabelle 3.5 verzeichnet.

Seit TSCHUGAEFF 1905 entdeckte, daß Dimethylglyoxim mit Ni^{2+}-Ionen einen schwerlöslichen Niederschlag

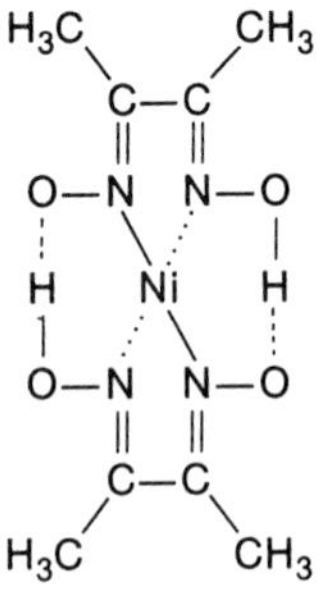

```
H3C     CH3
   \   /
    C—C
    ‖ ‖
O—N   N—O
:  \ .·  |
H   Ni   H
|  .· \  :
O—N   N—O
    ‖ ‖
    C—C
   /   \
H3C     CH3
```

Nickel-dimethylglyoxim

bildet, werden daneben auch organische Säuren, die zur Chelatbildung fähig sind, als Fällungsreagenzien verwendet. Neben einer sauren Gruppe, deren Proton durch ein Metallion ersetzbar ist, enthalten die Moleküle gleichzeitig eine Gruppe oder ein Atom, die ein freies Elektronenpaar besitzen und die als Elektronendonor mit dem Metallion eine koordinative Bindung eingehen können. Sie bilden mit Metallionen geeigneter Oxidationszahl, Koordinationszahl und Größe sog. Chelat-Komplexe, die besonders stabil sind, wenn 5- oder 6-gliedrige Ringe entstehen. Saure Gruppen sind beispielsweise die Carboxyl-, Hydroxyl-, Oxim-, Imin- oder Sulfonsäuregruppe, komplexbildende Gruppen die Amino-, Nitro-, Nitroso-, Carbonyl- oder auch die Oximgruppe. Für die Fällungsanalyse spielen *die Chelatkomplexe* die größte Rolle, die Nichtelektrolyte darstellen. Sie sind meist in Wasser unlöslich. Da es sich bei den Reagenzien um schwache Säuren handelt und am Gleichgewicht, das die Bildungsreaktion beschreibt,

$$ns + Me^{n+} \rightleftharpoons nH^{+} + Meb_{n}, \qquad (68)$$

Protonen beteiligt sind, hängt die Ausfällung der Metallchelate vom *p*H-Wert der Lösung ab. Durch Kontrolle des *p*H-Wertes lassen sich viele Metallionen selektiv ausfällen. Als Wägeform dient in vielen Fällen der Chelatkomplex, in anderen Fällen wird er vor der Wägung zum Metalloxid verglüht. Chelatbildner sind in Tabelle 3.6 aufgeführt.

Die Frage, ob eine Fällungsform auch eine geeignete Wägeform ist, wird am sichersten durch eine thermogravimetrische Analyse des Niederschlags beantwortet. Wird beispielsweise Calcium durch eine Oxalatfällung bestimmt, so wird im allgemeinen der Niederschlag von $CaC_2O_4 \cdot H_2O$

Tabelle 3.6. Chelatbildende Fällungsmittel

Reagenz auf	Chelatbildner	
Ni^{2+}, Pd^{2+}	$H_3C-C=N-OH$ $H_3C-C=N-OH$	Dimethylglyoxim (Diacetyldioxim)
Al^{3+}, Mg^{2+} u. v. a.	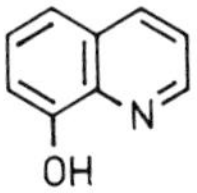 N, OH	8-Hydroxychinolin, „Oxin“
Co^{2+}, Cu^{2+}, Pd^{2+}, Ag^{+}	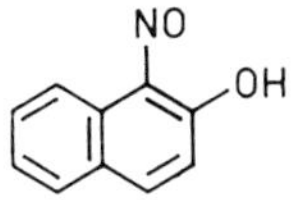 NO, OH	1-Nitroso-naphthol-(2)
Co^{2+}, Pd^{2+}, Zr^{4+}	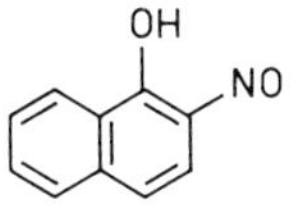 OH, NO	2-Nitroso-naphthol-(1)
Cu^{2+}, Ni^{2+}, Pb^{2+}, Bi^{3+}, Fe^{3+}, U^{6+} u. v. a.	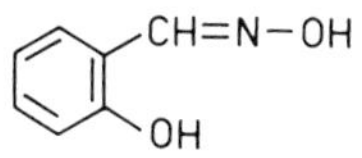 CH=N−OH, OH	Salicylaldoxim
Cu^{2+}, Hg^{2+}, Bi^{3+}, Fe^{3+}, Zr^{4+}, Ti^{4+}, Sn^{4+}, Ce^{4+}, U^{6+}	[N(O)N=O] NH_4	Ammoniumsalz des Phenylnitroso-hydroxylamins, „Kupferron“
		oder
	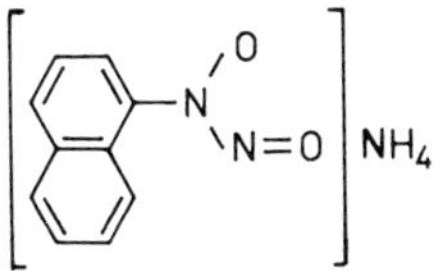 [N(O)N=O] NH_4	Ammoniumsalz des Naphthylnitroso-hydroxylamins, „Neokupferron“

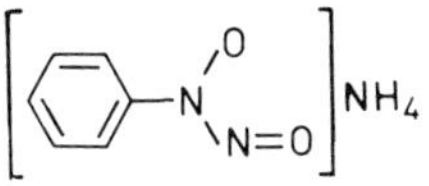

vor der Wägung durch Erhitzen in $CaCO_3$ oder CaO übergeführt. Welche Temperaturen dabei angewendet werden müssen, läßt sich aus der thermogravimetrischen Kurve ablesen. Das mittels einer Thermowaage, die die Gewichtsveränderungen einer Substanz als Funktion der Temperatur (und Zeit) mißt, erhaltene, in Abb. 3.11 gezeigte Diagramm, läßt erkennen, daß die genannten Wägeformen erhalten werden, wenn die Fällungsform bei Temperaturen von etwa 550° C bzw. 900° C getempert wird.

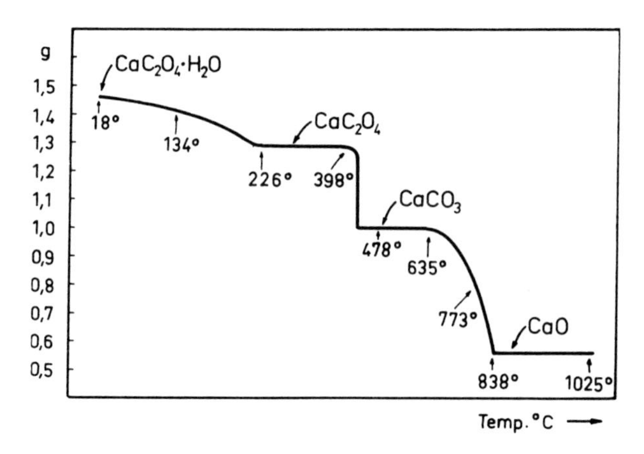

Abb. 3.11. Thermogravimetrische Kurve (nach DUVAL)

3.6. Wägung

Die Genauigkeit einer gravimetrischen Bestimmung hängt selbstverständlich in hohem Maße von der Genauigkeit der Wägung ab. Aber auch die volumetrische Analyse und viele andere Methoden zur Bestimmung der quantitativen Zusammensetzung eines Stoffes beruhen auf genauen Massenvergleichen. Deshalb wird häufig auch LAVOISIER, der Erfinder der analytischen Waage, als Vater der analytischen Chemie angesehen.

3.6.1. Masse, Schwerkraft

Jeder Körper, auch das leichteste Gas, hat Masse. Die Masse eines Körpers hängt von seiner Größe und seiner Dichte ab. Wenn wir die Masse eines Körpers bestimmen wollten, müßten wir also zwei Größen angeben, nämlich sein Volumen und seine Dichte, wenn uns nicht ein weiteres physikalisches Gesetz zu Hilfe käme. Zwischen zwei Massen herrscht immer eine Anziehungskraft. Diese Kraft ist um so größer, je größer die beiden Massen sind und je geringer ihr Abstand ist. Wir nennen diese Kraft die Gravitation.
Die uns bekannteste Wirkung der Gravitation ist die Schwerkraft, die Anziehungskraft der Erde auf alle Körper. Sie erlaubt es, die unbekannte Masse eines Körpers zu bestimmen. Wir messen die Kraft der unbekannten

Masse, indem wir sie mit einer bestimmten Kraft vergleichen, ein Vergleich, den wir als Wägen bezeichnen. Die Kraftwirkung F einer Masse m ist deren Gewicht: $F = g \cdot m$, wobei g die Erdbeschleunigung bedeutet. Die Erdbeschleunigung ist nicht überall auf der Erde gleich groß. (Auf Meeresniveau unter 45° Breite beträgt sie $9{,}81 \ m \cdot s^{-2}$.) Aus diesem Grunde ist auch die Schwerkraft nicht überall auf der Erde gleich groß. Am Äquator ist die Entfernung zum Angriffspunkt der Schwerkraft wegen der abgeplatteten Form der Erde größer als am Pol, und zudem wirkt die Zentrifugalkraft der Schwerkraft am Äquator am meisten entgegen. Ein Körper von einem Kilogramm Masse wiegt am Pol etwa 5 p mehr als am Äquator. Somit entspricht 1 Kilogramm Masse nicht unbedingt auch 1 Kilopond Gewicht. Das Kilogramm als Einheit der Masse ist durch die Masse des Internationalen Kilogrammprototyps, aufbewahrt in Sèvres bei Paris, festgelegt.
Die Waage ist das Instrument, das den Vergleich einer bekannten Kraft mit dem unbekannten Gewicht oder einer bekannten Masse mit der unbekannten des Wägegutes erlaubt. Auf die verschiedenen Waagesysteme ist hier nicht eingegangen. Der interessierte Leser sei hierzu auf frühere Auflagen dieses Buches, besonders auf die 6. Auflage (1980), verwiesen. Dagegen seien die Wägefehler näher erläutert.

3.6.2. Wägefehler

Die Ursachen für das Auftreten von Wägefehlern lassen sich in zwei Gruppen gliedern: 1. Gewichtsveränderungen des Wägegutes infolge scheinbarer Massenvergrößerung (Wasserhaut, Feuchtigkeit, Verunreinigungen), 2. scheinbare Gewichtsveränderungen durch das Auftreten von zusätzlichen Kräften (Luftauftrieb, elektrostatische Kräfte).
Wägefehler infolge einer Wasserhaut beruhen darauf, daß an jedem Körper eine dem Wasserdampfgehalt der Umgebungsluft entsprechende Wasserhaut haftet. Die Stärke dieser Wasserhaut ist um so größer, je tiefer die Temperatur des Körpers gegenüber der Umgebung ist. Ein kalter Körper erscheint daher schwerer, ein warmer leichter. Zur Vermeidung dieses Wägefehlers soll der zu wägende Körper erst dann auf die Waagschale gelegt werden, wenn seine Temperatur mit der Umgebungstemperatur übereinstimmt. Beim Wägen feuchter Substanzen wird die Menge der enthaltenen Flüssigkeit mitgewogen. Die Substanz erscheint daher zu schwer. Hygroskopische Substanzen können ihr Gewicht sogar während des Wägevor-

ganges verändern, was sich am Wandern der Waagskala erkennen läßt. Zur Abhilfe wird die Substanz vor der Wägung in einem Exsiccator getrocknet. Wichtig dabei ist, daß die so getrocknete Substanz in einem verschlossenen Gefäß auf die Waagschale gebracht wird, um zu vermeiden, daß sie neuerdings aus der Umgebungsluft Wasser aufnimmt. Schließlich kann das Gewicht von Fremdkörpern und Verunreinigungen das Gewicht des Wägegutes verfälschen. Zum Wägen verwende man deshalb nur absolut saubere Wägegefäße. Sie sollen nicht von Hand, sondern nur mit der Pinzette auf die Schale gelegt werden. Verschüttetes Wägegut ist vor der Wägung mit einem Pinsel von der Waagschale zu entfernen.
Scheinbare Gewichtsveränderungen beruhen meist auf dem Luftauftrieb. Nach dem Gesetz von ARCHIMEDES verliert ein Körper scheinbar so viel an Gewicht, wie das Gewicht des von ihm verdrängten Mediums beträgt. Da 1 cm^3 Luft bei 20°C 1,2 mg wiegt, können besonders bei spezifisch leichten Körpern unzulässig große Fehler auftreten. Wird z. B. der Luftauftrieb beim Einwägen von etwa 58 g NaCl für eine 1-M-NaCl-Lösung nicht berücksichtigt, so macht man einen Wägefehler von 2,4 mg. Bei genauen Wägungen wird deshalb nach der Wägung zum festgestellten Gewicht des Körpers das Gewicht der verdrängten Luft hinzu addiert. Die Größe des Auftriebes berechnet man durch Multiplikation des Körpervolumens mit dem spezifischen Gewicht der Luft, manchmal als „Luftgewicht" bezeichnet (1,2 mg/cm^3). Auf der gleichen Ursache beruht auch die Beobachtung, daß bei wiederholtem Wägen eines bestimmten Gegenstandes Abweichungen auftreten können: Luftdichteveränderungen erscheinen als „Gewichtsänderungen", ohne daß sich die Masse änderte. Schließlich sind noch Wägefehler infolge elektrischer Kräfte zu erwähnen. Elektrisch geladene Körper erfahren neben dem Gewicht noch zusätzliche Kraftwirkungen. Ist das Wägegut und dessen Umgebung elektrisch gleichsinnig geladen, so erfolgt eine Abstoßung, bei gegensinniger Ladung ziehen sich Wägegut und Umgebung an. Es hängt daher vom Zufall ab, ob ein geladener Körper zu leicht oder zu schwer erscheint. Elektrisch leitende Körper können durch eine Metallpinzette, die über einen Draht oder eine Kette geerdet ist, entladen werden. Nichtleitende Wägegüter müssen mit Hilfe einer ionisierenden Substanz (radioaktive Präparate usw.) entladen werden. In jedem Fall empfiehlt sich die Erdung des Waagemechanismus.

3.7. Tafel zur Berechnung der Löslichkeit schwerlöslicher Salze

Typ des Salzes	Gültigkeitsbereich	Löslichkeit L (in mol/l)
Salz AB einer einwertigen Säure HX	$pH > pK_s$	$L = \sqrt{K_L}$
	$pH < pK_s$	$L = \sqrt{\frac{K_L \cdot c_{H_3O^+}}{K_s}}$
	für alle pH-Bereiche	$L = \sqrt{K_L \left(1 + \frac{c_{H_3O^+}}{K_s}\right)}$
Salz AB einer zweiwertigen Säure H_2X	$pH > pK_{s_2}$	$L = \sqrt{K_L}$
	$pK_{s_1} < pH < pK_{s_2}$	$L = \sqrt{\frac{K_L \cdot c_{H_3O^+}}{K_{s_2}}}$
	$pH < pK_{s_1}$	$L = \sqrt{\frac{K_L \cdot c^2_{H_3O^+}}{K_{s_1} \cdot K_{s_2}}}$
	für alle pH-Bereiche	$L = \sqrt{K_L \left(1 + \frac{c_{H_3O^+}}{K_{s_2}} + \frac{c^2_{H_3O^+}}{K_{s_1} \cdot K_{s_2}}\right)}$
Salz A_2B einer zweiwertigen Säure H_2X	$pH > pK_{s_2}$	$L = \sqrt[3]{\frac{K_L}{4}}$
	$pK_{s_1} < pH < pK_{s_2}$	$L = \sqrt[3]{\frac{K_L \cdot c_{H_3O^+}}{4 \cdot K_{s_2}}}$
	$pH < pK_{s_1}$	$L = \sqrt[3]{\frac{K_L \cdot c^2_{H_3O^+}}{4 \cdot K_{s_1} \cdot K_{s_2}}}$
	für alle pH-Bereiche	$L = \sqrt[3]{\frac{K_L}{4} \left(1 + \frac{c_{H_3O^+}}{K_{s_2}} + \frac{c^2_{H_3O^+}}{K_{s_1} \cdot K_{s_2}}\right)}$
Salz A_mB_n einer p-wertigen Säure H_pX	für alle pH-Bereiche	$L = \sqrt[m+n]{\frac{K_L}{m^m \cdot n^n} \left(1 + \frac{c_{H_3O^+}}{K_{s_p}} + \frac{c^2_{H_3O^+}}{K_{s_p} \cdot K_{s(p-1)}} + \ldots \frac{c^p_{H_3O^+}}{K_{s_p} \cdot K_{s(p-1)} \cdots K_{s_1}}\right)}$
Hydroxid		$L = c_{M^{n+}} = \frac{K_L}{c^n_{OH^-}} = \frac{K_L \cdot c^n_{H_3O^+}}{K^n_W}$

4. Komplexometrische Analyse

Wenn die Lösung eines Metallkations mit derjenigen eines Komplexbildners versetzt wird, ist eine solche Umsetzung – ähnlich wie eine Fällungsreaktion – unter gewissen Voraussetzungen zur quantitativen Bestimmung des Metallkations brauchbar. Voraussetzung ist vor allem, daß der gebildete Komplex genügend stabil ist und daß die Umsetzung rasch und stöchiometrisch abläuft. Prinzipiell erreicht man dies, wenn als Komplexbildner Verbindungen verwendet werden, die mit Metallkationen Chelate hoher Stabilität und einfacher Stöchiometrie zu bilden vermögen. Es kommt bei diesen Verfahren dann darauf an, die dem Metallkation entsprechende Menge an Komplexbildnern zu messen.
Man kann auf diese Weise zum einen Metallionenkonzentrationen bestimmen, zum anderen aber auch Anionenkonzentrationen. So ist es beispielsweise möglich, ein Anion (z. B. PO_4^{3-}) mit einem Metallkation (z. B. Mg^{2+}) auszufällen, den Niederschlag zu lösen und dann das Metallion des Niederschlags mit Hilfe eines Komplexbildners zu bestimmen. Man kann aber auch das Anion (z. B. SO_4^{2-}) mit überschüssigem Metallion fällen und den Überschuß an Metallkation mit Hilfe eines Komplexbildners erfassen.

4.1. Die Komplexone

4.1.1. Die Struktur der Komplexone

Man verwendet heute als Komplexbildner hauptsächlich Aminopolycarbonsäuren. Unter ihnen spielt die Nitrilotriessigsäure (I) fast nur noch als Hilfskomplexbildner (s. S. 137) eine Rolle. Die für die Komplexometrie wichtigste Aminopolycarbonsäure ist die Äthylendiamintetraessigsäure H_4Y (II).

$$\mathrm{H{-}\overset{\oplus}{N}(CH_2{-}COOH)(CH_2{-}COO^{\ominus})(CH_2{-}COOH)}$$

I oder H_3X

$$\mathrm{(HOOC{-}CH_2)(^{\ominus}OOC{-}CH_2)\overset{\oplus}{N}H{-}CH_2{-}CH_2{-}\overset{\oplus}{N}H(CH_2{-}COO^{\ominus})(CH_2{-}COOH)}$$

II oder H_4Y

Im allgemeinen etwas stabilere Komplexe als II bildet die trans-Diaminocyclohexan-tetraessigsäure (IV). Die Komplexe bilden sich dabei langsamer und zerfallen auch langsamer, was in der Praxis manchmal vorteilhaft ist. Die Diethylentriaminpentaessigsäure (V) ist insbesondere für die Titration der Lanthaniden und Actiniden von Bedeutung, da sie Metallionen mit der charakteristischen Koordinationszahl 8 besser als Ethylendiamintetraessigsäure bindet. Die Bis(aminoethyl)-glykolether-N,N,N',N'-tetraessigsäure (VI) ist schließlich interessant, weil ihr Magnesiumkomplex sehr viel instabiler als die entsprechenden Komplexe der schwereren Erdalkalimetalle ist. Alle diese Substanzen enthalten zum einen Stickstoffatome, die koordinative Bindungen zu Metallatomen ausbilden können, und zum anderen Carboxylatgruppen, die gegenüber fast allen mehrfach geladenen Metallkationen komplexbildend zu wirken vermögen. I ist eine Tricarbonsäure, II, IV und VI sind Tetracarbonsäuren, V ist eine Pentacarbonsäure. Die meisten der genannten Aminopolycarbonsäuren, die man auch als Komplexone bezeichnet, sind heute handelsübliche Reagenzien, und zwar werden gehandelt z. B. I als Chelaplex® I, Idranal® I oder Titriplex® I, II als Chelaplex® II, Idranal® II oder Titriplex® II, das Dinatriumsalz von II als Chelaplex® III, Idranal® III oder Titriplex® III, IV als Idranal® IV oder Titriplex® IV und V als Idranal® V oder Titriplex® V.

$Na_2H_2Y \cdot 2H_2O$

III

$$\text{cyclo-}[CH_2{-}CH_2{-}CH_2{-}CH_2{-}CH(\overset{\oplus}{N}H(CH_2{-}COO^{\ominus})(CH_2{-}COOH)){-}CH(\overset{\oplus}{N}H(CH_2{-}COOH)(CH_2{-}COO^{\ominus}))]$$

IV

$$(HOOC{-}CH_2)(^{\ominus}OOC{-}CH_2)\overset{\oplus}{N}H{-}CH_2{-}CH_2{-}\overset{\oplus}{N}H(CH_2{-}COO^{\ominus}){-}CH_2{-}CH_2{-}\overset{\oplus}{N}H(CH_2{-}COO^{\ominus})(CH_2{-}COOH)$$

V

$$(HOOC{-}CH_2)(^{\ominus}OOC{-}CH_2)\overset{\oplus}{N}H{-}CH_2{-}CH_2{-}O{-}CH_2{-}CH_2{-}O{-}CH_2{-}CH_2{-}\overset{\oplus}{N}H(CH_2{-}COO^{\ominus})(CH_2{-}COOH)$$

VI

Die Säureexponenten von I, II und IV bis VI sind in Tabelle 4.1 zusammengestellt (vgl. hierzu Fußnote zu Tabelle 4.1). In Lösung liegen die Aminopolycarbonsäuren als Betaine vor.

Die für die Praxis wichtigste Maßlösung der Ethylendiamintetraessigsäure wird im allgemeinen durch Auflösen ihres Dinatriumsalzes $Na_2H_2Y \cdot 2H_2O$ (III) hergestellt. Ebensogut kann jedoch auch von der freien Säure II ausgegangen werden, die in Natron- oder Kalilauge mit 2 Äquivalenten NaOH oder KOH pro Mol II aufgelöst wird.

Tabelle 4.1. Logarithmen der Stabilitätskonstanten der Aminopolycarbonsäuren I, II und IV – VI (20 °C)[1] (nach SCHWARZENBACH)

Komplexon	pK_1	pK_2	pK_3	pK_4	pK_5	pK_6
I	9,73	2,49	1,9			
II	10,26	6,16	2,67	2,0	1,6[2]	0,9[2]
IV	12,35	6,12	3,52	2,4		
V	10,58	8,60	4,27	2,64	1,5	
VI	9,46	8,85	2,68	2,0		

[1]) SCHWARZENBACH folgend, sind in dieser Tabelle die Logarithmen der Bildungskonstanten K_{H_jZ} der Säuren aus dem Anion $Z^{\lambda -}$ und Protonen verzeichnet:

$$pK_j = \log K_{H_jZ} = \log \frac{c_{H_jZ}}{c_{H^+} \cdot c_{H_{j-1}Z}} .$$

Für II beschreibt pK_1 beispielsweise das Gleichgewicht

$$Y^{4-} + H^+ \rightleftharpoons HY^{3-} .$$

Die tabellierten pK-Werte stimmen mit den pK_s-Werten der Säuren H_jZ überein, da

$$pK_{s(H_jZ)} = -\log \frac{c_{H^+} \cdot c_{H_{j-1}Z}}{c_{H_jZ}} = pK_j$$

ist.
Lediglich die Numerierung der Konstanten verläuft in umgekehrter Richtung. Für II würde das Gleichgewicht

$$HY^{3-} \rightleftharpoons H^+ + Y^{4-}$$

durch den Wert pK_{s_1} beschrieben werden. Dies ist bei den in Kapitel 4 verwendeten pK-Werten zu berücksichtigen.

[2]) II kann auch als Base fungieren und in stark saurer Lösung zwei Protonen anlagern.

4.1.2. Die Komplexe

Bei der Komplexbildung entstehen Chelatringe, wie dies z. B. für die Magnesiumverbindung von II in Formel VII gezeigt ist. Der sog. *Chelateffekt* bewirkt, daß die freie Enthalpie der Komplexe genügend groß, d. h. der Komplex genügend stabil wird, und zwar auch dann, wenn als Zentralatom ein Metallkation verwendet wird, das im allgemeinen nur wenig zur Komplexbildung neigt.

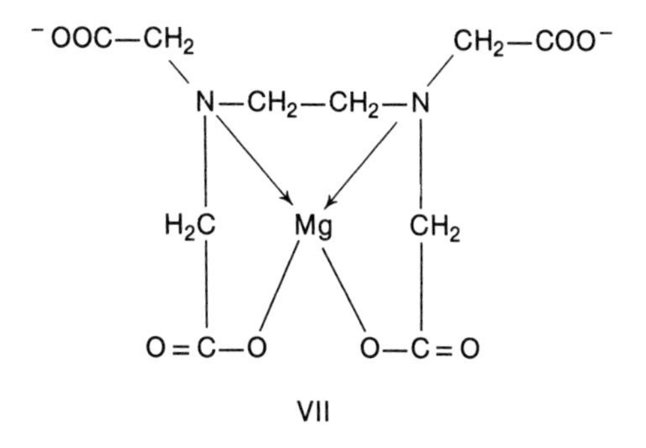

VII

Die für die analytische Chemie wichtigen Komplexe sind immer 1:1-Komplexe. Die Beständigkeit eines Komplexes kann man durch seine Stabilitätskonstante beschreiben. Für H_4Y und allgemein für ein Komplexon H_jZ gilt:

$$K_{MeY} = \frac{c_{MeY}}{c_{Me} \cdot c_Y} \quad \text{und} \quad K_{MeZ} = \frac{c_{MeZ}}{c_{Me} \cdot c_Z}. \tag{1}$$

(Hierbei ist die Ladung von Me und Y bzw. Z nicht berücksichtigt).
Der Komplex ist um so stabiler, je größer die Stabilitätskonstante K ist. In Tabelle 4.2 sind die Logarithmen von K für zahlreiche Metallkomplexe angegeben.
Es ist zu beachten, daß die Beständigkeit der Komplexe *p*H-abhängig ist. Die Komplexone selbst sind ja Säuren und liegen in Lösung, je nach deren *p*H-Wert, in Form von Ionen verschiedener Ladung vor. Will man wissen, wie die einzelnen Gleichgewichte bei verschiedenen *p*H-Werten der Lösung liegen, so braucht man nur ein Diagramm zu konstruieren, das log c für die einzelnen Ionen in Abhängigkeit vom *p*H zeigt. Dieses graphische Verfahren ist früher (Kapitel 2.8.4.) beschrieben worden, so daß man sich leicht von der Richtigkeit der folgenden Angaben überzeugen kann.

Tabelle 4.2. Logarithmen der Stabilitätskonstanten der 1:1-Komplexe von I, II und IV – VI bei 20 °C und einer Ionenstärke des Mediums von 0,1 (nach SCHWARZENBACH)

Kation	I	II	IV	V	VI
Be^{2+}		~9			5,2
Mg^{2+}	5,4	8,7	11,0		
Ca^{2+}	6,4	10,7	13,2	10,9	11,0
Sr^{2+}	5,0	8,6	10,5		8,5
Ba^{2+}	4,8	7,8	8,6		8,4
Ra^{2+}		7,1			
Al^{3+}		16,1	18,3		
Sc^{3+}		23,1			
Y^{3+}	11,4	18,1	19,8	22,2	
La^{3+}	10,5	15,5	16,9	19,6	15,8
Au^{3+}		17,0	19,3		
Eu^{2+}		7,7			
Lu^{3+}	12,2	19,8	22,2	22,6	
UO_2^{2+}		~10			
U^{4+}		25,5			
Pu^{3+}		18,1			
Am^{3+}		18,2			
Ti^{3+}		21,3			
Zr^{4+}		29,5			
Hf^{4+}		19,1 (?)			
V^{2+}		12,7			
V^{3+}		25,9			
VO^{2+}		18,8	20,1		
VO_2^{+}		18,1			
Mn^{2+}	7,4	13,8	17,4	15,6	12,3
Fe^{2+}	8,8	14,3		16,0	11,8
Fe^{3+}	15,9	25,1	29,3	27,9	
Co^{2+}	10,4	16,3	19,6	19,3	12,3
Ni^{2+}	11,5	18,6		20,2	11,8
Pd^{2+}		18,5			
Cu^{2+}	13,0	18,8	22,0	21,5	17,8
Ag^{+}	5,4	7,3			
Zn^{2+}	10,7	16,5	19,3	18,6	12,9
Cd^{2+}	9,8	16,5	19,9	19,3	16,1
Hg^{2+}		21,8	25,0	26,7	23,2
Ga^{3+}		20,3	23,6		
In^{3+}		24,9			
Tl^{+}		5,3			
Tl^{3+}		21,5			
Sn^{2+}		22,1 (?)			
Pb^{2+}	11,4	18,0	20,3	18,9	11,8
Bi^{3+}		27,9			

Bildet ein Metallion mit einem Komplexon $H_jZ^{j-\lambda}$ einen Komplex, so müssen Wasserstoffionen frei werden. Nimmt man z. B. die Komplexbildung von II (H_4Y) bei *p*H 4 bis 5 vor, so liegt II vorwiegend als H_2Y^{2-} vor, und es findet die Reaktion Gl. (2) statt:

$$Me^{2+} + H_2Y^{2-} \rightarrow MeY^{2-} + 2H^+ \tag{2}$$

bzw.

$$Me^{3+} + H_2Y^{2-} \rightarrow MeY^{-} + 2H^+ \tag{3}$$

oder allgemein

$$Me^{\nu+} + H_2Y^{2-} \rightarrow MeY^{\nu-4} + 2H^+ . \tag{4}$$

Bei *p*H 7 bis 9 liegt im wesentlichen HY^{3-} vor. Pro Metallkation wird also bei der Komplexbildung ein Wasserstoffion frei, wenn man die Komplexbildung bei diesen *p*H-Werten vornimmt. Es gilt:

$$Me^{\nu+} + HY^{3-} \rightarrow MeY^{\nu-4} + H^+ . \tag{5}$$

Für die Komplexbildung mit einem beliebigen Komplexon gilt entsprechend allgemein

$$Me^{\nu+} + H_jZ^{j-\lambda} \rightarrow MeZ^{\nu-\lambda} + jH^+ , \tag{6}$$

wenn $Z^{\lambda-}$ das Anion des Komplexons H_jZ darstellt.
Wendet man auf Gl. (6) das Massenwirkungsgesetz an, so erhält man

$$K = \frac{c_{MeZ} \cdot c^j_{H^+}}{c_{Me} \cdot c_{H_jZ}} . \tag{7}$$

Bezeichnet man die Bruttokonstante des Bildungsgleichgewichtes der freien Säure aus den Komplexon-Anionen, also gewissermaßen die Bildungskonstante der „Protonenkomplexe“ nach Gl. (8)

$$jH^+ + Z \rightleftharpoons H_jZ \tag{8}$$

mit

$$\kappa_{H_jZ} = \frac{c_{H_jZ}}{c^j_{H^+} \cdot c_Z} , \tag{9}$$

so läßt sich Gl. (7) in Gl. (10) überführen:

$$\frac{c_{MeZ} \cdot c^j_{H^+}}{c_{Me} \cdot c_{H_jZ}} = \frac{K_{MeZ}}{\kappa_{H_jZ}} . \tag{10}$$

κ_{H_jZ} setzt sich seinerseits aus den individuellen Dissoziationskonstanten der stufenweisen Dissoziation in Tabelle 4.1 zusammen. Es gilt also:

$$\kappa_{H_jZ} = \frac{1}{K_1} \cdot \frac{1}{K_2} \cdot \frac{1}{K_3} \cdot \ldots \cdot \frac{1}{K_j} \tag{11}$$

oder

$$\log \kappa_{H_jZ} = pK_1 + pK_2 + pK_3 + \cdots pK_j \,. \tag{12}$$

Die Tatsache, daß Komplexone mehrwertige Säuren sind, bringt mit sich, daß die Komplexbildungskonstanten, wie oben gesagt, vom *p*H-Wert der Lösung abhängig sind. Die effektive oder scheinbare Komplexbildungskonstante $(K^{eff}_{MeZ'})_{H^+}$, die die Tendenz zur Komplexbildung in einer Lösung mit bestimmtem *p*H-Wert beschreibt, ist durch Gl. (13) ausgedrückt:

$$(K^{eff}_{MeZ'})_{H^+} = \frac{c_{Me} \cdot c'_{Z,H^+}}{c_{MeZ}} \,. \tag{13}$$

Hierbei ist c_Z die Gesamtkonzentration des *ungebundenen* Komplexbildners und kann folgendermaßen beschrieben werden:

$$c'_{Z,H^+} = \alpha_{H^+} \cdot c_Z \,. \tag{14}$$

Der Koeffizient α_{H^+}, der also die Bindung des Chelatbildners $Z^{\lambda-}$ durch das Wasserstoffion beschreibt, kann aus den *p*K-Werten berechnet werden:

$$\alpha_{H^+} = 1 + c_{H^+} \cdot K_{HZ} + c^2_{H^+} \cdot K_{HZ} \cdot K_{H_2Z} + \cdots = 1 + \sum_{j=1}^{m} c^j_{H^+} \cdot \alpha_{H_jZ} \,. \tag{15}$$

Für Ethylendiamintetraessigsäure II beträgt log α_{H^+} beispielsweise bei *p*H 1 = 18,0, bei *p*H 7 = 3,3 oder bei *p*H 11 = 0,07, d. h., mit wachsendem *p*H-Wert der Lösung nähert sich log α_{H^+} dem Wert 0 oder α_{H^+} dem Wert 1. Aus Gl. (1) und Gl. (13) ergibt sich nun

$$(K^{eff}_{MeZ'})_{H^+} = \frac{K_{MeZ}}{\alpha_{H^+}} \,, \tag{16}$$

die für die Praxis wichtige Beziehung zwischen den tabellierten Stabilitätskonstanten K_{MeZ} und den scheinbaren Stabilitätskonstanten $(K^{eff}_{MeZ'})_{H^+}$, die man bei einem gegebenen *p*H-Wert der Lösung beobachtet. Unterhalb eines bestimmten *p*H-Wertes der zu titrierenden Lösung wird die scheinbare Stabilitätskonstante der Komplexe so klein, daß man keine Titration mehr durchführen kann. Mit steigenden *p*H-Werten werden die scheinbaren

Komplexstabilitätskonstanten größer. Einfach zu überschauen sind die Verhältnisse, wenn z. B. bei Verwendung von H_4Y das pH der Lösung etwa 11 wird. Bei diesen hohen pH-Werten liegen nämlich praktisch nur noch die Ionen Y^{4-} vor. Ähnliches gilt für die anderen Komplexe. Der Komplexbildungsvorgang läßt sich jetzt durch die einfachen Gl. (17) und (18) beschreiben:

$$Me^{\nu+} + Y^{4-} \rightarrow MeY^{\nu-4} \qquad (17)$$

$$Me^{\nu+} + Z^{\lambda-} \rightarrow MeZ^{\nu-\lambda}. \qquad (18)$$

Wendet man auf diese Gleichgewichte das Massenwirkungsgesetz an, so resultiert Gl. (1).

4.2. Titrationsarten der Komplexometrie

4.2.1. Die direkte Titration

Hierbei titriert man Metallionen direkt durch Zufügen von Komplexonlösung. Man muß dabei den pH-Wert der Lösung mit Hilfe einer Pufferlösung (vgl. S. 79) auf einen genügend hohen Wert einstellen. Um das Ausfallen von Metallhydroxid zu vermeiden, ist es notwendig, der Lösung einen zweiten Komplexbildner zuzusetzen. Als Hilfskomplexbildner können beispielsweise Ammoniak, Citrat oder Tartrat Verwendung finden, die mit dem Metallkation Komplexe verschiedener Stufen MeA, MeA_2, MeA_3 usw. bilden. Die Komplexe, die das Metall mit den Hilfskomplexbildnern bildet, müssen natürlich wesentlich weniger stabil sein als die Chelatkomplexe. Das Ausmaß der Reaktion zwischen Metallkationen und Hilfskomplexbildner A ist wieder durch Komplexbildungskonstanten charakterisiert:

$$K_{MeA_i} = \frac{c_{MeA_i}}{c_A \cdot c_{MeA_{i-1}}} \qquad \kappa_{MeA_i} = \frac{c_{MeA_i}}{c_{Me} \cdot c_A^i}. \qquad (19)$$

In ganz analoger Weise wie α_{H^+} die Bindung des Komplexes durch die Wasserstoffionen beschreibt, kann man durch einen Koeffizienten β_A die Bindung der Metallkationen $Me^{\nu+}$ durch den Hilfskomplexbildner A charakterisieren.

Die Gesamtkonzentration c'_{Me} des nicht an Komplexon gebundenen Metalls ergibt sich zu

$$c'_{Me} = c_{Me} + c_{MeA} + c_{MeA_2} \cdots = \beta_A \cdot c_{Me}, \qquad (20)$$

wobei

$$\beta_A = 1 + c_A \cdot \kappa_{MeA} + c_A^2 \cdot \kappa_{MeA_2} \cdots = 1 + \sum_{i=1}^{n} c_A^i \cdot \kappa_{MeA_i} \tag{21}$$

ist.
In einer Lösung von bestimmtem pH-Wert, in der der Hilfskomplexbildner A zugegen ist, nimmt die effektive Stabilitätskonstante $K^{eff}_{Me'Z'}$ den folgenden Wert an:

$$K^{eff}_{Me'Z'} = \frac{c_{MeZ}}{c'_{Me} \cdot c'_Z} = \frac{K_{MeZ}}{\alpha_{H^+} \cdot \beta_A}. \tag{22}$$

Die Verteilungskoeffizienten α_{H^+} und β_A sind im allgemeinen größer als 1. Wenn α_{H^+} und β_A gleich 1 sind, geht $K_{Me'Z'}$ in K_{MeZ} über. Nach dem oben Gesagten ist dies der Fall, wenn kein Hilfskomplexbildner zugesetzt wird und das pH der Lösung so groß ist, daß H_jZ als vollkommen dissoziiert angesehen werden kann. Falls das Metall Hydroxokomplexe zu bilden vermag, wird β_A niemals gleich 1.
Ebenso wie bei der Neutralisationsanalyse die Form der Titrationskurve für die Titration einer Säure durch die Säurekonstante K_s bestimmt wird, ist nun die Titration mit Komplexon von der Größe der scheinbaren Komplexbildungskonstante abhängig. Grundsätzlich muß die Titration um so besser gelingen, je größer $K_{Me'Y'}$ ist. Betrachtet man Gl. (22), so sieht man, daß dies dadurch erreicht werden kann, daß man bei gegebenem K_{MeZ} α_{H^+} und β_A klein wählt.
Da α_{H^+} mit steigendem pH nach Gl. (15) sinkt, bewirkt steigendes pH *Anwachsen* von $K_{Me'Z'}$ nach Gl. (22). Die Titration muß daher im allgemeinen bei hohem pH vorgenommen werden. Allerdings kann hohes pH unter Umständen β_A ansteigen lassen und dadurch auch eine *Verkleinerung* der scheinbaren Komplexbildungskonstante bewirken. Dies ist z. B. der Fall, wenn man mit einem Puffergemisch von NH_4^+ und NH_3 als Hilfskomplexbildner arbeitet. Bei großem pH wird die Konzentration an NH_3 hoch, und β_A muß, sofern das Metallion Ammoniakkomplexe zu bilden vermag, nach Gl. (21) groß sein. Großes β_A bedingt aber nach Gl. (22) kleine $K_{Me'Z'}$. Analoges gilt, wenn das Metallkation Hydroxokomplexe bildet. Auch hier wird mit steigendem pH der Verteilungskoeffizient β_A größer.
β_A ist also vielfach eine Funktion von α_{H^+} in dem Sinne, daß β_A mit sinkendem α_{H^+} größer wird. Man kann daher das Produkt $\alpha_{H^+} \cdot \beta_A$ sich nicht beliebig weit 1 nähern lassen. Dies wird in der Praxis auch dadurch schon unmöglich, daß bei zu kleinem β_A bei hohem pH das Metall als Hydroxid ausfällt.

Die Bedingungen für die Titration müssen also sehr sorgfältig gewählt werden, damit in jedem Fall die günstigsten Werte für $K_{Me'Z'}$ erreicht werden. Wenn man diese Bedingungen für ein bestimmtes Metallkation einhält, kann man erreichen, daß bei der direkten Titration mit Komplexon sich die Metallionenkonzentration beim Äquivalenzpunkt sprunghaft ändert. Ähnlich wie man bei der Neutralisationsanalyse den pH-Sprung mit Indikatoren erfassen kann, kann man hier den pMe-Sprung mit Metallindikatoren erkennen.

4.2.1.1. Die Metallionenkonzentration im Verlauf der Titration und am Äquivalenzpunkt

Die Gesamtkonzentration des Metalls in der Lösung beträgt immer

$$C_{Me} = c'_{Me} + c_{MeZ}\,, \tag{23}$$

wenn c'_{Me} die Gesamtkonzentration des nicht an Komplexon gebundenen Metalls ist.
Entsprechend gilt für die Gesamtkonzentration des Komplexons in der Lösung

$$C_Z = c'_Z + c_{MeZ}\,, \tag{24}$$

wenn c'_Z die Gesamtkonzentration des nicht an Metall gebundenen Komplexons ist.
Zu Beginn der Titration ist das Verhältnis $a = C_Z/C_{Me}$ gleich Null, am Äquivalenzpunkt hat a den Wert 1. Mit den Gl. (18) und (23) lassen sich nun für jeden Punkt der Titration $0 \leqq a \leqq 1$ die Konzentrationen c'_{Me}, c'_Z und c_{MeZ} berechnen, wenn die effektive Komplexstabilitätskonstante der Lösung bekannt ist.
Der mit -1 multiplizierte Logarithmus der Metallionenkonzentration (pMe-Wert) am *Äquivalenzpunkt* ($a = 1$) ergibt sich zu

$$pMe = \frac{1}{2}(\log K^{eff}_{Me'Z'} - \log C_{Me}) + \log \beta_A\,, \tag{25}$$

wenn angenommen wird, daß $c'_{Me} \ll c_{MeZ}$ ist.
Trägt man die Änderung der pMe-Werte während der Titration gegen zunehmende Werte von a auf, so erhält man eine Titrationskurve, die in ihrem Verlauf ganz den Titrationskurven der Neutralisationsanalyse gleicht. Zunächst ändert sich pMe mit steigenden Werten von a nur langsam. Wird a $\approx 0{,}9$ so wird pMe rasch größer, um bei a $\approx 1{,}0$ sprunghaft anzusteigen.

Titriert man z. B. eine 0,01-M-Lösung von Magnesiumsalz mit Ethylendiamintetraessigsäure und arbeitet bei *p*H 11, so daß $\alpha_{H^+} = 1$ wird, so berechnet sich für den Äquivalenzpunkt, da im Falle des Magnesiums auch β_A annähernd gleich 1 ist und $\log K_{MeY}$ = (nach Tabelle 4.2) 8,7 beträgt, $pMg^{++} = 5{,}35$.

4.2.2. Die Umsetzung mit Komplexonüberschuß und die Rücktitration

Die direkte Titration läßt sich dadurch abwandeln, daß man zunächst mit einem Überschuß an Komplexon versetzt und diesen Komplexonüberschuß mit z. B. Magnesium- oder Zinksulfat zurücktitriert.
Dies ist in solch einfacher Weise natürlich nur möglich, wenn der Magnesium- bzw. Zinkkomplexonkomplex weniger stabil ist als der entsprechende Komplex des zu bestimmenden Metallkations. Auch hier erfaßt man wieder einen *p*Me-Sprung, der in diesem Fall von niedrigen zu hohen Metallkonzentrationen verläuft.
Man greift zu diesem Verfahren, wenn entweder kein Metallindikator für das zu bestimmende Metall bekannt ist oder sich das zu bestimmende Metall bei dem *p*H-Wert, der für die Komplexbildung günstig ist, nicht in Lösung halten läßt. Schließlich ist das Verfahren auch dann anzuwenden, wenn das zu bestimmende Metallkation mit Komplexon zwar vollständig, aber nur langsam reagiert. In diesem Fall läßt sich mit überschüssigem Komplexon und in der Hitze meistens eine vollständige Umsetzung erzielen. Nach dem Abkühlen kann man glatt und schnell das überschüssige Komplexon zurückmessen.

4.2.3. Die Substitutionstitration

In vielen Fällen wird von der Möglichkeit Gebrauch gemacht, daß sich manche Metallkationen mit dem Magnesiumkomplex von II, der – wie Tabelle 4.2 lehrt – nicht besonders stabil ist, umsetzen. Beim Vorhandensein eines zweiwertigen Metalls spielt sich dann folgender Vorgang ab:

$$Me^{2+} + MgY^{2-} \rightleftharpoons MeY^{2-} + Mg^{2+} \,. \qquad (26)$$

Wenn der Magnesiumkomplex weniger stabil ist als der Komplexonkomplex des Metallkations, das man bestimmen will, so kann man das Magnesiumion mit einer Lösung von II direkt titrieren. Dies ist besonders einfach, da es für Magnesium einen guten Indikator gibt.

Dieses Titrationsverfahren ist etwas schwieriger zu übersehen, wenn die Stabilität des Komplexes des zu titrierenden Metallkations und der Magnesium-Komplexon-Verbindung vergleichbar sind.
Das durch Gl. (26) dargestellte Gleichgewicht liegt dann nämlich nicht mehr ganz auf der rechten Seite, wie das der Fall ist, wenn der Magnesiumkomplex wesentlich instabiler ist als der Metallkomplex. Nach der Umsetzung mit dem Magnesium-Komplexon-Komplex liegen in diesem Fall in der Lösung dann Mg^{++}-Ionen neben den zu bestimmenden Metallionen vor. Die Summe dieser beiden Ionenarten muß man mit Komplexon zurücktitrieren. Gelingt dies, so entspricht die verbrauchte Komplexonmenge tatsächlich der Menge an zu bestimmenden Metallkationen. Man kann auch hier den Endpunkt der Titration meist gut mit einem Indikator, der auf Mg^{++} anspricht, erkennen. So kann man z. B. Mg^{++} und Ca^{++} mit einem Magnesiumindikator titrieren, weil beim Äquivalenzpunkt infolge der Komplexbildung nur noch Mg^{++}-Ionen vorhanden sind. Auch Sr^{++} läßt sich mit Magnesiumkomplexonat umsetzen. Bei der Rücktitration verschwinden Mg^{++} und Sr^{++} fast gleichzeitig. Der Endpunkt der Titration läßt sich auch dann mit einem Indikator für Magnesiumion erfassen.
Man kann die Substitutionstitration sogar mit dem Zink-Komplexon-Komplex ZnY^{2-} anstelle des Magnesiumkomplexes durchführen. Dieses erscheint zunächst überraschend, da die Stabilitätskonstante des Zinkkomplexes, wie man aus Tabelle 4.2 sieht, relativ groß ist. Man kann aber die scheinbare Bildungskonstante des Zinkkomplexes nach Gl. (22) dadurch vermindern, daß man den Wert β_A hinreichend groß macht. Da Zink mit Ammoniak recht stabile Komplexe bildet, genügt Ammoniakzusatz, um β_A nach Gl. (20) so stark zum Anwachsen zu bringen, daß die scheinbaren Bildungskonstanten des Zink- und z. B. des Barium-Komplexon-Komplexes vergleichbar groß werden, bzw. daß der Zink-Komplexon-Komplex eine etwas geringere scheinbare Bildungskonstante erhält als das Bariumkomplexonat. Der Zink-Komplexon-Komplex setzt sich dann mit dem Erdalkaliion nach der Gl. (27)

$$ZnY^{2-} + Ba^{2+} \rightleftharpoons Zn^{2+} + BaY^{2-} \qquad (27)$$

um. Bei der Rücktitration muß nun das Gemisch von Zn^{++} und Ba^{++} erfaßt werden. Die Konzentration beider Kationen nimmt fast gleichzeitig ab, und der Endpunkt kann mit einem Indikator für Zn^{++} erfaßt werden. Die Titration geht um so besser, je mehr von dem Hilfskomplexbildner NH_3 zugesetzt wird.

4.2.4. Die Umsetzung mit Komplexonüberschuß und die Titration der in Freiheit gesetzten Wasserstoffionen

Wie bereits früher ausgeführt, werden bei der Bildung der Komplexonkomplexe Wasserstoffionen frei. Prinzipiell kann man daher zu einer neutralen Lösung eines Metallkations einen Überschuß des Salzes Na_2H_2Y zusetzen und die in Freiheit gesetzten Wasserstoffionen mit Natronlauge titrieren. Die Titration entspricht dann natürlich der Titration des Gemisches einer starken Säure mit einer schwachen Säure. Dabei wird die starke Säure durch die nach Gl. (6) bei der Umsetzung in Freiheit gesetzten Wasserstoffionen dargestellt und die schwache Säure durch das im Überschuß vorhandene Komplexon.
Die Erfassung der starken Säure neben einer schwachen Säure ist, wie früher auf S. 77 ausgeführt worden ist, dann gut möglich, wenn die Dissoziationskonstanten der beiden Säuren sehr verschieden sind und wenn die Konzentration der schwachen Säure gegenüber der der starken Säure gering ist. Bezüglich des Verhältnisses der Dissoziationskonstanten liegt der Fall bei dem hier erörterten Problem nicht ganz so günstig wie etwa bei dem früher erörterten Fall von HCl neben Ammoniumchlorid. Man kann aber dadurch, daß man nur einen kleinen Überschuß an Komplexon zusetzt, die Konzentrationsverhältnisse so günstig wählen, daß die Titration der starken Säure doch noch gelingt.
Noch besser ist dieses Verfahren zu verwenden, wenn man anstelle von Na_2H_2Y als Komplexbildner Na_2HX verwendet. Die dritte Dissoziationskonstante von H_3X beträgt nur $10^{-9,73}$, und die Titration einer starken Säure ist neben dieser schwachen Säure ohne weiteres möglich.

4.3. Kryptatbildner

Kryptatbildner sind heute wertvolle Reagenzien für die selektive Entfernung von Kationen aus einer Lösung. Ferner erlauben sie, Reagenzien, die Salze darstellen, im gleichen Lösungsmittel wie die zu analysierende Substanz zu lösen.
Nachdem sich makrocyclische Polyether, wie etwa vom Typ 18-Krone-6, die auch als „Kronenether" bezeichnet werden, als gute Komplexbildner erwiesen hatten, synthetisierte J. M. LEHN die neue Verbindungsklasse der Polyoxadiazamakrobicyclen. Sie stellen bicyclische Ringsysteme mit zwei

Stickstoffbrückenkopfatomen und einer definierten variablen Anzahl von Ethersauerstoffatomen in den Brücken dar. Die Anzahl der Ethersauerstoffatome ist dem Handelsnamen Kryptofix® für derartige Verbindungen angefügt. Durch Einbau eines Kations in den Hohlraum der bicyclischen Aminopolyether entstehen Einschlußverbindungen, Komplexe, die sehr stabil sind, und die „Kryptate“ (von lat. crypta = Grotte) genannt werden. Im Gegensatz zu den meisten anderen Komplexbildnern bilden die bicyclischen Aminopolyether auch mit den Alkali- und Erdalkalimetallionen stabile Komplexe. VIII ist ein kristalliner Festkörper, der bei 68°C schmilzt, IX und X sind farblose Öle. Alle Verbindungen sind in Wasser, aber auch in Aceton, Acetonitril, Benzol, Chloroform, Dioxan, Essigsäureethylester, Nitromethan, Pyridin, Tetrachlorkohlenstoff und vielen anderen organischen Medien gut löslich.

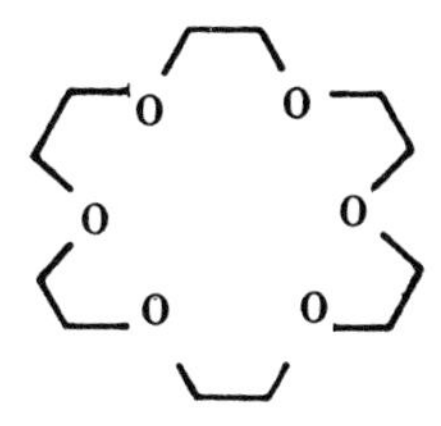

18-Krone-6

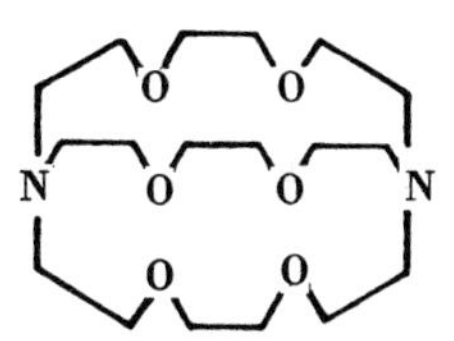

VIII, Aminopolyether 222; 4,7,13,16,21,24-Hexaoxa-1,10-diaza-bicyclo-[8,8,8]-hexacosan

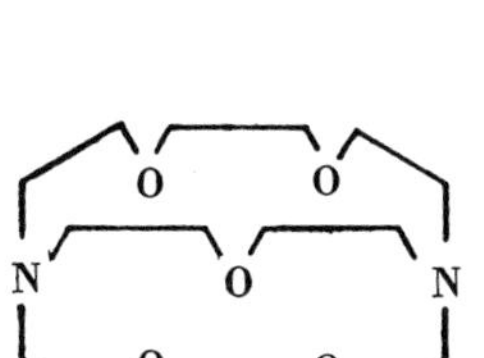

IX, Aminopolyether 221; 4,7,13,16,21-Pentaoxa-1,10-diaza-bicyclo-[8,8,5]-tricosan

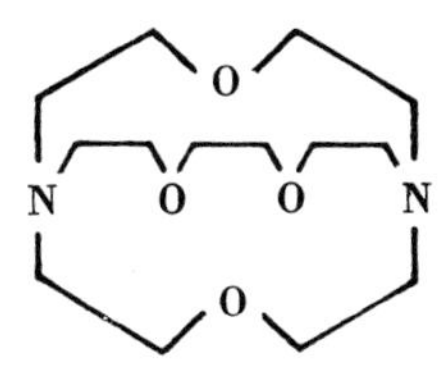

X, Aminopolyether 211; 4,7,13,18-Tetraoxa-1,10-diaza-bicyclo-[8,5,5]-eicosan

Die bicyclischen Aminopolyether weisen je nach Ringgröße eine gute Selektivität gegenüber Metallkationen auf, wie aus den Stabilitätskonstanten log K_s in Tabelle 4.3 hervorgeht. Während das große Kaliumion den stabilsten Komplex mit dem großen Bicyclus VIII bildet, ist der Komplex des kleinen Lithiumions am stabilsten mit dem Bicyclus X, der den kleinsten Hohlraum (vgl. Tab. 4.3) anbietet.

Tabelle 4.3. Logarithmen der Stabilitätskonstanten von Alkali- und Erdalkalikomplexen der bicyclischen Aminopolyether 222, 221 und 211 (VIII – X) in Wasser bei 25°C (nach LEHN).

Kation	Li^+	Na^+	K^+	Rb^+	Cs^+	Mg^{2+}	Ca^{2+}	Sr^{2+}	Ba^{2+}
Ionenradius [Å]	0,86	1,12	1,44	1,58	1,84	0,87	1,18	1,32	1,49
Radius des Hohlraums [Å]									
VIII (222) 1,4	<2	3,9	5,3	4,3	<2	<2	4,4	8,0	9,5
IX (221) 1,15	2,5	5,3	3,9	2,5	<2	<2	6,9	7,3	6,3
X (211) 0,8	4,3	2,8	<2	<2	<2	–	2,8	<2	<2

Die Kryptatbildung erfolgt beim Zusatz eines Alkali- oder Erdalkalisalzes zu einer Lösung des bicyclischen Aminopolyethers. So lösen sich die in Chloroform unlöslichen Salze in Gegenwart des Kryptatbildners auf. Die Lösungsgeschwindigkeit hängt von der Natur und dem Verteilungsgrad der Salze sowie der Temperatur ab. Auch der Wassergehalt spielt eine Rolle. Spuren Wasser erhöhen die Geschwindigkeit der Komplexbildung.
Löst man Natrium zusammen mit dem Aminopolyether 222 in Ethylamin auf, bis eine konzentrierte Lösung entstanden ist, kristallisiert $[Na^+ \cdot crypt]Na^-$ in Form golden schimmernder, hexagonaler Plättchen aus. Die Na^--Anionen sitzen zwischen den komplexen Kationen. Die Struktur des Salzes ähnelt derjenigen des Iodids $[Na^+ \cdot crypt]I^-$.

5. Oxidations- und Reduktionsanalyse

5.1. Die Begriffe von Oxidation und Reduktion

Unter einer Oxidationsreaktion versteht man einen Vorgang, bei dem ein Stoff Elektronen abgibt, z. B.:

$$Na \rightleftharpoons Na^+ + e \quad (1)$$
$$2I^- \rightleftharpoons I_2 + 2e \quad (2)$$
$$Fe^{++} \rightleftharpoons Fe^{+++} + e \quad (3)$$
$$H_2 \rightleftharpoons 2H^+ + 2e. \quad (4)$$

Findet die umgekehrte Umsetzung statt, d. h., nimmt ein Stoff Elektronen auf, so haben wir es mit einer Reduktionsreaktion zu tun.
Die Oxidations- und Reduktionsreaktionen können nach ganz ähnlichen Gesichtspunkten behandelt werden wie die Säure-Base-Reaktionen, die in Kapitel 2 besprochen worden sind. Während das wesentliche Merkmal der Säure-Base-Reaktion aber im Übergang von Protonen besteht, sind alle Oxidations- und Reduktionsreaktionen durch Elektronenübergänge gekennzeichnet. Der bei der Protonenabgabe einer Säure entstehenden korrespondierenden Base entspricht in den Redoxsystemen die bei der Elektronenabgabe aus der reduzierten Form eines Stoffes entstehende oxidierte Form. Da in einer Lösung keine freien Elektronen existieren können, muß die Oxidation eines Stoffes natürlich immer mit der Reduktion eines zweiten Stoffes gekoppelt sein, d. h., an der Gesamtreaktion müssen immer zwei Redoxsysteme beteiligt sein. Bezeichnet man den Elektronen aufnehmenden Stoff mit ox_1 und die damit korrespondierende reduzierte Form mit red_1 und weiter den Elektronen abgebenden Stoff mit red_2 und die daraus entstehende oxidierte Form mit ox_2, so läßt sich der Gesamtvorgang durch die folgenden Gleichungen beschreiben:

$$ox_1 + n \cdot e \rightleftharpoons red_1 \quad (5)$$
$$red_2 \rightleftharpoons ox_2 + n \cdot e \quad (6)$$

$$ox_1 + red_2 \rightleftharpoons ox_2 + red_1. \quad (7)$$

Diese Gleichungen entsprechen völlig den Gleichungen (2,6a), (2,5a) und (2,7) für Protolysegleichgewichte.
Als Beispiel soll die Redoxreaktion angeführt werden, die abläuft, wenn man einen Zinkstab in eine Kupfersulfatlösung eintaucht. Zink löst sich auf, und es fällt elementares Kupfer aus. Dieser Vorgang läßt sich durch die folgenden Gleichungen beschreiben:

$$Cu^{++} + 2e \rightleftharpoons Cu \quad (8)$$
$$Zn \rightleftharpoons Zn^{++} + 2e \quad (9)$$
$$Cu^{++} + Zn \rightleftharpoons Cu + Zn^{++} \quad (10)$$

Als weiteres Beispiel sei die Reduktion einer Eisen(III)-salzlösung mit Wasserstoff betrachtet:

$$Fe^{+++} + e \rightleftharpoons Fe^{++} \quad (11)$$
$$\frac{1}{2} H_2 \rightleftharpoons H^+ + e \quad (12)$$
$$Fe^{+++} + \frac{1}{2} H_2 \rightleftharpoons Fe^{++} + H^+ \quad (13)$$

Ein weiteres Paar von Redoxsystemen ergibt sich, wenn man die Oxidation von Eisen(II)-salzen mit Cer(IV)-verbindungen ansieht:

$$Ce^{4+} + e \rightleftharpoons Ce^{3+} \quad (14)$$
$$Fe^{2+} \rightleftharpoons Fe^{3+} + e \quad (15)$$
$$Ce^{4+} + Fe^{2+} \rightleftharpoons Ce^{3+} + Fe^{3+} \quad (16)$$

Man kann je nach der mehr oder weniger großen Tendenz eines Stoffes zur Aufnahme von Elektronen zwischen starken und schwachen Oxidationsmitteln und je nach der mehr oder weniger großen Neigung zur Abgabe von Elektronen zwischen starken und schwachen Reduktionsmitteln unterscheiden. Ein starkes Oxidationsmittel ox_1 muß immer mit einem schwachen Reduktionsmittel red_1 korrespondieren und umgekehrt.

5.2. Die Redoxpotentiale

Die Tendenz eines oxidierenden Stoffes, Elektronen aufzunehmen, bzw. die Tendenz eines reduzierenden Stoffes, Elektronen abzugeben, findet ihren quantitativen Ausdruck im sogenannten Redoxpotential.

5.2.1. Die reduzierte Form des Redoxsystems ist ein Metall

5.2.1.1. Die Galvanispannung

Um die Bildung eines Redoxpotentials zu verstehen, betrachtet man am einfachsten das Potential, das auftritt, wenn ein Metall in eine Lösung eintaucht, die seine Ionen enthält. Bringt man z. B. einen Zinkstab in eine Lösung, die Zn^{++}-Ionen enthält, so setzt die durch Gl. (9) dargestellte Reaktion ein. Der Vorgang kommt aber nach außen hin rasch zum Stillstand, da sich dabei das Metall negativ auflädt. Bringt man andererseits einen Kupferstab in eine Kupfersulfatlösung, so wird ein kleiner Teil der Kupferionen entsprechend Gl. (8) entladen, eine geringe Menge elementaren Kupfers wird abgeschieden, und der Stab lädt sich positiv auf. Nach außen hin kommt dadurch die Reaktion Gl. (8) zum Stillstand. Durch diese Vorgänge, die dynamische Gleichgewichte darstellen, besteht eine Potentialdifferenz zwischen dem Metall und der Lösung seiner Ionen, die man als *Galvanispannung* (früher als Elektrodenpotential) bezeichnet. Sie ist definiert als die Differenz der inneren elektrischen Potentiale der aneinander grenzenden Phasen.

Die Galvanispannung einer Elektrode, z. B. Zn/Zn^{++}, ist nicht meßbar; meßbar sind nur Zellspannungen als Summe zweier (oder mehrerer) Galvanispannungen einer aus (mindestens) 2 Elektroden bestehenden (elektrochemischen) Zelle (oder Kette). Nach NERNST (1889) ist die Galvanispannung durch den folgenden Ausdruck gegeben:

$$E = E_0 + \frac{RT}{n \cdot F} \ln a_i \qquad (17)$$

Gibt man die Galvanispannung in Volt an, so bedeutet in Gl. (17)

E_0 = Standard- oder Normalpotential (temperaturabhängig)
R = Gaskonstante in J/grd · mol (vgl. S. 213)
T = absolute Temperatur
n = die an der Reaktion teilnehmende Elektronenzahl
F = die Faraday-Konstante = 96487 C/g-Äquiv.
a_i = die Aktivität der Metallionen in der Lösung
$\ln a_i$ = 2,3026 $\log a_i$

Für die Temperatur 25°C und bei Verwendung des dekadischen Logarithmus geht Gl. (17) in Gl. (18) über:

$$E = E_0 + \frac{0{,}059}{n} \log a_i \,. \qquad (18)$$

Für das Redoxsystem, das durch Gl. (9) dargestellt ist, erhält man nach Gl. (18) die Galvanispannung

$$E = E_{0_{Zn/Zn^{++}}} + \frac{0{,}059}{2} \log a_{Zn^{++}} \,. \qquad (19)$$

Wird die Aktivität an Metallionen gleich 1, so gehen Gl. (18) und (19) über in

$$E = E_0 . \qquad (20)$$

E_0 wird als *Normalpotential* bezeichnet. Es ist eine charakteristische Größe des betreffenden Systems und wird üblicherweise für 25°C angegeben.
Im folgenden sind bei den Berechnungen der Potentiale anstelle der Aktivitäten meist Konzentrationen verwendet. Es sei aber bemerkt, daß die Nichtberücksichtigung der Aktivitätskoeffizienten hier schon in verhältnismäßig stark verdünnten Lösungen merkliche Abweichungen von den tatsächlichen Werten, wie man sie mit Aktivitäten erhalten würde, verursachen kann. Konzentration c und Aktivität a hängen ja entsprechend der Gl. (21) miteinander zusammen:

$$a = f_a \cdot c . \qquad (21;1, 16)$$

Wie früher ausgeführt (S. 18), ist der Aktivitätskoeffizient f_a in hohem Maße abhängig von der Ladung der Ionen. Da man es bei Redoxsystemen fast immer mit mehrwertigen Ionen zu tun hat, weichen die Aktivitätskoeffizienten auch in verdünnten Lösungen merklich von 1 ab, und es ist dann $c \neq a$.

5.2.1.2. Die galvanische Kette

Taucht man ein Metall in eine Lösung, die seine Ionen in bestimmter Konzentration c_1 enthält, und verbindet diese Zelle mit einer anderer Zelle, die das gleiche Metall enthält, aber die Metallionen in einer anderen Konzentration c_2, so tritt zwischen den Metallenden der Zellen eine Spannungsdifferenz auf. Die Verbindung zwischen den beiden Lösungen stellt man zweckmäßig so her, daß man in beide Lösungen eine Brücke eintauchen läßt, die mit der Lösung eines indifferenten Elektrolyten, z. B. KCl, gefüllt ist. Die Spannungsdifferenz zwischen den Metallenden ergibt sich aus den Galvanispannungen

$$\Delta E = E_{0_{Me/Me^{i+}}} + \frac{0{,}059}{i} \log c_1 - \left(E_{0_{Me/Me^{i+}}} + \frac{0{,}059}{i} \log c_2 \right) . \qquad (22)$$

Daraus errechnet sich

$$\Delta E = \frac{0{,}059}{i} \log \frac{c_1}{c_2} . \qquad (23)$$

Bildet man eine galvanische Kette, die aus einem Metall Me_1, der Lösung seiner Ionen mit der Konzentration c_{Me_1}, einer Lösung der Ionen eines zweiten Metalls mit der Konzentration c_{Me_2} und dem zweiten Metall Me_2 besteht, so erhält man für die elektromotorische Kraft (EMK) dieser Kette (Abb. 5.1):

$$\Delta E = E_{0_{Me_1/Me_1{}^{i+}}} - E_{0_{Me_2/Me_2{}^{j+}}} + \frac{0{,}059}{i} \log c_{Me_1{}^{i+}} - \frac{0{,}059}{j} \log c_{Me_2{}^{j+}} \,. \qquad (22a)$$

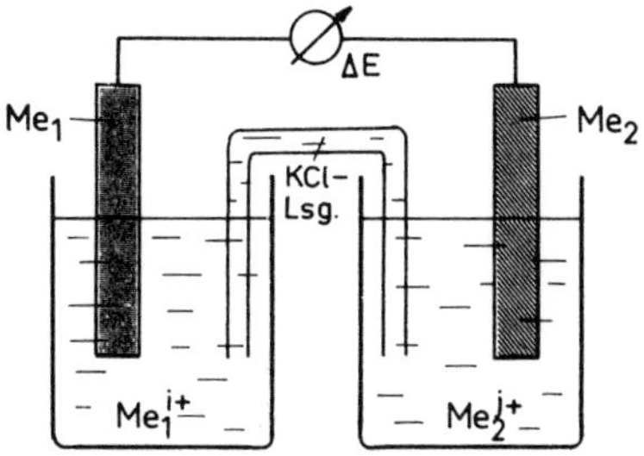

Abb. 5.1.
Galvanische Kette

Ist eine der beiden Elektroden eine Bezugselektrode, so nennt man die Spannung der betreffenden Zelle „Bezugszellspannung". Bezugszellspannungen werden auch Elektrodenpotentiale genannt, die also im Gegensatz zu den Galvanispannungen meßbar sind. Allerdings muß bei jedem Wert eines Elektrodenpotentials die jeweils verwendete Bezugselektrode angegeben werden. Normalpotentiale oder Standardpotentiale sind Bezugszellspannungen, die unter Verwendung der Normalwasserstoffelektrode (s. Abschn. 5.2.2.) erhalten wurden.

5.2.2. Die reduzierte Form des Redoxsystems ist Wasserstoff

Ebenso wie sich eine Galvanispannung einstellt, wenn man ein Metall in die Lösung seiner Ionen eintaucht, erhält man auch ein Potential, wenn man eine mit Platinmohr überzogene Platinelektrode in eine Lösung eintauchen läßt, die Wasserstoffionen enthält, sofern man die Platinelektrode mit Wasserstoffgas umspült (vgl. Abb. 5.2). Es wird das Potential der Umsetzung

$$\tfrac{1}{2} H_2 \rightleftharpoons H^+ + e \qquad (4a)$$

eingestellt. Nach NERNST beträgt dieses Potential

$$E = E'_{0_{H_2/H^+}} + 0{,}059 \log \frac{c_{H^+}}{\sqrt{c_{H_2}}} \,. \qquad (24)$$

Von den Galvanispannungen der Metalle – Gl. (18) – unterscheidet sich dieses Potential nur dadurch, daß hier die Konzentration an gelöstem elementaren Wasserstoff in der Gleichung auftritt. Der Grund dafür liegt darin, daß diese Konzentration variabel und vom Partialdruck des Wasserstoffgases abhängig ist, während die Konzentration des Metalls natürlich konstant ist und daher in die charakteristische Größe E_0 einbezogen werden kann.

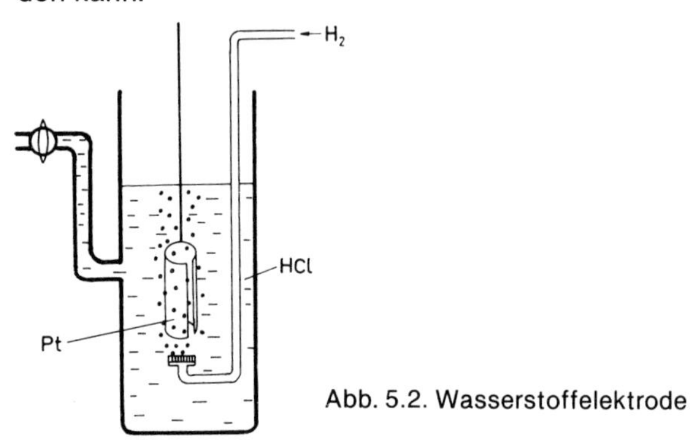

Abb. 5.2. Wasserstoffelektrode

Man kann Gl. (24) unter Berücksichtigung des Henryschen Gesetzes, d. h. der Tatsache, daß

$$c_{gel.\,H_2} = k \cdot p_{H_2} \qquad (25)$$

(p_{H_2} = Partialdruck des Wasserstoffs) ist, unter Einbeziehung der Konstante k in E_0 in Gl. (26) umformen:

$$E = E_{0_{H_2/H^+}} + 0{,}059 \log \frac{c_{H^+}}{\sqrt{p_{H_2}}} . \qquad (26)$$

Wählt man die Wasserstoffionenkonzentration und die Quadratwurzel aus dem Partialdruck des Wasserstoffs gleich 1, so erhält man

$$E_n = E_{0_{H_2/H^+}} . \qquad (27)$$

Die Größe E_n bezeichnet man als Potential der *Normalwasserstoffelektrode* oder *Standardwasserstoffelektrode*.
Die Galvanispannung der Normalwasserstoffelektrode ist zu 0 Volt definiert worden, und zwar für jede beliebige Temperatur:

$$E_n = 0 \qquad (28)$$

Damit geht Gl. (26), die das Potential einer beliebigen Wasserstoffelektrode beschreibt, in Gl. (29) über:

$$E = 0{,}059 \log \frac{c_{H^+}}{\sqrt{p_{H_2}}}. \qquad (29)$$

Wie bereits auf S. 148 ausgeführt, kann man verschiedene Systeme durch Verbindung der entsprechenden Zellen miteinander koppeln. Mißt man die EMK einer Kette, die sich aus einer beliebigen Wasserstoffelektrode und einer Normalwasserstoffelektrode zusammensetzt, so ergibt sich analog zu Gl. (22)

$$\Delta E = E - E_n\,,$$

und wenn man $E_n = 0$ setzt, findet man für die EMK der Kette das durch Gl. (29) beschriebene Potential.
Bezieht man die Potentiale, die sich ergeben, wenn man ein Metall in eine Lösung eintaucht, die die Ionen des Metalls in der Konzentration 1 enthält, auf die Normalwasserstoffelektrode, so ergibt sich für die EMK der Kette $H_2/H^+//Me^{i+}/Me$:

$$\Delta E = E_{0_{Me/Me^{i+}}} - E_n\,.$$

Da $E_n = 0$ gesetzt wird, ergibt sich aus der EMK einer solchen Kette dann direkt das Normalpotential des betreffenden Metalls. Ordnet man die Metalle nach steigenden Normalpotentialen an, so erhält man die *Spannungsreihe* der Metalle (vgl. Tabelle 5.1, S. 155).

Aufgabe: Bestimmen Sie die EMK der Kette

Hg/Hg_2Cl_2, KCl (1-M)//HX (0,1-M)/H_2 (1,013 bar)/Pt,

wenn die Dissoziationskonstante der Säure HX $K_s = 5 \cdot 10^{-6}$, der pK_L-Wert für $Hg_2Cl_2 = 17{,}5$ und $E_0(Hg/Hg_2^{2+}) = 0{,}79$ V ist.

Lösung: Die Wasserstoffionenkonzentration der Lösung von HX beträgt nach Abschn. 2.5.2.4., Gl. (57a)

$$c_{H_3O^+} = \sqrt{K_s \cdot C_s} = 7{,}07 \cdot 10^{-4}\ \text{mol/l}$$

$pK_L(Hg_2Cl_2)$ entspricht $K_L = 3{,}16 \cdot 10^{-18}$ (s. hierzu Abschn. 3.2.1., S. 93). Für $c_{Cl^-} =$ 1 mol/l ergibt sich $c_{Hg_2^{2+}} = \dfrac{K_L}{c^2_{Cl^-}} = 3{,}16 \cdot 10^{-18}$.

$$\text{EMK} = E_1 - E_2$$

$$E_1 = E_{01} + \frac{0{,}059}{n_1} \log \frac{c_{ox_1}}{c_{red_1}} \qquad \text{(s. hierzu Abschn. 5.2.1.2.)}$$

$E_{01} = 0{,}79;\ n_1 = 2;\ c_{ox_1} = c_{Hg_2^{2+}} = 3{,}16 \cdot 10^{-18};\ c_{red_1} = c_{Hg} = 1$

$$E_2 = E_{02} + \frac{0{,}059}{n_2} \log \frac{c_{ox_2}}{c_{red_2}} \qquad \text{(s. Abschn. 5.2.2.)}$$

$E_{02} = 0$ (nach Definition); $n_2 = 1;\ c_{ox_2} = c_{H_3O^+} = 7{,}07 \cdot 10^{-4};\ c_{red_2} = \sqrt{p_{H_2}} = 1$

EMK = 0,4596 V.

5.2.3. Die oxidierte Form des Redoxsystems ist Sauerstoff

Da man in der quantitativen Analyse, insbesondere der Elektroanalyse, häufig dem Redoxsystem

$$2OH^- \rightleftharpoons \tfrac{1}{2}O_2 + H_2O + 2e \tag{30}$$

begegnet, sei hier noch etwas näher auf die Sauerstoffelektrode eingegangen, die man ganz ähnlich wie die Wasserstoffelektrode konstruieren kann. Die Galvanispannung dieses Systems beträgt analog Gl. (24) bzw. Gl. (25)

$$E = E_{0_{O_2/OH^-}} + \frac{0{,}059}{2} \log \frac{p_{O_2}^{1/2}}{c_{OH^-}^2}. \tag{31}$$

Substituiert man c_{OH^-} durch den Ausdruck Gl. (2,35)

$$c_{OH^-} = \frac{K_W}{c_{H^+}}, \tag{2,35}$$

dann erhält man

$$E = E_{0_{O_2/OH^-}} + \frac{0{,}059}{2} \log \frac{p_{O_2}^{1/2} \cdot c_{H^+}^2}{K_W^2}. \tag{31a}$$

Bezieht man die Konstante K_W in $E_{0_{O_2/OH^-}}$ ein, so erhält man:

$$E = E_{0_{O_2/H_2O}} + \frac{0{,}059}{2} \log p_{O_2}^{1/2} \cdot c_{H^+}^2. \tag{32}$$

Dieses Potential bezieht sich jetzt auf das Redoxsystem

$$H_2O \rightleftharpoons \tfrac{1}{2}O_2 + 2H^+ + 2e. \tag{30a}$$

Beim Partialdruck $p_{O_2} = 1{,}013$ bar gilt:

$$E = E_{0_{O_2/H_2O}} + 0{,}059 \log c_{H^+}. \tag{32a}$$

5.2.4. Reduzierte und oxidierte Form eines Redoxsystems sind Ionen

Auch einem Redoxsystem, wie es durch Gl. (3) wiedergegeben wird, kommt eine Galvanispannung zu, wobei man als Metallelektrode Platin wählen kann. Um dies zu verstehen, betrachtet man zweckmäßigerweise das Gleichgewicht:

$$Fe^{++} + H^{+} \rightleftharpoons Fe^{+++} + \tfrac{1}{2} H_2 . \qquad (13)$$

Wendet man auf dieses Gleichgewicht das Massenwirkungsgesetz an, so erhält man:

$$\frac{c_{Fe^{3+}} \cdot c_{H_2}^{1/2}}{c_{Fe^{2+}} \cdot c_{H^+}} = K_c . \qquad (33)$$

Gleichung (33) läßt sich umformen zu:

$$\frac{c_{H^+}}{c_{H_2}^{1/2}} = \frac{c_{Fe^{3+}}}{c_{Fe^{2+}} \cdot K_c} . \qquad (33a)$$

Berücksichtigt man noch das Henrysche Gesetz Gl. (25), so ergibt sich

$$\frac{c_{H^+}}{\sqrt{p_{H_2}}} = \frac{c_{Fe^{3+}} \cdot \sqrt{k}}{c_{Fe^{2+}} \cdot K_c} . \qquad (34)$$

Diese Gleichungen lehren, daß sich in einer sauren Lösung, die Fe^{3+}- und Fe^{2+}-Ionen enthält, immer eine bestimmte Konzentration an molekularem Wasserstoff einstellen muß, dem nach dem Henryschen Gesetz ein bestimmter, wenn auch außerordentlich kleiner Partialdruck p_{H_2} entspricht. Eine Platinelektrode, die in eine Lösung eintaucht, die Eisen(III)- neben Eisen(II)-ionen enthält, muß sich also wie eine Wasserstoffelektrode verhalten. Ihre Galvanispannung ist durch Gl. (26) gegeben.

$c_{H^+}/\sqrt{p_{H_2}}$ in Gl. (26) läßt sich nun durch den Ausdruck aus Gl. (34) ersetzen, und man erhält, wenn man wieder die konstante Größe $\sqrt{k}/K_c$ in E_0 einbezieht:

$$E = E_{0_{Fe^{3+}/Fe^{2+}}} + 0{,}059 \log \frac{c_{Fe^{3+}}}{c_{Fe^{2+}}} . \qquad (35)$$

Man kann Gl. (35) verallgemeinern. Für ein Redoxsystem, an dem zwei verschieden geladene Kationen des gleichen Metalls teilhaben, gilt:

$$E = E_0 + \frac{0{,}059}{n} \log \frac{c_{ox}}{c_{red}} . \qquad (36)$$

c_{ox} bzw. c_{red} bezeichnet die Konzentration der oxidierten bzw. reduzierten Form des Redoxsystems. Diese Gleichung ist ganz sinngemäß auch auf nichtmetallische Elemente und ihre Ionen anzuwenden.

5.2.5. Der Einfluß der Wasserstoffionenkonzentration auf die Galvanispannung

Die Wasserstoffionenkonzentration der Lösung hat selbstverständlich auf das Potential einer Wasserstoffelektrode nach Gl. (29) einen entscheidenden Einfluß. Aber auch das Potential anderer Redoxsysteme kann von der Wasserstoffionenkonzentration der Lösung abhängig sein. Zwar ist, wie Gl. (35) zeigt, das Potential, das dem Übergang von Fe^{3+}- zu Fe^{2+}-Ion zukommt, unabhängig von der Wasserstoffionenkonzentration der Lösung, aber dies wird anders, wenn wir z. B. den Übergang von MnO_4^- in Mn^{2+} betrachten. Die Redoxgleichung kann wiedergegeben werden durch Gl. (37):

$$MnO_4^- + 8H^+ + 5e \rightleftharpoons Mn^{2+} + 4H_2O. \qquad (37)$$

Zerlegt man diese Reaktion, ähnlich wie wir das bei dem Gleichgewicht Gl. (13) getan haben, in mehrere Schritte, so kann man schreiben:

$$\begin{array}{l} \qquad\qquad\qquad \tfrac{5}{2}H_2 \rightleftharpoons 5H^+ + 5e \\ MnO_4^- + 8H^+ + 5e \rightleftharpoons Mn^{2+} + 4H_2O \\ \hline MnO_4^- + 8H^+ + \tfrac{5}{2}H_2 \rightleftharpoons Mn^{2+} + 4H_2O + 5H^+ . \end{array} \qquad (38)$$

Die Anwendung des Massenwirkungsgesetzes auf dieses Gleichgewicht ergibt, wenn die Konzentration des Wassers in die Konstante einbezogen wird:

$$\frac{c_{MnO_4^-} \cdot c_{H^+}^8 \cdot c_{H_2}^{5/2}}{c_{Mn^{2+}} \cdot c_{H^+}^5} = K_c \qquad (39)$$

oder

$$\left(\frac{c_{H^+}}{c_{H_2}^{1/2}}\right)^5 = \frac{c_{MnO_4^-} \cdot c_{H^+}^8}{c_{Mn^{2+}} \cdot K_c}. \qquad (39a)$$

Nach Berücksichtigung von Gl. (25) kann man in Gl. (26) einsetzen und erhält dann

$$E = E_{0_{Mn^{7+}/Mn^{2+}}} + \frac{0{,}059}{5} \log \frac{c_{MnO_4^-} \cdot c_{H^+}^8}{c_{Mn^{2+}}}. \qquad (40)$$

Gleichung (40) lehrt, daß in diesem Falle das Potential sogar sehr stark von der Wasserstoffionenkonzentration der Lösung abhängig ist. Dies bringt

z. B. mit sich, daß man in stark saurem Medium mit MnO_4^- Chlorid, Bromid und Iodid oxidieren kann, bei $pH = 3$ aber nur noch Br^- und I^- und bei $pH = 6$ sogar nur noch I^-.
Man sieht weiter, daß man Gl. (36) zu erweitern hat. Für eine Reaktion

$$x\,ox + n \cdot e + zH^+ = y\,red + \frac{z}{2} H_2O \tag{41}$$

gilt

$$E = E_{0_{ox/red}} + \frac{0{,}059}{n} \log \frac{c_{ox}^x \cdot c_{H^+}^z}{c_{red}^y}. \tag{42}$$

5.2.6. Normalpotentiale von Redoxsystemen

Tabelle 5.1 zeigt die Normalpotentiale E_0 einiger wichtiger Elemente. Tabelle 5.2 verzeichnet die Normalpotentiale verschiedener Redoxsysteme (Standard-Redoxpotentiale).

Tabelle 5.1. Normalpotentiale der Elemente bei 25 °C

			E_0 [Volt]				E_0 [Volt]
Li	$\rightleftharpoons Li^+$	+ e	− 3,045	Fe	$\rightleftharpoons Fe^{++}$	+ 2e	− 0,44
K	$\rightleftharpoons K^+$	+ e	− 2,925	Cd	$\rightleftharpoons Cd^{++}$	+ 2e	− 0,403
Rb	$\rightleftharpoons Rb^+$	+ e	− 2,925	Co	$\rightleftharpoons Co^{++}$	+ 2e	− 0,277
Cs	$\rightleftharpoons Cs^+$	+ e	− 2,923	Ni	$\rightleftharpoons Ni^{++}$	+ 2e	− 0,250
Ba	$\rightleftharpoons Ba^{++}$	+ 2e	− 2,90	Mo	$\rightleftharpoons Mo^{+++}$	+ 3e	~ − 0,2
Sr	$\rightleftharpoons Sr^{++}$	+ 2e	− 2,89	Sn	$\rightleftharpoons Sn^{++}$	+ 2e	− 0,136
Ca	$\rightleftharpoons Ca^{++}$	+ 2e	− 2,87	Pb	$\rightleftharpoons Pb^{++}$	+ 2e	− 0,126
Na	$\rightleftharpoons Na^+$	+ e	− 2,714	H_2	$\rightleftharpoons 2H^+$	+ 2e	0,000
La	$\rightleftharpoons La^{+++}$	+ 3e	− 2,52	Bi	$\rightleftharpoons Bi^{+++}$	+ 3e	+ 0,277
Ce	$\rightleftharpoons Ce^{+++}$	+ 3e	− 2,48	Cu	$\rightleftharpoons Cu^{++}$	+ 2e	+ 0,337
Mg	$\rightleftharpoons Mg^{++}$	+ 2e	− 2,37	Cu	$\rightleftharpoons Cu^+$	+ e	+ 0,521
Th	$\rightleftharpoons Th^{++++}$	+ 4e	− 1,90	$2I^-$	$\rightleftharpoons I_2$	+ 2e	+ 0,536
Be	$\rightleftharpoons Be^{++}$	+ 2e	− 1,85	2Hg	$\rightleftharpoons Hg_2^{++}$	+ 2e	+ 0,789
U	$\rightleftharpoons U^{+++}$	+ 3e	− 1,80	Ag	$\rightleftharpoons Ag^+$	+ e	+ 0,7991
Al	$\rightleftharpoons Al^{+++}$	+ 3e	− 1,66	Pd	$\rightleftharpoons Pd^{++}$	+ 2e	+ 0,987
Ti	$\rightleftharpoons Ti^{++}$	+ 2e	− 1,63	$2Br^-$	$\rightleftharpoons Br_2$	+ 2e	+ 1,066
Zr	$\rightleftharpoons Zr^{++++}$	+ 4e	− 1,53	Pt	$\rightleftharpoons Pt^{++}$	+ 2e	+ 1,2
Mn	$\rightleftharpoons Mn^{++}$	+ 2e	− 1,18	$2Cl^-$	$\rightleftharpoons Cl_2$	+ 2e	+ 1,36
V	$\rightleftharpoons V^{++}$	+ 2e	~ − 1,18	Au	$\rightleftharpoons Au^+$	+ e	+ 1,68
Zn	$\rightleftharpoons Zn^{++}$	+ 2e	− 0,763	$2F^-$	$\rightleftharpoons F_2$	+ 2e	+ 2,85
Cr	$\rightleftharpoons Cr^{+++}$	+ 3e	− 0,74				

Tabelle 5.2. Normalpotentiale verschiedener Redoxsysteme bei 25°C, $pH = 0$

		E_0 [Volt]
Cr^{++}	$\rightleftharpoons Cr^{+++} + e$	−0,41
Sn^{++}	$\rightleftharpoons Sn^{++++} + 2e$	+0,15
Cu^{+}	$\rightleftharpoons Cu^{++} + e$	+0,153
$Fe(CN)_6^{----}$	$\rightleftharpoons Fe(CN)_6^{---} + e$	+0,356
$4\,OH^-$	$\rightleftharpoons O_2(g) + 2\,H_2O + 4\,e$	+ 0,40
MnO_4^{--}	$\rightleftharpoons MnO_4^- + e$	+0,56
Fe^{++}	$\rightleftharpoons Fe^{+++} + e$	+0,771
Hg_2^{++}	$\rightleftharpoons 2Hg^{++} + 2e$	+0,920
$2H_2O$	$\rightleftharpoons O_2 + 4H^+ + 4e$	+ 1,229
$Mn^{++} + 2H_2O$	$\rightleftharpoons MnO_2 + 4H^+ + 2e$	+ 1,23
Tl^+	$\rightleftharpoons Tl^{+++} + 2e$	+ 1,25
$2Cr^{+++} + 7H_2O$	$\rightleftharpoons Cr_2O_7^{--} + 14H^+ + 6e$	+ 1,33
$\frac{1}{2}I_2 + H_2O$	$\rightleftharpoons HIO + H^+ + e$	+ 1,45
$Pb^{++} + 2H_2O$	$\rightleftharpoons PbO_2 + 4H^+ + 2e$	+ 1,455
$Mn^{2+} + 4H_2O$	$\rightleftharpoons MnO_4^- + 8H^+ + 5e$	+ 1,51
$\frac{1}{2}Br_2 + 3H_2O$	$\rightleftharpoons BrO_3^- + 6H^+ + 5e$	+ 1,52
$\frac{1}{2}Br_2 + H_2O$	$\rightleftharpoons HBrO + H^+ + e$	+ 1,59
Ce^{+++}	$\rightleftharpoons Ce^{++++} + e$	+ 1,61
$\frac{1}{2}Cl_2 + H_2O$	$\rightleftharpoons HClO + H^+ + e$	+ 1,63
Co^{++}	$\rightleftharpoons Co^{+++} + e$	+ 1,82

Die elektrochemischen Elektroden werden nach der Art der durch die Grenzfläche hindurchtretenden Ladungsträger unterschieden: a) Sind die Ladungsträger Ionen, so heißen die Elektroden „Ionenelektroden". Dazu gehören sämtliche Metallionenelektroden, die in Tabelle 5.1 genannt werden. Die hier verzeichneten Elektrodenreaktionen sind gleichzeitig Durchtrittsreaktionen. Sie werden manchmal auch in einer anderen Form geschrieben, die den physikalischen Sachverhalt besser darstellt. So wird z. B. statt $Cd \rightleftharpoons Cd^{++} + 2e$ die Formulierung $Cd^{++}_{(Me)} \rightleftharpoons Cd^{++}_{(Lsg.)}$ benützt, um zu kennzeichnen, daß die Cd^{++}-Ionen im Metall sich mit dem Cd^{++}-Ionen in der Lösung in einem dynamischen Gleichgewicht befinden. b) Sind die durchtretenden Ladungsträger Elektroden, so heißen die Elektroden „Redoxelektroden". Die feste Phase dieser Elektroden (üblicherweise blankes Platin) dient nur für die Zulieferung oder den Abtransport der Elektronen einer in der Lösung ablaufenden Redoxreaktion. Dies trifft für alle Beispiele der Tabelle 5.2 zu.

Ordnet man die Normalpotentiale der Metalle nach zunehmenden Werten

an, so erhält man die „Elektrochemische Spannungsreihe“. Je größer E_0 ist, um so größer ist die Oxidationswirkung des Oxidationsmittels.
Es sei an dieser Stelle hervorgehoben, daß sich alle bisher getroffenen Feststellungen auf das wäßrige System bezogen. Ebenso befassen sich die folgenden Abschnitte ausschließlich mit wäßrigen Lösungen. Zwar gelten die gleichen Prinzipien auch für nichtwäßrige Systeme. Wegen der unterschiedlichen Solvatationsenergien können die Normalpotentiale jedoch erheblich abweichen. Weiter spielen die chemischen Eigenschaften der Lösungsmittel bei Redoxreaktionen eine wichtige Rolle. Häufig lassen sich in nichtwäßrigem Medium Reaktionen durchführen, die in wäßrigem Milieu nicht möglich wären. So können z. B. Natrium aus Lösungen in Pyridin oder Beryllium aus flüssigem Ammoniak elektrolytisch abgeschieden werden. Bezieht man die Potentiale der Halbzellen wie für die Skala in wäßrigen Lösungen auf die Wasserstoffelektrode, so ergeben sich z. B. für die Normalpotentiale einiger Elemente die in Tabelle 5.3 aufgeführten Werte.

Tabelle 5.3. Normalpotentiale einiger Elemente bei 25°C in flüssigem Ammoniak

			E_0[Volt]
Li	$\rightleftharpoons Li^+$	+ e	−2,34
Sr	$\rightleftharpoons Sr^{++}$	+2e	−2,3
Ba	$\rightleftharpoons Ba^{++}$	+2e	−2,2
Ca	$\rightleftharpoons Ca^{++}$	+2e	−2,17
Cs	$\rightleftharpoons Cs^+$	+ e	−2,08
Rb	$\rightleftharpoons Rb^+$	+ e	−2,06
K	$\rightleftharpoons K^+$	+ e	−2,04
Na	$\rightleftharpoons Na^+$	+ e	−1,89
Mn	$\rightleftharpoons Mn^{++}$	+2e	−0,56
$H_2 + 2NH_3$	$\rightleftharpoons 2NH_4^+$	+2e	0,000
Fe	$\rightleftharpoons Fe^{2+}$	+2e	0,0
Cu	$\rightleftharpoons Cu^+$	+ e	+0,36
Cu	$\rightleftharpoons Cu^{++}$	+2e	+0,40
Ag	$\rightleftharpoons Ag^+$	+ e	+0,76
$2Cl^-$	$\rightleftharpoons Cl_2$	+2e	+1,91
$2F^-$	$\rightleftharpoons F_2$	+2e	+3,50

5.3. Redoxgleichgewichte

Wie eingangs gesagt, müssen an dem Gesamtvorgang einer Oxidation oder Reduktion immer zwei Redoxsysteme beteiligt sein.

Für die Potentiale der beiden Redoxsysteme gilt nach Gl. (36):

$$E_1 = E_{0_{ox_1/red_1}} + \frac{0{,}059}{n} \log \frac{c_{ox_1}}{c_{red_1}} \quad (43)$$

$$E_2 = E_{0_{ox_2/red_2}} + \frac{0{,}059}{n} \log \frac{c_{ox_2}}{c_{red_2}} \quad (44)$$

Das Redoxsystem mit dem höheren E-Wert oxidiert dasjenige mit dem niedrigeren E-Wert. Während der Reaktion müssen sich die Konzentrationsverhältnisse von c_{ox_1}/c_{red_1} bzw. c_{ox_2}/c_{red_2} ändern. Dann verschieben sich E_1 und E_2. Wenn sie gleich groß geworden sind, ist ein Gleichgewichtszustand erreicht, d. h. die Reaktion nach außen hin zum Stillstand gekommen. Die Reaktion Gl. (10) wird also z. B. so lange von links nach rechts ablaufen, bis $E_{Cu/Cu^{++}} = E_{Zn/Zn^{++}}$ geworden ist, d. h. bis gilt

$$E_{0_{Zn/Zn^{++}}} + \frac{0{,}059}{2} \log c_{Zn^{++}} = E_{0_{Cu/Cu^{++}}} + \frac{0{,}059}{2} \log c_{Cu^{++}} . \quad (45)$$

Setzt man aus Tabelle 5.1 die Werte für $E_{0_{Zn/Zn^{++}}}$ und $E_{0_{Cu/Cu^{++}}}$ in Gl. (45) ein, dann erhält man für die Gleichgewichtskonstante der Reaktion Gl. (10)

$$\log \frac{c_{Zn^{++}}}{c_{Cu^{++}}} = \frac{2{,}200}{0{,}059} = 37{,}29 \quad (46)$$

$$K = \frac{c_{Zn^{++}}}{c_{Cu^{++}}} = 2 \cdot 10^{37} . \quad (47)$$

Die Gleichgewichtskonstante der Reaktion Gl. (10) ist also außerordentlich groß, d. h., das Gleichgewicht liegt ganz auf der rechten Seite.
Die Gleichgewichtskonstante für die allgemeine Reaktion

$$x\,ox_1 + y\,red_2 \rightleftharpoons x\,red_1 + y\,ox_2 \quad (48)$$

ergibt sich in folgender Weise:
Die Bruttoreaktion Gl. (48) läßt sich zerlegen in die beiden Redoxsysteme:

$$x\,ox_1 + n \cdot e \rightleftharpoons x\,red_1 \quad (49)$$

und

$$y\,red_2 \rightleftharpoons y\,ox_2 + n \cdot e . \quad (50)$$

Die Einzelpotentiale dieser beiden Redoxsysteme sind nach Gl. (36)

$$E_1 = E_{0_1} + \frac{0{,}059}{n} \log \frac{c^x_{ox_1}}{c^x_{red_1}} \quad (51)$$

$$E_2 = E_{0_2} + \frac{0{,}059}{n} \log \frac{c^y_{ox_2}}{c^y_{red_2}}. \tag{52}$$

Im Gleichgewichtszustand gilt $E = E_1 = E_2$ oder

$$E = E_{0_1} + \frac{0{,}059}{n} \log \left(\frac{c_{ox_1}}{c_{red_1}}\right)^x = E_{0_2} + \frac{0{,}059}{n} \log \left(\frac{c_{ox_2}}{c_{red_2}}\right)^y. \tag{53}$$

Daraus ergibt sich für die Gleichgewichtskonstante der Reaktion Gl. (48)

$$\log \frac{c^x_{ox_1} \cdot c^y_{red_2}}{c^x_{red_1} \cdot c^y_{ox_2}} = -\log K = \frac{n(E_{0_2} - E_{0_1})}{0{,}059}. \tag{54}$$

In dieser Gleichung bedeutet E_{0_2} stets das Potential des Reduktors, E_{0_1} dasjenige des Oxidans.
Wollen wir z. B. die Gleichgewichtskonstante für die Reaktion

$$2Ce^{4+} + Sn^{2+} \rightleftharpoons 2Ce^{3+} + Sn^{4+} \tag{55}$$

berechnen, so gilt nach dem eben entwickelten Schema:

$$2Ce^{4+} + 2e \rightleftharpoons 2Ce^{3+} \qquad E_{0_{Ce}} = +1{,}61\,V \tag{56}$$

$$Sn^{2+} \rightleftharpoons Sn^{4+} + 2e \qquad E_{0_{Sn}} = +0{,}15\,V \tag{57}$$

$$-\log K = +\log \frac{c^2_{Ce^{4+}}}{c^2_{Ce^{3+}}} \cdot \frac{c_{Sn^{2+}}}{c_{Sn^{4+}}} = \frac{2(+0{,}15 - 1{,}61)}{0{,}059} = -49{,}49 \tag{58}$$

$$K = 3{,}101 \cdot 10^{49}.$$

Ganz entsprechend erhält man für die Reaktion

$$MnO_4^- + 8H^+ + 5Fe^{2+} \rightleftharpoons Mn^{2+} + 4H_2O + 5Fe^{3+} \tag{59}$$

durch Zerlegung der Gesamtreaktion in die beiden Redoxsysteme

$$MnO_4^- + 8H^+ + 5e \rightleftharpoons Mn^{2+} + 4H_2O \qquad E_{0_{MnO_4^-/Mn^{2+}}} = 1{,}51 \tag{60}$$

$$5Fe^{2+} \rightleftharpoons 5Fe^{3+} + 5e \qquad E_{0_{Fe^{2+}/Fe^{3+}}} = 0{,}77\,V \tag{61}$$

$$\log K = \log \frac{c^5_{Fe^{3+}} \cdot c_{Mn^{2+}}}{c_{MnO_4^-} \cdot c^8_{H^+} \cdot c^5_{Fe^{2+}}} = \frac{5(-0{,}77 + 1{,}51)}{0{,}059} = 62{,}7 \tag{62}$$

$$K = 5 \cdot 10^{62}.$$

Aufgabe: Bestimmen Sie die EMK für die Kette

$Sn/Sn^{2+}//Pb^{2+}/Pb$

mit jeweils 1-molaren Metallsalzlösungen.

$E_0(Sn) = -0{,}136$ V; $E_0(Pb) = -0{,}126$ V

Wie lautet die Reaktionsgleichung der Kette und wie groß sind die Sn^{2+}- und Pb^{2+}-Konzentrationen, wenn die EMK der Kette 0 ist?

Lösung: EMK $= E_1 - E_2$

$$E_1 = E_0(Pb) + \frac{0{,}059}{2} \log c_{Pb^{2+}}$$

$$E_2 = E_0(Sn) + \frac{0{,}059}{2} \log c_{Sn^{2+}}$$

Da $c_{Pb^{2+}} = c_{Sn^{2+}} = 1$, ergibt sich für die EMK $= -0{,}126 - (-0{,}136) = 0{,}01$ Volt. Die Reaktionsgleichung der Kette lautet

$$Sn + Pb^{2+} \rightleftharpoons Sn^{2+} + Pb$$

Die Gleichgewichtskonstante K ergibt sich nach Abschnitt 5.3 zu

$$\log K = \log \frac{c_{Sn^{2+}}}{c_{Pb^{2+}}} = \frac{n(E_{0_1} - E_{0_2})}{0{,}059} = \frac{2[-0{,}126 - (-0{,}136)]}{0{,}059} = 0{,}339$$

$$K = 2{,}183\,.$$

Bei dieser kleinen Gleichgewichtskonstante wird auch bei Stillstand der Reaktion noch Pb^{2+} vorhanden sein. Wenn sich das Gleichgewicht eingestellt hat, gilt

$$K = \frac{c_{Sn^{2+}}\,(\text{Anfang}) + x}{c_{Pb^{2+}}\,(\text{Anfang}) - x}$$

$$2{,}183 = \frac{1 + x}{1 - x} \qquad x = 0{,}372$$

d. h.

$$c_{Sn^{2+}}\,(\text{Gleichgew.}) = 1 + 0{,}372 = 1{,}372 \text{ mol/l}$$
$$c_{Pb^{2+}}\,(\text{Gleichgew.}) = 1 - 0{,}372 = 0{,}628 \text{ mol/l}\,.$$

5.4. Der Äquivalenzpunkt

5.4.1. Die Konzentrationsverhältnisse der Redoxpartner am Äquivalenzpunkt

Will man die Reaktion Gl. (7) maßanalytisch verwenden, d. h., will man den Gehalt einer Lösung an einem Oxidations- bzw. Reduktionsmittel titrimetrisch feststellen, so muß man der Lösung ein geeignetes Reduktions- bzw.

Oxidationsmittel zusetzen, bis 1 mol ox_1 mit 1 mol red_2 reagiert hat. Demzufolge gilt am Äquivalenzpunkt

$$c_{ox_1} = c_{red_2} \tag{63}$$

und nach Gl. (7) auch

$$c_{red_1} = c_{ox_2}\,. \tag{64}$$

Für die Gleichgewichtskonstante der Reaktion Gl. (7) erhält man

$$K = \frac{c_{ox_2}}{c_{red_2}} \cdot \frac{c_{red_1}}{c_{ox_1}} \tag{65}$$

und daraus durch Beachtung von Gl. (63) und Gl. (64)

$$K = \frac{c^2_{ox_2}}{c^2_{red_2}} = \frac{c^2_{red_1}}{c^2_{ox_1}} \tag{66a}$$

oder

$$\frac{c_{ox_2}}{c_{red_2}} = \frac{c_{red_1}}{c_{ox_1}} = \sqrt{K}\,. \tag{66}$$

Für eine Redoxgleichung allgemeiner Form, wie sie durch Gl. (48) ausgedrückt ist, berechnen sich die Verhältnisse der Ionenkonzentrationen am Äquivalenzpunkt in ganz analoger Weise, und man erhält:

$$\frac{c_{ox_2}}{c_{red_2}} = \frac{c_{red_1}}{c_{ox_1}} = \sqrt[x+y]{K}\,. \tag{67}$$

Es gilt also z. B. für den Äquivalenzpunkt bei der Titration von Sn^{2+} mit Ce^{4+} nach Gl. (55)

$$\frac{c_{Ce^{3+}}}{c_{Ce^{4+}}} = \frac{c_{Sn^{4+}}}{c_{Sn^{2+}}} = \sqrt[3]{K} = \sqrt[3]{3{,}1 \cdot 10^{49}} = 3{,}15 \cdot 10^{16}\,.$$

5.4.2. Das Elektrodenpotential am Äquivalenzpunkt

Am Äquivalenzpunkt gelten für eine Reaktion nach Gl. (7)

$$ox_1 + red_2 \rightleftharpoons ox_2 + red_1 \tag{7}$$

die beiden Gl. (63) und (64).
Zerlegt man die Bruttogleichung Gl. (7) in die beiden Redoxsysteme

$$ox_1 + n \cdot e \rightleftharpoons red_1 \qquad E_1 \tag{5}$$
$$red_2 \rightleftharpoons ox_2 + n \cdot e \qquad E_2\,, \tag{6}$$

dann erhält man für das Potential am Äquivalenzpunkt $E_Ä$, da die beiden Einzelpotentiale der Redoxsysteme Gln. (5) und (6) immer gleich sein müssen, wenn sie vereinigt sind

$$E_1 = E_2 = E_Ä$$

$$2E_Ä = E_{0_1} + E_{0_2} + \frac{0{,}059}{n} \log \frac{c_{ox_1} \cdot c_{ox_2}}{c_{red_1} \cdot c_{red_2}}. \tag{68}$$

Beachtet man die für den Äquivalenzpunkt maßgeblichen Gln. (63) und (64), so wird

$$E_Ä = \frac{E_{0_1} + E_{0_2}}{2}. \tag{69}$$

Allgemein gilt für das Potential am Äquivalenzpunkt der Redoxreaktion Gl. (48)

$$E_Ä = \frac{yE_{0_1} + xE_{0_2}}{y + x}. \tag{70}$$

5.5. Die Titrationskurve

Titriert man z. B. die Lösung eines Eisen(II)-salzes mit der Lösung eines Cer(IV)-salzes

$$Ce^{4+} + Fe^{2+} \rightleftharpoons Ce^{3+} + Fe^{3+},$$

und hat man soviel Cer(IV)-ionen zugesetzt, daß das Verhältnis $c_{Fe^{2+}}/c_{Fe^{3+}} = 1/10$ geworden ist, so erhält man aus Gl. (35) für das isoliert betrachtete System Fe^{3+}/Fe^{2+} das Einzelpotential

$$E = E_{0_{Fe^{3+}/Fe^{2+}}} + 0{,}059 \log \frac{10}{1} = E_0 + 0{,}059 = 0{,}830 \text{ Volt.}$$

Das System des Oxidationsmittels hat das diesem E-Wert zukommende Konzentrationsverhältnis $c_{Ce^{4+}}/c_{Ce^{3+}}$ angenommen, wie es sich aus Gl. (36) errechnet

$$E = E_{0_{Ce^{4+}/Ce^{3+}}} + 0{,}059 \log \frac{c_{Ce^{4+}}}{c_{Ce^{3+}}}$$

$$\log \frac{c_{Ce^{4+}}}{c_{Ce^{3+}}} = -13{,}2 \quad \text{oder} \quad \frac{Ce^{4+}}{Ce^{3+}} = 10^{-13{,}2}.$$

Das zugesetzte Ce^{4+} wird also, wenn $c_{Fe^{2+}}/c_{Fe^{3+}} = 1/10$ ist, praktisch restlos verbraucht. Das Potential der Lösung wird dann nur durch das Verhältnis $c_{Fe^{2+}}/c_{Fe^{3+}}$ bestimmt. Erfahrungsgemäß gilt dies, bis das Verhältnis $c_{Fe^{2+}}/c_{Fe^{3+}} = 1/10^3$ geworden ist. Erst wenn das Verhältnis $c_{Fe^{3+}}/c_{Fe^{2+}}$ größer als 10^3 wird, wird das Potential des Redoxsystems Ce^{4+}/Ce^{3+} mitbestimmend.

Für den Äquivalenzpunkt gilt nach Gl. (69)

$$E_Ä = \frac{0,771 + 1,61}{2} = 1,190 \text{ Volt.}$$

In Tabelle 5.4 sind die für verschiedene Verhältnisse $c_{Fe^{2+}}/c_{Fe^{3+}}$ berechneten Potentialwerte eingetragen.

Man sieht aus dieser Tabelle und besser noch aus der zugehörigen Abb. 5.3, in der das Potential der Redoxmischung in Abhängigkeit von der zugesetzten Menge des Reagenz dargestellt ist, daß sich das zunächst langsam ansteigende Potential in der Nähe des Äquivalenzpunktes stark verändert. Sobald man einen geringen Überschuß an Ce^{4+}-Ionen zugesetzt hat, wird – ungefähr vom Verhältnis $c_{Ce^{3+}}/c_{Ce^{4+}} = 10^3$ ab, d. h. schon bei einem Überschuß von 0,1% – das Potential des Redoxsystems Ce^{4+}/Ce^{3+} potentialbestimmend, und das Potential der Mischung errechnet sich jetzt nach Gl. (36) zu

$$E = E_{0_{Ce^{4+}/Ce^{3+}}} + 0,059 \log \frac{c_{Ce^{4+}}}{c_{Ce^{3+}}}.$$

Tabelle 5.4. Titration von Eisen(II)-salz mit Cer(IV)-salz ($E_{0_{Fe^{3+}/Fe^{2+}}} = 0,771$; $E_{0_{Ce^{4+}/Ce^{3+}}} = 1,61$)

$c_{Fe^{2+}}/c_{Fe^{3+}}$	% des vorgelegten Fe^{++} oxidiert	E[Volt]
10	9,1	0,712
1	50,0	0,771
0,1	91,0	0,830
0,01	99,0	0,889
0,001	99,9	0,948
	Äquivalenzpunkt	1,190
$c_{Ce^{4+}}/c_{Ce^{3+}}$	% Überschuß an Ce^{4+}	
0,001	0,1	1,433
0,01	1,0	1,492
0,1	10,0	1,551

Für einen 0,1%igen Überschuß an Ce^{4+}-Ionen findet man ein Potential von 1,433 V.

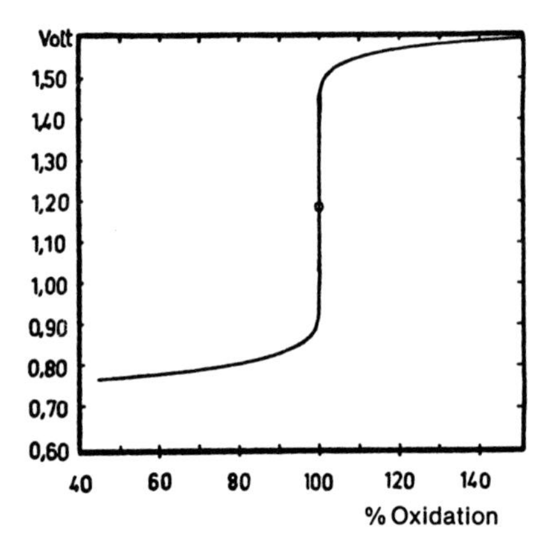

Abb. 5.3. Titration von Eisen(II)-salz mit Cer(IV)-salz

Der Sprung am Äquivalenzpunkt ist um so größer und damit die Bestimmung um so genauer, je mehr sich die E_0-Werte der beiden reagierenden Redoxsysteme unterscheiden.

5.6. Praktische Anwendung von Redoxtitrationen

Die in der Praxis am häufigsten benützten Titrationsverfahren seien durch die folgenden Gleichungen symbolisiert.

5.6.1. Titrationen, bei denen der Titrator in der oxidierten Form vorliegt

Kaliumpermanganat in saurer Lösung

$MnO_4^- + 8H^+ + 5e \rightleftharpoons Mn^{2+} + 4H_2O$

zur Bestimmung von

$Fe^{2+} \rightleftharpoons Fe^{3+} + e$ (in salzsaurer Lösung z. B. nach ZIMMERMANN-REINHARDT)

$Ti^{3+} \rightleftharpoons Ti^{4+} + e$
$Sn^{2+} \rightleftharpoons Sn^{4+} + 2e$
$Sb^{3+} \rightleftharpoons Sb^{5+} + 2e$

$C_2O_4^{2-} \rightleftharpoons 2CO_2 + 2e$ (zur Titerbestimmung der $KMnO_4$-Lösung benützt)

$H_3AsO_3 + H_2O \rightleftharpoons H_2AsO_4^- + 3H^+ + 2e$
$H_2O_2 \rightleftharpoons O_2 + 2H^+ + 2e$
$[Fe(CN)_6]^{4-} \rightleftharpoons [Fe(CN)_6]^{3-} + e$
$NO_2^- + H_2O \rightleftharpoons NO_3^- + 2H^+ + 2e$

Kaliumpermanganat in neutraler Lösung

$MnO_4^- + 4H^+ + 3e \rightleftharpoons MnO_2 + 2H_2O$

zur Bestimmung von

$Mn^{2+} + 2H_2O \rightleftharpoons MnO_2 + 4H^+ + 2e$

(nach VOLHARD-WOLFF)

Kaliumdichromat in saurer Lösung

$Cr_2O_7^{2-} + 14H^+ + 6e \rightleftharpoons 2Cr^{3+} + 7H_2O$

zur Bestimmung von

$Fe^{2+} \rightleftharpoons Fe^{3+} + e$

Cer(IV)-salze in saurer Lösung

$Ce^{4+} + e \rightleftharpoons Ce^{3+}$

zur Bestimmung von

siehe bei *Kaliumpermanganat in saurer Lösung*

Ce(IV)-Lösungen, z. B. von $(NH_4)_2[Ce(SO_4)_3] \cdot 2H_2O$, sind beständiger als $KMnO_4$-Lösungen

Kaliumbromat

$BrO_3^- + 6H^+ + 6e \rightleftharpoons Br^- + 3H_2O$

zur Bestimmung von

$Sn^{2+} \rightleftharpoons Sn^{4+} + 2e$
$Sb^{3+} \rightleftharpoons Sb^{5+} + 2e$
$As^{3+} \rightleftharpoons As^{5+} + 2e$
$Tl^{+} \rightleftharpoons Tl^{3+} + 2e$

Chlor

$Cl_2 + 2e \rightleftharpoons 2Cl^-$

zur Bestimmung von

$$As^{3+} \rightleftharpoons As^{5+} + 2e$$
$$Sb^{3+} \rightleftharpoons Sb^{5+} + 2e$$
$$Sn^{2+} \rightleftharpoons Sn^{4+} + 2e$$
$$N_2H_4 \rightarrow N_2 + 4H^+ + 4e$$

Brom

$$Br_2 + 2e \rightleftharpoons 2Br^-$$

(die Bromlösung wird z. B. durch Zufügen der Lösungen von $KBrO_3$ und KBr zu einer stark salzsauren Lösung hergestellt)

häufig zur Bestimmung von Metallionen benützt, die mit 8-Oxychinolin in Form ihrer „Oxinate“ ausgefällt werden. 8-Oxychinolin wird durch Br_2 bromiert:

$$C_9H_6N(OH) + 2Br_2 \longrightarrow C_9H_4NBr_2(OH) + 2HBr$$

Iod

$$I_2 + 2e \rightleftharpoons 2I^- \quad \text{bzw.} \quad I_3^- + 2e \rightleftharpoons 3I^-$$

(die Iodlösung wird durch Einwiegen von I_2 oder einfacher durch Ansäuern einer Lösung von KIO_3 und KI hergestellt)

zur Bestimmung von

$$H_3AsO_3 + H_2O \rightleftharpoons H_2AsO_4^- + 3H^+ + 2e$$

(oft zur Bestimmung des Titers der Iodlösung verwendet)

$$S^{2-} \rightleftharpoons S + 2e$$
$$Sn^{2+} \rightleftharpoons Sn^{4+} + 2e$$
$$Hg \rightleftharpoons Hg^{2+} + 2e$$
$$Hg^+ \rightleftharpoons Hg^{2+} + e$$
$$N_2H_4 \rightarrow N_2 + 4H^+ + 4e$$

$$3\,C_5H_5N\cdot SO_2 + 3I_2 + 2H_2O + 4CH_3OH + 6\,C_5H_5N \longrightarrow$$

$$2\,C_5H_5N{-}CH_3\cdot HSO_4 + C_5H_5N{-}CH_3\cdot CH_3SO_4 + 6\,C_5H_5N\cdot HI$$

(Wasserbestimmung nach KARL FISCHER)

5.6.2. Titrationen, bei denen der Titrator in der reduzierten Form vorliegt

Unter den Redoxtitrationen, die in der praktischen Anwendung Bedeutung haben, spielen die Methoden, bei denen der Titrator in der reduzierten Form vorliegt, keine große Rolle gegenüber den zahlreich verwendeten Verfahren, bei denen der Titrator das Oxidationsmittel darstellt. Vielfach wird sogar der zu titrierende Stoff (Titrand) mit Hilfe eines „Reduktors" in die reduzierte Form übergeführt und anschließend durch Titration mit einem Oxidationsmittel quantitativ bestimmt. Hierzu dient z. B. ein aufrecht stehendes Glasrohr, das mit feinverteiltem Cadmium oder amalgamiertem Zink gefüllt ist (Jones-Reduktor) und durch das man die Lösung langsam hindurchfließen läßt.
Eine der wenigen Titrationen, bei denen der Titrator in der reduzierten Form vorliegt, ist die Bestimmung eines oxidierenden Stoffes mit Iodid. Allerdings wird hierbei im allgemeinen so verfahren, daß zum Titranden überschüssiges Iodid zugesetzt und die dem oxidierenden Stoff äquivalente Menge ausgeschiedenen Iods durch Titration mit Natriumthiosulfatlösung bestimmt wird. Nach Gl. (71)

$$I_2 + 2S_2O_3^{2-} \rightarrow 2I^- + S_4O_6^{2-} \qquad (71)$$

entsprechen 2 Mol Thiosulfat einem Mol Iod, da bei der Oxidation von Thiosulfat mit Iod Tetrathionat entsteht.

5.7. Der *r*H-Wert

Wie früher erwähnt, kann die Wechselwirkung eines Redoxsystems mit einer Platinelektrode durch das Verhältnis c_{H^+}/c_{H_2} charakterisiert werden. Jedem Potential einer solchen Elektrode entspricht ein bestimmter (virtueller) Partialdruck an Wasserstoff. Für zwei Wasserstoffelektroden, die zu einer Kette vereinigt werden, gilt, vorausgesetzt, daß die Wasserstoffionenkonzentrationen in den beiden Lösungen gleich sind, unter Berücksichtigung von Gl. (26):

$$\Delta E = 0{,}059 \log \sqrt{\frac{p_{H_2'}}{p_{H_2''}}} = \frac{0{,}059}{2} \log \frac{p_{H_2'}}{p_{H_2''}} .$$

Verwendet man eine Bezugselektrode mit $p_{H_2'} = 1{,}013$ bar, so errechnet sich der Wasserstoffpartialdruck der anderen Elektrode zu

$$\Delta E = 0{,}0295 \log \frac{1}{p_{H_2''}}$$

$$\log p_{H_2''} = \frac{-\Delta E}{0{,}0295}. \tag{72}$$

Den mit -1 multiplizierten Logarithmus des Wertes von $p_{H_2''}$ bezeichnet man nach CLARK als *r*H-Wert des betreffenden Systems.
Da das Normalpotential z. B. für das System Fe^{3+}/Fe^{2+} 0,771 V beträgt, ist ΔE (gemessen gegen die Normalwasserstoffelektrode) für dieses System ebenfalls 0,771 V. Nach Gl. (72) errechnet sich dann

$$\log p_{H_2''} = -\frac{0{,}771}{0{,}0295}$$

$$p_{H_2''} = 10^{-26}$$

$$rH = -\log p_{H_2''} = 26\,.$$

5.8. Die Beeinflussung der Reaktionsgeschwindigkeit von Redoxreaktionen

Während die Ionenreaktionen, die in der Neutralisationsanalyse und in der Fällungsanalyse eine Rolle spielen, im allgemeinen außerordentlich rasch verlaufen, stellt man bei Redoxreaktionen vielfach geringere Reaktionsgeschwindigkeiten fest. Gerade bei diesen Umsetzungen kann man daher die Erscheinungen der Katalyse, der Inhibitorwirkung und der Induktion beobachten.
Die Erscheinungen der *Katalyse* sind sehr vielfältig und in ihrem Mechanismus bis heute meist ungeklärt. Sehr bekannt ist die Verwendung von Katalysatoren, z. B. bei Reaktionen mit Cer(IV)-salzen; aber auch in der Iodometrie bedient man sich ihrer, wie z. B. bei der iodometrischen Bestimmung von Wasserstoffperoxid, bei der Molybdat katalytisch auf die Umsetzung zwischen H_2O_2 und I^- wirkt. Heterogene Katalyse ist z. B. bekannt bei den Reaktionen mit Kaliumpermanganat, wo MnO_2 die Zersetzung von Permanganatlösungen beschleunigt.
Einen Ansatz zur theoretischen Behandlung von Katalysatoren bei Redoxreaktionen haben BRAY und KOLTHOFF 1935 gegeben. Danach soll das Redoxpotential des Katalysators zwischen den Normalpotentialen der zwei reagierenden Redoxsysteme liegen. Bezeichnet man das Potential des Redoxsystems mit E_0, so gilt für die Reaktion:

$$ox_1 + red_2 \rightleftharpoons ox_2 + red_1$$
$$ox_1 + n \cdot e \rightleftharpoons red_1 \qquad E_{0_1}$$
$$ox_2 + n \cdot e \rightleftharpoons red_2 \qquad E_{0_2}.$$

Katalytisch wirken kann nur ein Redoxsystem, dessen Normalpotential E_{0_k} zwischen E_{0_1} und E_{0_2} liegt. Diese Regel ist geeignet, gewisse Stoffe als Katalysatoren auszuschließen, gestattet aber keine Aussage darüber, ob ein Redoxsystem tatsächlich als Katalysator wirkt.
Es gibt nicht nur Reaktionsbeschleuniger, sondern manche Stoffe verlangsamen im Gegenteil Redoxreaktionen. Man spricht dann von *Inhibitorwirkung* oder – weniger gut – von negativer Katalyse.

5.9. Die Überspannung

Nimmt an einem Redoxgleichgewicht ein Gas wie z. B. Wasserstoff oder Sauerstoff teil, so kann man häufig Reaktionshemmungen beobachten. So sollte nach den auf S. 155 angegebenen Normalpotentialen z. B. elementarer Wasserstoff Lösungen von Permanganat oder Fe^{3+}-Salz reduzieren. Tatsächlich aber findet eine solche Reaktion mit Wasserstoffgas nicht statt. Erst wenn man den Wasserstoff mit Palladium aktiviert, läuft eine Reaktion ab. Man spricht davon, daß das Redoxsystem H_2/H^+ eine positive Überspannung besitzt. Diese Überspannung kann allerdings auch negativ sein. So lösen sich z. B. einige Metalle in Wasserstoffionen enthaltenden Lösungen nicht oder nur sehr langsam auf, obgleich sie gemäß Tabelle 5.1 unedler sind als Wasserstoff; d. h., dem Redoxsystem H_2/H^+ kommt scheinbar ein niedrigeres Normalpotential als 0 zu. Auch wenn Sauerstoff an Reaktionen teilnimmt, tritt eine Reaktionshemmung ein, sonst müßten alle Oxidationsmittel, deren Normalpotential über + 1,23 V liegt, in saurer Lösung Sauerstoff entwickeln. Aber nur wenige Oxidationsmittel, wie z. B. Kobalt(III)-salze, sind dazu in der Lage.
Der Betrag der Überspannung hängt außer vom Elektrodenmaterial sehr stark von der Stromdichte (Ampere/cm^2 Elektrodenoberfläche) ab. Mit zunehmender Stromdichte nimmt die Überspannung zu. Dagegen wird sie mit steigender Temperatur geringer.
Bezüglich der Überspannung bei der Abscheidung von Metallen aus den Lösungen ihrer Ionen und der Theorie der Überspannung sei auf die Lehrbücher der Physikalischen Chemie verwiesen (vgl. auch S. 172 ff.).

6. Elektroanalyse

Zur quantitativen Ermittlung einer bestimmten Ionenart in einer Lösung kann man sich manchmal der Elektrolyse bedienen.

6.1. Die Elektrolyse

6.1.1. Kathodische Reduktion und anodische Oxidation

Unter der Elektrolyse eines Stoffes versteht man seine Zersetzung durch den elektrischen Strom. Elektrolysiert man z. B. eine Lösung von Kupfersulfat, so wandern die positiv geladenen Kupferionen zur Elektrode, die mit dem negativen Pol der äußeren Stromquelle verbunden ist, der sogenannten Kathode. Dort werden die Ionen entladen, und es wird elementares Kupfer auf der Elektrode abgeschieden. Der Vorgang an der Kathode stellt also eine Reduktion dar und wird durch die allgemeine Gl. (5,5) beschrieben – oder in unserem Falle durch die Gleichung

$$Cu^{++} + 2e \leftrightarrows Cu. \qquad (1)$$

Umgekehrt findet an der Anode, nämlich der Elektrode, die mit dem positiven Pol der Stromquelle verbunden ist, eine Oxidation statt, die durch die allgemeine Gl. (5,6) beschrieben wird. Besteht das Elektrodenmaterial aus Kupfer, so geht Kupfer in Lösung: im Prinzip verläuft Gl. (1) in umgekehrter Richtung. Verwendet man eine Edelmetallanode, so werden in der Lösung vorhandene Anionen entladen. Im Falle der Kupfersulfatlösung werden normalerweise an der Anode keine Sulfationen entladen. Die in der Lösung neben SO_4^{--}-Ionen vorhandenen OH^--Ionen werden nämlich, selbst wenn sie nur in sehr geringer Konzentration vorhanden sind, viel leichter entladen als die SO_4^{--}-Ionen. Es geht demnach die Reaktion

$$2OH^- \leftrightarrows \tfrac{1}{2}O_2 + H_2O + 2e \qquad (2)$$

vor sich, d. h., es wird elementarer Sauerstoff entwickelt. Das Analoge gilt z. B. für die Elektrolyse der Lösung eines Phosphats.
Elektrolysiert man dagegen Halogenide mit Platinanoden, so scheiden sich Chlor, Brom oder Iod an der Platinanode ab. Bei der Verwendung einer Silberanode wird unlösliches Silberhalogenid gebildet.
In manchen Fällen können auch Metallkationen anodisch von einer niedrigeren in eine höhere Oxidationsstufe übergeführt werden, z. B.

$$Pb^{2+} \rightleftarrows Pb^{4+} + 2e. \qquad (3)$$

Das vierwertige Blei, das in wäßrigem Medium als Ion unbeständig ist, wird dann in Form von PbO_2 an der Anode abgeschieden. Ähnlich kann Mn^{2+} anodisch zu MnO_2 oxidiert werden.
Von all diesen Erscheinungen wird in der quantitativen Analyse Gebrauch gemacht. Kupfer wird im allgemeinen aus salpetersaurer oder schwefelsaurer Lösung (unter Zusatz von Nitrat), Silber, Nickel und Cobalt aus ammoniakalischer, Silber auch aus cyanidhaltiger Lösung abgeschieden.

6.1.2. Die Faradayschen Gesetze

Quantitativ werden die bei der Elektrolyse auftretenden Vorgänge durch die beiden Faradayschen Gesetze (1834) erfaßt. Das *1. Faradaysche Gesetz* besagt, daß die bei der Elektrolyse an den Elektroden abgeschiedenen Stoffmengen der durch die Lösung transportierten Elektrizitätsmenge proportional sind. Das *2. Faradaysche Gesetz* lautet: Bei der Elektrolyse setzen gleiche Elektrizitätsmengen äquivalente Stoffmengen an den Elektroden in Freiheit. Durch 1 Faraday (96 501 Coulomb = 96 501 A · s) wird 1 Grammäquivalent eines Stoffes abgeschieden.

6.2. Die Zersetzungsspannung

Bringt man zwei Platinelektroden, zwischen denen eine Spannung besteht, in eine Kupfersulfatlösung, so setzt der in Abschnitt 6.1.1. beschriebene Vorgang ein. Es wird an der Kathode elementares Kupfer, an der Anode Sauerstoff abgeschieden. Damit ist aber eine Kette aus zwei Redoxsystemen gebildet worden, die aus den beiden Halbzellen Cu/Cu^{++} und O_2/H_2O (vgl. S. 152) besteht. Die EMK dieser Kette (Polarisationsspannung) wirkt der EMK der äußeren Stromquelle entgegen. Ist die EMK der äußeren Stromquelle daher geringer als die EMK der durch die beginnende elektrolytische Zersetzung entstehenden Kette, dann kommt der anfänglich fließende Strom schnell zum Stillstand. Erst wenn die EMK der Stromquelle größer wird als die sog. Zersetzungsspannung E_Z, schreitet die Elektrolyse fort. Die Stromstärke I des durch die Lösung fließenden Stromes ist dann durch das Ohmsche Gesetz gegeben

$$I = \frac{E_{Ä} - E_Z}{R}, \qquad (4)$$

wobei in Gl. (4) $E_Ä$ die EMK der äußeren Stromquelle und R den Widerstand der Lösung bedeuten sollen.
Die *Zersetzungsspannung* ergibt sich nach dem Gesagten aus der Differenz der Einzelpotentiale der entstandenen Redoxsysteme.
Die so berechnete Zersetzungsspannung ist allerdings nicht immer identisch mit der *tatsächlichen Zersetzungsspannung*, die infolge von *Überspannung* (vgl. S. 169) oft wesentlich höher liegen kann. Zwar sind die bei der Abscheidung von Metallen auftretenden Überspannungen im allgemeinen vernachlässigbar klein; aber die Erscheinungen der Überspannung spielen in den Fällen eine Rolle, bei denen ein Gas in Freiheit gesetzt wird. Überspannung tritt z. B. bei der in der Elektrolyse oft vorkommenden Abscheidung von Wasserstoff und Sauerstoff auf. So wird beispielsweise eine 1-M-Lösung einer einwertigen Säure noch nicht elektrolysiert, wenn man die aus den Normalpotentialen berechnete Zersetzungsspannung

$$E_Z = E_{0_{O_2/H_2O}} - E_n = E_{0_{O_2/H_2O}} = 1{,}23\ V$$

anlegt. Erst wenn die EMK der äußeren Stromquelle auf 1,70 V erhöht wird, werden Wasserstoff und Sauerstoff an der Kathode bzw. Anode in Freiheit gesetzt. Da die Überspannung des Wasserstoffs an platinierten Platinelektroden sehr gering ist, ist die Spannungsdifferenz von 1,70 – 1,23 = 0,47 V auf die Überspannung des Sauerstoffs an der platinierten Platinanode zurückzuführen. Die anodische Überspannung des Sauerstoffs an platinierten Platinelektroden beträgt bei niedrigen Stromdichten und in saurer Lö-

Tabelle 6.1. Überspannung des Wasserstoffs bei 25 °C in 2-N-H_2SO_4 nach International Critical Tables

Stromdichte A/cm^2	Überspannung in Volt				
	platiniertes Platin	Gold	Kupfer	Graphit	Quecksilber
0,0001	0,0034	0,122	0,351	0,3166	
0,00077					0,8488
0,001	0,0154	0,241	0,479	0,5995	
0,0015					0,9295
0,01	0,0300	0,390	0,584	0,7788	
0,077					1,066
0,1	0,0405	0,588	0,801	0,977	
0,154					1,0751
1,0	0,0483	0,798	1,254	1,2200	
1,153					1,126

sung im allgemeinen + 0,4 bis + 0,5 V. Die Beträge der Überspannung von Wasserstoff an verschiedenen Metallkathoden und bei verschiedenen Stromdichten sind in Tabelle 6.1 wiedergegeben. Tabelle 6.2 zeigt Überspannungswerte für Sauerstoff.

Tabelle 6.2. Überspannung des Sauerstoffs bei 25°C in 1-N-KOH nach International Critical Tables

Stromdichte A/cm^2	Überspannung in Volt platiniertes Platin
0,001	0,398
0,01	0,521
0,1	0,638
1,0	0,766

Berücksichtigt man die empirisch ermittelten Überspannungen, und nimmt man an, daß an der Anode Sauerstoff entwickelt wird, so errechnet sich die effektive Zersetzungsspannung einer Metallsalzlösung aus den beiden Redoxpotentialen

$$E_K = E_{0_{Me/Me^{i+}}} + \frac{0{,}059}{i} \log c_{Me^{i+}} + E_{\ddot{U}Me} \tag{5}$$

$$E_{O_2} = E_{0_{O_2/H_2O}} + 0{,}059 \log c_{H_3O^+} + E_{\ddot{U}O_2} \tag{6}$$

($E_{\ddot{U}Me}$ und $E_{\ddot{U}O_2}$ bedeuten die Überspannung bei der Abscheidung des Metalls bzw. des Sauerstoffs.)

zu

$$E_Z = E_{O_2} - E_K = E_{0_{O_2/H_2O}} - E_{0_{Me/Me^{i+}}} + 0{,}059 \log c_{H_3O^+}$$
$$- \frac{0{,}059}{i} \log c_{Me^{i+}} + E_{\ddot{U}O_2} - E_{\ddot{U}Me}\,. \tag{7}$$

In Abb. 6.1 sind die nach Gl. (7) berechneten Zersetzungsspannungen von Metallsulfaten in 1-N-Schwefelsäure in Abhängigkeit von der Konzentration wiedergegeben ($E_{\ddot{U}O_2} = +0{,}47$ V, $E_{\ddot{U}Me} = 0$ V).
Aus Abb. 6.1 läßt sich das Ausmaß der Abscheidung eines Metalls bei einer bestimmten Abscheidungsspannung direkt ablesen.
Rechnerisch ergibt sich die Konzentration eines Metallions in der Lösung bei einer bestimmten EMK der äußeren Stromquelle aus Gl. (7), wenn wir für E_Z die angelegte EMK einsetzen. So berechnet sich z. B. die Konzentra-

tion an Silberionen in einer Silbersalzlösung mit $c_{H_3O^+} = 1$, wenn man konstant bei 1,3 V elektrolysiert, nach der Elektrolyse zu:

$$1{,}3 = 1{,}23 - 0{,}81 - 0{,}059 \log c_{Ag^+} + 0{,}47$$
$$c_{Ag^+} = 10^{-6{,}95} = 1{,}1 \cdot 10^{-7} \text{ mol/l.}$$

Die Konzentration an Silberionen wird also sehr gering.

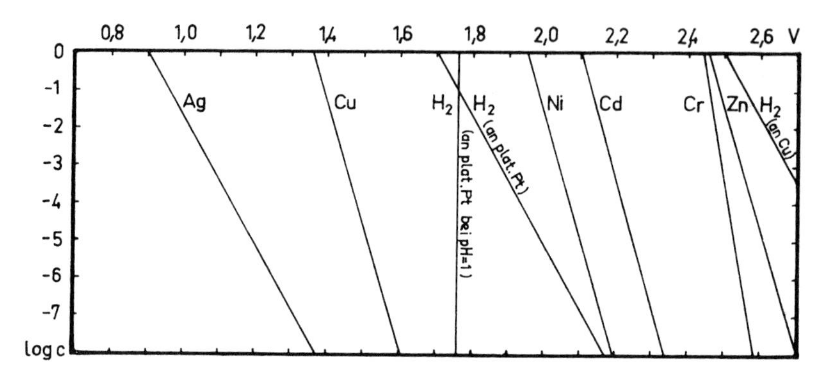

Abb. 6.1. Zersetzungsspannungen von Metallsulfaten

6.3. Die elektrolytische Trennung

Aus Abb. 6.1 läßt sich direkt ablesen, inwieweit sich ein Metall abscheiden läßt, bevor Wasserstoffentwicklung eintritt. Auch ob mehrere Metalle voneinander getrennt werden können, kann man erkennen.
In Abb. 6.1 ist auf der Abszisse die Abscheidungsspannung angegeben, auf der Ordinate ist die Konzentration eingetragen. Die Abscheidungsspannung für Wasserstoff an platiniertem Platin, die weitgehend unabhängig von der Stromdichte ist, ist in Abhängigkeit von der Wasserstoffionenkonzentration aufgetragen. Die Abscheidungsspannung für Wasserstoff an Kupfer ist stark abhängig von der Stromdichte. Es sind die Werte für eine Stromdichte von 0,1 A/cm^2 (vgl. Tabelle 6.1) aufgetragen.
Immer gilt, daß diejenige Reaktion stattfindet, zu deren Durchführung die kleinste Zersetzungsspannung notwendig ist. So läßt sich z. B. Kupfer aus einer Kupfersulfatlösung praktisch quantitativ abscheiden, bevor die Entwicklung von Wasserstoff einsetzt; denn selbst bei einer Konzentration der

Kupferionen von 10^{-6} M liegt die Zersetzungsspannung von Kupfersulfat immer noch unter der von 1-N-Schwefelsäure, nämlich bei 1,55 V. Dagegen wird bei der Elektrolyse einer Cadmiumsalzlösung an Platinelektroden kathodisch nur Wasserstoff in Freiheit gesetzt. Verwendet man dagegen Kupferelektroden, an denen der Wasserstoff eine hohe Überspannung zeigt, dann wird zuerst nur Cadmium abgeschieden. Erst wenn die Konzentration an Cadmium sehr gering geworden ist, setzt auch die Wasserstoffabscheidung ein. Aus einer sauren Zinksulfatlösung läßt sich Zink auch auf einer Kupferkathode nicht mehr ohne Wasserstoffentwicklung niederschlagen. Ist aber einmal eine kleine Zinkmenge abgeschieden, so werden die Verhältnisse günstiger, denn die Überspannung des Wasserstoffs an Zink ist größer als die an Kupfer, so daß dann auch in saurem Medium (pH ~ 4) Zink quantitativ abgeschieden werden kann, ohne daß theoretisch Wasserstoff abgeschieden zu werden braucht.
Ganz entsprechend sieht man, daß bei einer EMK der äußeren Stromquelle von 1,3 V aus einer Silber- und Kupferionen enthaltenden Lösung das Silber praktisch vollständig abgeschieden wird, während das Kupfer noch in Lösung bleibt. Bei der Spannung, bei der sich beide Metalle gleichzeitig abscheiden, müssen sich die Redoxsysteme Cu/Cu^{++} und Ag/Ag^{+} im Gleichgewicht befinden, d. h., die Reaktion

$$Cu + 2Ag^{+} \rightleftharpoons Cu^{2+} + 2Ag$$

muß zum Stillstand gekommen sein. Die Gleichgewichtskonstante dieser Reaktion errechnet sich nach Gl. (5,54)

$$-\log K = pK = \frac{2(+0{,}337 - 0{,}7991)}{0{,}059} = -15{,}66\,.$$

Das Konzentrationsverhältnis $c_{Cu^{++}}/c^2_{Ag^{+}}$ beträgt an diesem Punkt also $10^{+15{,}66}$.
Ist die Konzentration an Cu^{++} in der Lösung 0,1 M, so muß $c_{Ag^{+}} = 10^{-8{,}33}$ oder $4{,}7 \cdot 10^{-9}$ betragen, wenn Kupfer sich abzuscheiden beginnt.
Sind die Normalpotentiale zweier Redoxsysteme Me_1/Me_1^{i+} und Me_2/Me_2^{i+} nur sehr wenig verschieden, so ist eine Trennung nicht ohne weiteres möglich. So wird aus einer Wismut enthaltenden Kupfersulfatlösung bei der Elektrolyse z. B. Bi neben Cu ausgeschieden. In solchen Fällen kann man aber gelegentlich die Konzentration des einen Metalls durch Komplexbildung so weit herabsetzen, daß die Zersetzungsspannungen genügend weit auseinanderliegen, um eine Trennung zu erreichen.

6.4. Die innere Elektrolyse

Die elektrolytische Abscheidung eines Metalls ist prinzipiell (ULLGREN, 1868) auch ohne Anwendung einer äußeren Stromquelle möglich. Zur Abscheidung von Kupfer aus einer Kupfersulfatlösung kann man sich z. B. einer Platinkathode bedienen, die in die Kupfersulfatlösung eintaucht. Der mit dieser Lösung gefüllte Kathodenraum muß dann durch ein Diaphragma vom Anodenraum getrennt werden, der als Elektrolyt mit der Lösung einer starken Säure gefüllt ist. Das Diaphragma (poröser Tonzylinder) bewirkt, daß sich die Lösungen im Kathoden- und Anodenraum nur sehr langsam mischen können; es verhindert aber nicht den Stromdurchgang. Als Anodenmaterial kann ein unedles Metall, wie z. B. Zink, Magnesium oder Blei, benutzt werden. Verbindet man Anode und Kathode mit einem metallischen Leiter, so fließt ein Strom vom Platin zum Zink, d. h., die Elektronen gehen vom Zink auf die Kathode über. Dabei müssen im Kathodenraum Kupferionen entladen werden und im Anodenraum Zink unter Bildung von Zinkionen in Lösung gehen. Je nach Art des Anodenmaterials stellt sich zwischen Kathode und Anode eine bestimmte Spannung ein, so daß verschiedene Metalle durch innere Elektrolyse auch getrennt werden können. Eine Versuchsanordnung zur inneren Elektrolyse ist in Abb. 6.2 gezeigt.

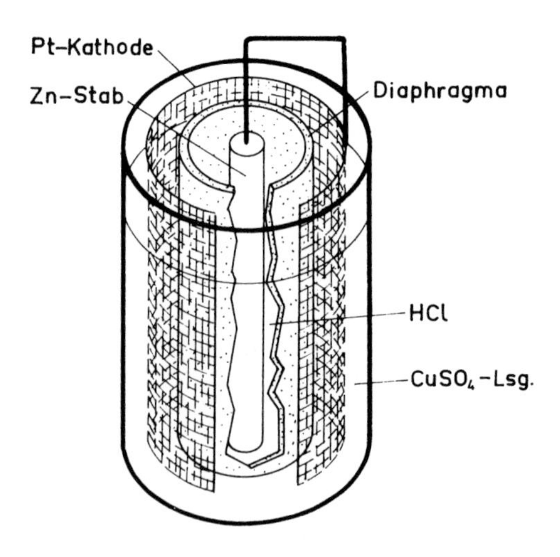

Abb. 6.2. Innere Elektrolyse

7. Die Methoden zur Bestimmung von Titrationsendpunkten

Bei maßanalytischen Verfahren ändern sich, wie in den vorangehenden Kapiteln beschrieben ist, am Äquivalenzpunkt die chemischen und physikalischen Eigenschaften der Lösung sprunghaft. Zur Erkennung des Äquivalenzpunktes gibt es verschiedene Verfahren, von denen das einfachste die Endpunktsbestimmung mit Hilfe von Indikatoren ist. Daneben spielen vor allem die Methoden der konduktometrischen, potentiometrischen und amperometrischen Endpunktsbestimmung eine größere Rolle.

7.1. Endpunktsbestimmung mit Hilfe von Indikatoren

Ein Indikator ist eine Substanz, die den Endpunkt bei einer Titration sichtbar zu machen vermag. Dies kann in verschiedener Weise geschehen. Prinzipiell ist es möglich, sowohl die Indikatoren der zu titrierenden Lösung zuzugeben und bei Anwesenheit des Indikators zu titrieren (innere Indikation) wie auch etwas von der untersuchten Lösung zum Indikator zuzusetzen (äußere Indikation).
Mit Hilfe von Indikatoren kann man folgende Erscheinungen zur Endpunktserkennung nutzbar machen: Erstens kann sich die Farbe einer Lösung, die den Indikator enthält, in der Nähe des Äquivalenzpunktes ändern. Zweitens kann ein Niederschlag, der sich bei der Titration bildet, am Endpunkt seine Farbe ändern. Weiter kann der Indikator das Auftreten eines gefärbten Niederschlages am Titrationsendpunkt bewirken. Schließlich kann dadurch indiziert werden, daß ein Niederschlag beim Äquivalenzpunkt auftritt oder verschwindet.
Für die verschiedenen Analysenverfahren werden im folgenden Indikatoren und Indikatoreigenschaften besprochen.

7.1.1. Indikatoren für die Neutralisationsanalyse

7.1.1.1. Das Umschlagsintervall

Bei der Titration von Säuren und Basen verwendet man zur Bestimmung des Äquivalenzpunktes sehr häufig Farbindikatoren. Diese stellen schwache organische Säuren oder Basen dar, deren korrespondierende Basen

oder Säuren sich durch ihre Farbe unterscheiden. Einen Indikator, der sowohl als Säure wie auch in Form der korrespondierenden Base sichtbares Licht verschiedener Wellenlänge absorbiert, nennt man zweifarbig. Absorbiert entweder die Säure oder die Base im sichtbaren Gebiet nicht, so bezeichnet man den Indikator als einfarbig.
Ein Beispiel für einen zweifarbigen Indikator ist Methylrot, das bei pH-Werten $<4{,}2$ hauptsächlich in der roten Säureform, bei pH-Werten $>6{,}2$ hauptsächlich in der gelben Baseform vorliegt:

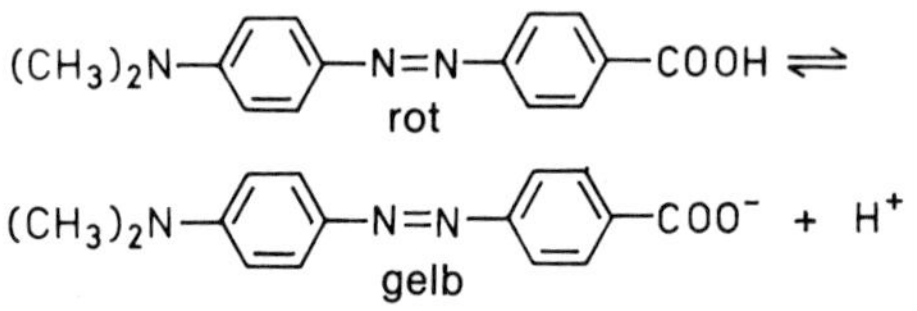

Ein einfarbiger Indikator ist Phenolphthalein, dessen saure Form farblos und dessen basische Form rot ist:

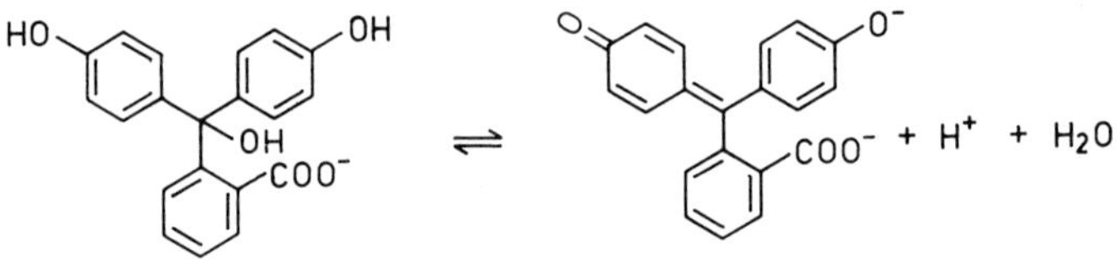

farblos rot

Nennt man den Säureexponenten des Indikators pK_i, so ergibt sich der pH-Wert für das Protolysesystem Indikatorsäure – Indikatorbase nach Gl. (2,88) zu

$$pH = pK_i - \log \frac{c_s}{c_b}. \tag{1}$$

Aus dieser Gl. (1) folgt, daß für $pH = pK_i$ die Konzentrationen von Indikatorsäure und Indikatorbase gleich sind. Um die Säureform des Indikators neben der Indikatorbase eben erkennen zu können, muß im allgemeinen $c_s : c_b$ mindestens 1:10 sein. Es gilt dann

$$pH = pK_i + 1 \tag{2}$$

Will man die Farbe der Indikatorbase neben der der Indikatorsäure erkennen, dann muß sich $c_s : c_b$ mindestens wie 10:1 verhalten. Dies ist der Fall bei

$$pH = pK_i - 1\,. \tag{3}$$

Tabelle 7.1. Umschlagsintervalle für Indikatoren bei Raumtemperatur

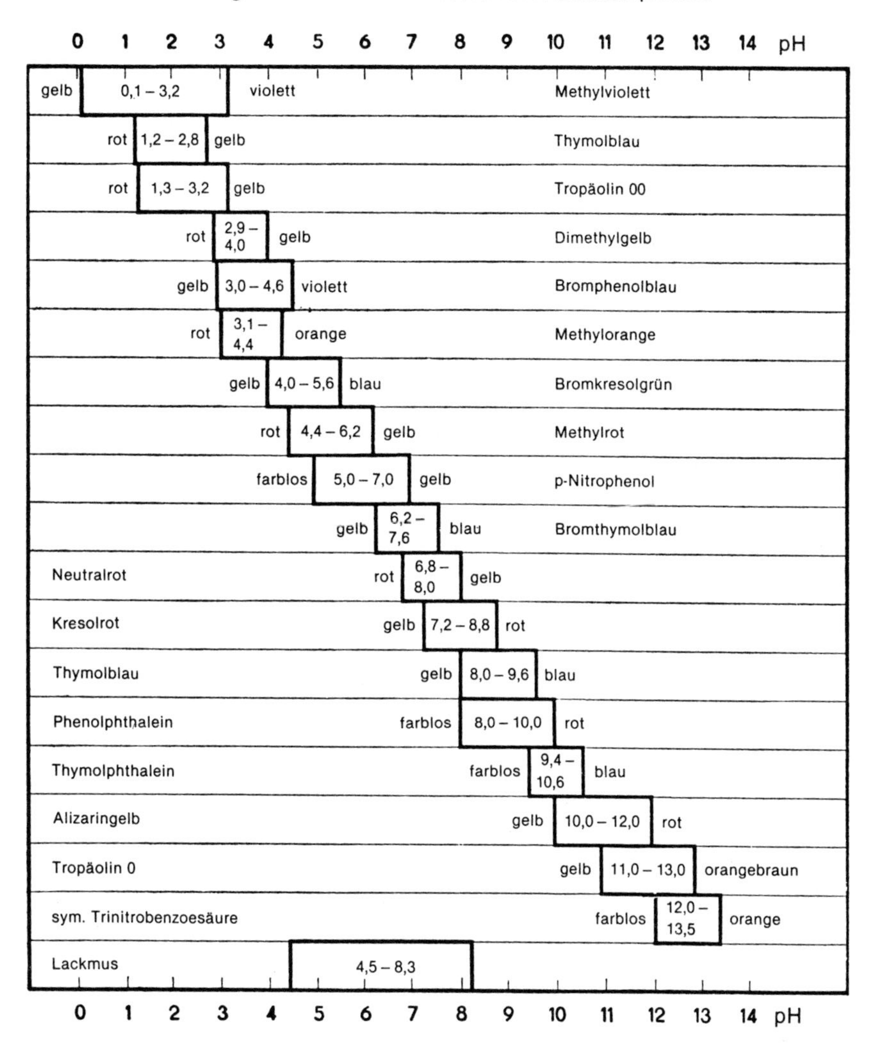

Indikator	Farbe (sauer)	Umschlagsintervall (pH)	Farbe (basisch)
Methylviolett	gelb	0,1 – 3,2	violett
Thymolblau	rot	1,2 – 2,8	gelb
Tropäolin 00	rot	1,3 – 3,2	gelb
Dimethylgelb	rot	2,9 – 4,0	gelb
Bromphenolblau	gelb	3,0 – 4,6	violett
Methylorange	rot	3,1 – 4,4	orange
Bromkresolgrün	gelb	4,0 – 5,6	blau
Methylrot	rot	4,4 – 6,2	gelb
p-Nitrophenol	farblos	5,0 – 7,0	gelb
Bromthymolblau	gelb	6,2 – 7,6	blau
Neutralrot	rot	6,8 – 8,0	gelb
Kresolrot	gelb	7,2 – 8,8	rot
Thymolblau	gelb	8,0 – 9,6	blau
Phenolphthalein	farblos	8,0 – 10,0	rot
Thymolphthalein	farblos	9,4 – 10,6	blau
Alizaringelb	gelb	10,0 – 12,0	rot
Tropäolin 0	gelb	11,0 – 13,0	orangebraun
sym. Trinitrobenzoesäure	farblos	12,0 – 13,5	orange
Lackmus		4,5 – 8,3	

Aus diesen beiden Gleichungen ersieht man, daß es für jeden Indikator ein Umschlagsintervall geben muß, bei dem die Farbe der Indikatorsäure in die Farbe der Indikatorbase übergeht, und das durch $pH = pK_i \pm 1$ gegeben ist. Diese einfache Beziehung gilt selbstverständlich nur dann, wenn beide Far-

ben gleich gut wahrnehmbar sind. Der Farbton beim Umschlagsintervall ist abhängig vom *p*H-Wert, aber unabhängig von der Konzentration des Indikators in der Lösung, wenn man mit zweifarbigen Indikatoren arbeitet.
Beim einfarbigen Indikator wie z. B. Phenolphthalein ist das Umschlagsintervall dagegen von der Konzentration des Indikators abhängig, denn die Erkennbarkeit des Umschlags hängt in diesem Fall von der Farbintensität ab, die ihrerseits wieder konzentrationsabhängig ist.
In Tabelle 7.1 sind Umschlagsintervalle für gebräuchliche Farbindikatoren angegeben.
Neben den im sichtbaren Gebiet umschlagenden Indikatoren gibt es sogenannte Fluoreszenzindikatoren, deren Säure- und Baseform im UV-Licht verschiedenfarbig fluoreszieren. Diese Indikatoren gestatten das Erkennen eines Äquivalenzpunktes auch bei der Titration von trüben oder gefärbten Lösungen. Fluoreszenzindikatoren sind z. B. Acridin (*p*H-Umschlagsbereich 4,1 bis 5,7; grün nach violett) oder 2-Naphthol-3,6-disulfonsaures Natrium (8,6 bis 10,6; „farblos“ nach grünblau).
Es ist jetzt leicht zu verstehen, weshalb die Genauigkeit einer Titration unter Verwendung eines Farbindikators von der Steilheit der Titrationskurve am Äquivalenzpunkt abhängt. Sie ist insbesondere eine Folge der Existenz eines Umschlags*intervalls* beim Übergang von der einen Indikatorfarbe zur anderen. Ändert sich der *p*H-Wert der Lösung in der Umgebung des Äquivalenzpunktes sehr rasch, so erfolgt der Farbumschlag schon bei Zugabe einer sehr kleinen Menge des Titrators, d. h., die Titration ist sehr genau durchführbar (Abb. 7.1). Je flacher dagegen die Titrationskurve verläuft, desto größer wird der Unschärfebereich. Nehmen wir den Fall an, daß der

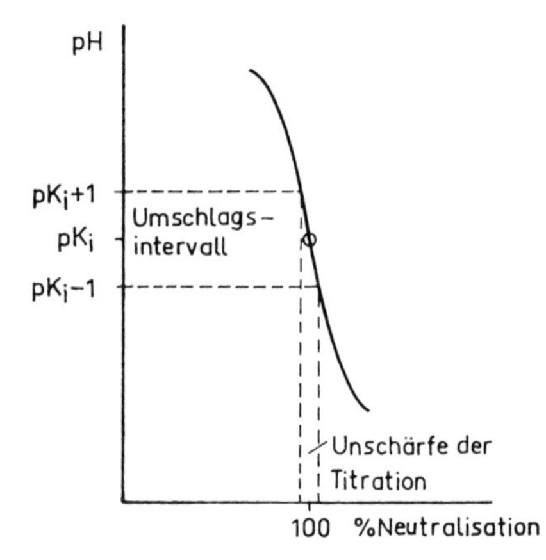

Abb. 7.1. Unschärfe der Titration bei steiler Titrationskurve

pK_i-Wert des Indikators mit dem pH-Wert der Lösung am Äquivalenzpunkt übereinstimmt und beide Farben gleich gut erkennbar sind, so ergeben sich die in den Abbildungen 7.1 und 7.2 dargestellten Verhältnisse. Hat die Titrationskurve ein Sprunggebiet, das sich über viele pH-Einheiten erstreckt, so ist es gleichgültig, wie genau das pH des Äquivalenzpunktes und der pK_i-Wert des Indikators übereinstimmen. Es sind dann alle Indikatoren brauchbar, deren Umschlagsintervalle im Sprunggebiet der Titrationskurve liegen. Wird der Sprung der Titrationskurve kleiner, so muß der Indikator besser angepaßt werden und der Voraussetzung $pK_i = pH_{\text{Äquivalenzpunkt}}$ immer mehr genügen.

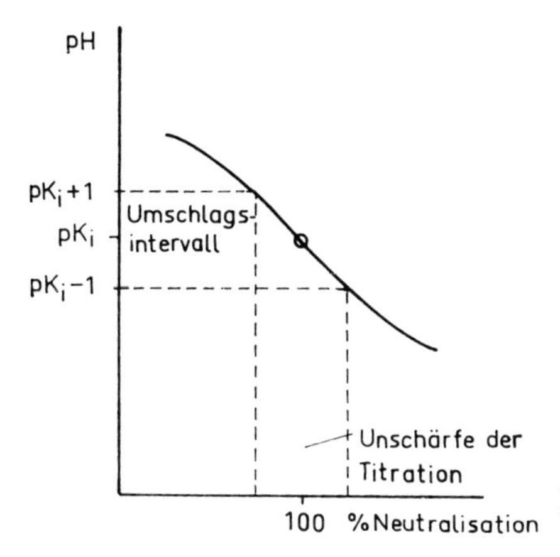

Abb. 7.2. Unschärfe der Titration bei flacher Titrationskurve

7.1.1.2. Mischindikatoren

Das Umschlagsgebiet kann gelegentlich dadurch verkleinert werden, daß man mehrere Indikatoren miteinander mischt oder daß man einem Indikator einen Farbstoff zumischt, dessen Farbe zur Farbe des Indikators innerhalb des Umschlagsintervalls komplementär ist. Man kann dann erreichen, daß die Lösung bei den diesem Intervall entsprechenden pH-Werten fast farblos bzw. grau aussieht, um dann bei Überschreiten der Intervallgrenzen eine deutlich wahrnehmbare Farbe anzunehmen. Indikatormischungen, mit denen dies bewirkt werden kann, geben alle Lehrbücher über die Praxis der Neutralisationsanalyse. Ein bekannter Mischindikator ist z. B. eine Mischung aus 5 Teilen Dimethylgelb und 3 Teilen Methylenblau.

7.1.1.3. Indikatorfehler

Das Umschlagsintervall ist temperaturabhängig. Tabelle 7.2 gibt für einige Indikatoren die Umschlagsintervalle für verschiedene Temperaturen an.

Tabelle 7.2. Umschlagsintervalle verschiedener Indikatoren nach KOLTHOFF bei 18°C und 100°C

	18°C	100°C
Thymolphthalein	9,4 – 10,6	8,9 – 9,6
Phenolphthalein	8,2 – 10,0	8,0 – 9,2
Thymolblau	8,0 – 9,6	8,2 – 9,4
Kresolrot	7,2 – 8,8	7,6 – 8,8
Bromthymolblau	6,0 – 7,6	6,2 – 7,8
p-Nitrophenol	5,0 – 7,0	5,0 – 6,5
Methylrot	4,4 – 6,2	4,0 – 6,0
Bromkresolgrün	4,0 – 5,6	4,0 – 5,6
Methylorange	3,1 – 4,4	2,5 – 3,7
Bromphenolblau	3,0 – 4,6	3,0 – 4,5
Dimethylgelb	2,9 – 4,0	2,3 – 3,5
Tropäolin 00	1,3 – 3,3	0,8 – 2,2

Fehler bei der Bestimmung des Äquivalenzpunktes mit Indikatoren treten auf, wenn man die Konzentration zu hoch wählt. Man muß die Konzentration so klein halten, daß der Zusatz der Indikatorsäure oder -base das Protolysegleichgewicht der zu bestimmenden Stoffe nicht merklich beeinflußt. Jedem Indikator kommt nach dem oben Gesagten bei einem bestimmten *p*H-Wert eine bestimmte Farbe zu. Kennt man die zu bestimmten *p*H-Werten gehörenden Farbtöne, so kann man das *p*H einer Lösung kolorimetrisch bestimmen. Dann hat man zu berücksichtigen, daß Gl. (1) streng nur für unendlich verdünnte Lösungen gilt. Enthält die Lösung z. B. Neutralsalz, so ist der *p*H-Wert nicht mehr durch Gl. (1) bestimmt, sondern durch

$$pH = pK_i - \log \frac{c_s}{c_b} - \log \frac{f_{a_s}}{f_{a_b}}. \quad (4)$$

f_a ist abhängig von der Ionenstärke der Lösung und damit von ihrem Salzgehalt.

Für die Titration spielen diese Verhältnisse keine Rolle; denn hier will man im allgemeinen nicht den absoluten *p*H-Wert, sondern einen von der Konzentration und nicht von der Aktivität abhängigen Äquivalenzpunkt mit Hilfe eines Umschlagsintervalls erkennen.

Das Umschlagsintervall von Indikatoren kann durch Anwesenheit von Proteinen verschoben werden. Auch Zusatz von Alkoholen oder anderen organischen Lösungsmitteln beeinflußt das Protolysesystem des Indikators. Hierauf ist bei der Titration derartiger Lösungen gegebenenfalls zu achten.

7.1.2. Indikatoren für die Fällungsanalyse

7.1.2.1. Indizierung durch Auftreten bzw. Verschwinden eines Niederschlages

Das einfachste Verfahren, eine Fällungstitration zu indizieren, besteht grundsätzlich darin, daß man ohne besonderen Indikatorzusatz arbeitet und die Indizierung durch das charakteristische Verhalten der zu titrierenden Lösung beim Äquivalenzpunkt vornimmt. In einigen Fällen erlaubt dieses Verhalten das Erkennen des Titrationsendpunktes. Dieses ist z. B. der Fall bei der Titration von Silber mit Natriumchlorid nach GAY-LUSSAC (1832). Hierbei bildet sich zunächst kolloides oder teilweise kolloides Silberchlorid. Genau am Äquivalenzpunkt flockt die kolloidale Lösung von Silberchlorid aus. Die zunächst trübe Lösung wird dadurch am isoelektrischen Punkt (vgl. S. 76), der mit dem Äquivalenzpunkt zusammenfällt, beim Schütteln klar. Prinzipiell treten diese Erscheinungen auch bei anderen Umsetzungen auf, wie z. B. bei der Fällung von Calcium mit Oxalat; aber man hat immer zu berücksichtigen, daß die Anwesenheit von Neutralsalzen die Genauigkeit beeinträchtigt.
Ohne Indikatorzugabe kann man z. B. auch Ag^+ mit Cyanid titrieren (vgl. S. 114). Hier zeigt das Auftreten eines Niederschlages den Äquivalenzpunkt an. Etwas Analoges beobachtet man, wenn man I^--Ionen mit Hg^{2+}-Ionen umsetzt, wobei zunächst der lösliche Komplex $[HgI_4]^{--}$ entsteht und am Äquivalenzpunkt rotes HgI_2 ausfällt.

7.1.2.2. Indizierung durch Auftreten eines gefärbten Niederschlages bei Zusatz eines Indikators

Für den Fall, daß der Indikator mit dem zugesetzten Metallion einen gefärbten Niederschlag bildet, kann man die Änderung der Metallionenkonzentration beim Äquivalenzpunkt im Prinzip durch das Auftreten eines solchen Niederschlages erkennen. Ein Fall, wo man eine derartige Erscheinung ausnutzt, ist bereits für die Umsetzung von Cl^- mit Ag^+ und die Indizierung des Ag^+-Überschusses mit Chromat (Titration nach MOHR) auf S. 120 angedeutet worden. Man kann diese Methode dann anwenden, wenn mit dem gleichen Metall zwei schwerlösliche Niederschläge – einer mit dem Reagenz und einer mit dem Indikator – ausfallen. Der Niederschlag, der sich mit dem Indikator bildet, muß leichter löslich sein als der Niederschlag, den das Metallion mit dem Reagenz bildet. Ist dieses nicht der Fall, so muß man zur äußeren Indikation (Tüpfelmethode) greifen. So kann man z. B. Zn^{++} mit Natriumsulfid titrieren und Co^{++}-Salz als äußeren Indikator benutzen. Durch Tüpfeln mit der Titrationslösung stellt man fest, wann S^{--} im Überschuß zugesetzt ist.

7.1.2.3. Indizierung durch Farbänderung, die ein Niederschlag in Anwesenheit eines Indikators am Äquivalenzpunkt erfährt

FAJANS und Mitarbeiter (1923) haben darauf hingewiesen, daß schwerlösliche Stoffe, wie z. B. Silberbromid, in kolloidaler Form die Eigenschaft haben, in der Lösung vorhandene überschüssige Ionen, und zwar insbesondere die eigenen Ionen, zu adsorbieren. Kolloidales Silberbromid wird also Ag^+-Ionen oder Br^--Ionen adsorbieren, je nachdem, welche Ionenart in der Lösung im Überschuß vorhanden ist. Bei der Titration einer Bromidlösung mit Ag^+ entsteht zunächst ein negativ geladener Niederschlag, der Br^- adsorbiert enthält, bis der Äquivalenzpunkt erreicht ist. Nach dem Überschreiten des Äquivalenzpunktes sind es Ag^+-Ionen, die im Überschuß in der Lösung vorhanden sind und adsorbiert werden. Der Niederschlag ist dann positiv geladen. Die geladenen Niederschläge können nun ihrerseits gegensinnig geladene Ionen adsorbieren. Setzt man der Bromidlösung von Anfang an einen Stoff mit einem gefärbten Anion – z. B. Eosin – zu, so wird dieses, nachdem der Äquivalenzpunkt überschritten ist, von dem positiv geladenen Niederschlag adsorbiert. Der Farbstoff ändert dabei infolge der Deformation seiner Elektronenhülle seine Farbe und verleiht dem Niederschlag eine charakteristische Färbung, deren Auftreten den Äquivalenzpunkt anzeigt. Der Vorgang ist reversibel, solange die Silberbromidteilchen noch teilweise kolloidal vorliegen. Ein Überschuß an Bromid verdrängt die Farbstoffionen von der Oberfläche des Kolloidteilchens, und die Farbstoffteilchen kehren in die Lösung mit der ihnen im freien Zustand zukommenden Farbe zurück. Bromidzusatz macht deshalb den Farbumschlag rückgängig.
Der zugesetzte Farbstoff kann sowohl ein farbiges Anion wie auch ein farbiges Kation besitzen. Dem anionischen Farbstoff Eosin oder Fluorescein

entspricht z. B. als kationischer Farbstoff Rhodamin GG, der bei der Silberbromidtitration natürlich von einem AgBr-Teilchen adsorbiert wird, das seinerseits Br^- an seiner Oberfläche adsorbiert enthält.

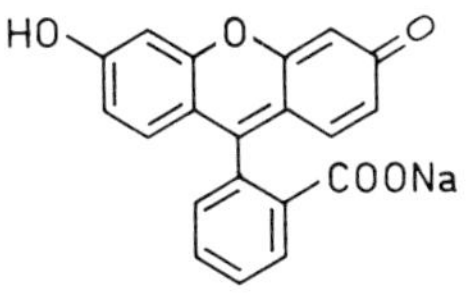

Natriumfluoresceinat 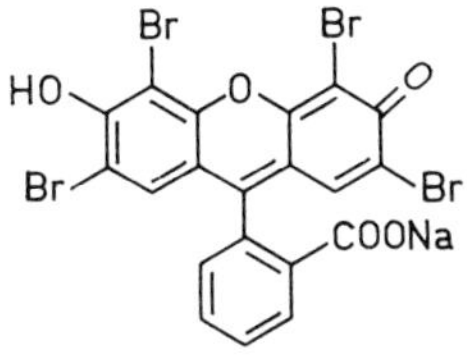 — Natriumeosinat

Ein Adsorptionsindikator muß die Eigenschaft haben, daß er zu Beginn der Titration noch frei in der Lösung vorliegt und erst beim Äquivalenzpunkt adsorbiert wird. Dazu ist es notwendig, daß das Indikatorion niemals stärker adsorbiert wird als das zu titrierende Anion. Bei den Halogenionen nimmt die Adsorbierbarkeit in der Reihe Cl^-, Br^-, I^- zu. In der Reihe der anionischen Adsorptionsindikatoren andererseits gehört Fluorescein zu den am schwächsten adsorbierbaren; Eosin wird stärker adsorbiert, und Tetraiodfluorescein wird sehr stark adsorbiert. Dementsprechend kann man zur Bestimmung von Cl^- mit Ag^+ nur Fluorescein als Indikator verwenden, während für die Bestimmung von Br^- und I^- auch das stärker adsorbierbare Eosin ausgezeichnet brauchbar ist.
Bei diesen Titrationen muß der *p*H-Wert der Lösung innerhalb enger Grenzen gehalten werden. Stoffe wie Fluorescein und Eosin sind ja schwache Säuren. Die Dissoziation der Indikatorsäure darf durch die Wasserstoffionen der Lösung nicht so stark zurückgedrängt werden, daß nicht mehr genügend Farbstoffanionen zur Adsorption zur Verfügung stehen. Bei welchem *p*H-Wert dies eintritt, ist eine Funktion der Säurekonstante des Indikators. Außerdem wirken Wasserstoffionen koagulierend und vermindern daher die Oberfläche der kolloiden Teilchen.

7.1.2.4. Indizierung durch Farbänderung der Lösung am Äquivalenzpunkt

Setzt sich ein Reagenz A, mit dem die zu untersuchende Lösung titriert wird, mit den zu bestimmenden Ionen B leichter um als mit einem zweiten Stoff C und ist das Reaktionsprodukt AC des letzteren löslich und gefärbt, dann indiziert der Beginn der Bildung dieses Reaktionsproduktes den Äqui-

valenzpunkt. Hiervon macht man bei der Bestimmung des Silbers nach J. VOLHARD (1874) Gebrauch. Versetzt man eine Silbernitratlösung, der etwas Ammoniumeisen(III)-sulfat zugesetzt ist, mit der Lösung eines Rhodanids, so bleibt die Lösung ungefärbt, bis ein kleiner Überschuß von Rhodanid vorhanden ist, der mit dem Indikator rotes Eisen(III)-rhodanid bildet.
Auch die in Abschnitt 7.1.1. behandelten *p*H-Indikatoren gehören hierher, da man mit ihrer Hilfe manchmal bei der Fällungsanalyse den Endpunkt der Titration erkennen kann. Titriert man das Kation einer starken Base mit der Lösung einer Anionenbase und bildet das Kation mit diesem Anion ein schwerlösliches Salz, so ändert sich die Wasserstoffionenkonzentration der Lösung am Äquivalenzpunkt sprunghaft. Als Beispiel sei hier die Titration von Bariumionen mit Chromat und von Calciumionen mit Oxalat angeführt. Sobald die Anionenbase nicht mehr zur Fällung verbraucht wird, steigt der *p*H-Wert der Lösung an. Der Verlauf der Wasserstoffionenkonzentration während der Titration läßt sich aus dem Löslichkeitsprodukt der schwerlöslichen Verbindung und der Basekonstante berechnen, und man kann dementsprechend einen *p*H-Indikator für das fragliche Gebiet auswählen.

7.1.3. Indikatoren der komplexometrischen Analyse

Eine ganze Reihe von Farbstoffen bildet mit Metallionen farbige Komplexverbindungen. Wenn der Farbstoff eine andere Farbe besitzt als der Metall-Farbstoff-Komplex, kann man den betreffenden Farbstoff als Indikator für bestimmte Metallionen benutzen. Besonders für die komplexometrische Analyse sind solche Metallindikatoren vorgeschlagen worden; denn dort kommt es ja darauf an, bestimmte kleine Konzentrationen von Metallionen zu erkennen. Damit der Farbstoff als Indikator benutzt werden kann, ist es notwendig, daß er relativ stabile Komplexe mit dem Metallion zu bilden vermag. Seine Komplexbildungskonstante muß für das betreffende Metall so groß sein, daß schon bei kleinen Metallionenkonzentrationen Komplexbildung erfolgt. Andererseits muß der Indikator-Metall-Komplex (Mei) weniger stabil sein als der Metall-Komplexon-Komplex, der sich bei der Titration des Metallions mit Komplexon bildet (vgl. S. 133).
Die Komplexbildungskonstante des Indikators

$$(K_i)_H = \frac{c_{Mei}}{c_{Me} \cdot c_i} \tag{5}$$

(Ladungen sind in dieser Formel weggelassen)

ist fast immer eine Funktion der Wasserstoffionenkonzentration der Lösung. Die in Frage kommenden Indikatoren stellen im allgemeinen mehrwertige Säuren dar.
Für eine solche Säure, z. B. H_3i, gilt, daß die Gesamtkonzentration an Indikator

$$C_i = c_{i^{3-}} + c_{Hi^{2-}} + c_{H_2i^-} + c_{H_3i} \tag{6}$$

ist.
Die einzelnen Konzentrationen variieren mit wechselndem *p*H-Wert, und bei der Reaktion mit Metallion, z. B.

$$Hi^{2-} + Me^{++} \rightleftharpoons Mei^- + H^+ , \tag{7}$$

entstehen wechselnde Mengen an Wasserstoffionen, deren Konzentration K_i verändern muß. Dies bedingt, daß die Metallindikatoren bei verschiedenen *p*H-Werten der Lösung auf verschiedene *p*Me-Werte ansprechen. Das Umschlagsgebiet der Indikatoren ist *p*H-abhängig. Da die verschiedenen Protonierungsgrade des Indikators verschieden gefärbt sein können, ist vielfach auch die Farbe, die vor dem Umschlag und nach dem Umschlag beobachtet wird, nicht nur von der Art des Metallions, sondern auch vom *p*H der Lösung abhängig.
Aus dem oben Gesagten wird verständlich, daß die Theorie der Indikatoren der komplexometrischen Analyse verhältnismäßig schwer zu übersehen sein wird. Hier soll deshalb nur ein verhältnismäßig einfaches spezielles Beispiel betrachtet werden; auf eine allgemeine Ableitung einer für alle möglichen Metallionen-Indikator-Systeme gültigen Theorie soll verzichtet werden.
Ein viel verwendeter Indikator ist z. B. Eriochromschwarz T, der als Natriumsalz NaH_2i angewandt wird. Dieser Indikator wird z. B. bei der Titration von Mg^{++} mit Ethylendiamintetraessigsäure verwendet. Die Titration wird

Eriochromschwarz T

in einem *p*H-Gebiet durchgeführt, in dem der Indikator als Ion Hi^{2-} vorliegt. Dieses Ion sieht blau aus. Wenn es mit Magnesium reagiert

$$Hi^{2-} + Mg^{++} \rightleftharpoons Mgi^{-} + H^{+} \quad (8)$$

blau rot

$$\frac{c_{Mgi^-} \cdot c_{H^+}}{c_{Hi^{2-}} \cdot c_{Mg^{2+}}} = K, \quad (9a)$$

schlägt die Farbe der Lösung nach Rot um. Die Wasserstoffionenkonzentration der Lösung ändert sich bei der Titration nicht, obgleich nach Gl. (8) H^+-Ionen gebildet werden; denn man titriert unter Zusatz eines Puffergemisches (vgl. S. 79). Bei $pH = 11$ gilt:

$$\frac{c_{Mgi^-}}{c_{Hi^{2-}} \cdot c_{Mg^{2+}}} = K_i = 10^{6,3}. \quad (9)$$

Der negative Logarithmus der Indikatorkonstante, pK_i, beträgt in diesem speziellen Fall $-6,3$.
Ganz analog zu dem S. 178 für Säure-Base-Reaktionen Gesagten gilt, daß das Umschlagsintervall des Indikators durch die beiden Gleichungen begrenzt wird:

$$pMe = pK_i + 1 \quad (10)$$

und

$$pMe = pK_i - 1. \quad (11)$$

Im Falle des Eriochromschwarz T schlägt bei $pK_i = 11$ der Indikator also zwischen $pMe = +7,3$ und $pMe = +5,3$ um.
Auf S. 140 wurde berechnet, daß bei der Titration von 0,01-M-Magnesiumsalzlösung mit Ethylendiamintetraessigsäure beim Äquivalenzpunkt $pMg^{++} = 5,35$ ist. Der Äquivalenzpunkt kann also mit Eriochromschwarz T gut erfaßt werden. Bei $pH = 10$, wo der Indikatorexponent für Mg^{++} und Eriochromschwarz T $pK_i = -5,4$ beträgt, liegt das Umschlagsgebiet des Indikators noch etwas günstiger; denn 50% des Indikators sind dann gerade beim Äquivalenzpunkt ($pMg^{++} = 5,4$) umgeschlagen.
Viel verwendete Indikatoren für die komplexometrische Analyse sind vor allem Eriochromschwarz T, Murexid (Ammoniumsalz der Purpursäure), Metallphthalein, Tiron und Brenzkatechinviolett. Die Umschlagsgebiete anzugeben, hat nicht viel Sinn, da pK_i vom pH-Wert und von der Art des Metallions abhängt.

```
       H  O             O  H
        N—C             C—N
       /   \           /   \
  O = C     C = N — C       C = O
       \   /           \\  /
        N—C             C—N
       H  O             O⁻ H
```

Murexid

7.1.4. Indikatoren der Oxidations- und Reduktionsanalyse

7.1.4.1. Indizierung durch Auftreten oder Verschwinden der Farbe des Oxidations- bzw. des Reduktionsmittels

Wie bei der Fällungsanalyse erübrigt sich bei der Oxidations- und Reduktionsanalyse zur Erkennung des Äquivalenzpunktes manchmal die Anwendung spezieller Indikatoren. Viele Oxidationsmittel sind gefärbt, während die korrespondierende reduzierte Form farblos ist. Wenn dies der Fall ist, kann der Endpunkt der Titration dadurch angezeigt werden, daß die Farbe des zugesetzten Reagenz nicht mehr verschwindet. Ganz bekannt ist diese Erscheinung z. B. bei Titrationen mit Permanganat in saurer Lösung oder bei der Iodometrie. In der Iodometrie kann man der zu untersuchenden Lösung noch etwas Stärke zusetzen, die mit überschüssigem Iod eine tiefblaue Färbung erzeugt, oder man kann die Iodfärbung durch Zugabe von Chloroform oder Tetrachlorkohlenstoff gut sichtbar machen.

7.1.4.2. Indizierung mit Hilfe eines reversiblen Redoxindikators

Für die Oxidations- und Reduktionsanalyse kann man Indikatoren verwenden, die selbst Redoxsysteme darstellen. Oxidierte und reduzierte Form des Indikatorsystems müssen verschieden gefärbt sein und sollten sich reversibel ineinander überführen lassen. Für diesen Fall gilt

$$i_{ox} + n \cdot e \rightleftharpoons i_{red} \qquad (12)$$

oder, wenn gleichzeitig mit dem Elektronenaustausch auch ein Protonenaustausch vonstatten geht,

$$x\, i_{ox} + n \cdot e + mH^{+} \rightleftharpoons y\, i_{red}\,. \qquad (13)$$

Die Potentiale derartiger Systeme können in analoger Weise betrachtet werden, wie dies auf S. 152 bzw. S. 154 beschrieben ist.
Ganz analog wie bei den Indikatoren der Neutralisationsanalyse muß im allgemeinen das Verhältnis der Konzentrationen von oxidierter Form des Indikators und reduzierter Form des Indikators 1:10 sein, damit man die oxidierte Form neben der reduzierten Form erkennen kann. Daraus ergibt sich für den Redoxindikator ein Umschlagsintervall von

$$E = E_0 \pm 0{,}059\,, \tag{14}$$

wenn die oxidierte Form des Indikators durch die Aufnahme eines Elektrons in die reduzierte Form übergeht. Das Umschlagsintervall beträgt also maximal 120 mV. Werden mehrere Elektronen ausgetauscht, so gilt für das Umschlagsintervall des Indikators

$$E = E_0 \pm \frac{0{,}059}{n}\,. \tag{15}$$

Die Wahl des Indikators muß sich nach dem E-Wert am Äquivalenzpunkt, den das zu untersuchende System besitzt, richten. Da man diesen E-Wert, wie auf S. 161 geschildert, leicht ausrechnen kann, kann man auch den In-

Tabelle 7.3. Redoxindikatoren nach F. ENDER

Substanz	E_0 (pH = 0)	E (pH = 7)	Farbumschlag ox ⇌ red
1. Nitroferrin		+ 1,25	eisblau-purpur
2. o-Phenanthrolin		+ 1,08	rot-farblos
3. Ferroin-Lösung		+ 1,08	blaßblau-hochrot
4. p-Diphenylaminsulfonat		+ 0,84	purpur-(grün-)farblos
5. Diphenylamin		+ 0,76	violett-farblos
6. Diphenylbenzidin		+ 0,76	violett-farblos
7. p-Benzochinon	+ 0,695	+ 0,274	gelb-farblos
8. o-Chlorphenol-indo-2,6-dichlorphenol		+ 0,219	rötlich-farblos
9. Lauthsches Violett oder Thionin	+ 0,563	+ 0,062	violett-farblos
10. Kresolblau	+ 0,583	+ 0,047	blau-farblos
11. Methylenblau	+ 0,582	+ 0,011	blau-farblos
12. Indigotetrasulfonat	+ 0,36	− 0,046	blau-gelblich
13. Nilblau	+ 0,406	− 0,122	blau-farblos
14. Indigosulfonat		− 0,125	blau-gelblich
15. Janusgrün		− 0,225	blau-farblos
16. Rosindulin		− 0,281	scharlachrot-farblos

dikator mit geeignetem Redoxpotential für jedes zu untersuchende System auffinden. Natürlich muß der Sprung der E-Werte beim Äquivalenzpunkt größer sein als das Umschlagsintervall des Indikators. Dementsprechend kann man zu verdünnte Lösungen, ebenso wie bei der Neutralisationsanalyse, nicht mehr titrieren.
Als Umschlagspotential eines Redoxindikators bezeichnet man das Potential, bei dem oxidierte und reduzierte Form des Indikators zu je 50% vorliegen. Bei den meist verwendeten Indikatoren sind diese Umschlagspotentiale von der Wasserstoffionenkonzentration der Lösung abhängig. Bei vielen Indikatoren sind die Elektronenübergänge mit Protonenübergängen gekoppelt, und außerdem stellen die meisten der gebräuchlichen Indikatoren mehrbasische Säuren bzw. Basen dar. Dadurch wird das Redoxpotential von der Wasserstoffionenkonzentration in analoger Weise abhängig, wie das etwa auf S. 154 beschrieben worden ist, und außerdem wird das Redoxpotential eine Funktion der Dissoziationskonstante des Protolyten. Tabelle 7.3 gibt die Umschlagspotentiale einiger Redoxindikatoren bei den verschiedenen *p*H-Werten an.

7.2. Endpunktsbestimmung mit Hilfe physikalischer Methoden

7.2.1. Potentiometrische Endpunktsbestimmung

Wie auf S. 146 beschrieben, stellen sich definierte Elektrodenpotentiale ein, wenn man ein Metall in die Lösung seiner Ionen eintaucht. Das Elektrodenpotential wird dann durch die Gl.(5, 17) wiedergegeben:

$$E = E_0 + \frac{RT}{nF} \ln a_i . \qquad (5,17)$$

Das Analoge gilt für eine von Wasserstoff umspülte Platinelektrode, die in eine Wasserstoffionen enthaltende Lösung eintaucht.
Man kann Gl.(5, 17) vereinfachen und unter Verwendung des dekadischen Logarithmus und von Konzentrationen anstelle von Aktivitäten überführen in

$$E = E_0 + \frac{0{,}059}{n} \log c_i .$$

Für ein Redoxsystem, bei dem sowohl die oxidierten wie auch die reduzierten Formen als Ionen vorliegen, und das mit einer Platinelektrode versehen ist, gilt:

$$E = E_0 + \frac{0{,}059}{n} \log \frac{c_{ox}}{c_{red}}. \tag{5,36}$$

Diese Gleichungen zeigen, daß die Elektrodenpotentiale konzentrationsabhängig sind. Da sich bei einer Titration nun prinzipiell immer Konzentrationen ändern, muß man den Verlauf von Titrationen durch Messen von Elektrodenpotentialen verfolgen und den Titrationsendpunkt durch eine solche Messung ermitteln können.

7.2.1.1. Methodik der potentiometrischen Titration

Wie früher ausgeführt wurde, lassen sich Einzelpotentiale nur in der Weise bestimmen, daß man die EMK einer galvanischen Kette, die sich aus zwei *Halbzellenpotentialen* zusammensetzt, mißt. Wenn ein Halbzellenpotential bekannt ist, kann man das der zweiten Halbzelle aus der EMK der Kette errechnen. Verwendet man die Normalwasserstoffelektrode zum Aufbau der Kette, so ist die gemessene EMK direkt gleich dem gesuchten Einzelpotential, da das Einzelpotential der Normalwasserstoffelektrode definitionsgemäß gleich 0 ist.
Man kann also prinzipiell eine potentiometrische Titration so durchführen, daß man eine Platinelektrode in die Lösung eines Oxidationsmittels oder Reduktionsmittels eintaucht. Diese Halbzelle wird mit Hilfe eines elektrolytischen Stromschlüssels (vgl. S. 149) mit der Normalwasserstoffelektrode verbunden. Die EMK dieser galvanischen Kette wird gemessen. Bei der Titration verändert sich die EMK. Man kann das Potential in Abhängigkeit von der zugesetzten Menge an Reagenz auftragen und wird dann eine Kurve erhalten, wie sie etwa in Abb. 5.3 (S. 164) dargestellt ist.
Es ist selbstverständlich nicht nötig, zum Aufbau der galvanischen Kette immer die etwas schwierig zu handhabende Wasserstoffelektrode zu benutzen. Es genügt vielmehr die Verwendung einer beliebigen Vergleichselektrode, deren Potential konstant ist.

Tabelle 7.4. Einzelpotentiale der Kalomelelektrode bei 25°C

0,1 M KCl	+ 0,3336 V
1 M KCl	+ 0,2797 V
gesättigt KCl	+ 0,2410 V

Als *Vergleichselektrode* verwendet man vielfach eine Kalomelelektrode, die aus elementarem Quecksilber und einer Kaliumchloridlösung, die mit Quecksilber(I)-chlorid gesättigt ist, besteht. Tabelle 7.4 gibt die Einzelpotentiale der Kalomelelektrode bei 25 °C für verschiedene Kaliumchloridkonzentrationen wieder.

Man bildet eine Kette:

Indikatorelektrode | zu untersuchende Lösung || Hg_2Cl_2-KCl-Lösung | Hg

und mißt die EMK dieser Kette mit Hilfe der POGGENDORFFschen Kompensationsschaltung, eines Röhrenvoltmeters (siehe Lehrbücher der Physik)

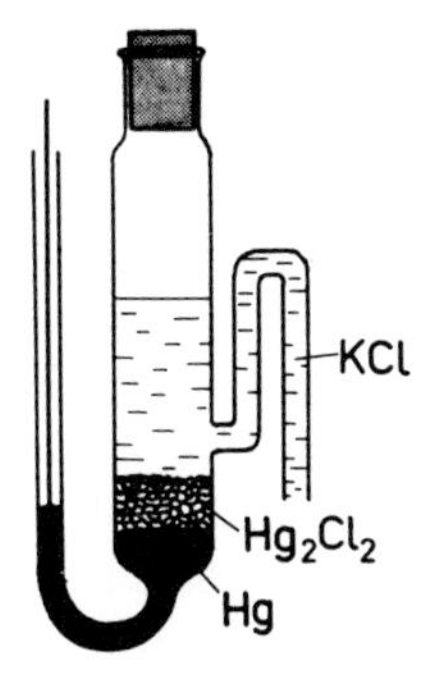

Abb. 7.3. Prinzip der Kalomelelektrode

oder bevorzugt mit Hilfe sog. Meßverstärker, Instrumenten mit einem sehr hohen Eingangswiderstand (etwa $10^{13}\,\Omega$) und einem niedrigen Ausgangswiderstand (etwa $10^{2}\,\Omega$), die ebenfalls stromlose Spannungsmessungen erlauben.

Auch mit Hilfe des Galvanometers kann man die EMK der Kette bestimmen, da die angezeigte Stromstärke der EMK des galvanischen Elements proportional ist. Es gilt:

$$i = \frac{E}{R_a + R_i + R_g}. \qquad (16)$$

In dieser Gleichung ist R_a der Widerstand des äußeren Leitungsmaterials, R_i der innere Widerstand des galvanischen Elements und R_g der Widerstand des Galvanometers. Wenn R_g gegen $R_i + R_a$ groß ist, gilt:

$$i = \frac{E}{R_g}. \qquad (16a)$$

Die galvanometrische Methode hat den Nachteil, daß die Messung nicht stromlos erfolgen kann und daß Stromdurchgang Polarisationsvorgänge an der Indikatorelektrode verursacht, die die EMK der galvanischen Kette beeinflussen.

Mißt man während des Verlaufes einer Titration das Potential (oder eine dem Potential proportionale Größe) der Indikatorelektrode, so findet man einen vom Fortschreiten der Titration abhängigen Wert. Bei Zusatz einer bestimmten Reagenzmenge ändert sich das Potential jeweils um einen entsprechenden Betrag. Trägt man die *Potentialänderung* oder ihr proportionale Größen gegen den Reagenzzusatz auf, so ergibt sich eine Kurve, wie sie in Abb. 7.4 wiedergegeben ist. Die Potentialänderung ist beim Äquivalenzpunkt am größten, so daß der Schnittpunkt A der Linien den Äquivalenzpunkt kennzeichnet. Trägt man nicht Potentialänderungen in Abhängigkeit vom Reagenzzusatz auf, sondern direkt die gemessenen Potentiale, so erhält man eine Kurve, wie sie etwa Abb. 5.3 entspricht, d. h., man erhält eine Kurve, in der sich der Äquivalenzpunkt durch einen Wendepunkt anzeigt.

Während bei dieser Methode die absolute Größe des Umschlagspotentials für die Bestimmung des Titrationsendpunktes belanglos ist, gibt es andere Methoden, bei denen die Kenntnis dieses Potentials notwendig ist.

Man kann z. B. die Indikatorelektrode mit der sogenannten *Umschlagselektrode* kombinieren. Darunter versteht man eine Elektrode, die das Umschlagspotential der fraglichen Titration besitzt. Die Potentialdifferenz zwischen den beiden Einzelpotentialen wird mit steigendem Reagenzzusatz

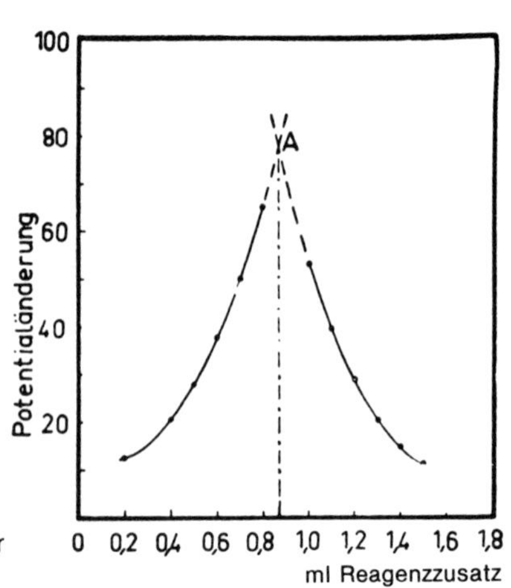

Abb. 7.4. Potentialänderung bei der potentiometrischen Titration

kleiner, d. h., die EMK der Kette wird kleiner. Beim Äquivalenzpunkt ist sie gleich 0, da die beiden Einzelpotentiale dann gleich groß geworden sind. Eine andere Methode beruht darauf, daß man das bekannte Umschlagspotential gegen eine galvanische Kette schaltet, die aus

Indikatorelektrode | zu titrierender Lösung || Hg_2Cl_2-KCl-Lösung | Quecksilber (I/K in Abb. 7.5)

besteht. Mit Hilfe einer Anordnung, wie sie im Prinzip in Abb. 7.5 wiedergegeben ist, wird der EMK der Kette das mittels einer Meßbrücke eingestellte Umschlagspotential entgegengeschaltet. Es zeigt sich, daß anfänglich ein Strom fließt, der durch das Galvanometer G angezeigt wird. Beim Äquivalenzpunkt wird die Stromstärke gleich 0.

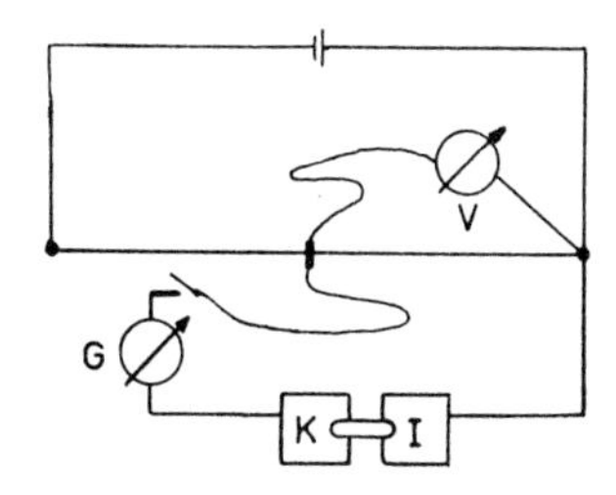

Abb. 7.5. Anordnung für potentiometrische Titrationen mit entgegengeschaltetem Umschlagspotential

Prinzipiell ist die potentiometrische Endpunktsbestimmung recht genau. Sie hat den Vorteil, daß auch trübe oder gefärbte Lösungen und solche, für die kein geeigneter Indikator bekannt ist, titriert werden können. Die Auswahl einer geeigneten Indikatorelektrode ist allerdings manchmal nicht einfach.
Für alle Anwendungsbereiche der Potentiometrie gilt, daß der Potentialsprung am Äquivalenzpunkt genügend groß sein muß.

7.2.1.2. Die Anwendung der Potentiometrie auf die Neutralisationsanalyse

Aus dem oben Gesagten ergibt sich, daß man den Titrationsendpunkt bei der Neutralisationsanalyse ohne weiteres potentiometrisch bestimmen kann.

Versucht man z. B. eine 0,1-M-Salzsäure zu titrieren, so kann man als Indikatorelektrode eine Wasserstoffelektrode benutzen und diese mit einer Normalwasserstoffelektrode kombinieren. Das Potential einer Wasserstoffelektrode in 0,1-M-Salzsäure beträgt, wenn Wasserstoff mit einem Partialdruck von 1,013 bar verwendet wird, nach Gl. (5,29)

$$E = -0{,}059\ \mathrm{V}\,.$$

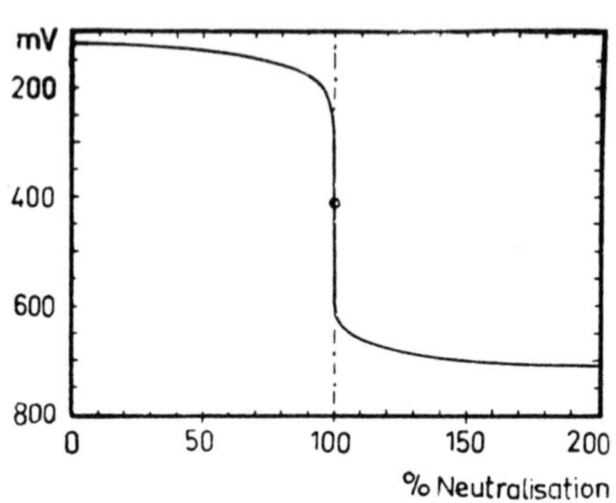

Abb. 7.6. Titration von 0,1-M-Salzsäure mit Natronlauge mittels potentiometrischer Indizierung

Neutralisiert man, so sinkt das Potential, da die Wasserstoffionenkonzentration der Lösung kleiner wird. Bei 90%iger Neutralisation beträgt das Potential −0,118 V, bei 99%iger Neutralisation −0,177 V und bei 99,9%iger Neutralisation −0,236 V. Am Äquivalenzpunkt ist das Potential auf −0,413 V abgesunken, und bei einem Überschuß an Natronlauge von 0,1% beträgt es −0,590 V. Die Titrationskurve, die sich so ergibt, ist in Abb. 7.6 dargestellt. Diese Kurve entspricht natürlich ganz der Titrationskurve für 0,1-M-Salzsäure, wie sie in Kapitel 2 beschrieben ist. Auch bei potentiometrischer Endpunktsbestimmung darf der *p*H-Sprung beim Äquivalenzpunkt nicht zu klein sein. Sonst ist wie bei der Indizierung mit Farbindikatoren die genaue Erkennung des Äquivalenzpunktes erschwert.

Anstelle einer Platinelektrode, die mit Wasserstoff von 1,013 bar Druck umspült ist, kann man bei der Neutralisationsanalyse auch eine Platinelektrode verwenden, die in eine Lösung von *Chinhydron* eintaucht. Die Chinhydronlösung stellt man her, indem man die zu untersuchende Lösung mit einer alkoholischen Lösung von Chinhydron versetzt. Es stellt sich zwischen Chinon und Hydrochinon das folgende Gleichgewicht ein:

$$C_6H_4(OH)_2 \rightleftharpoons C_6H_4O_2 + 2H^+ + 2e\,. \qquad (17)$$

Das Elektrodenpotential hängt nur von der Wasserstoffionenkonzentration ab, da sich das Verhältnis $C_6H_4(OH)_2/C_6H_4O_2$ in der Lösung praktisch nicht ändert ($E_{0_{C_6H_4O_2/C_6H_4(OH)_2}} = 0{,}6997$ V):

$$E = E_0 + 0{,}059 \log c_{H^+} . \tag{18}$$

Eine weitere Möglichkeit besteht darin, daß man als Indikatorelektrode eine *Glaselektrode* verwendet, d. h. ein dünnwandiges Glaskölbchen, das mit einer Lösung von konstantem *p*H (Pufferlösung) gefüllt ist, in die eine Bezugselektrode wie z. B. eine Kalomel- oder Ag/AgCl-Elektrode eintaucht. Bringt man eine solche Glaselektrode in die zu titrierende Lösung, so tritt bei verschiedenen *p*H-Werten der Lösungen, die sich diesseits und jenseits der Glaswand befinden, eine Potentialdifferenz auf. Die Glaselektrode ist in einem *p*H-Bereich von etwa *p*H 1 bis 9 anwendbar. Zur Theorie dieser Elektroden vergleiche Spezialliteratur.

7.2.1.3. Die Anwendung der Potentiometrie auf die Fällungsanalyse

Bei der Fällungsanalyse ändert sich die Metallionenkonzentration am Äquivalenzpunkt sprunghaft. Bringt man in die zu titrierende Lösung als Indikatorelektrode das Metall, das als Ion in dem bei der Titration entstehenden Niederschlag vorhanden ist, so stellt sich ein Halbzellenpotential ein, dessen sprunghafte Änderung den Äquivalenzpunkt anzeigt. Mißt man Potentialänderungen, so erhält man wieder eine Kurve, wie sie Abb. 7.4 zeigt.
Auch in diesem Fall kann man die Indikatorelektrode mit einer sogenannten Umschlagselektrode kombinieren. Bei der Titration von Cl^- mit Ag^+ kann man z. B. einen Silberdraht als Indikatorelektrode und einen in eine AgCl-Suspension eintauchenden Silberdraht als Umschlagselektrode verwenden.
Das für die Fällungsanalyse Gesagte gilt sinngemäß für die Komplexometrie.

7.2.1.4. Die Anwendung der Potentiometrie auf die Oxidations- und Reduktionsanalyse

Im Prinzip läßt sich das für die Neutralisationsanalyse Gesagte auf die Reduktions- und Oxidationsanalyse übertragen. Man hat bei diesen Analysen nur anstelle von Wasserstoffelektroden Edelmetallelektroden (Platindraht) zu verwenden.
Ein spezielles Verfahren, das den Namen *Dead-stop-Verfahren* erhalten hat, ist vor allem in der Iodometrie anzuwenden. Wenn man in eine Lö-

sung, die Iod und Iodion enthält, zwei Platinelektroden eintaucht und eine Spannung an die Elektroden anlegt, so bewirkt die kleinste angelegte Spannung Stromfluß. An der Kathode wird das Iod zum Iodion reduziert, und an der Anode wird das Iodion zu Iod oxidiert:

$$2\,I^- \rightleftharpoons I_2 + 2\,e. \qquad (19)$$

Bei diesen Vorgängen tritt keine Polarisation (vgl. S. 171) der Elektroden auf. Wird nun aus der Lösung das freie Iod durch Titration mit einem Reduktionsmittel entfernt, so ändern sich die Verhältnisse beim Überschreiten des Äquivalenzpunktes grundsätzlich. Sobald die Lösung nur noch Iodid enthält, sinkt die Stromstärke stark ab. Denn wenn ein Strom fließen soll, müssen nun an der Anode Iodid zu Iod oxidiert und an der Kathode Wasserstoffionen entladen werden. Dieses geht aber nur, wenn die angelegte Spannung gleich oder größer als die Zersetzungsspannung des Iodwasserstoffes in der betrachteten Konzentration ist. Ist die angelegte Spannung kleiner, so kommt der Stromdurchgang zum Stillstand.

7.2.2. Konduktometrische Endpunktsbestimmung

Wenn sich während der Titration die Leitfähigkeit der untersuchten Lösung ändert, kann man den Äquivalenzpunkt durch die Leitfähigkeit charakterisieren.

Die elektrische Leitfähigkeit der Lösung eines Elektrolyten ist abhängig von der Konzentration der Ionen, ihrer Wertigkeit und ihrer temperaturabhängigen Beweglichkeit (Geschwindigkeit bei der Feldstärke $1\ V \cdot cm^{-1}$).

Im folgenden sind die die Leitfähigkeit betreffenden physikalischen Gesetzmäßigkeiten zusammengestellt.

Als elektrische Leitfähigkeit λ eines Leiters bezeichnet man den reziproken Wert seines Widerstandes R:

$$\lambda = \frac{1}{R} \quad [\Omega^{-1}]. \qquad (20)$$

Der Widerstand eines Leiters ist gegeben durch

$$R = \rho \frac{l}{q} \quad [\Omega]. \qquad (21)$$

ρ = spez. Widerstand; l = Länge des Leiters; q = Querschnitt des Leiters.

Der reziproke Wert des spez. Widerstandes ρ wird als spez. Leitfähigkeit κ bezeichnet:

$$\kappa = \frac{1}{\rho} = \frac{1}{R}\frac{l}{q} \quad [\Omega^{-1}\,\mathrm{cm}^{-1}]. \tag{22}$$

Der Quotient aus der spez. Leitfähigkeit und der Konzentration η (Grammäquivalent/ml) ist die Äquivalentleitfähigkeit Λ:

$$\Lambda = \frac{\kappa}{\eta} \quad [\Omega^{-1}\,\mathrm{cm}^2 \text{ pro Grammäquivalent}]. \tag{23}$$

Tabelle 7.5. Ionenäquivalentleitfähigkeiten in wäßrigem Medium bei 25 °C in Ω^{-1} cm^2 pro Grammäquivalent

Kationen	$\Lambda\infty$	Anionen	$\Lambda\infty$
H^+	350	OH^-	192
Na^+	50,9	Cl^-	75,5
K^+	74,5	NO_3^-	70,6
NH_4^+	74,5	CH_3COO^-	40,8
Ag^+	63,5	$\frac{1}{2}SO_4^{--}$	79
$\frac{1}{2}Ba^{++}$	65	$\frac{1}{2}C_2O_4^{--}$	73
$\frac{1}{2}Ca^{++}$	60	$\frac{1}{4}Fe(CN)_6^{4-}$	111
$\frac{1}{3}La^{3+}$	72		

Λ nähert sich mit sinkender Konzentration einem Grenzwert Λ_∞, der die Summe der Ionenäquivalentleitfähigkeiten des Kations und Anions des Elektrolyten darstellt.
Die Ionenäquivalentleitfähigkeiten der analytisch wichtigsten Ionen bei 25 °C sind in Tabelle 7.5 aufgeführt.

7.2.2.1. Konduktometrische Endpunktsbestimmung bei der Neutralisationsanalyse

Titriert man eine starke Säure mit einer starken Base, z. B. Salzsäure mit Natronlauge, so findet die durch Gl. (24) beschriebene Reaktion statt:

$$H^+ + Cl^- + Na^+ + OH^- \rightarrow HOH + Na^+ + Cl^- . \tag{24}$$

Die anfänglich in der Lösung vorhandenen Wasserstoffionen werden im Laufe der Titration durch Na^+-Ionen ersetzt. Wie man aus Tabelle 7.5 sieht, ist die Ionenäquivalentleitfähigkeit der Natriumionen viel geringer als die der Wasserstoffionen. Daher nimmt die Leitfähigkeit der Lösung mit zunehmendem Ersatz von H^+ durch Na^+ ab. Nach Überschreiten des Äquivalenzpunktes steigt die Leitfähigkeit an, da die zugefügten Na^+- und OH^--Ionen die Ionenkonzentration der Lösung erhöhen und außerdem die OH^--

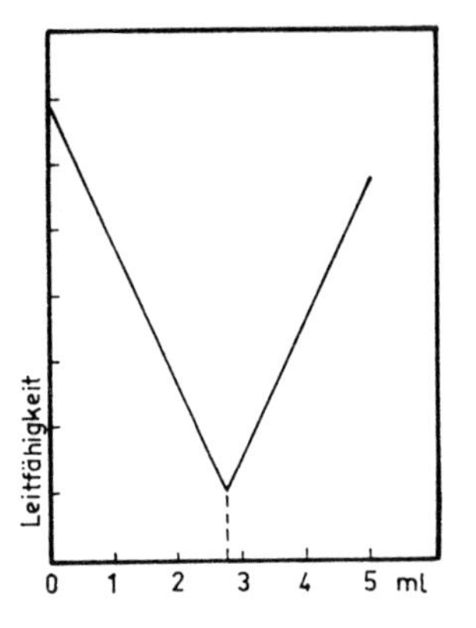

Abb. 7.7. Veränderung der Leitfähigkeit bei der Titration einer starken Säure mit einer starken Base

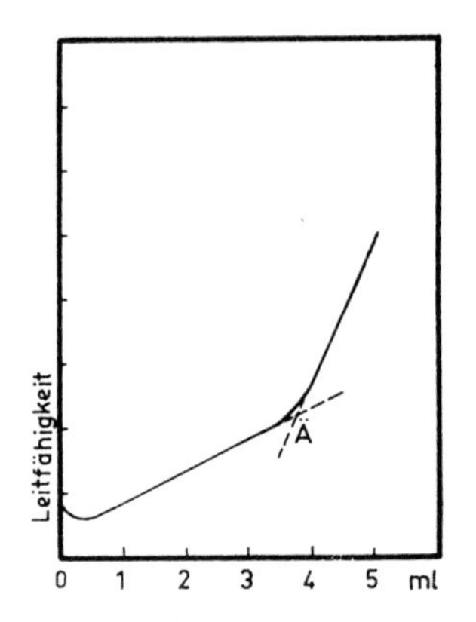

Abb. 7.8. Veränderung der Leitfähigkeit bei der Titration einer schwachen Säure mit einer starken Base

Ionen eine hohe Ionenäquivalentleitfähigkeit besitzen. Trägt man die nach einem bestimmten Reagenzzusatz jeweils gemessenen Leitfähigkeiten in ein Koordinatensystem mit der Leitfähigkeit als Ordinate und der zugesetzten Menge an Reagenz als Abszisse ein, so erhält man eine Kurve, wie sie in Abb. 7.7 dargestellt ist.
Titriert man eine schwache Säure, z. B. Essigsäure, mit einer starken Base, so nimmt die Leitfähigkeit der Lösung zunächst ebenfalls infolge der Wasserbildung ab. Dieser Effekt wird aber bald dadurch kompensiert, daß gleichzeitig die Konzentration an Na^+- und Acetationen immer mehr zunimmt. Da diese Ionen sich nicht zu einem undissoziierten Stoff vereinigen, steigt die Leitfähigkeit an. Nach dem Überschreiten des Äquivalenzpunktes wächst die Leitfähigkeit noch stärker an, so daß sich ein Kurventyp ergibt, wie er in Abb. 7.8 gezeigt ist. Die Richtungsänderung, die die Leitfähigkeit im Verlaufe der Titration erfährt, ist nicht derart, daß man einen scharfen Knick in der Kurve beobachtet. Man ermittelt den Äquivalenzpunkt im allgemeinen so, daß man die Kurvenstücke geradlinig zeichnet und den Schnittpunkt feststellt (gestrichelte Kurven).

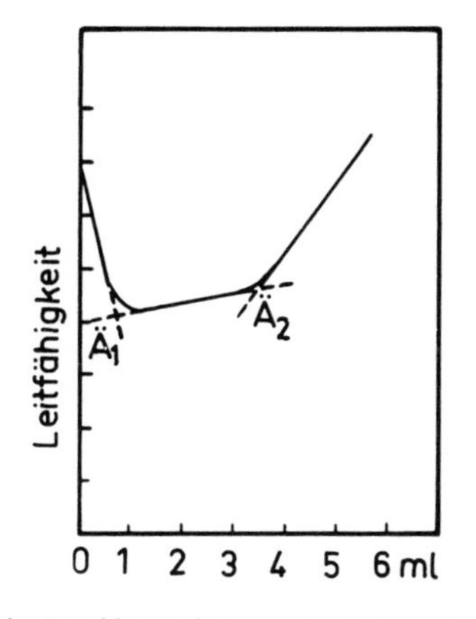

Abb. 7.9. Veränderung der Leitfähigkeit bei der Titration einer starken Säure und einer schwachen Säure nebeneinander

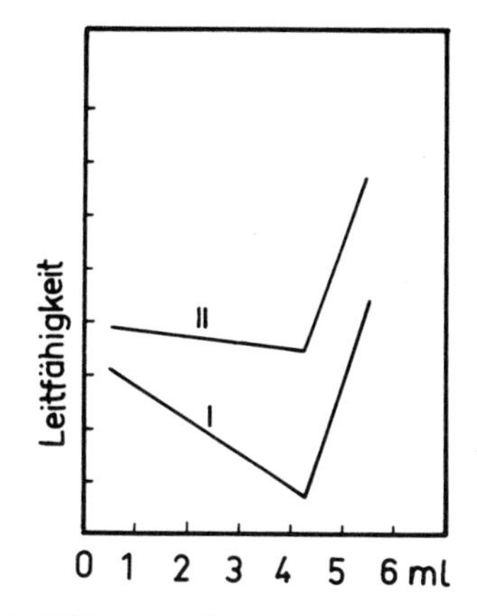

Abb. 7.10. Veränderung der Leitfähigkeit bei Fällungstitrationen mit verschiedener Ionenbeweglichkeit der zugesetzten Ionen

Bestimmungen von verschieden starken Säuren nebeneinander sind wieder nur möglich, wenn sich die Dissoziationskonstanten der Säuren genügend stark unterscheiden. Man erhält Kurven von dem in Abb. 7.9 gezeigten Typ, bei denen die Punkte $Ä_1$ und $Ä_2$ die Äquivalenzpunkte zweier verschieden starker Säuren darstellen. Ganz entsprechende Kurventypen ergeben sich bei der Titration starker und schwacher Basen mit starken Säuren.

7.2.2.2. Konduktometrische Endpunktsbestimmung bei der Fällungsanalyse

Auch bei Fällungsanalysen läßt sich der Endpunkt konduktometrisch bestimmen, wenn man ein geeignetes Fällungsmittel wählt. Titriert man beispielsweise eine Natriumchloridlösung mit Silberacetat, so ist die Reaktion durch Gl. (25) zu beschreiben:

$$Na^+ + Cl^- + Ag^+ + CH_3COO^- \rightarrow AgCl + Na^+ + CH_3COO^- . \qquad (25)$$

Im Verlaufe der Titration werden also die Cl^--Ionen der vorgelegten Lösung durch Acetationen ersetzt. Da die letzteren eine wesentlich geringere Ionenäquivalentleitfähigkeit aufweisen, sinkt die Gesamtleitfähigkeit der Lösung zunächst, bis der Äquivalenzpunkt erreicht ist. Fügt man überschüssige Maßlösung zu, so steigt die Konzentration der Ionen und damit

auch die Leitfähigkeit der Lösung (vgl. Abb. 7.10, Kurve I). Würde man anstelle von Silberacetat Silbernitrat als Reagenz wählen, so würde man prinzipiell die gleichen Erscheinungen beobachten. Da sich aber NO_3^- und Cl^- in ihren Ionenäquivalentleitfähigkeiten nur wenig unterscheiden, würde sich die Gesamtleitfähigkeit der titrierten Lösung vor dem Äquivalenzpunkt weniger stark ändern (vgl. Abb. 7.10, Kurve II). Die beiden Kurventypen sind in Abb. 7.10 gezeigt. Wie man leicht erkennen kann, läßt sich der Schnittpunkt der Geraden der Kurve I genauer ermitteln als derjenige der sich unter einem stumpfen Winkel schneidenden Geraden der Kurve II. Dies ist bei der Wahl des Fällungsreagenz zu beachten.
Die Genauigkeit der Titration ist stark abhängig von der Löslichkeit des gebildeten Niederschlages. Mit zunehmender Löslichkeit tritt in der Nähe des Äquivalenzpunktes ein gebogenes Kurvenstück auf.

8. Kolorimetrie und Nephelometrie

8.1. Gesetze

Die Konzentration eines gelösten farbigen Stoffes wird oft durch Vergleich der Stärke der Färbung mit einer zweiten Lösung, die den gleichen Stoff in bekannter Konzentration enthält, bestimmt.
Durchdringt ein Lichtstrom eine Lösung, die sich in einer Küvette befindet, so wird ein Teil des Lichts an den Phasengrenzen reflektiert. Ein anderer Teil des Lichts wird in der Lösung absorbiert, während der Rest wieder aus der Küvette austritt. Vernachlässigt man die Lichtreflexion, so entspricht die Summe des absorbierten Anteils des Lichtstromes I_A und des wieder austretenden Lichtstromes I_D dem eingestrahlten Lichtstrom I_0, d. h., es gilt

$$I_A + I_D = I_0 \tag{1}$$

oder

$$\frac{I_A}{I_0} + \frac{I_D}{I_0} = 1\,. \tag{1a}$$

Berücksichtigt man, daß ein Teil des Lichts I_R an der Eintrittsfläche der Küvette, im Innern und an der Austrittsfläche reflektiert wird, so ist Gl. (1) zu ergänzen:

$$I_A + I_D + I_R = I_0 \tag{1b}$$

Der Quotient

$$\frac{I_A}{I_0} = \alpha$$

wird als *Absorptionsgrad* der Lösung, der Quotient

$$\frac{I_D}{I_0} = \delta$$

als (innere) *Durchlässigkeit* oder als *Durchlässigkeitsgrad* (auch Transparenz) der Lösung bezeichnet. Der reziproke Wert I_0/I_D heißt Undurchlässigkeit oder Opazität. Der Logarithmus der Opazität ist die Extinktion (s. unten), der Quotient I_R/I_0 das Reflexionsvermögen.
Wie LAMBERT fand, besteht zwischen dem Durchlässigkeitsgrad δ und der Schichtdicke d einer Lösung die Beziehung

$$\delta = \frac{I_D}{I_0} = e^{-m_n \cdot d} \quad (2)$$

oder

$$I_D = I_0 \cdot e^{-m_n \cdot d} \quad (2a)$$

oder

$$\ln \frac{I_D}{I_0} = -m_n \cdot d, \quad (2b)$$

wobei m_n der sogenannte *natürliche Extinktionsmodul*, eine für jeden Stoff charakteristische, wellenlängenabhängige Größe ist. Die Größe

$$\ln \frac{1}{\delta} = \ln \frac{I_0}{I_D} = E_n \quad (3)$$

wird als *natürliche Extinktion* bezeichnet.

Führt man anstelle des natürlichen Logarithmus den dekadischen Logarithmus ein, so lauten die Gl. (2), (2a) und (2b)

$$\delta = \frac{I_D}{I_0} = 10^{-m \cdot d} \quad (4)$$

oder

$$I_D = I_0 \cdot 10^{-m \cdot d} \quad (4a)$$

oder

$$\log \frac{I_D}{I_0} = -m \cdot d, \quad (4b)$$

wobei m jetzt als *dekadischer Extinktionsmodul* und

$$\log \frac{1}{\delta} = \log \frac{I_0}{I_D} = E \quad (5)$$

$E = 1/2{,}303\ E_n$ als *dekadische Extinktion* bezeichnet werden. Es gilt also:

$$E_n = m_n \cdot d \quad (6)$$

und

$$E = m \cdot d. \quad (7)$$

Die Extinktionsmodule werden in mm^{-1} oder cm^{-1} angegeben, die Extinktion selbst ist eine dimensionslose (wellenlängenabhängige) Größe.
Später fand BEER, daß die Extinktion der Lösung eines absorbierenden Stoffes in einem nichtabsorbierenden Lösungsmittel dem Produkt aus der Konzentration c und der Schichtdicke d der durchstrahlten Lösung proportional ist:

$$E_n = \varepsilon_n \cdot c \cdot d \tag{8}$$
$$E = \varepsilon \cdot c \cdot d. \tag{9}$$

Eine 1 cm dicke Schicht einer 0,001-M-Lösung von $KMnO_4$ in Wasser hat beispielsweise die gleiche Extinktion wie eine 2 cm dicke Schicht einer 0,0005-M-Lösung.
Die Proportionalitätsfaktoren ε_n und ε in den Gl. (8) und (9) sind der *molare natürliche Extinktionskoeffizient* bzw. der *molare dekadische Extinktionskoeffizient*. Gibt man die Konzentration in mol/l an, so haben sie die Dimension l/mol · cm.
Die sich aus Gl. (3) und (8) bzw. Gl. (5) und (9) ergebenden Beziehungen

$$\ln \frac{I_0}{I_D} = m_n \cdot d = E_n = \varepsilon_n \cdot c \cdot d \tag{10}$$

und

$$\log \frac{I_0}{I_D} = m \cdot d = E = \varepsilon \cdot c \cdot d \tag{11}$$

werden gewöhnlich als das LAMBERT-BEERsche Gesetz bezeichnet, das die Grundlage der kolorimetrischen Verfahren zur Konzentrationsbestimmung farbiger Lösungen bildet.
Hat man beispielsweise zwei Lösungen des gleichen Stoffes vorliegen, so gilt für ihre Extinktionen

$$E_1 = \varepsilon \cdot c_1 \cdot d_1 \tag{12}$$
$$E_2 = \varepsilon \cdot c_2 \cdot d_2. \tag{13}$$

Ist die Konzentration der einen Lösung (c_1) bekannt, so ergibt sich, wenn die Extinktionen E_1 und E_2 gleich sind, die Konzentration der zweiten Lösung aus der Beziehung

$$c_2 = c_1 \cdot \frac{d_1}{d_2}. \tag{14}$$

Zum Vergleich der Farbintensitäten von Lösungen dienen die sogenannten Kolorimeter, die entweder visuell, lichtelektrisch oder auch photographisch arbeiten.
Das Lambert-Beersche Gesetz gilt nicht für sehr große Konzentrationsbereiche, so daß durch Messen einer Reihe von Lösungen mit verschiedenen bekannten Konzentrationen Eichkurven aufgenommen werden müssen.
Durchdringt ein Lichtstrom eine kolloide Lösung, so beugen die kolloiden Partikel (deren Größe klein gegen die Wellenlänge des Lichtes ist) das Licht nach der Seite ab: Tyndall-Effekt. Die Intensität des abgebeugten Lichtes I_e ist bei Verwendung von linear polarisiertem Licht der Anzahl N der beugenden Teilchen proportional. Sie wird durch die RAYLEIGHsche Formel (15) ausgedrückt:

$$I_e = I_0 \cdot k \cdot \frac{N \cdot v^2}{\lambda \cdot 4} \cdot \sin^2 \alpha, \qquad (15)$$

wobei I_0 die Intensität des einfallenden Lichtstroms, I_e die Intensität des abgebeugten Lichtes, N die Anzahl der beugenden Teilchen, v das Volumen der beugenden Teilchen, λ die Wellenlänge des Lichtes und α der Winkel zwischen den Primärstrahlen und der Beobachtungsrichtung ist. Die Beziehung (15), die nur für nichtabsorbierende Substanzen gilt, wird in der *Nephelometrie* für die Konzentrationsbestimmung kolloider Lösungen benützt.

8.2. Kolorimetrische Bestimmungen

Alle kolorimetrischen Bestimmungen werden auf der Grundlage der Gl. (14) durchgeführt. Die Lösung der zu bestimmenden Substanz wird mit einem Reagenz versetzt, das mit der Substanz eine farbige Verbindung bildet. Beim eigentlichen Meßvorgang wird die Schichtdicke der Meßlösung so lange verändert, bis sie die gleiche Extinktion wie eine Vergleichslösung bekannter Konzentration zeigt. Im einfachsten Fall wird die Extinktion durch Vergleich der Lösungen in Kolorimeterzylindern nach NESSLER mit optisch reiner Bodenplatte und Ringmarken festgestellt. Bei Verwendung von graduierten Kolorimeterzylindern nach HEHNER läßt sich die Schichtdicke im Meßrohr durch einen oberhalb der Bodenplatte angebrachten Hahn so lange verändern, bis die Extinktion mit der der Vergleichslösung übereinstimmt. Im allgemeinen wird die Schichtdicke jedoch instrumentell bestimmt. Die größte Verbreitung haben Instrumente gefunden, die auf dem von DUBOSCQ entwickelten Prinzip beruhen und Eintauchkolorimeter sind. Dabei werden, wie Abb. 8.1 schematisch zeigt, in die Küvetten, die aus Glaszylindern mit ebenem Boden bestehen, Glaskörper eingetaucht. Die Eintauchtiefe ist mit einem Zahnantrieb regulierbar und an einer Skala mit Nonius ablesbar. Das Licht tritt von unten in die Küvetten ein. Zur Messung wird die Küvette mit der Vergleichslösung V auf eine bestimmte Höhe eingestellt und danach der Glaskörper in der zweiten Küvette mit der zu bestimmenden Lösung M so lange verschoben, bis in beiden Gesichtshälften gleiche Helligkeit herrscht. Die Extinktion ist für beide Lösungen von der Lichtquelle unabhängig. Trotzdem werden häufig Farbfilter verwendet, wenn dadurch der Vergleich erleichtert und damit die Meßgenauigkeit erhöht wird. Die Empfindlichkeit ist nämlich um so größer, je größere Intensitätsunterschiede bei einer kleinen Veränderung der Schichdicke auftreten, d. h., je stärker das Licht von der Lösung absorbiert wird. Deshalb sollte der Wellenlängenbereich, den das Lichtfilter durchläßt, möglichst nahe beim Absorptionsmaximum der farbigen, zu bestimmenden Spezies liegen.

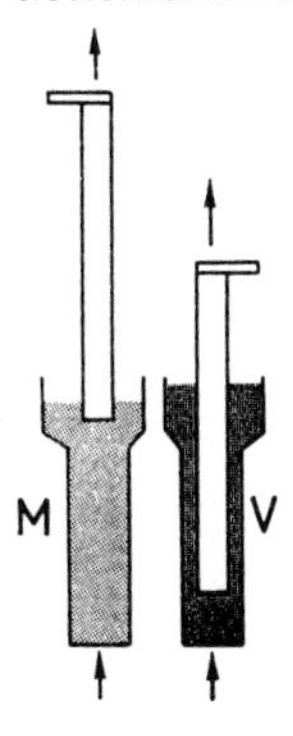

Abb. 8.1. Schematische Darstellung eines Eintauch-Kolorimeters nach Duboscq

Neben der visuellen Kolorimetrie gewinnt die spektralphotometrische mehr und mehr an Bedeutung. Dabei werden Instrumente benützt, mit denen die Absorption von Strahlungsenergie objektiv gemessen werden kann. Sie bestehen im Prinzip aus einer Strahlungsquelle, einem Filter oder Monochromator, der Meßzelle und dem Strahlungsdetektor. Instrumentell kann die Absorption im sichtbaren, ultravioletten und infraroten Bereich des elektromagnetischen Spektrums bestimmt werden. Im folgenden wird nur auf die Messung der Absorption durch farbige Lösungen im Sichtbaren näher eingegangen. Als Lichtquelle dient dabei eine Wolframlampe. Die Wellenlänge des Lichtes wird durch ein Farbfilter oder einen Monochromator begrenzt. Die Verwendung eines engen Ausschnitts aus dem Spektrum ist erwünscht, weil, wie oben schon erwähnt, die Empfindlichkeit bei einer

Wellenlänge, die dem Absorptionsmaximum der zu bestimmenden farbigen Verbindung entspricht, optimal ist und weil andere farbige Spezies nicht stören. Das transmittierte Licht wird schließlich von einer Photozelle aufgefangen. Der photoelektrische Strom kann auf einem elektrischen Meßinstrument abgelesen oder gegebenenfalls registriert werden. In Abb. 8.2 ist das Schema eines Spektralphotometers wiedergegeben.

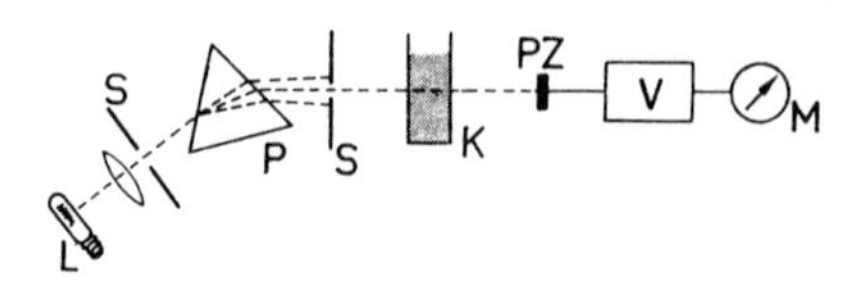

Abb. 8.2. Schema eines Spektralphotometers. *L* Lichtquelle, *S* Spalt, *P* Prisma, *K* Küvette, *PZ* Photozelle, *V* Verstärker, *M* elektrisches Meßinstrument

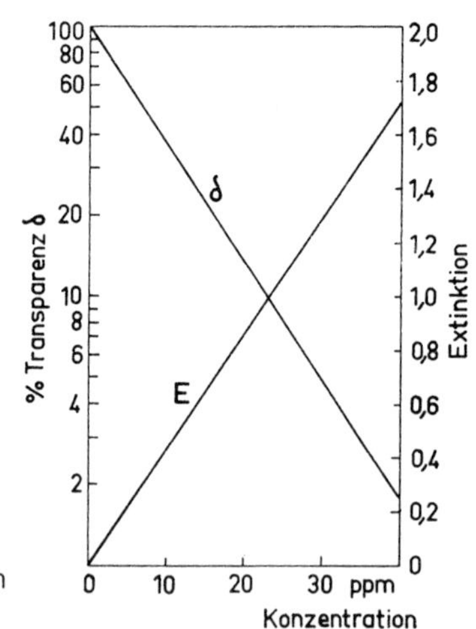

Abb. 8.3. Beersches Diagramm

Voraussetzung für kolorimetrische Bestimmungen ist die Gültigkeit des Beerschen Gesetzes. Durch Messung mehrerer farbiger Lösungen bekannter Konzentrationen bei einer geeigneten Wellenlänge wird ein sog. Beersches Diagramm erhalten, in dem die Extinktion gegen die Konzentration aufgetragen ist (vgl. Abb. 8.3). Bei Erfüllung des Beerschen Gesetzes wird eine Gerade erhalten. Abweichungen werden beobachtet, wenn die Ionen oder Moleküle, die die Farbe der Lösung verursachen, assoziieren, dissoziieren, mit Lösungsmittelmolekülen oder Fremdmolekülen in Wechselwirkung treten oder vom *p*H-Wert der Lösung beeinflußt werden. Die Neigung

der Geraden ist der molare Extinktionskoeffizient ε. Anschließend kann die Meßlösung untersucht und aus ihrer Extinktion die Konzentration der fraglichen Spezies aus dem Diagramm abgelesen werden.
Die Konzentrationen der Meßlösungen sollen so gewählt werden, daß die Extinktion im Bereich von 0,12 bis 1,0 oder die Durchlässigkeit in einem Bereich von 0,10 bis 0,75 (10 bis 75% Durchlässigkeit oder Transparenz) liegt. Werden die Messungen in diesem Bereich durchgeführt, so beträgt, wie Abb. 8.4 zeigt, der relative Fehler ($\Delta c/c$) = ±2%, wenn die Ablesefehler nicht mehr als ±0,5% δ betragen.

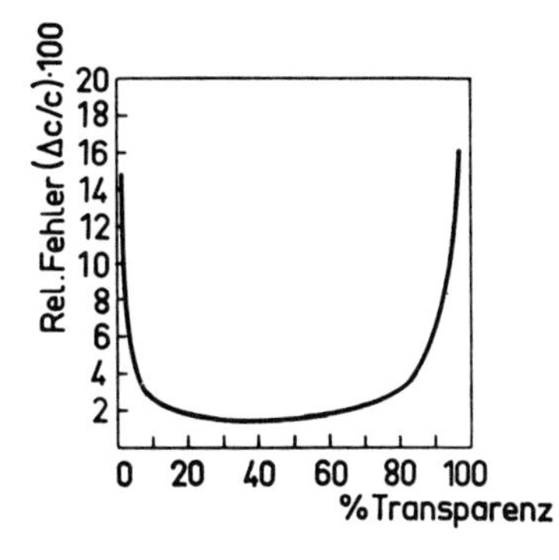

Abb. 8.4. Relativer Fehler bei spektralphotometrischen Bestimmungen

Das Reagenz, mit dem das zu bestimmende Ion oder Molekül eine farbige Verbindung bildet, muß möglichst selektiv sein. Die farbige Verbindung muß ausreichend beständig sein. In manchen Fällen erfordert die Bildung der farbigen Verbindung eine gewisse Zeit, in anderen kann diese sich im Laufe der Zeit wieder zersetzen. Hierauf ist gegebenenfalls zu achten. Obwohl die für die Messung zu wählende Wellenlänge zweckmäßigerweise der maximalen Extinktion entsprechen sollte, ist dies nicht immer durchführbar, weil das Reagenz häufig selbst in der Nähe des farbigen Komplexes absorbiert. In solchen Fällen könnte zwar der Anteil der Extinktion, den das Reagenz verursacht, abgezogen werden, da die Extinktionen additiv sind. Ist jedoch die Konzentration des überschüssigen Reagenz nicht bekannt, so treten leicht große Fehler auf. In solchen Fällen wählt man besser eine Wellenlänge, bei der die Extinktion des Reagenzes Null oder wenigstens klein ist. Weiter sollten Wellenlängen vermieden werden, bei denen sich die Extinktion sehr schnell mit der Wellenlänge ändert.
Beispiele für kolorimetrische Bestimmungen sind in Tabelle 8.1 zusammengefaßt. Auch der *p*H-Wert einer Lösung kann unter Verwendung der üblichen Farbindikatoren kolorimetrisch bestimmt werden. Nach Gl. (7,1)

(Seite 178) hängt der Farbton eines Indikators vom *p*H-Wert der Lösung ab, so daß die Wasserstoffionenkonzentration auf diesem Wege gemessen werden kann. Andere farblose Ionen oder Moleküle lassen sich manchmal indirekt kolorimetrisch bestimmen. Dabei wird eine farbige Verbindung durch eine chemische Reaktion zerstört. Als Beispiel sei die quantitative Bestimmung von H_2O_2 erwähnt. Die wasserstoffperoxidhaltige Lösung wird mit einem geringen Überschuß an Fe^{2+} versetzt und das überschüssige Fe^{2+} mit 1,10-Phenanthrolin in den roten Komplex übergeführt und kolorimetrisch bestimmt.

Tabelle 8.1. Einige Reagenzien für kolorimetrische Bestimmungen

Zu analysierende Spezies	Reagenz	Farbe
Al^{3+}	8-Hydroxychinolin	gelb
Cl_2	o-Tolidin	gelb
Co^{2+}	Ammoniumrhodanid	blau
Fe^{2+}	1,10-Phenanthrolin	rot
F^-	Cer-Alizarin-Komplex	weinrot
Pb^{2+}	Dithizon	rosa
Ti^{4+}	H_2O_2	gelborange
Zn^{2+}	Dithizon	rosa

9. Gasanalyse

Während sich die in den vorhergehenden Kapiteln erläuterten Analysenmethoden ausschließlich mit Lösungen befassen, soll hier abschließend noch auf die Analyse von Gasen und Gasgemischen eingegangen werden. Bei der Ermittlung der quantitativen Zusammensetzung eines Gases geht man gewöhnlich so vor, daß man die im Gemisch enthaltenen Gase nacheinander mit geeigneten Reagenzien absorbiert oder durch Umsetzung zu flüssigen oder festen Stoffen aus dem Gemisch entfernt. Aus der jeweiligen Volumen- oder Druckverminderung berechnet man den Gehalt des Gasgemisches an den jeweiligen Komponenten. Hierzu ist die Kenntnis der Gasgesetze notwendig, die den Zusammenhang zwischen der Menge eines Gases, seinem Druck, seinem Volumen und seiner Temperatur herstellen.

9.1. Das Boyle-Mariottesche Gesetz

R. Boyle und E. Mariotte fanden 1676, daß das Produkt aus Druck p und Volumen v eines Gases bei konstanter Temperatur konstant ist:

$$p \cdot v = p_0 \cdot v_0 = \text{const} \qquad \text{Gesetz der Isotherme.} \qquad (1)$$

Dieses Gesetz gilt – wie auch alle folgenden – strenggenommen nur für sehr kleine Absolutwerte der Drücke, bei denen sich der Zustand der Gase demjenigen des idealen Gases nähert. Die Abweichungen vom idealen Verhalten sind jedoch gering und für die Gasanalyse belanglos.

9.2. Das Gay-Lussacsche Gesetz

1802 untersuchte J. L. Gay-Lussac die Temperaturabhängigkeit des Volumens eines Gases bei konstantem Druck. Es zeigte sich, daß sich bei konstantem Druck alle Gase bei einer Temperaturerhöhung von 1°C um 1/273,15 ihres Volumens bei 0°C (Nullgradvolumen v_0) ausdehnen, so daß das Volumen des Gases bei der Temperatur t gegeben ist durch die Gleichung

$$v_t = v_0 \left(1 + \frac{1}{273{,}15} t\right) \qquad \text{Gesetz der Isobare.} \qquad (2)$$

t bedeutet die Temperatur des Gases in °C.

Das Analoge gilt für das Verhalten des Druckes bei konstantem Volumen:

$$p_t = p_0 \left(1 + \frac{1}{273{,}15} t\right) \quad \text{Gesetz der Isochore.} \tag{2a}$$

Führt man in Gl. (2) noch die absolute Temperatur T ein, die durch Gl. (3) definiert ist

$$T \equiv 273{,}15 + t \tag{3}$$

und die in Kelvin gemessen wird, so erhält man

$$v_T = v_0 \frac{T}{273{,}15}. \tag{4}$$

Die Gesetze besagen, daß das Volumen eines Gases bei konstantem Druck der absoluten Temperatur direkt proportional und bei konstanter Temperatur dem Druck umgekehrt proportional ist.
Erfolgt gleichzeitig mit der Temperaturänderung eine Änderung des Druckes, so sind die beiden Gl. (1) und (4) zu kombinieren.
Geht man von einem Gas aus mit der Temperatur $T_0 = 273{,}15$ K, dem Druck p_0 und dem Volumen v_0, das man auf den Druck p, das Volumen v und die Temperatur T bringen will, so kann man zunächst die Temperatur verändern. Dann gilt für das Volumen nach Gl. (4):

$$v_{T,p_0} = \frac{v_0 \cdot T}{273{,}15}.$$

Nimmt man nun noch eine isotherme Druckänderung (auf den Druck p) vor, so gilt nach dem Boyle-Mariotteschen Gesetz, Gl. (1):

$$p \cdot v = p_0 \cdot v_{T,p_0} = \frac{p_0 \cdot v_0 \cdot T}{273{,}15} \tag{5}$$

$$\frac{p \cdot v}{T} = \frac{p_0 \cdot v_0}{T_0}. \tag{5a}$$

Selbstverständlich kommt man zum gleichen Ausdruck, Gl. (5), wenn man zuerst die isotherme Druckänderung vornimmt und dann die isobare Temperaturänderung folgen läßt.
Die Gl. (5a) ist von besonderer Wichtigkeit für die Gasanalyse, da die Gasvolumina zweckmäßigerweise auf die sogenannten Normalbedingungen, das ist $p_0 = 760$ mmHg ($\triangleq$ 1,013 bar), $T_0 = 273{,}15 \text{ K} \equiv 0\,°\text{C}$, umgerechnet werden.

So beträgt beispielsweise das Volumen einer Sauerstoffmenge, die bei 20 °C und 740 mmHg (≙ 0,986 bar) ein Volumen von 250 ml einnimmt, unter Normalbedingungen

$$v_0 = \frac{p \cdot v \cdot 273{,}15}{p_0 \cdot T} = \frac{740 \cdot 250 \cdot 273{,}15}{760 \cdot 293{,}15}\ \text{ml} = 227\ \text{ml}\,.$$

9.3. Die Avogadrosche Theorie

Das durch Gl. (5) wiedergegebene Gasgesetz läßt sich in eine noch zweckmäßigere Form bringen, wenn wir die Avogadrosche Theorie beachten. AVOGADRO postulierte 1811, daß in gleichen Gasvolumina bei gleichem Druck und gleicher Temperatur die gleiche Anzahl von Molekülen enthalten ist. Umgekehrt nehmen auch gleiche Molmengen beliebiger Gase bei gleichem Druck und gleicher Temperatur gleiche Volumina ein. Das von 1 Mol eines idealen Gases unter Normalbedingungen eingenommene Volumen beträgt $V_0 = 22415$ ml.

9.4. Das allgemeine Gasgesetz

Betrachtet man 1 Mol eines Gases, so kann man in Gl. (5a) das Molvolumen V einsetzen. Man erhält dann:

$$p \cdot V = \frac{p_0 \cdot V_0}{273{,}15} T\,. \tag{6}$$

Der Ausdruck $p_0 \cdot V_0/273{,}15$ ist konstant und wird mit R bezeichnet. Dann gilt

$$p \cdot V = RT\,. \tag{7}$$

R heißt die allgemeine Gaskonstante, die sich für $p_0 = 1{,}013$ bar und $V_0 = 22{,}415$ l zu

$$R = 0{,}08313\ \text{l} \cdot \text{bar/grd} \cdot \text{mol}$$

errechnet.

Liegt ein Volumen v mit n Molen eines Gases vor, so wird Gl. (7) zu

$$p \cdot v = nRT = \frac{m}{MG} RT,$$

wenn m die Masse des Gases und MG sein Molekulargewicht bedeuten.

9.5. Die Anwendung des Gasgesetzes auf Gasmischungen

Da nach der Avogadroschen Theorie die Zahl der Molekeln eines Gases in einem gegebenen Volumen unabhängig von der Natur des Gases ist, braucht man, wenn man Gasmischungen betrachtet, in Gl. (8) für n nur die Summe der Mole einzusetzen:

$$p \cdot v = (n_1 + n_2 + \cdots) RT. \qquad (9)$$

Zur Angabe der Zusammensetzung eines Gasgemisches werden manchmal auch die Molenbrüche γ_i benutzt, die durch folgende Gleichungen definiert sind:

$$\gamma_1 = \frac{n_1}{n_1 + n_2 + \cdots}, \quad \gamma_2 = \frac{n_2}{n_1 + n_2 + \cdots}, \quad \gamma_i = \frac{n_i}{n_1 + n_2 + \cdots} \text{ usw.} \qquad (10)$$

Definitionsgemäß ist $\sum_i \gamma_i = 1$.

Den einzelnen Gasen in einer Gasmischung lassen sich nun nach DALTON Partialdrücke zuschreiben, deren Summe gleich dem Gesamtdruck der Gasmischung ist. Für die Partialdrücke p_i gilt definitionsgemäß

$$p_1 = \frac{v_1 \cdot p}{v}, \quad p_2 = \frac{v_2 \cdot p}{v}, \quad p_i = \frac{v_i \cdot p}{v}, \qquad (11)$$

wenn p und v den Gesamtdruck bzw. das Gesamtvolumen der Gasmischung und v_i das Einzelvolumen der betrachteten Komponente bedeuten.
So betragen z. B. die Partialdrücke von Stickstoff, Sauerstoff und Argon in der Luft, die aus 78,1 Vol.-% Stickstoff, 20,9 Vol.-% Sauerstoff und 1,0 Vol.-% Argon besteht, bei 1,013 bar

$$p_{N_2} = \frac{78{,}1 \cdot 1{,}013}{100} = 791 \text{ mbar}$$

$$p_{O_2} = 212 \text{ mbar}$$

$$p_{Ar} = 10{,}13 \text{ mbar}$$

Man findet im Laufe der Gasanalyse für das zu bestimmende Gas das Volumen bei bestimmter Temperatur und bestimmtem Druck. Kennt man das Ausgangsvolumen des Gesamtgasgemisches, so ergibt sich der Prozentgehalt in Vol.-% für den gesuchten Stoff zu

$$\frac{v_{gef} \cdot 100}{v_{Anfang}} = x \text{ Vol.-\%} . \qquad (12)$$

Hat man die Drücke gemessen, so ergibt sich ganz analog

$$\frac{p_{gef} \cdot 100}{p_{Anfang}} = x \text{ Vol.-\%} . \qquad (13)$$

9.6. Volumetrische Gasanalyse

Gasmischungen können durch sukzessive Verwendung verschiedener Absorptionsmittel getrennt und bestimmt werden. Ausgehend von einem gegebenen Gasvolumen treten nacheinander Volumenverminderungen ein. Die wesentlichen Teile einer solchen Bestimmungsapparatur (z. B. nach Orsat) sind eine Gasbürette, verschiedene Absorptionspipetten und gegebenenfalls eine Verbrennungspipette oder ein Verbrennungsrohr für die gemeinsame Bestimmung von Wasserstoff und Methan. Einige Absorbentien sind in Tabelle 9.1 zusammengefaßt.

Tabelle 9.1. Absorbentien für die Gasanalyse

Gas	Absorptionsmittel
CO_2	KOH-Lösung
Kohlenwasserstoffe	rauchende H_2SO_4 mit 20 – 25% SO_3
O_2	alkalische Pyrogallollösung *oder* feuchter weißer Phosphor in Stangenform *oder* $Na_2S_2O_4$ in alkalischer Lösung *oder* alkalische Anthrachinon-sulfonat-Lösung
CO	Ammoniakalische *oder* salzsaure CuCl-Lösung[a])
H_2, CH_4	Bestimmung durch Verbrennung nach Zusatz eines bekannten O_2-Volumens an einem erhitzten Platindraht in einer Verbrennungspipette zu CO_2 und Absorption des CO_2 in KOH-Lösung[b])
N_2	Bestimmung aus der Differenz oder nach Absorption des überschüssigen Sauerstoffs durch Messung des Restvolumens

[a]) Da CuCl nicht nur mit CO zu $Cu_2Cl_2 \cdot 2CO$ reagiert, sondern auch ungesättigte Kohlenwasserstoffe absorbiert, müssen die letzteren *vorher* absorbiert werden.

Fußnoten-Fortsetzung zu Tabelle 9.1.

[b]) Das bei der Verbrennung von Wasserstoff entstehende Wasser beansprucht ein vernachlässigbares Volumen. Nach der Gleichung $2H_2 + O_2 \rightarrow 2H_2O$ entfallen daher zwei Drittel der Volumenverminderung auf das ursprüngliche Volumen des Wasserstoffs. Bei der Verbrennung von Methan nach der Gleichung $CH_4 + 2O_2 \rightarrow CO_2 + 2H_2O$ entsteht aus drei Volumina der Ausgangsprodukte ein Volumen Reaktionsprodukt. Das Volumen des entstehenden CO_2 ist gleich dem Volumen des verbrannten Methans, die Volumenverminderung entspricht dem doppelten Methanvolumen. Werden die Gasvolumina vor und nach dem Sauerstoffzusatz und die Volumina des Restgases und des gebildeten CO_2 bestimmt, so ergeben sich die Volumina des Methans und des Wasserstoffs wie folgt: Volumen des Methans = Volumen des gebildeten CO_2; Volumen des Wasserstoffs = 2/3 (gesamte Volumenverminderung – Volumenverminderung für CH_4) = 2/3 (gesamte Volumenverminderung – $2CO_2$-Volumen).

10. Radiochemie

10.1. Masse und Ladung von Atomkernen

Ein Atom besteht aus dem positiv geladenen Atomkern und den ihn umgebenden negativ geladenen Elektronen.
Der Atomkern selbst ist ein kompliziert aufgebautes Gebilde. Für das hier zu behandelnde Gebiet ist das folgende, sehr einfache Bild brauchbar, das sich freilich in anderer Hinsicht als ganz unzulänglich erwiesen hat: Der Atomkern ist aus Protonen und Neutronen aufgebaut. Das chemische Verhalten eines Atoms ist durch die Zahl der Protonen im Atomkern bestimmt. Da jedes Proton eine positive elektrische Elementarladung trägt, während die Neutronen elektrisch neutrale Teilchen darstellen, entspricht die Protonenzahl der elektrischen Ladung des Kerns in Einheiten der Elementarladung ($1{,}602 \cdot 10^{-19}$ C). Die Protonenzahl des Atomkerns wird links vom Elementsymbol als Index angegeben, z. B. ${}_1H$, ${}_2He$, ${}_3Li$ usw. Diese Zahl wird oft auch als Atomnummer, Ordnungszahl oder Kernladungszahl bezeichnet. Da die Zahl der Protonen im Atomkern die Natur des Elements bestimmt und somit die gleiche Auskunft wie das Elementsymbol gibt, wird der Index oft weggelassen.
Die Masse eines Atomkerns wird im allgemeinen nicht in Gramm, sondern in Atommasseneinheiten (m_u) ausgedrückt. 1 Atommasseneinheit ist definitionsgemäß $\frac{1}{12}$ der Masse des Kohlenstoffisotops ${}^{12}_{6}C$, eines Kohlenstoffatoms mit 6 Protonen und 6 Neutronen im Atomkern. 1 Masseneinheit entspricht $1{,}66 \cdot 10^{-24}$ g. Die Massen aller bekannten Atomkerne sind, in Masseneinheiten ausgedrückt, bis auf Abweichungen von weniger als 0,10 m_u ganzzahlig. Die auf eine ganze Zahl abgerundete Masse eines Atomkerns in Masseneinheiten ist die Massenzahl des Atomkerns. Sie stimmt mit der Massenzahl des Atoms überein, da die Masse eines Elektrons nur $\frac{1}{1836}$ der Masse eines Protons ist, so daß der Beitrag der den Atomkern umgebenden Elektronen zur Gesamtmasse des Atoms sehr klein ist und keinen Einfluß auf die Massenzahl hat. Wie aus Tabelle 10.1 hervorgeht, haben sowohl das Proton wie das Neutron nahezu die Masse 1 m_u, so daß die Massenzahl eines Atoms gleich der Summe der im Atomkern befindlichen Protonen und Neutronen ist. Die Massenzahl eines Atoms wird links oben vom Elementsymbol angegeben, z. B. für das Wasserstoffatom, dessen Kern nur aus einem Proton besteht, ${}^{1}_{1}H$, oder für das Fluoratom, dessen Kern 9 Protonen und 10 Neutronen enthält, ${}^{19}_{9}F$, usw. Eine Atomsorte, bei der jedes Atom die gleiche Kernladungszahl und die gleiche Massenzahl hat, wird

als ein Nuklid bezeichnet. Atome des gleichen Elements, d. h. mit gleicher Kernladungszahl, können jedoch in vielen Fällen verschiedene Massenzahlen haben, je nach der Zahl der im Atomkern enthaltenen Neutronen. Diese kann gegebenenfalls innerhalb gewisser Grenzen schwanken. Man bezeichnet Atome mit gleicher Kernladungszahl und verschiedener Masse als Isotope oder isotope Nuklide. Ein Element, das aus Atomen mit verschiedener Masse besteht, wird als Mischelement bezeichnet. In diese Gruppe gehören die meisten der natürlich vorkommenden Elemente. So besteht z. B. der natürlich vorkommende Kohlenstoff zu 98,9% aus dem Kohlenstoffisotop $^{12}_{6}C$ und zu 1,1% aus dem Kohlenstoffisotop $^{13}_{6}C$ oder das in der Natur vorkommende Chlor zu 75,4% aus dem Isotop $^{35}_{17}Cl$ und zu 24,6% aus dem Isotop $^{37}_{17}Cl$ usw. Einige der natürlich vorkommenden Elemente bestehen jedoch ausschließlich aus Atomen mit der gleichen Masse. Sie werden als Reinelemente bezeichnet. Zu ihnen gehören beispielsweise Beryllium, $^{9}_{4}Be$, und Fluor, $^{19}_{9}F$.

Tabelle 10.1. Masse und Ladung von Elementarteilchen

Name	Symbol	Masse (m_u)	Massenzahl	Ladung
Proton	$^{1}_{1}H$ oder p	1,0072766	1	+1
Neutron	$^{1}_{0}n$ oder n	1,0086654	1	0
Elektron (Negatron)	$^{0}_{-1}e$ oder β	0,00054859	0	−1
Positron	$^{0}_{+1}e$ oder β^+	0,00054859	0	+1
α-Teilchen	$^{4}_{2}He$ oder α	4,0015064	4	+2
Deuteron	$^{2}_{1}H$ oder d	2,0135536	2	+1
γ-Quant	$^{0}_{0}\gamma$ oder γ	0,00000000	0	0

Atome mit verschiedener Kernladung, aber gleicher Masse werden als Isobare oder isobare Nuklide bezeichnet.

Vergleicht man die Masse eines Atomkerns mit der Summe der Massen der ihn bildenden Protonen und Neutronen, wie sie in Tabelle 10.1 angegeben sind, so findet man, daß – im Widerspruch zu dem bekannten Gesetz von der Erhaltung der Masse – die Masse des Kerns stets kleiner ist als die Summe der Massen seiner Bausteine. Allerdings sind solche Massenänderungen klein im Vergleich zur Gesamtmasse der Atome oder der Masse des Protons und Neutrons. Deshalb können wir annehmen, daß das Prinzip von der Erhaltung der Masse annähernd auch für Kernreaktionen gilt.

Die Massendifferenz zwischen den Kernbausteinen und dem daraus gebildeten Atomkern wird als *Massendefekt* bezeichnet. Enthält der Kern A Protonen mit der Masse M_P und Z Neutronen mit der Masse M_N, so ergibt sich der Massendefekt ΔM zu

$$\Delta M = A \cdot M_P + Z \cdot M_N - M_K, \tag{1}$$

wenn M_K die Masse des Atomkerns bedeutet.
So beträgt beispielsweise der Massendefekt des ^4_2He-Atomkerns

$$\Delta M_{He} = 2 \cdot 1{,}0073 + 2 \cdot 1{,}0087 - 4{,}0015 = 0{,}0305\, m_u\,. \tag{2}$$

Dieser Massendefekt entspricht der Verminderung der inneren Energie des Systems bei der Bildung des Kerns aus den Bausteinen nach der Gleichung

$$2\,^1_1H + 2\,^1_0n \rightarrow {}^4_2He\,. \tag{3}$$

Der Massendefekt ist das Äquivalent der bei der Bildung des Atomkerns frei werdenden Energie. Je größer der Massendefekt eines Kerns ist, desto größer ist die bei seiner Bildung frei werdende Energie, desto größer damit auch die Stabilität des Kerns. Die dem Massendefekt äquivalente Energie ergibt sich nach EINSTEINS Formel zu

$$\Delta E = \Delta M \cdot c^2 \tag{4}$$
$$(c = \text{Lichtgeschwindigkeit} = 2{,}998 \cdot 10^{10}\ \text{cm} \cdot \text{s}^{-1}).$$

Die dem Massendefekt entsprechende Energie wird, wenn man die Umwandlung eines einzelnen Teilchens betrachtet, meist in Megaelektronenvolt, MeV (= 10^6 eV), angegeben. 1 Elektronenvolt ist die Energie eines Elektrons, nachdem es ein elektrisches Feld mit einer Potentialdifferenz von 1 Volt durchlaufen hat. Sie entspricht der Energiemenge $1{,}602 \cdot 10^{-19}$ J oder $3{,}827 \cdot 10^{-20}$ cal.
Für die Umrechnung von Atommasseneinheiten in Energie erhält man nach Gl. (4)

$$1\ m_u \triangleq 931\ \text{MeV}\,.$$

Betrachtet man dagegen die Energieumsätze pro Grammatom, so werden Energien gewöhnlich in kcal oder heute besser in kJ angegeben. Es gilt dann:

$$1\ \text{g} \triangleq 2{,}15 \cdot 10^{10}\ \text{kcal} = 9 \cdot 10^{10}\ \text{kJ}\,.$$

Beim Heliumkern entspricht der Massendefekt von 0,0305 m_u pro Kern also einer Energie von 28,4 MeV pro Heliumatom oder $27{,}6 \cdot 10^8$ kJ/Grammatom = $6{,}6 \cdot 10^8$ kcal/Grammatom Helium.

Je schwerer die Atome werden, desto größer wird im allgemeinen der Massendefekt je Atom. So berechnet man z. B. für die Bildung des Kohlenstoffisotops $^{12}_{6}C$ aus 6 Protonen und 6 Neutronen einen Massendefekt von $6 \cdot 1{,}0073 + 6 \cdot 1{,}0087 - 12{,}0000 = 0{,}0960\ m_u$ pro Atom oder 0,0960 g/Grammatom. Dies entspricht einer Energie von 89,4 MeV pro Atom oder $8{,}61 \cdot 10^9$ kJ/Grammatom $^{12}_{6}C = 2{,}06 \cdot 10^9$ kcal/Grammatom.

10.2. Radioaktivität

Kurz nachdem BECQUEREL 1896 entdeckt hatte, daß von Uranmineralien eine unsichtbare Strahlung ausgeht, isolierten PIERRE und MARIE CURIE aus diesen Mineralien zwei neue Elemente, das Polonium und das Radium, die noch stärker als Uran selbst strahlten. RUTHERFORD und SODDY stellten später fest, daß die Strahlung das Ergebnis eines Prozesses war, bei dem ein Atomkern sich spontan in einen anderen umwandelte. Die Erscheinung wurde als *Radioaktivität* bezeichnet.

Weitere Untersuchungen zeigten, daß von den zerfallenden Atomen drei Arten von Strahlung ausgehen, nämlich die α-Strahlung, die β-Strahlung und die γ-Strahlung. Bei der α-Strahlung und bei der β-Strahlung handelt es sich jeweils um eine Teilchenstrahlung. Das α-Teilchen besteht aus einem Heliumatomkern, das β-Teilchen ist ein Elektron. Bei der γ-Strahlung handelt es sich dagegen um elektromagnetische Strahlung. In neuerer Zeit wurden weitere, bei Kernreaktionen auftretende Elementarteilchen entdeckt, wie z. B. das Positron und das Neutron. Das Positron ist das positiv geladene Gegenstück zum Elektron. Positronenstrahlung tritt ausschließlich bei künstlichen radioaktiven Elementen auf, die beim Beschuß von Atomkernen mit Neutronen, Protonen usw. entstehen. Das Neutron ist selbst radioaktiv und zerfällt mit einer Halbwertszeit (s. S. 224) von 12,8 ± 2,5 Minuten unter Freiwerden von Energie in ein Proton und ein Elektron.

Kernreaktionen können durch Kernreaktionsgleichungen beschrieben werden. So kann z. B. der radioaktive Zerfall des Uranatoms ^{238}U, das unter Aussendung eines α-Teilchens in ein Thoriumatom ^{234}Th übergeht, durch Gl. (5) dargestellt werden:

$$^{238}_{92}U \rightarrow {}^{4}_{2}He + {}^{234}_{90}Th\,. \qquad (5)$$

Bei diesem Prozeß wird Energie frei, und es tritt ein meßbarer Massenverlust auf, der jedoch nur Bruchteile einer Masseneinheit ausmacht. In erster Näherung ist daher das Prinzip von der Erhaltung der Masse gewährt. Beim

Zerfall wird ein Heliumatom mit der Massenzahl 4 und ein Thoriumatom mit der Massenzahl 234 gebildet. Streng gültig ist dagegen das Gesetz von der Erhaltung der Ladung der Atomkerne. Die zwei Erhaltungssätze erlauben es, Kernreaktionen durch eine Gleichung vollständig zu beschreiben, wenn die Art der zerfallenden Atome und die Art der Strahlung bekannt sind. Zum Beispiel strahlt ein $^{14}_{6}C$-Atom ein β-Teilchen aus, wenn es zerfällt. Die Gesamtreaktion muß demnach durch Gl. (6) beschrieben werden:

$$^{14}_{6}C \rightarrow {}^{0}_{-1}e + {}^{14}_{7}N \,. \tag{6}$$

Da das Produkt die gleiche Masse wie der $^{14}_{6}C$-Kern, aber eine gegenüber diesem um eine Ladungseinheit erhöhte Ladung haben muß, handelt es sich bei dem Reaktionsprodukt um einen Kern mit der Kernladungszahl 7, d. h. um einen Stickstoffkern, und zwar um das Stickstoffisotop mit der Massenzahl 14. In allen Kernreaktionsgleichungen muß in anderen Worten die Summe der hochgestellten Zahlen auf der linken Seite der Gleichung gleich der Summe der hochgestellten Zahlen auf der rechten Seite der Gleichung sein. Das Entsprechende gilt für die Summen der tiefgestellten Zahlen. Als weitere Beispiele seien die von RUTHERFORD 1919 entdeckte erste künstliche Atomumwandlung,

$$^{14}_{7}N + {}^{4}_{2}He \rightarrow {}^{17}_{8}O + {}^{1}_{1}H \,, \tag{7}$$

die durch Beschuß von $^{14}_{7}N$-Kernen mit α-Strahlen zu dem Sauerstoffisotop $^{17}_{8}O$ führte, und die Reaktion, bei der CHADWICK 1932 das Neutron entdeckte, Gl. (8)

$$^{9}_{4}Be + {}^{4}_{2}He \rightarrow {}^{12}_{6} + {}^{1}_{0}n \tag{8}$$

erwähnt.

Heute werden sehr zahlreiche Kernreaktionen im Laboratorium durchgeführt. Die Reaktionen treten ein, wenn sehr stark beschleunigte Elementarteilchen in den Kern eines Atoms eindringen. Sie können durch Gleichungen, wie sie oben mehrfach beschrieben wurden, dargestellt werden. Oft benutzt man jedoch auch eine abgekürzte Schreibweise, bei der der beschossene Kern vor eine Klammer, der entstandene Kern hinter die Klammer geschrieben wird. In der Klammer werden das „Geschoß“ und das emittierte Elementarteilchen durch die in Tabelle 10.1 bezeichneten Symbole angegeben. Zur Illustration dieser Kurzschreibweise seien im folgenden einige Reaktionen in beiden Schreibweisen nebeneinander gestellt:

$$^{7}_{3}Li + {}^{1}_{1}H \rightarrow {}^{4}_{2}He + {}^{4}_{2}He \qquad {}^{7}_{3}Li(p, \alpha){}^{4}_{2}He \tag{9}$$

$$^{9}_{4}Be + {}^{4}_{2}He \rightarrow {}^{12}_{6}C + {}^{1}_{0}n \qquad {}^{9}_{4}Be(\alpha, n){}^{12}_{6}C \tag{10}$$

$$^{14}_{7}N + {}^{1}_{0}n \rightarrow {}^{14}_{6}C + {}^{1}_{1}H \qquad {}^{14}_{7}N(n, p){}^{14}_{6}C \tag{11}$$

$$^{9}_{4}Be + {}^{0}_{0}\gamma \rightarrow {}^{8}_{4}Be + {}^{1}_{0}n \qquad {}^{9}_{4}Be(\gamma, n){}^{8}_{4}Be \,. \tag{12}$$

Der radioaktive Zerfallsprozeß ist eine Folge der Kernstruktur der Atome. Dabei ist es weniger überraschend, daß ein Kern des Uranatoms $^{238}_{92}U$ nach der Kernreaktionsgleichung (5) zerfällt, sondern es erhebt sich vielmehr die Frage, weshalb er überhaupt zusammenhält. Das Kernsymbol $^{238}_{92}U$ besagt, daß der Atomkern dieses Isotops aus 92 Protonen und 146 Neutronen besteht. Wären im Atomkern, dessen Durchmesser etwa 10^{-12} cm beträgt, nur Coulombsche Kräfte wirksam, so müßten sich die Protonen mit ungeheurer Kraft abstoßen. Man muß deshalb die Existenz eines besonderen Typs von Kräften, nämlich sogenannter Austauschkräfte, annehmen, die genügend groß sind, um den Kern zusammenzuhalten. Der natürliche radioaktive Kernzerfall tritt vornehmlich bei den schweren Elementen mit hohen Protonenzahlen im Kern auf.

10.3. Zerfallsgeschwindigkeit

Untersucht man die Zerfallsreaktion quantitativ, so findet man z. B. bei der Kernreaktion

$$^{238}_{92}U \rightarrow ^{4}_{2}He + ^{234}_{90}Th\,, \qquad (5)$$

daß die Zahl der Zerfälle pro Minute der Zahl von $^{238}_{92}U$-Atomen direkt proportional ist, d. h., der Bruchteil der $^{238}_{92}U$-Atome, der in einer Minute zerfällt, ist konstant. Diese Beobachtung gilt für alle Arten radioaktiver Zerfallsreaktionen. Ist die Zahl der zerfallenden Atome, verglichen mit der Gesamtzahl der Atome einer gegebenen Menge, klein, so zerfällt in einem gegebenen kurzen Zeitraum ein gewisser Teil der Atome. In der doppelten Zeit zerfallen doppelt so viele Atome usw. Wir können dies mathematisch so formulieren:

$$\frac{\Delta N}{N} = -k \cdot \Delta t\,. \qquad (13)$$

N bedeutet die Anzahl der Atome, die im Augenblick t vorhanden ist, und $\Delta N/N$ stellt den Teil der Atome dar, die in einem Augenblick Δt zerfallen. Das negative Vorzeichen zeigt, daß N kleiner wird. Der jeweilige Wert der Konstante k ist durch die Kernstruktur des radioaktiven Isotops bestimmt und hat für jede Kernsorte einen charakteristischen Wert.
Die Geschwindigkeitsgleichung des Zerfalls entspricht also der einer monomolekularen Reaktion. Die Konstante k (bei chemischen Reaktionen Geschwindigkeitskonstante genannt) wird als *Zerfallskonstante* bezeichnet.

Sie beträgt z. B. für Radium $1{,}355 \cdot 10^{-11}$. In einer Sekunde ($\Delta t = 1$) zerfallen also nach Gl. (13) von 1 Gramm Radium $1{,}355 \cdot 10^{-11}$ Gramm oder von einem Grammatom Radium $1{,}355 \cdot 10^{-11}$ Grammatom.

Die obige Gl. (13) ist – wie gesagt – nur dann eine gültige Näherung, wenn ΔN, verglichen mit N, klein ist. Oft ist es jedoch notwendig, Rechnungen für Fälle anzusetzen, in denen $\Delta N/N$ verhältnismäßig groß ist, weil entweder die Zerfallskonstante groß ist und schon in kürzester Zeit sehr viele Kerne zerfallen, oder weil man die Verhältnisse über sehr große Zeiträume betrachten will. Anstelle des Differenzenquotienten $\Delta N/\Delta t$ der Gl. (13) ist dann der Differentialquotient

$$\lim_{\Delta t \to 0}\left(\frac{\Delta N}{\Delta t}\right) = \frac{dN}{dt}$$

zu verwenden. Die Anzahl N der unzerfallenen Atome, die von der ursprünglichen Zahl N_0 nach einer Zeit t zurückbleibt, berechnet sich dann aus

$$\int_{N_0}^{N} \frac{dN}{N} = -\int_{0}^{t} k dt$$

oder

$$\int_{N_0}^{N} d(\ln N) = -\int_{0}^{t} k dt\,.$$

Es gilt also:

$$\ln \frac{N}{N_0} = -k \cdot t \tag{14}$$

oder

$$\ln N - \ln N_0 = -k \cdot t\,. \tag{14a}$$

N ist die Anzahl der Atome, die zur Zeit t verbleibt, die seit dem Beginn unserer Beobachtung verstrichen ist. N_0 bedeutet die Zahl der beim Start unserer Beobachtung vorhandenen Atome. Gl. (14) kann in Gl. (14b) übergeführt werden:

$$\ln \frac{N}{N_0} = -\ln \frac{N_0}{N} = -2{,}303 \log \frac{N_0}{N} = -kt \tag{14b}$$

oder

$$\frac{N}{N_0} = e^{-kt} . \tag{14c}$$

Nach Gl. (14b) beträgt die Zeit $t_{1/2}$, in der gerade die Hälfte einer gegebenen Anzahl radioaktiver Atome zerfällt

$$t_{1/2} = \frac{1}{k} \ln \frac{N_0}{N_0/2} = \frac{1}{k} \cdot \ln 2 \tag{15}$$

$$t_{1/2} = \frac{0{,}693}{k} . \tag{15a}$$

Es ist üblich, die für jede Atomsorte charakteristische Zerfallsgeschwindigkeit durch diese sogenannte „*Halbwertszeit* $t_{1/2}$" auszudrücken. Nach Gl. (15a) kann daraus die Zerfallskonstante k berechnet werden. Die Halbwertszeiten der natürlich vorkommenden radioaktiven Elemente liegen zwischen 10^{-7} Sekunden (^{212}Po) und $2{,}5 \cdot 10^{17}$ Jahren (^{209}Bi).
Nehmen wir z. B. an, daß wir 1 g reines Radiumchlorid präpariert haben, und wollen feststellen, wie viele Radiumatome pro Sekunde zerfallen, so erhalten wir folgende Rechnung:
1 g Radiumchlorid enthält (Atomgewicht des Radiums 226) 0,761 g Radium oder $2{,}028 \cdot 10^{21}$ Radiumatome, wenn wir beachten, daß 1 Grammatom Radium $6{,}02 \cdot 10^{23}$ Radiumatome enthält. Die Halbwertszeit von Radium beträgt 1622 Jahre = $5{,}116 \cdot 10^{10}$ Sekunden (1 Jahr = $3{,}154 \cdot 10^{7}$ Sekunden). Die Zerfallskonstante k beträgt nach Gl. (15a)

$$k = \frac{0{,}693}{5{,}116 \cdot 10^{10}} = 1{,}355 \cdot 10^{-11}\,s^{-1} . \tag{16}$$

Daraus ergibt sich nach Gl. (13) für die Anzahl der pro Sekunde zerfallenden Radiumatome:

$$\Delta N = N \cdot k \cdot \Delta t = 2{,}028 \cdot 10^{21} \cdot 1{,}355 \cdot 10^{-11} \cdot 1 = 2{,}748 \cdot 10^{10} .$$

Haben wir zu einem bestimmten Zeitpunkt $t_0 = 0$ N_0 radioaktive Atome vorliegen und bestimmen zu verschiedenen späteren Zeitpunkten die Anzahl der noch nicht zerfallenen Atome, so erhalten wir für diese Zahlen als Funktion der Zeit die in Abb. 10.1 dargestellte Kurve. Auf der Abszisse ist die Zeit in Vielfachen der Halbwertszeit aufgetragen. Nach 4 Halbwertszeiten ist die Zahl der radioaktiven Atome z. B. auf $\frac{1}{2} \times \frac{1}{2} \times \frac{1}{2} \times \frac{1}{2} = \frac{1}{16}$ abgesunken.

Wollen wir etwa wissen, wie viele Atome eines Grammatoms Radium nach 3200 Jahren ($1{,}009 \cdot 10^{11}$ s) noch vorhanden sind, so ergibt sich dies aus Gl. (14a) bzw. (14b) zu:

$$\log N - \log N_0 = -k \cdot t/2{,}303$$

$$\log N = -\frac{1{,}355 \cdot 10^{-11} \cdot 1{,}009 \cdot 10^{11}}{2{,}303} + \log N_0$$

$$\log N = -0{,}5937 + 23{,}7796 = 23{,}1859$$

$$N = 1{,}53 \cdot 10^{23} \text{ Atome}.$$

Eines der Ausfallsprodukte einer Atombombenexplosion ist ^{90}Sr. Die Halbwertszeit beträgt 28 Jahre. Wieviel Prozent des bei der Explosion entstehenden ^{90}Sr sind nach 100 Jahren noch vorhanden?

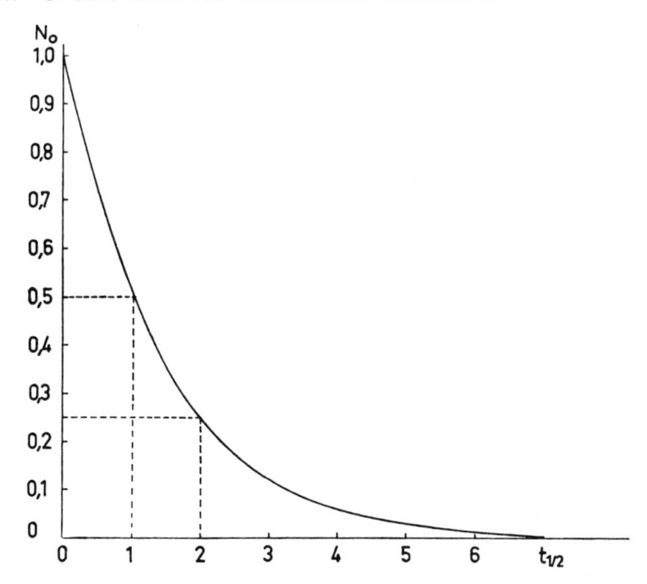

Abb. 10.1. Graphische Darstellung des radioaktiven Zerfalls

Die Zerfallskonstante beträgt nach Gl. (15a)

$$k = \frac{0{,}693}{3{,}154 \cdot 10^7 \cdot 28} = 0{,}785 \cdot 10^{-9}.$$

Daraus ergibt sich nach Gl. (14b) für

$$\log \frac{N_0}{N} = 1{,}07464 \quad \text{oder} \quad \frac{N_0}{N} = 11{,}88.$$

Nach 100 Jahren sind also noch 8,42% ^{90}Sr vorhanden.
Eine für die Archäologie und Geologie wichtige Methode zur Altersbestimmung kohlenstoffhaltiger Materialien bedient sich des von W. F. LIBBY in der Natur entdeckten radioaktiven Kohlenstoffisotops $^{14}_{6}C$. Der Gehalt des in der Atmosphäre vorhandenen CO_2 an ^{14}C beträgt 10^{-14}%. Dieses Isotop entsteht bei der in der Atmosphäre unter dem Einfluß von neutronenbildenden kosmischen Strahlen stets stattfindenden Kernreaktion

$$^{14}_{7}N + ^{1}_{0}n \rightarrow ^{14}_{6}C + ^{1}_{1}H\,. \tag{17}$$

Das ^{14}C-Isotop zerfällt mit einer Halbwertszeit von 5760 Jahren unter Aussendung von β-Strahlen in Stickstoff nach der Gl. (18)

$$^{14}_{6}C \rightarrow ^{14}_{7}N + {}_{-1}^{0}e\,. \tag{18}$$

Die Halbwertszeit von 5760 Jahren entspricht etwa 16 ^{14}C-Zerfällen je Gramm Kohlenstoff pro Minute.
Während im lebenden Organismus der ^{14}C-Gehalt, bezogen auf den Gesamtkohlenstoff, wegen des ständigen Austausches von CO_2 zwischen dem Organismus und der Atmosphäre konstant ist, verringert sich der ^{14}C-Gehalt eines toten Organismus wegen des dauernden Zerfalls von ^{14}C ständig. Bestimmt man deshalb die Radioaktivität eines toten Organismus, so ergibt sich aus dem Vergleich mit der Radioaktivität, d. h. mit dem ^{14}C-Gehalt eines lebenden Organismus, das Alter des untersuchten Stoffes. So fand man beispielsweise bei Holzkohle aus einer Feuerstelle, die bei La Jolla in Kalifornien entdeckt wurde, nur noch 6,89% der Radioaktivität eines jetzt lebenden Organismus, z. B. frisch gewachsenen Holzes. Legt man für ^{14}C eine Halbwertszeit von 5760 Jahren zugrunde, so ergibt sich für das Alter der Holzkohle aus Gl. (14b)

$$t = \frac{2{,}303 \cdot 5760}{0{,}693} \log \frac{100}{6{,}89} = 22239\ \text{Jahre}\,. \tag{19}$$

Analoge Berechnungen können zur Altersbestimmung von jungen Kalkablagerungen und dergleichen benutzt werden. Mit zunehmendem Alter der kohlenstoffhaltigen Proben nimmt die Nachweisbarkeit der Strahlung rasch ab, so daß der Fehler der Altersbestimmung größer wird und die Bestimmung schließlich unbrauchbar macht. Bei einem Alter der Probe von 15000 Jahren beträgt der Fehler nur etwa 3%, bei einem Alter von 20000 Jahren etwa 8%, bei einem Alter von 30000 Jahren schon etwa 30% und bei einem Alter von 40000 Jahren etwa 85%. Reichert man allerdings das Isotop ^{14}C der Probe in definierter Weise an (z. B. mit Hilfe des Trennrohrverfahrens nach G. DICKEL), so läßt sich der Fehler bei der Altersbestimmung einer 40000jährigen Probe auf 10% vermindern (10fache Anreicherung).

Tabelle 10.2. Uranzerfallsreihe[1])

	Isotop	Halbwertszeit[2])
Uran I	$^{238}_{92}U$	$4{,}51 \cdot 10^9$ a
	$\downarrow -\alpha$	
Uran X_1	$^{234}_{90}Th$	24,10 d
	$\downarrow -\beta$	
Uran X_2	$^{234}_{91}Pa$	1,18 m
	$\downarrow -\beta$	
Uran II	$^{234}_{92}U$	$2{,}475 \cdot 10^5$ a
	$\downarrow -\alpha$	
Ionium	$^{230}_{90}Th$	$8{,}0 \cdot 10^4$ a
	$\downarrow -\alpha$	
Radium	$^{226}_{88}Ra$	1622 a
	$\downarrow -\alpha$	
Radon (Radium-Emanation)	$^{222}_{86}Rn$	3,825 d
	$\downarrow -\alpha$	
Radium A	$^{218}_{84}Po$	3,05 m
	$\downarrow -\alpha$	
Radium B	$^{214}_{82}Pb$	26,8 m
	$\downarrow -\beta$	
Radium C	$^{214}_{83}Bi$	19,7 m
	$\downarrow -\beta$	
Radium C′	$^{214}_{84}Po$	$1{,}64 \cdot 10^{-4}$ s
	$\downarrow -\alpha$	
Radium D	$^{210}_{82}Pb$	22 a
	$\downarrow -\beta$	
Radium E	$^{210}_{83}Bi$	5,00 d
	$\downarrow -\beta$	
Polonium (Radium F)	$^{210}_{84}Po$	138,375 d
	$\downarrow -\alpha$	
Uranblei (Radium G)	$^{206}_{82}Pb$	∞

1) Es ist nur die Hauptzerfallsreihe angegeben. Einige Isotope können zu einem geringen Bruchteil in anderer Weise zerfallen. Das Isotop $^{218}_{84}Po$ geht z. B. zu 0,03% unter β-Zerfall in $^{218}_{85}At$ über, das seinerseits ein α-Strahler ist und $^{214}_{83}Bi$ liefert.

2) Es bedeuten: a = Jahre, d = Tage, m = Minuten, s = Sekunden.

Selbstverständlich sind auch andere „Uhren“ zur Altersbestimmung verwendbar, z. B. die „Uranuhr“ für uranhaltige Mineralien. Nach der in Tabelle 10.2 wiedergegebenen Uranzerfallsreihe geht ^{238}U schließlich in ^{206}Pb über.

Bestimmt man das Verhältnis $^{238}U/^{206}Pb$, so läßt sich hieraus auf das Alter des Minerals zurückschließen. Ähnlich läßt sich aus der in einem solchen Mineral vorhandenen Heliummenge auf dessen Alter schließen, da beim Zerfall jedes Uranatoms nach Tabelle 10.2 8 Heliumatome entstehen und meist in dem Mineral eingeschlossen bleiben.
Die Zeit $t_{1/1000}$, nach der nur noch 0,1% der ursprünglich vorhandenen radioaktiven Atome vorhanden sind, letztere also zu 99,9% oder in anderen Worten weitgehend zerfallen sind, ergibt sich zu

$$t_{1/1000} = \frac{1}{k} \cdot \ln \frac{N_0}{N_0/1000} = \frac{1}{k} \ln 1000 \qquad (20)$$

oder

$$t_{1/1000} = \frac{6{,}91}{k}. \qquad (20a)$$

Dies ist bei Radium beispielsweise nach

$$t_{1/1000}(\mathrm{Ra}) = \frac{6{,}91}{1{,}355 \cdot 10^{-11}} = 5{,}1 \cdot 10^{11}\,\mathrm{s} = 16170 \text{ Jahren}$$

der Fall.
Allgemein bedeutet dies, daß ein radioaktives Element nach etwa 10 Halbwertszeiten fast vollständig zerfallen ist.

Aufgabe: Das Nuklid $^{22}_{11}Na$ zerfällt unter Positronenemission. Die Zerfallsrate führt dazu, daß nach einem Jahr noch 76,6% der ursprünglichen Menge übrig ist. Wie groß sind die Zerfallskonstante K und die Halbwertszeit dieses Natriumisotops? Wie lautet die Kurzschreibweise des radioaktiven Zerfalls?

Lösung:

$$\log \frac{N_0}{N} = \frac{k \cdot t}{2{,}303}$$

N_0 ≙ Anfangsmenge (100%)
N ≙ Menge nach der Zeit t (76,6%)
t ≙ Beobachtungszeitraum (1 a)
k ≙ Zerfallskonstante (gesuchte Größe)

$$k = 0{,}2655/\mathrm{a}$$

$$t_{1/2} = \frac{0{,}693}{k} = 2{,}61 \text{ a} \quad \text{(s. S. 224)}$$

Reaktionsgleichung (s. S. 221)

$$^{22}_{11}\mathrm{Na}\,(-,\beta^+)\,^{22}_{10}\mathrm{Ne}\,.$$

10.4. Radioaktives Gleichgewicht

Radium $^{226}_{88}Ra$ zerfällt mit einer Halbwertszeit von 1622 Jahren nach Gl. (21)

$$^{226}_{88}Ra \rightarrow ^{222}_{86}Rn + ^{4}_{2}He \tag{21}$$

unter Aussendung von α-Strahlen in Radon ^{222}Rn. Dieses zerfällt seinerseits weiter, wieder unter Aussendung von α-Strahlen, mit einer Halbwertszeit von 3,825 Tagen in $^{218}_{84}Po$. Alle genannten Isotope sind Glieder der sogenannten Uranzerfallsreihe, deren einzelne Stufen in Tabelle 10.2 mit ihren Halbwertszeiten angegeben sind.
Geht man von einer bestimmten Menge N_{Ra} Radium aus, so entsteht nach Gl. (21) pro Sekunde eine bestimmte Zahl von Radonatomen, die gegeben ist durch

$$k_{Ra} \cdot N_{Ra} = N_{Rn} \,. \tag{22}$$

Von dem gebildeten Radon zerfällt aber pro Sekunde die Menge N_{Rn} nach Gl. (23)

$$k_{Rn} \cdot N_{Rn} = N'_{Rn} \,. \tag{23}$$

Zunächst wird die Menge des Radons mit der Zeit zunehmen, da anfangs mehr Radon gebildet wird als zerfällt. Wenn aber N_{Rn} immer mehr zunimmt, wird die Zahl der je Sekunde zerfallenden Radonmenge immer größer, bis schließlich gleich viele Radonatome gebildet werden wie zerfallen: Es stellt sich das sogenannte „Radioaktive Gleichgewicht" ein. Für dieses Gleichgewicht gilt

$$k_{Ra} \cdot N_{Ra} = k_{Rn} \cdot N_{Rn} \tag{24}$$

oder

$$\frac{N_{Ra}}{N_{Rn}} = \frac{k_{Rn}}{k_{Ra}} = \frac{t_{1/2}(Ra)}{t_{1/2}(Rn)} \,. \tag{24a}$$

Diese Beziehung, wonach sich die im radioaktiven Gleichgewicht befindlichen Atommengen radioaktiver Elemente wie die Halbwertszeiten verhalten, wird benutzt, um die Halbwertszeiten langlebiger radioaktiver Isotope zu bestimmen. Steht das langlebige Isotop im radioaktiven Gleichgewicht mit einem Element, dessen Halbwertszeit bekannt ist, so muß lediglich noch das Isotopenverhältnis bestimmt werden.
So ist beispielsweise das Gewichtsverhältnis Ra: U in einem Uranerz $N_{Ra}:N_U = 3{,}39 \cdot 10^{-7}$. Aus Gl. (24a) errechnet sich dann mit der Halbwertszeit von 1622 Jahren für Radium die Halbwertszeit des Urans ^{238}U zu $5{,}45 \cdot 10^9$ Jahren.

10.5 Strahlungseinheiten

Abschließend sei noch kurz auf die Einheiten eingegangen, die beim Umgang mit Radioaktivität und radioaktiver Strahlung üblich sind. Dabei ist zu unterscheiden, ob man sich mit dem radioaktiven Atomzerfall oder mit der Wirkung der ausgesandten Strahlung befaßt.

a) Aktivität.
Man mißt die Aktivität eines Radionuklids durch seine Zerfallsgeschwindigkeit und gibt sie in Einheiten von Becquerel (Bq) an: 1 Bq = 1 Zerfall pro Sekunde. Früher benützte man als Maßeinheit für die Aktivität das Curie (Ci), wobei 1 Ci = $3{,}700 \cdot 10^{10}$ Zerfällen pro Sekunde entsprach.

b) Strahlenwirkung.
Die andere Frage beim Umgang mit radioaktiven Stoffen zielt nach der Wirkung der ausgesandten Strahlung in biologischen oder chemischen Systemen. Lebende Materie wird von Strahlung nur beeinflußt, wenn letztere ihre Energie an die Materie abgibt, d. h. von ihr absorbiert wird, wobei es keine Rolle spielt, ob die Strahlung von außen einwirkt oder von radioaktiven Atomen emittiert wird, die Bestandteil der betreffenden Materie sind. Ebenso ist es für die Strahlenwirkung gleichgültig, ob es sich um natürliche oder künstliche radioaktive Stoffe handelt.
Die historisch älteste Maßeinheit für die Strahlenwirkung ist das Röntgen (R). Darunter wird die Menge an Röntgen- oder γ-Strahlung (Ionendosis) verstanden, die in 1 cm^3 Luft unter Normalbedingungen (1,293 mg Luft) eine elektrostatische Maßeinheit sowohl von Kationen als auch Sekundärelektronen erzeugt. Sie entspricht $2{,}083 \cdot 10^9$ Ionenpaaren. 1 R = 258 μC/kg (1C/kg ist gleich der Ionendosis, die bei der Erzeugung von Ionen eines Vorzeichens mit der elektrischen Ladung 1 C in Luft der Masse 1 kg durch ionisierende Strahlung räumlich konstanter Energieflußdichte entsteht).
Diese streng physikalisch abgeleitete Größe der Ionendosis erwies sich jedoch als zu wenig flexibel in der Anwendung, vor allem deshalb, weil sie sich auf Röntgen- und γ-Strahlung beschränkt und α-, β- oder Neutronenstrahlung nicht einschließt und weil sie sich in der Wirkung nur auf Luft bezieht und die Abhängigkeit der Wirkung von der Energie der Strahlung nicht berücksichtigt.
Aufgrund dieser Schwächen in der Definition wurde 1954 von der Internationalen Kommission für Strahlenschutz eine neue Definition gefaßt. Danach wurde als Einheit für die Dosis der in 1 Gramm eines Absorbers abgegebenen Strahlungsenergie das Rad (rd oder rad) gewählt. 1 rad entspricht 100 erg/g.
Im Internationalen Einheitensystem wird die Energie jetzt in Joule gemessen,

so daß man als Einheit der Energiedosis das Gray (Gy) benützt: 1 Gy = 1 J/kg. 1 Gy entspricht 100 rd.
Die schädigende Strahlenwirkung bei einem biologischen System läßt sich jedoch nicht pauschal mit dem Begriff der übertragenen Energie beschreiben. Bei gleicher Energiedosis hängt die Schädigung vielmehr in hohem Maße von der Strahlenart und anderen Faktoren des Absorbers ab. So werden z. B. unterschiedliche Elemente und auch deren radioaktive Isotope in verschiedenen Organen eines menschlichen oder tierischen Körpers abgelagert und haben auch bei gleicher Aktivität unterschiedliche Folgen. Dies bedeutet, daß zwischen der Aktivität und der Wirkung der Strahlung keine streng gültige Beziehung besteht. 1000 Bq ^{226}Ra, 1000 Bq ^{14}C oder 1000 Bq ^{131}I können ganz verschiedene Wirkungen auslösen.
Bei der Angabe der biologischen Wirksamkeit von Strahlung ist weiter neben der Energie, die die Strahlung an die lebende Materie abgibt, die Art der Strahlung zu berücksichtigen. Bei gleicher Energiedosis rufen manche Strahlenarten stärkere Schädigungen hervor als andere. Dies wird durch den sog. Qualitätsfaktor Q berücksichtigt, der in der früheren Literatur auch als Faktor der relativen, biologischen Wirksamkeit (RBW) bezeichnet wurde. Für die verschiedenen Strahlenarten gelten die folgenden Q-Werte:

Röntgenstrahlen, γ-Strahlen und β-Strahlen	Q = 1
Neutronen, Protonen	Q = 10
α-Strahlen	Q = 20

Danach rufen Neutronen und Protonen etwa zehnmal, α-Teilchen sogar zwanzigmal so große Strahlenschäden wie Röntgen-, γ- oder β-Strahlen gleicher Energie hervor.
Die Äquivalentdosis bezeichnet das Produkt aus Energiedosis und Qualitätsfaktor. Damit ist sie ein Maß für die Schädlichkeit einer Strahlung für den Menschen und berücksichtigt die unterschiedliche Schädigung bei gleicher Energiedosis. Als Einheit der Äquivalentdosis wird Joule/kg (J/kg) benützt. Die Einheit wird in Sievert (Sv) angegeben. Bis Ende 1985 war als Einheit für die Äquivalentdosis das Rem verwendet worden (1 Sv = 100 rem).
Die höchstzulässige Strahlenbelastung von beruflich strahlenexponierten Personen ist gesetzlich geregelt. In der Bundesrepublik beträgt die maximal zulässige Jahresdosis für Personen, die in Kontrollbereichen arbeiten, 0,05 Sv (= 5 rem).
Interessant zu erwähnen ist in diesem Zusammenhang, daß im Körper immer eine gewisse Menge radioaktiver Substanzen vorhanden ist (etwa 8000 Bq, wobei etwa die Hälfte von ^{40}K herrührt) und wir überdies der kosmischen Strahlung ausgesetzt sind. Die natürliche Strahlenexposition beträgt etwa

2,25 mSv pro Jahr. Dazu addiert sich eine zivilisatorische Strahlenexposition, die mit etwa 1 – 1,2 mSv veranschlagt werden kann. Daraus resultiert eine effektive Äquivalentdosis von insgesamt etwa 3,2 mSv oder 320 mrem in früheren Einheiten.

In welchem Ausmaß kleine Strahlendosen Schädigungen von biologischen Systemen hervorrufen, ist nicht geklärt. Akute Strahlenschäden werden bei Bestrahlungen mit hohen Dosen beobachtet. Bei einer akuten Ganzkörperbestrahlung treten bei 0 – 0,5 Sv keine nachweisbaren Wirkungen auf. Lediglich in der Nähe von 0,5 Sv sind geringfügige Veränderungen des Blutbildes beobachtet worden. Dosen von 0,8 – 1,7 Sv rufen Symptome wie Übelkeit und Erbrechen hervor. Bei Dosen von 1,8 – 2,6 Sv sind Todesfälle möglich. Oberhalb einer Bestrahlungsdosis von 5 Sv treten bis zu 100 % Todesfälle auf. Bei 50 Sv tritt der Tod aller Exponierten innerhalb einer Woche ein.

Tab. 10.3 gibt eine Übersicht über die SI-Einheiten und in der älteren Literatur benützten Einheiten der Aktivität und Strahlendosis.

Tabelle 10.3. Einheiten der Strahlungsaktivität und Strahlendosis

Physikalische Größe	SI-Einheit	alte Einheit	Beziehung
Aktivität	Becquerel (Bq) 1 Bq = 1/s	Curie (Ci)	1 Ci = $3,7 \cdot 10^{10}$ Bq 1 Bq = $2,7 \cdot 10^{-11}$ Ci = 27 pCi
Energiedosis	Gray (Gy)	Rad (rd)	1 rd = 0,01 Gy 1 Gy = 100 rd
Äquivalentdosis	Sievert (Sv) 1 Sv = 1 J/kg	Rem (rem)	1 rem = 0,01 Sv 1 Sv = 100 rem
Ionendosis	Coulomb pro Kilogramm (C/kg)	Röntgen (R)	1 R = $2,58 \cdot 10^{-4}$ C/kg = 0,258 mC/kg 1 C/kg = 3876 R

11. Internationales Einheitensystem (SI-Einheiten), Konstanten, Umrechnungstabelle

Im abschließenden Kapitel sind die 1970 von der Commission on Symbols, Terminology and Units der Division of Physical Chemistry der Internationalen Union für Reine und Angewandte Chemie (IUPAC) in einem „Manual of Symbols and Terminology for Physicochemical Quantities and Units" [Journal of Pure and Applied Chemistry, 21, 4 – 44, (1970)] empfohlenen physikalischen Größen, Einheiten und deren Namen und Symbole tabellarisch zusammengefaßt, soweit sie den in den vorigen Kapiteln behandelten Stoff betreffen. Seit dem 1. 1. 1978 dürfen nach dem „Gesetz über Einheiten im Meßwesen" vom 2. 7. 1969 sowie dem ergänzenden „Gesetz zur Änderung des Gesetzes über Einheiten im Meßwesen" vom 6. 7. 1973 im Bereich der Bundesrepublik bei der Angabe und Übermittlung von Meßergebnissen im geschäftlichen und amtlichen Verkehr nur SI-Einheiten verwendet werden.

Das Internationale Einheitensystem benutzt die in Tabelle 11.1 beschriebenen Grundeinheiten (SI-Einheiten) 1 Meter, 1 Kilogramm, 1 Sekunde, 1 Ampere, 1 Kelvin (Symbol K, nicht °K) und 1 Candela. Im Oktober 1969 hat das Comité International des Poids et Mesures beschlossen, der 14. Conférence Générale des Poids et Mesures 1971 vorzuschlagen, daß neben den vorgenannten Einheiten auch das Mol als Grundeinheit betrachtet wird.

Tabelle 11.1. Physikalische Größenarten und ihre Symbole, Namen und Symbole der SI-Einheiten

Physikalische Größenart		SI-Einheit	
Name	Symbol	Name	Symbol
Länge	l	Meter	m
Masse	m	Kilogramm	kg
Zeit	t	Sekunde	s
elektrische Stromstärke	I	Ampere	A
thermodynamische Temperatur	T	Kelvin	K
Lichtstärke	I_v	Candela	cd
Stoffmenge	n	Mol	mol

Meter: Das Meter ist das 1650763,73fache der Wellenlänge der von ^{86}Kr-Atomen beim Übergang vom Zustand $5d_5$ zum Zustand $2p_{10}$ im Vakuum emittierten Strahlung (Orangelinie).

Kilogramm: Das Kilogramm ist die Masse des internationalen Kilogrammprototyps (aufbewahrt in Paris).
Sekunde: Die Sekunde ist das 9192631770fache der Periodendauer der dem Übergang zwischen den beiden Hyperfeinstrukturniveaus des Grundzustandes von Atomen des Nuklids ^{133}Cs entsprechenden Strahlung.
Ampere: Das Ampere ist die Stärke eines konstanten Stroms durch zwei geradlinige, parallele, unendlich lange Leiter der relativen Permeabilität 1 und von vernachlässigbarem Querschnitt, die einen Abstand von 1 Meter haben und zwischen denen die durch den Strom elektrodynamisch hervorgerufene Kraft im Vakuum je 1 Meter Länge der Doppelleitung $2 \cdot 10^{-7}$ Newton (kg m s^{-2}) beträgt.
Kelvin: Das Kelvin, die Einheit der thermodynamischen Temperatur, ist der 273,16te Teil der Differenz zwischen der Temperatur des absoluten Nullpunkts der Thermodynamik und der Temperatur des Tripelpunkts von reinem Wasser.
Candela: Die Candela ist die Lichtstärke, mit der 1/600000 Quadratmeter der Oberfläche eines schwarzen Körpers bei der Temperatur des bei einem Druck von 101325 Newton pro Quadratmeter (1 physikalische Atmosphäre) erstarrenden Platins senkrecht zur Oberfläche leuchtet.
Mol: Das Mol ist die Stoffmenge eines Systems bestimmter Zusammensetzung, die ebenso viele „Elementareinheiten“ enthält, wie Atome in 0,0120 Kilogramm des reinen Kohlenstoffs ^{12}C enthalten sind. Die „Elementareinheiten“ müssen angegeben werden und können Atome, Moleküle, Ionen, Elektronen, Radikale, Formeleinheiten usw. sein.

Es sei an dieser Stelle hervorgehoben, daß die physikalische Größenart nichts mit der Wahl einer Einheit zu tun hat und also die Stoffmenge n nicht mit der speziellen Einheit der Stoffmenge, dem Mol, zu verwechseln ist. Die Menge eines Stoffes ist der Zahl der „Elementareinheiten“ des betreffenden Stoffs proportional. Der Proportionalitätsfaktor ist für alle Stoffe der gleiche. Sein reziproker Wert ist die Loschmidt- oder Avogadro-Konstante N_A (anstelle des früher benützten Symbols N_L werden die Symbole N_A oder L empfohlen). Betont sei, daß die Loschmidt-Konstante eine physikalische Größe mit der Dimension [Substanzmenge]$^{-1}$ und keine bloße Zahl ist.

Der Gebrauch der bisher benützten Bezeichnungen Grammatom, Grammmolekül, Grammion, Grammformelgewicht (oder Grammformelmasse) usw. für die Masse von N_A Atomen, Molekülen, Ionen, Formeleinheiten usw. wird in dem eingangs erwähnten Manual of Symbols and Terminology nicht empfohlen und sollte eingeschränkt werden.

Das *Atomgewicht* eines Elements A_r kennzeichnet das Verhältnis von durchschnittlicher Masse pro Atom der natürlichen Nuklidzusammensetzung des Elements zum 12ten Teil der Masse eines Atoms des Nuklids ^{12}C [z. B. $A_r(Cl) = 35{,}453$]. Der Begriff des Atomgewichts kann in analoger Weise auf andere, spezifizierte Nuklidzusammensetzungen oder auf einzelne Nuklide angewendet werden.
Früher kennzeichnete das Atomgewicht das Verhältnis von durchschnittlicher Masse pro Atom der natürlichen Nuklidzusammensetzung eines Elements zum 16ten Teil der Masse des Atoms des Nuklids ^{16}O.
1961 hatte die Atomgewichtskommission der IUPAC empfohlen, die Bezeichnung „Atomgewicht" durch „relative Atommasse" zu ersetzen. Übergeordnete Gremien der IUPAC bestätigten zwar den Zusatz „relativ", behielten jedoch den Begriff „Atomgewicht" bei. 1969 beschloß die Atomgewichtskommission, die Bezeichnung „Atomgewicht" für die oben definierte Größe beizubehalten [J. Pure and Appl. Chem., 21, S. 91 (1970)].
In entsprechender Weise gibt das *Molekulargewicht* M_r (manchmal auch als „Molekülmasse" oder „relative Molekülmasse" bezeichnet) das Verhältnis von durchschnittlicher Masse pro Molekül eines Stoffs zu $\frac{1}{12}$ der Masse eines Atoms des Nuklids ^{12}C [z. B. $M_r(NH_3) = 17{,}031$]. Entsprechendes gilt für das *Formelgewicht* (auch „Formelmasse" [z. B. $M_r(KCl) = 74{,}555$].
Als Einheit wird in der Atomphysik im allgemeinen die Atommasseneinheit m_u verwendet, die als $\frac{1}{12}$ der Masse des Kohlenstoffisotops ^{12}C definiert ist.

1 mol eines Stoffes hat die Masse von N_A „Elementareinheiten":

1 mol P_4 hat eine Masse von 123,90 Gramm,
1 mol P_4O_{10} hat eine Masse von 283,89 Gramm,
1 mol NaCl hat eine Masse von 58,44 Gramm,
1 mol Hg hat eine Masse von 200,59 Gramm,
1 mol CuZn hat eine Masse von 128,92 Gramm,
1 mol $Fe_{0,91}S$ hat eine Masse von 82,88 Gramm,
1 mol e hat eine Masse von $5{,}4860 \cdot 10^{-4}$ Gramm,

1 mol einer Mischung aus 78,09 Molprozent N_2, 20,95 Molprozent O_2, 0,93 Molprozent Ar und 0,03 Molprozent CO_2 hat eine Masse von 28,964 Gramm.
Beispiele für die Beziehungen zwischen der Stoffmenge und anderen physikalischen Größen sind:
2 mol N_2 enthalten $12{,}044 \cdot 10^{23}$ Moleküle N_2; Menge von N_2 = Zahl der N_2-Moleküle/L;
1 mol Photonen mit der Frequenz von 10^{14} Hz hat eine Energie von 39,90 kJ;
1 mol Elektronen,e, enthält $6{,}022 \cdot 10^{23}$ Elektronen, hat eine Masse von

$5{,}468 \cdot 10^{-4}$ g und eine Ladung von $-96{,}49$ kC (die numerischen Werte sind auf- bzw. abgerundet).

Dezimale Bruchteile und Vielfache der SI-Einheiten werden durch die in Tabelle 11.2 verzeichneten Vorsilben wiedergegeben.
Namen und Symbole von dezimalen Bruchteilen und Vielfachen der Masseneinheit Kilogramm, deren Name und Symbol schon eine Vorsilbe enthält, werden durch Zufügen der passenden Vorsilbe zum Wort Gramm und Symbol g konstruiert: mg und nicht µkg; µg und nicht nkg; Mg und nicht kkg.

Tabelle 11.2. SI-Vorsilben zur Bezeichnung von dezimalen Bruchteilen und Vielfachen

Bruchteil	Vorsilbe	Symbol	Vielfache	Vorsilbe	Symbol
10^{-1}	Dezi	d	10	Deka	da
10^{-2}	Zenti	c	10^{2}	Hekto	h
10^{-3}	Milli	m	10^{3}	Kilo	k
10^{-6}	Mikro	µ	10^{6}	Mega	M
10^{-9}	Nano	n	10^{9}	Giga	G
10^{-12}	Pico	p	10^{12}	Tera	T
10^{-15}	Femto	f	10^{15}	Peta	P
10^{-18}	Atto	a	10^{18}	Exa	E

Für eine Reihe dezimaler Bruchteile und Vielfacher von SI-Einheiten werden häufig spezielle Namen benützt. Sie sind in Tabelle 11.3 zusammengestellt. Der Name Mikron mit dem Symbol µ wird noch immer häufig anstelle

Tabelle 11.3. Spezielle Namen dezimaler Bruchteile und Vielfacher von SI-Einheiten, sowie von Einheiten, die mit dem Internationalen Einheitensystem benützt werden

Physikalische Größenart	Name der Einheit	Symbol	Definition
Länge	Ångström	Å	10^{-10} m
	Mikron	μ	10^{-6} m = 1 μm
Fläche	Barn	b	10^{-28} m^{2}
Volumen	Liter	l, L	10^{-3} m^{3}
Masse	Tonne	t	10^{3} kg
Kraft	Dyn	dyn	10^{-5} N
Druck	Bar	bar	10^{5} Nm^{-2}
Energie	Elektronenvolt*	eV	$1{,}60218 \cdot 10^{-19}$ J
Konzentration	Mol pro Liter	M	10^{3} mol m^{-3}
Zeit	Minute	min	60 s
	Stunde	h	360 s
	Tag	d	86400 s

*definiert durch beste Werte bestimmter physikalischer Konstanten.

der SI-Einheit Mikrometer mit dem Symbol µm benützt. Ebenso ist vielfach das Millimikron mit dem Symbol mµ anstelle des Nanometers nm in Gebrauch.
Aufgrund der Entscheidung der 12. Conférence Générale des Poids et Mesures im Oktober 1964 wurde die alte Definition des Liters (1,000028 dm^3) aufgehoben. Die Bezeichnung Liter wird jetzt als spezieller Name des Kubikdezimeters betrachtet. Um Daten mit sehr hoher Präzision anzugeben, sollen jedoch weder die Bezeichnung Liter noch das Symbol l oder L benützt werden.
Die oben und in den früheren Kapiteln benützten abgeleiteten SI-Einheiten sind in Tabelle 11.4, verschiedene, in SI-Einheiten definierte physikalische Größen in Tabelle 11.5 zusammengefaßt. Tabelle 11.6 beschreibt weitere Einheiten, die in der früheren Literatur benützt wurden.

Tabelle 11.4. Namen und Symbole abgeleiteter SI-Einheiten

Physikalische Größenart	Name der SI-Einheit	Symbol	Definition
Frequenz	Hertz	Hz	s^{-1}
Kraft	Newton	N	$kg\ m\ s^{-2}$
Druck	Pascal	Pa	$kg\ m^{-1}\ s^{-2} (= N\ m^{-2})$
Energie	Joule	J	$kg\ m^2\ s^{-2}$
Leistung	Watt	W	$kg\ m^2\ s^{-3}\ (= J\ s^{-1})$
elektrische Ladung	Coulomb	C	A s
elektrischer Potentialunterschied	Volt	V	$kg\ m^2\ s^{-3}\ A^{-1} (= J\ A^{-1}\ s^{-1})$
elektrische Kapazität	Farad	F	$kg^{-1}\ m^{-2}\ s^4\ A^2$
elektrischer Widerstand	Ohm	Ω	$kg\ m^2\ s^{-3}\ A^{-2} (= V A^{-1})$
elektrische Leitfähigkeit	Siemens	S	$kg^{-1}\ m^{-2}\ s^3\ A^2 (= A V^{-1} = \Omega^{-1})$
magnetische Flußdichte	Tesla	T	$kg\ s^{-2} A^{-1}\ (= Vs)$
Celsius-Temperatur*	Grad Celsius	°C	K – 273,15
Lichtstrom	Lumen	lm	cd
Beleuchtungsstärke	Lux	lx	$cd\ m^{-2}$
Aktivität einer radioaktiven Substanz	Becquerel	Bq	s^{-1}
Energiedosis	Gray	Gy	$m^2\ s^{-2}$

* Die Celsius-Temperatur ist definiert durch $\theta/°C = T/K - 273,15$.

Tabelle 11.5. Einheiten, die jetzt exakt definiert sind, in SI-Einheiten

Physikalische Größenart	Name der Einheit	Symbol	Definition
Druck	Atmosphäre	atm	$101325\ N\ m^{-2}$ (Pa)
	Torr	Torr	$(101325/760)\ N\ m^{-2}$ (Pa)
	Millimeter Quecksilber	mmHg	$13{,}5951 \cdot 980{,}665 \cdot 10^{-2}\ N\ m^{-2}$
Energie	Kilowattstunde	kWh	$3{,}6 \cdot 10^{6}\ J$
Radioaktivität	Curie	Ci	$3{,}7 \cdot 10^{10}\ s^{-1}$
Bestrahlungsdosis (Röntgen- und γ-Strahlen)	Röntgen	R	$2{,}58 \cdot 10^{-4}\ C\ kg^{-1}$

Tabelle 11.6. Weitere Einheiten, die in der früheren Literatur benützt wurden und die ihnen entsprechenden SI-Einheiten

Physikalische Größenart	Einheit	Symbol	Wert in SI-Einheiten
Kraft	Dyn	dyn	$10^{-5}\ N$
Energie	Erg	erg	$10^{-7}\ J$
Elektrisches Dipolmoment	Debye	D	$3{,}33564 \cdot 10^{-30}\ C\ m$
Viskosität	Poise	P	$10^{-1}\ N\ s\ m^{-2}$
Kinematische Viskosität	Stokes	St	$10^{-4}\ m^{2}\ s^{-1}$

Die Konzentration kann nach dem SI-System angegeben werden als: Massenkonzentration mit der Einheit g/l oder Stoffmengenkonzentration mit der Einheit mol/l. Die Einheit Val für die Äquivalentmenge entfällt im SI-System. Interpretiert man in der Definition für die Einheit Mol den Begriff „Teilchen" sinngemäß als „Ladung", so kann man nämlich für die Größe „Äquivalentmenge" ohne Schwierigkeiten die Einheit Mol verwenden.

Die Zeit soll nur noch in der Einheit Sekunde (s) angegeben werden. Zur Beschreibung der Temperatur ist neben der Einheit Kelvin (K) mit Bezug auf den absoluten Temperaturnullpunkt auch eine Angabe in Celsius (°C) mit Bezug auf den Tripelpunkt des Wassers (273,16 K), also den Punkt, bei dem Wasserdampf, Wasser und Eis im Gleichgewicht stehen, zulässig.

Die bisherige Einheit des Drucks mmHg oder Torr, die außer von anderen Größen zusätzlich auch noch von der Temperatur und der geographischen Lage des Meßortes abhängt, entfällt. An ihre Stelle tritt das Pascal (Pa). Ki-

lopascal (kPa) und Millibar (mbar) sind als dezimale Vielfache ebenfalls zulässig, wobei gilt: 1 kPa = 10 mbar.
Das konventionelle Millimeter Quecksilber mit dem Symbol mmHg (nicht mm Hg) ist der Druck, den eine Säule von genau 1 mm Höhe einer Flüssigkeit mit der genauen Dichte von 13,5951 g cm^{-3} an einem Ort ausübt, dessen Gravitationsbeschleunigung genau 980,665 cm s^{-2} ist.
Das mmHg unterscheidet sich vom Torr um weniger als $2 \cdot 10^{-7}$ Torr.
Für die Wärmemenge ist seit der Entdeckung des mechanischen Wärmeäquivalents durch Robert Mayer keine eigene Einheit mehr notwendig, sondern es genügt *eine* Einheit für Energie. Diese ist im SI-System das Joule (J). Die Einheit Kalorie ist ersatzlos gestrichen.
Auch einige Einheiten, die heute in der Radiologie noch Verwendung finden, entfallen nach dem SI-System:
Das Curie für die Aktivität einer radioaktiven Substanz. Es wird ersetzt durch die SI-Einheit Becquerel (Bq).
Das Röntgen für die Ionendosis. Die neue Einheit ist Coulomb pro Kilogramm ($C \cdot kg^{-1}$): eine eigene Bezeichnung wird es nicht mehr geben.
Das rad für die Energiedosis, das durch die neue Einheit Gray (Gy) ersetzt wird.
Das rem, die Einheit für die Äquivalentdosis.
In Tab. 11.7 und 11.8 sind Umrechnungsfaktoren zwischen konventionellen und SI-Einheiten aufgeführt.
Schließlich sind in den Tabellen 11.9 und 11.10 einige Umrechnungsfaktoren und physikalische Konstanten nach den heute bestbekannten Daten aus experimentellen Bestimmungen wiedergegeben.

Tabelle 11.7. Umrechnungsfaktoren* zwischen „früheren“ und SI-Einheiten

„frühere Einheit“	SI-Einheit	U_f	U_{SI}
mg/100 ml	$mmol \cdot l^{-1}$	10/Molekulargewicht	Molekulargewicht/10
	$mg \cdot dl^{-1}$	1	1
Kalorie	Joule	0,2386	4,184
Curie	Becquerel	$0{,}27 \cdot 10^{-10}$	$3{,}7 \cdot 10^{10}$
Röntgen	$C \cdot kg^{-1}$	$3{,}88 \cdot 10^{3}$	$2{,}58 \cdot 10^{-4}$
Rad	Gray	100	10^{-2}

* Zahlenwert (SI-Einheit) = Zahlenwert x U_f („frühere“ Einheit), Zahlenwert („frühere“ Einheit) = Zahlenwert x U_{SI} (SI-Einheit).

Tabelle 11.8. Umrechnungsfaktoren für Druckeinheiten

		Pa	kPa	bar	atm	mbar	Torr
1 Pa	=	1	10^{-3}	10^{-5}	$9{,}86923 \times 10^{-6}$	10^{-2}	$7{,}50062 \times 10^{-3}$
1 kPa	=	10^3	1	10^{-2}	$9{,}86923 \times 10^{-3}$	10	7,50062
1 bar	=	10^5	10^2	1	0,986923	10^3	750,062
1 atm	=	101325	101,325	1,01325	1	1013,25	760
1 mbar	=	100	10^{-1}	10^{-3}	$9{,}86923 \times 10^{-4}$	1	0,75006
1 Torr	=	133,322	0,133322	$1{,}33322 \times 10^{-3}$	$1{,}31579 \times 10^{-3}$	1,33322	1

Tabelle 11.9. Umrechnungsfaktoren

Physikalische Größenart	Name der Einheit	Symbol	Umrechnungsfaktor
Energie	Elektronenvolt	eV	$1\ eV = 1{,}60218 \cdot 10^{-19}\ J$
Masse	Atommasseneinheit	m_u	$1\ m_u = 1{,}66054 \cdot 10^{-27}\ kg$

Tabelle 11.10. Physikalische Konstanten

Physikalische Konstante	Symbol	Wert in SI-Einheiten
Vakuumlichtgeschwindigkeit	c	$299\,792\,458\ m\,s^{-1}$
Loschmidt-Konstante oder Avogadro-Konstante	L, N_A	$6{,}0221367(36) \cdot 10^{23}\ mol^{-1}$
Faraday-Konstante	F	$9{,}6485309(29) \cdot 10^{4}\ C\,mol^{-1}$
Planck-Konstante	h	$6{,}6260755(40) \cdot 10^{-34}\ J\,s$
Allgemeine Gaskonstante	R	$8{,}314510(70)\ J\,K^{-1}\,mol^{-1}$
Boltzmann-Konstante	k, k_B	$1{,}380658(12) \cdot 10^{-23}\ J\,K^{-1}$
Ruhemasse des Elektrons	m_e	$9{,}1093897(54) \cdot 10^{-31}\ kg$
Ruhemasse des Protons	m_p	$1{,}6726231(10) \cdot 10^{-27}\ kg$
Bohrscher Radius	a_o	$5{,}29177249(24) \cdot 10^{-11}\ m$
Bohrsches Magneton	μ_B	$9{,}2740154(31) \cdot 10^{-24}\ J\,T^{-1}$
Rydberg-Konstante	R_∞	$10973731{,}534(13)\ m^{-1}$
Tripelpunkt des Wassers	$T_{tp}(H_2O)$	273,16 K
Nullpunkt der Celsius-Skala	$T(0°C)$	273,15 K
Molvolumen des idealen Gases (bei 1 bar und 273,15 K)	V_o	$22{,}71108(09)\ l\,mol^{-1}$

12. Anhang – Aufgaben und Lösungen*

Aufgaben zu Kapitel 1: Empirische Formeln, Gleichgewichte

1-1 Die Analyse einer Verbindung ergab 26,55 % K, 21,73 % S und 8,25 % Mg. Der Rest ist Sauerstoff. Um welche Verbindung handelt es sich?

1-2 Berechnen Sie die einfachste Formel für die Verbindung der Zusammensetzung: 12,06 % Na, 11,35 % B, 29,36 % O und 47,23 % Kristallwasser.

1-3 Eine der Komponenten des Portlandzements enthält 52,7 % Ca, 12,3 % Si und 35,0 % O. Wie lautet die empirische Formel dieser Verbindung?

1-4 Beim Verbrennen von 1,367 g einer organischen Substanz im Luftstrom werden 3,002 g CO_2 und 1,64 g H_2O erhalten. Welche einfachste Summenformel besaß die Ausgangsverbindung, wenn sie ausschließlich aus C, H und O aufgebaut war?

1-5 Der Wassergehalt von 18 g eines instabilen Salzhydrats wurde zu 8,45 g ermittelt. Wie lautet die empirische Formel des Salzes, wenn für die wasserfreie Verbindung folgende Zusammensetzung bestimmt worden ist: 32,37 % Na, 22,57 % S, der Rest ist Sauerstoff?

1-6 217,5 mg einer Probe, die nur Kohlenstoff und Wasserstoff enthält, wird zu CO_2 (336 ml bei Normalbedingungen) und H_2O (337,5 mg) verbrannt. Wie lautet die einfachste empirische Formel des Kohlenwasserstoffs und wie lautet die Molekülformel, wenn obige Probe bei 740 mmHg und 40 °C ein Volumen von 98,91 ml einnimmt?

1-7 Ein Gramm Butangas (das nur aus Kohlenstoff und Wasserstoff besteht) verbrennt an der Luft zu 3,03 g Kohlendioxid und 1,55 g Wasser. Wie lautet die Molekülformel des Butans, wenn seine Molmasse ungefähr 58 g beträgt?

1-8 Das Molekulargewicht eines Phosphoroxids ist gleich 284. Eine Elementaranalyse zeigt, daß die Verbindung 43,6 % P enthält. Bestimmen Sie die Molekülformel der Verbindung.

1-9 Bei der Elementaranalyse ergaben 0,324 g einer organischen Verbindung, die Kohlen-, Wasser- und Sauerstoff enthält, 0,47 g CO_2 und 0,224 g H_2O. Welche empirische Formel kommt der Verbindung zu und wie lautet die Molekülformel, wenn 182,18 g als Molmasse bestimmt wurden?

1-10 Die Analyse einer Verbindung ergab folgende Werte: 29,22 % Al, 38,3 % Cl, 26,02 % C und 6,56 % H. Wie lautet die einfachste Summenformel dieser Verbindung? Das Molekulargewicht ist mit 186 ermittelt worden. Welche korrekte Formel kommt dem Produkt zu?

1-11 Beim Erhitzen von 5,32 g eines Salzhydrates verbleiben 3,82 g der wasserfreien Probe. Die Analyse dieser entwässerten Probe ergab 32,43 % Y, 15,28 % N, der Rest war Sauerstoff. Welche empirische Formel kommt der wasserfreien Verbindung zu und welche Molekülformel besitzt das Salzhydrat?

1-12 Welche empirische Formel kommt einem Mineral zu, für welches folgende Zusammensetzung ermittelt worden ist: 16,93 % K_2O, 18,32 % Al_2O_3 und 64,57 % SiO_2?

* bei Konzentrationsangaben S. 3 ff. beachten

1-13 Eine Probe einer nur aus C und H bestehenden Verbindung wird in Sauerstoff verbrannt, wobei 7,92 g CO_2 und 3,24 g H_2O entstehen. Wieviel Mol C- und H-Atome enthält die Probe? Wie lautet die empirische Formel der Verbindung und wie groß war die Masse der verbrannten Probe?

1-14 0,619 g eines Gemisches von NaCl und KCl werden in Wasser gelöst und mit $AgNO_3$ gefällt. Erhalten wurden 1,3211 g AgCl. Wieviel % NaCl und KCl enthielt das Gemisch?

1-15 0,4152 g eines Gemisches aus KCl und KBr ergeben mit $AgNO_3$ ein Ag-Halogenidniederschlagsgemisch, dessen Reduktion 0,5076 g Ag-Metall ergibt. Welche Zusammensetzung hatte das Ausgangsgemisch?

1-16 Eine zweiwertige, organische Säure besteht zu 40,7 % aus Kohlenstoff, 5,1 % aus Wasserstoff, der Rest ist Sauerstoff. Das sauere Natriumsalz enthält 16,4 % Natrium. Stellen Sie die Molekülformel der Säure auf.

1-17 Das Mineral „Schönit" ist ein „Gemisch" aus Kaliumsulfat, Magnesiumsulfat und Wasser. Beim Glühen nimmt das Gewicht einer Probe von 0,805 g um 0,216 g ab. Der Rückstand wird in Wasser gelöst und mit einer $BaCl_2$-Lösung versetzt, wobei 0,934 g Bariumsulfat erhalten werden. Berechnen Sie aus diesen Angaben die empirische Formel des Minerals. (Formelgewicht: $BaSO_4$: 233,402; K_2SO_4: 174,266; $MgSO_4$: 120,367; H_2O: 18,015).

1-18 Bei Zugabe einer bestimmten Natriummenge zu Wasser entstehen 609 ml Wasserstoff (20 °C und 750 mmHg), außerdem werden 400 ml einer NaOH-Lösung gebildet. Bestimmen Sie die Molarität dieser Lösung.

1-19 In einem 12-Liter-Autoklaven wird PCl_5 auf 250 °C erhitzt. Das sich einstellende Gleichgewicht enthält 0,32 mol PCl_3; 0,32 mol Cl_2 und 0,21 mol PCl_5. Welchen Wert hat die Gleichgewichtskonstante K für die Dissoziation von PCl_5 bei 250 °C? Nach Zugabe von nochmals 5 mol PCl_5 wird erneut die Gleichgewichtseinstellung abgewartet. Welche Substanzkonzentrationen herrschen nun vor?

1-20 Berechnen Sie den Dissoziationsgrad α des Phosphorpentachlorids, wenn 1,804 g PCl_5 in einem geschlossenen 0,5 Liter-Gefäß auf 200 °C erhitzt werden, welches zuvor mit Chlorgas von 20 °C und 1,013 bar gefüllt ist. Die Gleichgewichtskonstante K_C für die Reaktion $PCl_5 \rightleftharpoons PCl_3 + Cl_2$ bei 200 °C ist 0,00814 mol/l.
(Anleitung: berechnen Sie zuerst die molaren Konzentrationen der beiden Substanzen. Hierzu benötigen Sie für Cl_2 die Konstante $R = 0{,}08315\ l\ bar\ K^{-1}\ mol^{-1}$ und für PCl_5 das Molekulargewicht 208,239).

1-21 Bei Raumtemperatur werden 1 mol Ethanol (C_2H_5OH) und 1 mol Essigsäure zusammengegeben. Das sich einstellende Gleichgewicht enthält 2/3 mol Essigester und 2/3 mol Wasser. Welchen Wert hat die Gleichgewichtskonstante? Wieviele Mol Ester würden sich aus 3 mol Alkohol und 1 mol Säure bilden?

1-22 Das System $2\ ICl \rightleftharpoons I_2 + Cl_2$ ist bei 225 °C im Gleichgewicht, wenn in einem 2-Liter-Kolben 0,05 mol I_2, 0,05 mol Cl_2 und 1,6 mol ICl nebeneinander vorliegen. a) Bestimmen Sie die Gleichgewichtskonstante K. b) Berechnen Sie die Molzahlen der Komponenten, wenn sich zunächst 2,6 mol ICl neben je 0,05 mol I_2 und Cl_2 im 2-Liter-Kolben befinden und dann bei der gegebenen Temperatur die Einstellung des Gleichgewichts abgewartet wird.

1-23 Für die Reaktion $H_2 + I_2 \rightleftharpoons 2\,HI$ wurden bei 425 °C folgende Gleichgewichtskonzentrationen ermittelt: $c(H_2) = c(I_2) = 0{,}01$ mol/l und $c(HI) = 0{,}074$ mol/l. Wie groß ist die Gleichgewichtskonstante? Wie groß sind die neuen Gleichgewichtskonzentrationen, wenn c(HI) rasch auf 0,1 mol/l erhöht und die Gleichgewichtseinstellung abgewartet wird?

1-24 Für die Reaktion: $H_2(g) + CO_2(g) \rightleftharpoons H_2O(g) + CO(g)$ ist die Gleichgewichtskonstante K bei 750 °C zu 0,771 bestimmt worden. Wie groß sind die Gleichgewichtskonzentrationen aller Substanzen, wenn 0,01 mol H_2 und 0,01 mol CO_2 in einem 1-Liter-Gefäß gemischt werden und bei 750 °C die Einstellung des Gleichgewichts abgewartet wird?

1-25 Eine Lösung enthält in 800 ml 130 g LiI. Die Dichte der Lösung beträgt 1,116 g/ml. Wie groß ist ihre Molarität, ihre Molalität und ihr Gehalt in Gew. %?

1-26 Bei 800 °C beträgt $K_p = 0{,}223$ bar für das Gleichgewicht: $CaCO_3(f) \rightleftharpoons CaO(f) + CO_2(g)$. Wie hoch ist die Konzentration von $CO_2(g)$ in mol/l, das bei dieser Temperatur mit festem $CaCO_3$ und CaO im Gleichgewicht steht?

1-27 Bei 585 K und einem Gesamtdruck von 1,0 bar ist NOCl (g) zu 56,4 % dissoziiert. Nehmen Sie an, daß vor der Dissoziation 1,00 mol NOCl (g) vorhanden war. Wieviele Mol NOCl (g), NO (g) und Cl_2 (g) sind im Gleichgewicht vorhanden; wie groß ist die Gesamtzahl an Mol Gas im Gleichgewichtszustand, wie groß sind die Gleichgewichtspartialdrücke der drei Gase und welchen Wert hat die Gleichgewichtskonstante K bei 585 K?

1-28 Die Gleichgewichtskonstante K_p der Reaktion $N_2(g) + 3\,H_2(g) \rightleftharpoons 2\,NH_3(g)$ beträgt bei 500 °C $1{,}5 \cdot 10^{-5}$ bar^{-2}. Wie groß sind die Gleichgewichtspartialdrücke der Komponenten N_2 und H_2, wenn der Partialdruck des NH_3 0,01 bar beträgt und welchen Wert hat die zugehörige Konstante K_c? (R = 0,08315 l bar K^{-1} mol^{-1}).

Lösungen

1-1 Musterlösung:

Zusammensetzung	26,55 % K	21,73 % S	8,25 % Mg	43,47 % O
	(der O-Wert wurde berechnet; % Σ = 100)			
Atomgewichte	39,098	32,066	24,305	15,999
	(Atomgewichte siehe S. 280)			
Atomzahlverhältnisse	0,679 :	0,678 :	0,339 :	2,717
	(durch Division der beiden ersten Zahlenpaare erhalten)			
ganzzahlige Verhältnisse	2 :	2 :	1 :	8
	(durch Division der primär erhaltenen Verhältniszahlen durch den kleinsten der gefundenen Werte = 0,339).			

Die empirische Formel der Verbindung lautet also: $K_2S_2MgO_8 \hat{=} K_2SO_4 \cdot MgSO_4$.

1-2 Lösung wie 1-1; die Formel lautet $Na_2B_4O_7 \cdot 10H_2O$.

1-3 Lösung wie 1-1; die Formel lautet $Ca_3SiO_5 \hat{=} (3\,CaO) \cdot SiO_2$.

1-4 Lösung wie 1-1; die Formel lautet C_3H_8O.

1-5 Lösung wie 1-1; für die wasserfreie Verbindung ergibt sich Na_2SO_4, für das Salzhydrat $Na_2SO_4 \cdot 7\,H_2O$.

1-6 Musterlösung:

336 ml CO_2 entsprechen 0,015 mol CO_2 (Molvolumen bei Normalbedingungen 22,4 Liter), diese enthalten demnach auch 0,015 mol Kohlenstoff.

337,5 mg H_2O entsprechen 0,01875 mol H_2O (Molekulargewicht 18,016 g/mol), diese enthalten demnach $2 \cdot 0{,}01875 = 0{,}0375$ mol Wasserstoff.

Das molare Verhältnis wäre also 1:2,5 oder verdoppelt 2:5. Die einfachste Formel lautet C_2H_5.

Das Molekulargewicht des Kohlenwasserstoffs beträgt 58 g/mol. (Die Umrechnung des Gasvolumens auf Normalbedingungen ergibt 83,999 ml). Da das Molekulargewicht für C_2H_5 29 g beträgt, das tatsächliche Formelgewicht aber 58 g/mol ist, muß die empirische Formel verdoppelt werden, um die korrekte Summenformel zu erhalten: $(C_2H_5)_2 = C_4H_{10}$.

1-7 Lösung wie 1-6; die empirische Formel lautet C_2H_5, die Molekülformel: C_4H_{10}.

1-8 Lösung wie 1-6; die empirische Formel lautet P_2O_5, die Molekülformel: P_4O_{10}.

1-9 Lösung wie 1-6; die empirische Formel lautet $C_3H_7O_3$, die Molekülformel: $C_6H_{14}O_6$.

1-10 Lösung wie 1-1 und 1-6; die empirische Formel lautet $AlClC_2H_6$, die Molekülformel:

$$Al_2Cl_2C_4H_{12} \triangleq [(CH_3)_2AlCl]_2.$$

1-11 Lösung wie 1-1; die Formel für die entwässerte Verbindung lautet YN_3O_9, für das Salzhydrat $YN_3O_9 \cdot 6\,H_2O \triangleq Y(NO_3)_3 \cdot 6\,H_2O$.

1-12 Es gibt zwei Lösungsmöglichkeiten: entweder werden die Einzelgehalte an K, Al, Si und O aus den gegebenen Werten der Oxide errechnet und dann nach Lösungsmethode 1-1 ausgewertet oder die Verhältnisse werden gleich auf diese Oxidanteile bezogen. Im ersten Fall erhält man für die empirische Formel $KAlSi_3O_8$, im zweiten Fall resultiert $K_2Al_2Si_6O_{16}$.

1-13 Lösung in Anlehnung an 1-4); 7,92 g $CO_2 \triangleq$ 0,1799 mol $CO_2 \triangleq$ 0,1799 mol C-Atomen; 3,24 g $H_2O \triangleq$ 0,1799 mol $H_2O \triangleq$ 0,3598 mol H-Atomen. Verhältnis C : H = 1 : 2, also Formel $CH_2 \cdot$ 0,1799 mol C $\triangleq$ 2,160 g + 0,3598 mol H $\triangleq$ 0,3626 g ergibt 2,523 g Ausgangsmenge. (Anderer Weg: MG für CH_2 = 14,027 g/mol, 0,1799 mol sind demnach $14{,}027 \cdot 0{,}1799 = 2{,}523$ g).

1-14 Musterlösung:

(1) a g NaCl + b g KCl = 0,619 g Gemisch.

$$\frac{a \cdot 143{,}32}{58{,}55} = 2{,}447 \cdot a \text{ g AgCl entstehen aus NaCl}$$

$$\frac{b \cdot 143{,}32}{74{,}55} = 1{,}922 \cdot b \text{ g AgCl entstehen aus KCl}$$

(2) $2{,}477 \cdot a + 1{,}922 \cdot b = 1{,}3211$ g AgCl

Durch Umformen der Gleichung (1) und Einsetzen in Gleichung (2) erhält man für a = 0,2503 g NaCl $\triangleq$ 40,426 % und für b = 0,3687 g KCl $\triangleq$ 59,564 %.

1-15 Lösung wie 1-14; die Mischung besteht aus 0,2429 g KCl und 0,1722 g KBr.

1-16 Lösung wie 1-1 oder 1-2: Empirische Summenformel ist $C_2H_3O_2$, das zugehörige Molekulargewicht ist 59. Molekulargewicht (Säure) – Atomgewicht (H = 1) + Atomgewicht (Na = 23) = Formelgewicht (Na-Salz), d.h. Molekulargewicht = [Atomgewicht (Na): 0,164] – [Atomgewicht (Na) – Atomgewicht (H)]. Molekulargewicht ergibt sich zu 118,2; d.h. Formel: $C_4H_6O_4$.

1-17 Lösung wie 1-14; der Glühverlust der Mischung beträgt 0,216 g (H_2O), der Rückstand enthält 0,347 g K_2SO_4 und 0,242 g $MgSO_4$.

1-18 Das Gasvolumen bei Normalbedingungen beträgt 559,96 ml, was umgerechnet (Avogadro) $2{,}498 \cdot 10^{-2}$ mol H_2 entspricht. Damit enthält die Lösung $2 \cdot 2{,}498 \cdot 10^{-2}$ mol NaOH in 400 ml oder $1{,}25 \cdot 10^{-1}$ mol/l.

1-19 Die Gleichgewichtskonstante hat den Wert von 0,0406. Nach Zugabe von 5 mol PCl_5 ergeben sich die Konzentrationen $c_{Cl_2} = c_{PCl_3} = 1{,}416$ mol und $c_{PCl_5} = 4{,}114$ mol auf 12 Liter.

1-20 Lösung wie 1-19 und 1-18: c(PCl_5-Anfang) = 0,0173 mol/l; c(Cl_2-Anfang) = 0,0416 mol/l; $\alpha = 0{,}155$.

1-21 Musterlösung:

Die Reaktionsgleichung lautet: $C_2H_5OH + CH_3COOH \rightleftharpoons C_2H_5OOCCH_3 + H_2O$

Anfangskonzentrationen:	1	+ 1	–	–	mol
Umsatz führt zu:	1 – 2/3	1 – 2/3	2/3	2/3	mol

Die Gleichgewichtskonstante hat den Wert 4.
Aus 3 mol Alkohol und 1 mol Säure bilden sich 0,9 mol Ester.

1-22 Lösung ähnlich 1-19 und 1-21; a) $K = 9{,}766 \cdot 10^{-4}$

b) bezogen auf 1 Liter lautet die zur Berechnung erforderliche Gleichung:

$$K = \frac{x \cdot x}{(1{,}35 - 2x)^2}$$

0,0792 mol I_2 bzw. Cl_2 und 2,541 mol ICl, bezogen auf 2 Liter.

1-23 Lösung wie 1-19 und 1-21; K = 54,76; $c_{I_2} = c_{H_2} = 1{,}276 \cdot 10^{-2}$ und $c_{HI} = 0{,}0945$ mol/l.

1-24 Lösung wie 1-22; $c_{CO} = c_{H_2O} = 4{,}677 \cdot 10^{-3}$ und $c_{H_2} = c_{CO_2} = 5{,}323 \cdot 10^{-3}$ mol/l.

1-25 Musterlösung:

130 g LiI entsprechen 0,97124 mol LiI (FG = 133,85 g/mol), die Lösung ist also 1,214 molar. Anderer Lösungsweg: Bei der gegebenen Dichte von 1,116 g/ml haben 800 ml eine Masse von 892,8 g. Die Molarität ergibt sich zu:

$$\text{Molarität} = \frac{130 \cdot 1{,}116 \cdot 1000}{133{,}85 \cdot 892{,}8} = 1{,}214 \text{ mol/l.}$$

Die Lösungsmittelmenge ergibt sich zu 762,8 g; damit erhält man für die Molalität:

$$\text{Molalität} = \frac{130 \cdot 1000}{133{,}85 \cdot 762{,}8} = 1{,}273 \text{ mol/kg. Gew\%} = \frac{130 \cdot 100}{892{,}8} = 14{,}561\text{\%ig.}$$

1-26 Mit Hilfe der Gleichung pV = nRT berechnet sich c_{CO_2} zu $2{,}499 \cdot 10^{-3}$ mol/l. (n = 1; R = 0,08315 l bar K^{-1} mol^{-1}; T = 1073 K; K = Kelvin).

1-27 Musterlösung: Die Gleichgewichtskonstante K errechnet sich nach:

$$K = \frac{p(Cl_2) \cdot p^2(NO)}{p^2(NOCl)}$$

Mole Gas im Gleichgewicht: 0,436 (NOCl); 0,564 (NO); 0,282 (Cl_2); Summe = 1,282 mol Gas;

Partialdrücke in bar:

$$\frac{0{,}436}{1{,}282} = 0{,}34\ (NOCl); \frac{0{,}564}{1{,}282} = 0{,}44\ (NO); \frac{0{,}282}{1{,}282} = 0{,}22\ (Cl_2)\ (\text{Summe} = 1{,}0 \text{ bar}).$$

Einsetzen dieser Werte in obige Gleichung ergibt K = 0,3684.

1-28 Lösung in Anlehnung an 1-19 oder 1-24:

$$K_p = \frac{p^2(NH_3)}{x \cdot (3x)^3} \rightarrow x = \sqrt[4]{\frac{(10^{-2})^2}{27\,K_p}} \rightarrow x = 0{,}7049$$

$p(N_2) = 0{,}7049$ bar $p(H_2) = 3x = 2{,}1147$ bar

$K_c = K_p(R \cdot T)^{-\Delta n}$; $\Delta n = -2$, $T = 500 + 273$, $K_c = 6{,}115 \cdot 10^{-2}$.

Aufgaben zu Kapitel 2: Neutralisationsanalyse, pH-Berechnungen

2-1 Berechnen Sie die genaue H-Ionenkonzentration einer 0,015 molaren Lösung von HCNO. Welchen pH-Wert hat die Lösung? Wie groß sind die Konzentrationen der NCO^--Ionen und der nicht dissoziierten Cyansäure in der Lösung? $K_s = 1{,}2 \cdot 10^{-4}$.

2-2 Der pH-Wert einer 0,15 molaren Lösung einer schwachen Base ist 10,65. Wie groß ist die Dissoziationskonstante K_b?

2-3 Das pH der Lösung einer mittelstarken Säure HX, deren K_s-Wert $4{,}16 \cdot 10^{-4}$ beträgt, ist 2,478. Welche Molarität hat diese Lösung und welchen Dissoziationsgrad α hat hier die Säure HX?

2-4 Wieviel %ig ist eine Natriumacetatlösung, deren pH-Wert 9 beträgt? $K_s(HAc) = 1{,}8 \cdot 10^{-5}$.

2-5 Wie hoch sind die Konzentrationen an H^+, F^- und HF in einer 0,15 molaren Lösung der mittelstarken Säure HF? $K_s = 6{,}7 \cdot 10^{-4}$.

2-6 Welche Konzentrationen an H_3O^+, $C_6H_5COO^-$ und C_6H_5COOH herrschen in einer 0,2 molaren Benzoesäurelösung vor? Wie groß ist der Dissoziationsgrad der Säure in dieser Lösung und wie groß ist er in einer 0,002 molaren Lösung? $K_s = 6{,}2 \cdot 10^{-5}$.

2-7 Eine Lösung von 0,06 mol einer schwachen Säure HX wird auf 250 ml verdünnt; der pH-Wert dieser Lösung beträgt 2,89. Wie groß ist die Säurekonstante K_s der Säure HX, und wie groß ist das pH, wenn zur obengenannten Lösung 0,03 mol festes NaX zugegeben werden?

2-8 Bei 25 °C ist eine 0,01 molare Ammoniaklösung zu 4,3 % dissoziiert. Bestimmen Sie die Konzentration an OH^-- und NH_4^+-Ionen, die Konzentration an undissoziiertem Ammoniak und die Dissoziationskonstante für die Ammoniaklösung.

2-9 Die Wasserstoffionenkonzentration in einer 0,072 molaren Benzoesäurelösung ist $2{,}1 \cdot 10^{-3}$ mol/l. Berechnen Sie die Säurekonstante K_s.

2-10 50 ml einer 0,25 molaren Essigsäurelösung werden auf 600 ml aufgefüllt. Wie groß ist der Dissoziationsgrad α der HAc in der Ausgangslösung und wie groß ist α der verdünnten Lösung? Berechnen Sie die H-Ionenkonzentration der Ausgangslösung. $K_s = 1{,}8 \cdot 10^{-5}$.

2-11 Welchen pH-Wert hat a) eine $5 \cdot 10^{-8}$ molare HCl-Lösung und b) eine $5 \cdot 10^{-10}$ molare HCl-Lösung?

2-12 Wie groß sind die Konzentrationen an H^+, NO_2^- und HNO_2 in einer Lösung, die als 0,025 molar an HNO_2 bezeichnet ist? Wie groß ist der Dissoziationsgrad α der HNO_2 in dieser Lösung? $K_s\,(HNO_2) = 4{,}5 \cdot 10^{-4}$.

2-13 In einer 0,03 molaren Lösung einer mittelstarken Base hat diese einen Dissoziationsgrad α von 11,1 %. Wie stark ist diese Base in einer 0,3 molaren Lösung dissoziiert, wie groß ist das pH dieser Lösung und wie groß ist die Konzentration an undissoziierter Base in dieser Lösung?

2-14 Welchen pH-Wert und welchen Dissoziationsgrad α besitzt eine 0,035 molare HNO_2-Lösung? ($K_s = 4{,}5 \cdot 10^{-4}$). Wie ändert sich das pH, wenn zu 100 ml dieser Lösung 0,01 mol festes $NaNO_2$ hinzugefügt werden (also keine Volumenänderung!) und welcher Dissoziationsgrad α kommt in dieser Mischung der HNO_2 zu?

2-15 Berechnen Sie den pH-Wert einer 0,1 molaren NH_4OCN-Lösung. Wie groß sind die NH_3- und HOCN-Konzentrationen in dieser Lösung? $K_b(NH_3) = 1{,}8 \cdot 10^{-5}$ und $K_s(HOCN) = 2{,}2 \cdot 10^{-4}$.

2-16 Durch Auflösen von 12,7551 g Cyanessigsäure ($NC\text{-}CH_2\text{-}COOH$) wird eine Lösung von genau 500 ml hergestellt. Die OH-Ionenkonzentration dieser Lösung beträgt $3{,}125 \cdot 10^{-13}$ mol/l. Wie groß ist die Säurekonstante K_s der Cyanessigsäure, wie groß ist ihr Dissoziationsgrad α und welche Konzentration an undissoziierter Säure herrscht in der gegebenen Lösung vor?

2-17 100 ml einer 0,5 molaren HAc werden mit 40 ml einer 0,5 molaren NaOH auf 500 ml mit H_2O verdünnt. Wie groß ist der pH-Wert der entstandenen Lösung? $K_s = 1{,}8 \cdot 10^{-5}$.

2-18 Eine 0,2 molare Lösung von salpetriger Säure, HNO_2, die eine unbekannte Menge Natriumnitrit, $NaNO_2$, enthält, besitzt einen pH-Wert von 3,8. Wie hoch ist die Konzentration von $NaNO_2$ in der Lösung? $K_s = 4{,}5 \cdot 10^{-4}$.

2-19 Die 0,1 molare Lösung einer schwachen Säure, deren pK_s-Wert 6 beträgt, soll mit NaOH neutralisiert werden. Welches pH liegt am Äquivalenzpunkt vor?

2-20 25 ml einer Salzsäurelösung werden auf 250 ml verdünnt. 50 ml der verdünnten Lösung erfordern zur Neutralisation 23,5 ml einer 0,5 normalen NaOH-Lösung. Wieviel g HCl im Liter enthält die zur Analyse vorgelegte Säure und welche Normalität besitzt sie?

2-21 Wie groß sind die Konzentrationen an H_3O^+, Cl^-, Ac^- und HAc in einer Lösung, die durch Verdünnen von 0,1 mol HCl und 0,5 mol NaAc auf 1 Liter erhalten wird? $K_s(HAc) = 1{,}8 \cdot 10^{-5}$.

2-22 Wieviel Mol der Säure HX müssen zur Herstellung von 500 ml einer Lösung vom pH = 2,4 verwendet werden, wenn diese Lösung schon 0,12 molar an NaX ist und wenn der Dissoziationsgrad α einer reinen 0,0015 molaren HX-Lösung 0,27 beträgt?

2-23 In einer 0,03 molaren Lösung von $HClO_2$ in Wasser ist die Säure zu 44,934 % dissoziiert. Wieviel Mol an $HClO_2$ müssen für die Herstellung von 1 l Lösung verwendet werden, wenn die Lösung genau 1 mol undissoziierte Säure enthalten soll und welches pH besitzt diese Lösung?

2-24 Ein Liter einer wäßrigen Lösung von Kakodylsäure (eine einwertige organische Säure des Arsens) enthält 0,3 mol an undissoziierter Säure. Welche Säurekonstante K_s hat die Säure, wenn ihr Dissoziationsgrad in der Lösung $1{,}4573 \cdot 10^{-3}$ beträgt? Wie groß ist die Ausgangskonzentration C_o und welches pH herrscht in der Lösung vor?

2-25 Welches sind die Konzentrationen an H_3O^+, N_3^-, Cl^- und HN_3 in einer Lösung, die in einem Liter 0,23 mol NaN_3 und 0,1 mol HCl enthält? $K_s(HN_3) = 1{,}9 \cdot 10^{-5}$.

2-26 Welches sind die Konzentrationen an OH^-, NH_4^+ und NH_3 in einer Lösung, die durch Zugabe von 150 ml einer 0,45 molaren NH_4Cl- zu 300 ml einer 0,3 molaren NaOH-Lösung hergestellt wurde? $K_b(NH_3) = 1{,}8 \cdot 10^{-5}$.

2-27 Eine Probe gasförmiges Ammoniak wird in 100 ml einer 0,15 normalen HCl eingeleitet, wobei NH_4Cl entsteht. Die NH_3-Menge reicht aber nicht zur Neutralisation der gesamten Säure aus; der Überschuß wird mit 63,2 ml einer 0,105 normalen NaOH-Lösung zurücktitriert. Bestimmen Sie das Gewicht der Ausgangsprobe gasförmigen Ammoniaks.

2-28 Wie groß ist der pH-Wert am Äquivalenzpunkt bei der Titration von 200 ml einer 0,01 normalen HCOOH-Lösung mit einer 0,05 normalen NaOH-Lösung? $K_s = 1{,}77 \cdot 10^{-4}$.

2-29 Wie groß ist das pH einer Lösung, die durch Vermischen von 100 ml einer 0,15 molaren HCl- und 200 ml einer 0,2 molaren NH_3-Lösung hergestellt wurde? (Volumenänderung beachten!) $pK_b(NH_3) = 4{,}75$.

2-30 Welchen pH-Wert besitzt eine Mischung aus 2 ml einer 0,01 molaren NaOH-Lösung und 50 ml der Lösung einer mittelstarken Säure HX? Wie groß sind die Na^+, X^- und HX-Konzentrationen in dieser Lösung? $K_s(HX) = 1{,}4 \cdot 10^{-3}$ (Gesamtvolumen $\triangleq$ 50 ml als Näherung; c(HX) auch = 0,01 mol/l).

2-31 Bei der Titration der Lösung einer sehr schwachen Säure mit NaOH beträgt das pH der Lösung nach Zusatz von 10 ml NaOH 5,80; nach Zusatz von insgesamt 20 ml NaOH 6,40. Wie groß ist die Konstante K_s der Säure und wieviel ml NaOH sind zur vollständigen Neutralisation erforderlich?

2-32 Ein Indikator, HIn, besitzt die Säurekonstante $K_s = 9 \cdot 10^{-9}$. Die „saure Farbe“ des Indikators ist gelb, die „alkalische“ rot. Die gelbe Farbe ist sichtbar, wenn das Verhältnis der gelben zur roten Form 30:1 beträgt, die rote Form ist sichtbar, wenn das Verhältnis der roten zur gelben Form 2:1 ist. Wie groß ist der pH-Bereich des Farbumschlages?

2-33 Welche Säurekonstante hat HAc, wenn eine Mischung von 500 ml einer 0,1 molaren Milchsäure- und 500 ml einer 0,76 molaren HAc-Lösung dieselbe Wirkung hat, wie eine 0,1 molare Lösung von Milchsäure? K_s(Milchsäure) $= 1{,}4 \cdot 10^{-4}$.

2-34 150 ml einer 1 molaren HAc und 200 ml einer 1 molaren Benzoesäurelösung werden gemischt und auf 1 Liter aufgefüllt. Berechnen Sie $c_{H_3O^+}$ und das pH der entstehenden Lösung, $K_s(HAc) = 1{,}8 \cdot 10^{-5}$, K_s(Benzoesäure) $= 6{,}3 \cdot 10^{-5}$.

2-35 Berechnen Sie für folgende Lösungen, die zwei Säuren bzw. Basen enthalten, die (genauen) pH-Werte der einzelnen Säuren bzw. Basen und diejenigen der Gemische:

1. C(HCl)	$= 10^{-3}$ mol/l	C(HBr)	$= 5 \cdot 10^{-3}$ mol/l	$K_s(HAc) = K_b(NH_3) = 1{,}8 \cdot 10^{-5}$
2. C(HCl)	$= 2 \cdot 10^{-4}$ mol/l	C(HAc)	$= 3 \cdot 10^{-2}$ mol/l	
3. C(NaOH)	$= 5 \cdot 10^{-2}$ mol/l	$C(NH_3)$	$= 10^{-3}$ mol/l	$K_s(HCOOH) = 1{,}77 \cdot 10^{-4}$
4. C(HCOOH)	$= 10^{-2}$ mol/l	$C(NH_4^+)$	$= 3 \cdot 10^{-2}$ mol/l	

2-36 Wie groß ist die H^+-Konzentration und das pH einer 0,1 molaren Essigsäure, die mit NaOH titriert wird, a) zu Beginn; b) nach 30%iger Titration und c) am Äquivalenzpunkt der Titration? $K_s = 1{,}8 \cdot 10^{-5}$.

2-37 Bestimmen Sie die OH^--Konzentration einer Lösung, die durch Auflösen von je 0,005 mol NH_3 und 0,005 mol Pyridin in 200 ml H_2O hergestellt wurde. Wie groß ist die Konzentration an NH_4^+ und PyH^+ in dieser Lösung (mol/l), $K_b(NH_3) = 1{,}8 \cdot 10^{-5}$, $K_b(Py) = 1{,}5 \cdot 10^{-9}$?

2-38 Die dreiwertige Säure H_3B hat die Dissoziationskonstanten $K_{S1} = 2,5 \cdot 10^{-3}$, $K_{S2} = 5,6 \cdot 10^{-7}$ und $K_{S3} = 3,0 \cdot 10^{-13}$. Wie groß ist das pH einer 0,4 molaren Lösung dieser Säure und welche pH-Werte herrschen an den drei Äquivalenzpunkten einer Neutralisationsanalyse vor? Bis zu welchem dieser Äquivalenzpunkte sollte bei einer Titration titriert werden, d. h. wie groß ist die Konzentration an H_2B^- am ersten, bzw. die HB^{--}-Konzentration am 2. Äquivalenzpunkt?

2-39 Berechnen Sie die Konzentration an H^+, $H_2PO_4^-$, HPO_4^{--} und PO_4^{---} in einer 0,01 molaren H_3PO_4-Lösung, $K_1 = 7,1 \cdot 10^{-3}$, $K_2 = 6,2 \cdot 10^{-8}$ und $K_3 = 4,4 \cdot 10^{-13}$.

2-40 Welche Werte an $c_{H_3O^+}$, $c_{H_2X^-}$, $c_{HX^{--}}$, $c_{X^{---}}$ und undissoziierter c_{H_3X} herrschen in einer 0,25 molaren Lösung der dreibasigen Säure H_3X vor, $pKs_1 = 3,09$; $pKs_2 = 4,75$; $pKs_3 = 6,41$?

2-41 Welchen pH-Wert besitzt eine 0,1 molare $Fe(NO_3)_2$-Lösung? Wird aus dieser Lösung $Fe(OH)_2$ ausfallen? Für die Hydrolyse des Fe^{2+}-Ions lauten die Protolysekonstanten $K_1 = 4 \cdot 10^{-9}$ (für die Bildung von $Fe(OH)^+$) und $K_2 = 10^{-10}$ (für die Bildung von $Fe(OH)_2$), $pK_L(Fe(OH)_2) = 13,5$.

2-42 Der Äquivalenzpunkt der Titration von 50 ml einer Essigsäurelösung ist nach Zugabe von 33 ml einer 0,25 molaren NaOH-Lösung erreicht. Welches pH liegt am Äquivalenzpunkt vor und nach Zugabe welcher Menge an NaOH-Lösung (in ml; Gesamtvolumen 50 ml) besitzt die Titrationslösung einen pH-Wert von 5,04, $K_s = 1,8 \cdot 10^{-5}$?

2-43 40 ml einer 0,24 molaren Essigsäurelösung werden auf 600 ml verdünnt. Getrennt hiervon werden 15 ml einer 0,03 molaren Salzsäurelösung auf 1 Liter aufgefüllt. Die beiden verdünnten Lösungen werden vereinigt. Welche Wasserstoffionenkonzentrationen herrschen a) in der konzentrierten, b) in der verdünnten Essigsäurelösung, c) in der verdünnten HCl-Lösung und d) im Gemisch der verdünnten Säurelösungen vor, $K_s(HAc) = 1,8 \cdot 10^{-5}$?

2-44 Die 0,5 molare Lösung des Salzes $[Hb]^+X^-$ der schwachen Base b hat einen pH-Wert von 5,085. Wieviel g festes NaOH (keine Volumenänderung!) muß einem Liter der Salzlösung zugesetzt werden um einen Puffer vom pH = 8 zu erhalten?

2-45 Welche Reihe von pH-Werten bildet sich, wenn NH_3 und NH_4Cl in folgenden molaren Verhältnissen gemischt werden: 1:20, 1:5, 10:1 und 20:1, $K_b(NH_3) = 1,8 \cdot 10^{-5}$?

2-46 Welches Volumen an 0,8 molarer NaOH sollte zu 100 ml 0,8 molarer Benzoesäure gegeben werden, um einen Puffer vom pH 4,00 herzustellen, $K_s(HBz) = 6 \cdot 10^{-5}$?

2-47 Durch Zufügen von HCl zu einer 0,01 molaren KCN-Lösung soll eine Pufferlösung mit dem pH = 8,5 hergestellt werden. Wieviele Mol HCl müssen zugegeben werden, um 1 Liter der Pufferlösung zu erhalten? Wie ändert sich das pH der Lösung bei Zusatz von $5 \cdot 10^{-5}$ mol $HClO_4$ zu 100 ml Pufferlösung und wie ändert es sich bei Zugabe von $5 \cdot 10^{-5}$ mol NaOH zu 100 ml der Pufferlösung, $K_s(HCN) = 4,8 \cdot 10^{-10}$?

2-48 Gegeben sei 1 Liter einer Pufferlösung, die 1,361 g KH_2PO_4 und 3,484 g K_2HPO_4 enthält. Wie groß ist der pH-Wert dieser Lösung und wie verändert sich der pH-Wert dieses Puffers, wenn man 0,01 mol HCl zusetzt, $K_{S2}(H_3PO_4) = 6,17 \cdot 10^{-8}$?

2-49 In welchem Verhältnis muß man NaH_2PO_4 und Na_2HPO_4 mischen, um eine Pufferlösung vom pH = 7 zu erhalten, wenn die Gesamtkonzentration C der Phosphorsäuresalze 0,2 mol/l betragen soll? Berechnen Sie außerdem die ungefähre Pufferkapazität β dieser Pufferlösung, ($K_{S2}(H_3PO_4) = 6{,}17 \cdot 10^{-8}$).

2-50 Wieviel g Benzoesäure, C_6H_5COOH, müssen zur Herstellung von 500 ml einer Lösung vom pH = 2,55 verwendet werden? ($K_s = 6{,}1 \cdot 10^{-5}$). Welche Menge an festem NaOH (keine Volumenänderung) in g ist hinzuzufügen, wenn der pH-Wert obiger Lösung auf 4 angehoben werden soll?

2-51 Ein Liter einer 0,15 molaren Lösung von $NaOOCCHCl_2$ (Na-Salz der Dichloressigsäure) wird mit 0,2 mol HCl versetzt (keine Volumenänderung). Wie ändert sich der pH-Wert der Lösung unter der Annahme vollständiger Reaktion, ($K_s = 5{,}5 \cdot 10^{-2}$)?

2-52 Eine 0,2 molare Essigsäure ($K_s = 1{,}8 \cdot 10^{-5}$) wird mit festem Natriumacetat (keine Verdünnung) solange versetzt, bis die Lösung eine Pufferkapazität $\beta = 0{,}1533$ besitzt. Wieviel Gramm festes NaOH (keine Verdünnung) müssen Sie zu 100 ml einer solchen Lösung, die zusätzlich 0,1 molar an Mg^{2+} ist, geben, damit $Mg(OH)_2$ gerade eben ausfällt? ($K_L(Mg(OH)_2) = 1{,}26 \cdot 10^{-11}$). (Hinweis: bei der Berechnung von $c(Ac^-)$ aus β kann infolge der hohen Ac^--Konzentration die Dissoziation der Essigsäure vernachlässigt werden).

2-53 50 ml 0,1 molarer Essigsäure ($K_s = 1{,}8 \cdot 10^{-5}$) werden mit 0,1 molarer NaOH titriert. Berechnen Sie das pH a) in der Ausgangslösung (einfache Näherung genügt) und nach Zusatz von b) 25 ml NaOH; c) 40 ml NaOH; d) 50 ml NaOH; e) 51 ml NaOH. (Konzentrationsänderungen infolge Zusatz von NaOH-Lösung berücksichtigen!).

2-54 Nach Zugabe von 30 ml einer 0,2 molaren HCl-Lösung ist der Äquivalenzpunkt der Titration von 50 ml einer Ammoniaklösung erreicht. a) Welche Ausgangskonzentration hat die NH_3-Lösung? Nach Zugabe von wieviel HCl-Lösung (in ml) hat die Titrationslösung ein pH von 7? b) Welches pH liegt am Äquivalenzpunkt vor, $K_b(NH_3) = 1{,}81 \cdot 10^{-5}$?

2-55 Welcher pH-Wert ergibt sich, wenn 20 ml einer 0,6 molaren Ammoniaklösung mit 10 ml einer 1,8 molaren Ammoniumchloridlösung vermischt werden? Wie ändert sich der pH-Wert, wenn 1 ml einer 1,0 molaren HCl-Lösung hinzukommt? Würde eine Zugabe derselben HCl-Lösung den pH-Wert mehr oder weniger stark verändern, wenn gegenüber dem obigen Sachverhalt die Pufferlösung aus 0,006 molarem Ammoniak und 0,18 molarem Ammoniumchlorid hergestellt worden wäre? Warum? $K_b(NH_3) = 1{,}8 \cdot 10^{-5}$.

2-56 Ein Löffel voll einer unbekannten, einbasigen Säure wird mit einer NaOH-Lösung unbekannter Konzentration titriert. Nach Zugabe von 5,00 ml der Base ergibt sich für den pH-Wert der Lösung ein Wert von 6,00. Der Endpunkt der Titration wurde nach Zugabe von 7,00 ml der Base erreicht. Berechnen Sie die Dissoziationskonstante der Säure.

2-57 Novocain (Nvc) ist eine schwache organische Base, die mit Wasser folgendermaßen reagiert:

$Nvc + H_2O \rightleftharpoons NvcH^+ + OH^-$ $\qquad K_b(Nvc) = 9 \cdot 10^{-6}$

Angenommen, eine 0,01 molare Novocainlösung wird mit Salpetersäure titriert:

a) Wie groß ist der pH-Wert der Novocainlösung, bevor irgendwelche Säure zugegeben wurde?

b) Am Endpunkt der Titration verhält sich die Lösung genauso wie eine Lösung von 0,01 molarem $NvcH^+NO_3^-$. Wie groß ist der pH-Wert dieser Lösung?

c) Der Indikator Bromkresolgrün besitzt einen pK_I-Wert von 5,0. Ist dieser Indikator für die Titration dieser Lösung geeignet?

2-58 Eine Lösung ist 0,1 molar an Ameisensäure und 0,01 molar an Natriumformiat. Wie groß ist der pH-Wert der Lösung, $pK_s(HCOOH) = 3{,}75$?
Welchen pH-Wert hätte diese Lösung, wenn man einem Liter davon 0,01 mol HCl zusetzen würde?

2-59 Hydrazin dissoziiert in Wasser nach der Gleichung: $N_2H_4 + H_2O \rightleftharpoons N_2H_5^+ + OH^-$. Die Dissoziationskonstante beträgt $2 \cdot 10^{-6}$. Wie groß ist die Hydraziniumionenkonzentration, $c(N_2H_5^+)$, in einer 0,01 molaren Lösung, und welches pH hat diese?

2-60 Gegeben sind folgende Äquivalentleitfähigkeiten bei unendlicher Verdünnung: Λ_∞ für HCl = 426,2; für NaAc = 91,0 und für NaCl = 126,5 jeweils [cm^2/Ohm · g-Äquiv.] bei 25 °C. Wie groß ist Λ_∞ für HAc bei 25 °C und wie groß ist der Dissoziationsgrad der Essigsäure, wenn die Leitfähigkeit einer 0,1 molaren Lösung $\Lambda_c = 5{,}2$ [cm^2/Ohm · g-Äquiv.] beträgt?

2-61 Bei Raumtemperatur beträgt die Äquivalentleitfähigkeit von 0,1-molarer Essigsäure $\Lambda = 5{,}2\ cm^2$/Ohm · g-Äquiv. Die Äquivalentleitfähigkeit bei unendlicher Verdünnung beträgt 390,7 cm^2/Ohm · g-Äquiv. Wie groß ist der Dissoziationsgrad von 0,1 molarer Essigsäure und wie groß ist die Säurekonstante?

Lösungen

2-1 Musterlösung:
Nach der Formel $c_{H_3O^+} = -\frac{K_s}{2} + \sqrt{\frac{K_s^2}{4} + K_s \cdot C_s}$ erhält man für die $c(H_3O^+)$ den Wert von $1{,}283 \cdot 10^{-3}$, was auch dem Wert für $c(NCO^-)$ entspricht. Der zugehörige pH-Wert ist 2,892. Die Konzentration an undissoziierter Säure ergibt sich nach C_s-$c(H_3O^+)$ zu $c_s = 1{,}372 \cdot 10^{-2}$ mol/l.
Rechnet man hier mit der einfachen Formel $c_{H_3O^+} = \sqrt{K_s \cdot C_s}$ so ergibt dies für $c(H_3O^+)$ den Wert von $1{,}34 \cdot 10^{-3}$ mol/l (pH = 2,873) und für c_s(undiss.) den Wert von $1{,}366 \cdot 10^{-2}$ mol/l. Der Fehler zwischen genauer und grober Rechenart beträgt etwa 4,6 % und ist – da nach der genauen H-Ionenkonzentration gefragt war – unzulässig groß.

2-2 Musterlösung:
Durch Umformen der Hauptgleichung aus 2-1 und Auflösen nach K_b erhält man die hier benötigte Gleichung: $K_b = \frac{c^2\,(OH^-)}{C_b - c_{OH^-}}$
Nach Einsetzen der gegebenen Größen ($C_b = 0{,}15$ mol/l; $c_{OH^-} = K_w/c_{H_3O^+} = 4{,}467 \cdot 10^{-4}$ mol/l) ergibt sich K_b zu $1{,}334 \cdot 10^{-6}$ und pK_b zu 5,875.
Wird hier nach der groben Formel: $K_b = c_{OH^-}^2/C_b$ gerechnet, resultiert für K_b der Wert von $1{,}33 \cdot 10^{-6}$.

2-3 Musterlösung:
Durch Umformen der Grundgleichung aus 2-1 erhält man für Cs = $\frac{c^2_{H_3O^+} + K_s \cdot c_{H_3O^+}}{K_s}$ und nach Einsetzen der gegebenen Werte ($c(H_3O^+) = 3{,}326 \cdot 10^{-3}$ mol/l) ergibt sich für die Konzentration an Säure HX der Wert von $3 \cdot 10^{-2}$ mol/l. Ihr Dissoziationsgrad errechnet sich nach $\alpha = c_{H_3O^+}/C_s = 11{,}109\,\%$.
Nach der einfachen Formel: $C_s = \frac{c^2(H_3O^+)}{K_s}$ ergibt sich die Säurekonzentration zu $2{,}66 \cdot 10^{-2}$ mol/l, der Dissoziationsgrad α zu 12,51 %; d.h. die (willkürlich) gesetzte Fehlergrenze von 1 % ist erheblich überschritten.

2-4 Lösung wie 2-3; die Konzentration an Natriumacetat beträgt 0,18 mol/l; d.h. bei einem Molekulargewicht von 82,036 g/mol enthält die Lösung 14,77 g/l; sie ist damit 1,477%ig.

2-5 Lösung wie 2-1; $c(H_3O^+) = c(F^-) = 9{,}695 \cdot 10^{-3}$ mol/l; c(HF-undiss.) = $1{,}403 \cdot 10^{-1}$ mol/l.

2-6 Lösung wie 2-1; $c(H_3O^+) = c(C_6H_5COO^-) = 3{,}491 \cdot 10^{-3}$ mol/l, c(HBz-undiss.) = $1{,}965 \cdot 10^{-1}$ mol/l, α(0,2 molar) = 1,745%; α(0,002 molar) = 16,125%.

2-7 Lösung wie 2-1; 0,06 mol der Säure sind in 250 ml Lösung enthalten, was einer C_s von 0,24 mol/l entspricht.
a) K_s(genau) = $6{,}952 \cdot 10^{-6}$ K_s(grob) = $6{,}915 \cdot 10^{-6}$
b) Für molare Größen gilt $c_{X^-} = 0{,}03 \cdot 4 = 0{,}12$ mol/l; die gesuchte $c_{H_3O^+}$ (pH) errechnet sich nach: $K_s = \frac{x \cdot (0{,}12 + x)}{C_s - x}$
$x = c_{H_3O^+} = 1{,}39 \cdot 10^{-5}$ mol/l → pH = 4,857
Hier kann ohne nennenswerten Fehler auch mit der einfachen Formel
$c_{H_3O^+} = \frac{K_s \cdot C_s}{c_{NaX}}$ gerechnet werden: $c_{H_3O^+} = 1{,}383 \cdot 10^{-5}$ mol/l.

2-8 Lösung wie 2-2; oder nach $K_b = \frac{\alpha^2 \cdot C_b}{1-\alpha}$
$K_b = 1{,}932 \cdot 10^{-5}$; $c(OH^-) = c(NH_4^+) = 4{,}3 \cdot 10^{-4}$ mol/l; $c(NH_3) = 9{,}57 \cdot 10^{-3}$ mol/l.

2-9 Lösung wie 2-2; K_s(genau) = $6{,}309 \cdot 10^{-5}$ → $pK_s = 4{,}2$;
K_s(grob) = $6{,}125 \cdot 10^{-5}$ → $pK_s = 4{,}213$.

2-10 Lösung wie 2-1; durch die Verdünnung sinkt die Konzentration der Säure um den Faktor 12 auf c(HAc) = $2{,}0833 \cdot 10^{-2}$ mol/l ab;
konzentriert: $c_{H_3O^+}$(genau) = $2{,}112 \cdot 10^{-3}$ mol/l → pH = 2,675;
α = 0,845%;
verdünnt: $c_{H_3O^+}$(genau) = $6{,}034 \cdot 10^{-4}$ mol/l → pH = 3,219;
α = 2,897%.

2-11 Lösung s. S. 49.
$c_{H_3O^+}$ (für $5 \cdot 10^{-8}$ molare HCl) = $1{,}2808 \cdot 10^{-7}$ mol/l
(für $5 \cdot 10^{-10}$ molare HCl) = $1{,}0025 \cdot 10^{-7}$ mol/l.

2-12 Lösung wie 2-1; $c_{H_3O^+}$(genau) = $3{,}137 \cdot 10^{-3}$ mol/l → pH = 2,504; α = 12,55% und $c(HNO_2$-undiss.) = $2{,}186 \cdot 10^{-2}$ mol/l.

2-13 Lösung wie 2-2 oder 2-8; $K_b = 4{,}158 \cdot 10^{-4}$, c($OH^-$ für 0,3 molare Lsg.) = $1{,}096 \cdot 10^{-2}$ mol/l → pH = 12,04, α = 3,654 %, c_b(undiss.) = $2{,}89 \cdot 10^{-1}$ mol/l.

2-14 Lösung wie 2-7; a) c(H_3O^+-genau) = $3{,}75 \cdot 10^{-3}$ mol/l → pH = 2,426, α = 10,71 %.
b) Der zweite Aufgabenteil ist mit der Grundformel der Säuredissoziation: $K_s = \frac{c_{H_3O^+} \cdot c_{NO_2^-}}{c_{HNO_2}}$ zu lösen, wobei $c_{NO_2^-} = 0{,}01 \cdot 10$ mol/l ist;
demnach: $4{,}5 \cdot 10^{-4} = \frac{x \cdot (0{,}1 + x)}{(0{,}035 - x)}$ oder vereinfacht: $4{,}5 \cdot 10^{-5} = \frac{x \cdot 0{,}1}{0{,}035}$
$c_{H_3O^+}$-genau = $1{,}5655 \cdot 10^{-4}$ mol/l → pH = 3,8053, α = 0,447 %.

2-15 Musterlösung:
Nach der vereinfachten Formel $c_{H_3O^+} = \sqrt{\frac{K_w \cdot K_s}{K_b}}$ ergibt sich eine H_3O^+-Konzentration von $3{,}49 \cdot 10^{-7}$ mol/l → pH = 6,457 und nach der Formel: $c_{NH_3} = \frac{K_s\,(NH_4^+) \cdot c_{NH_4^+}}{c_{H_3O^+}}$
errechnet sich eine NH_3-Konzentration von $1{,}59 \cdot 10^{-4}$ mol/l, was der HOCN-Konzentration entspricht.

2-16 Lösung entsprechend 2-2; 12,7551 g Cyanessigsäure in 500 ml entsprechen einer Konzentration von C_s = 0,3 mol/l.
$K_s = 3{,}821 \cdot 10^{-3}$, α = 10,66 %, c(HX-undiss.) = 0,268 mol/l.

2-17 Musterlösung:

Es tritt folgende Reaktion ein:	HAc	+ NaOH	→ NaAc +	H_2O	
Konzentration vor der Reaktion:	0,1	0,04	–	–	mol/l
Konzentration nach der Reaktion:	0,1 – 0,04	–	0,04	0,04	mol/l

Einfache Rechenformel: $K_s = \frac{c_{H_3O^+} \cdot c_{Ac^-}}{c_{HAc}} \rightarrow 1{,}8 \cdot 10^{-5} = \frac{x \cdot 0{,}04}{0{,}06}$
Es errechnet sich eine H_3O^+-Konzentration von $2{,}7 \cdot 10^{-5}$ mol/l → pH = 4,568.

2-18 Lösung wie 2-14; $c_{H_3O^+} = 1{,}585 \cdot 10^{-4}$ mol/l, $c_{NO_2^-}$ = 0,568 mol/l.

2-19 Musterlösung:
Am Äquivalenzpunkt liegt ein basisch reagierendes Salz vor, Lösung mit der einfachen Formel
$pH = \frac{1}{2}(pK_w + pK_s + \log C_b)$
pH = 9,5 → $c_{H_3O^+} = 3{,}162 \cdot 10^{-10}$ mol/l.

2-20 Musterlösung:
50 ml der verdünnten Säure entsprechen 5 ml der Ausgangslösung, diese erfordern 23,5 ml 0,5 normaler NaOH-Lösung, was folglich 0,4284 g HCl äquivalent ist. In der 200fachen Menge sind 85,681 g HCl enthalten und dies entspricht einer Normalität von 2,35 mol/l.

2-21 Lösung in Anlehnung an 2-17;
c_{Cl^-} = 0,1 mol/l, $c_{H_3O^+} = 4{,}5 \cdot 10^{-6}$ mol/l, $c_{HAc} \cong$ 0,1 mol/l (genau: $9{,}99955 \cdot 10^{-2}$ mol/l), $c_{Ac^-} \triangleq$ 0,4 mol/l (genau: $4{,}000045 \cdot 10^{-1}$ mol/l).

2-22 Lösung wie 2-8; $K_s = 1{,}498 \cdot 10^{-4}$, c(HX) = 3,189 mol/l, d.h. 1,594 mol/500 ml (grob).

2-23 Lösung in Anlehnung an 2-13; $K_s\,(HClO_2) = 1{,}1 \cdot 10^{-2}$. Bei einer c($HClO_2$-undiss.) von genau 1 mol/l ergibt sich für c(H_3O^+) = c(ClO_2^-) der Wert von 0,1049 mol/l (pH = 0,9793) und damit die Ausgangskonzentration C($HClO_2$) = c($HClO_2$) + c(H_3O^+) = 1,1049 mol/l.

2-24 Musterlösung:

$$C_o = C(\text{undiss.}) + C(H^+); \alpha = \frac{C(H^+)}{C_o} \rightarrow C(H^+) = \frac{C(\text{undiss.}) \cdot \alpha}{(1 - \alpha)}$$

$c(H^+) = 4{,}392 \cdot 10^{-4}$ mol/l, d.h. pH = 3,357; $K_s = 6{,}43 \cdot 10^{-7}$; $C_o = 0{,}30044$ mol/l.

2-25 Lösung wie 2-17 und 2-21;
grob: $c(Cl^-) = c(HN_3) = 0{,}1$, $c(N_3^-) = 0{,}13$, $c(H_3O^+) = 1{,}4615 \cdot 10^{-5}$ mol/l;
genau: $c(Cl^-) = 0{,}1$, $c(HN_3) = 0{,}099985$, $c(N_3^-) = 0{,}1300146$, $c(H_3O^+) = 1{,}4611 \cdot 10^{-5}$
wiederum jeweils in mol/l.

2-26 Lösung entsprechend 2-17, 2-21 und 2-25;
grob: $c(NH_3) = 0{,}15$, $c(OH^-) = 0{,}05$, $c(NH_4^+) = 5{,}4 \cdot 10^{-5}$ mol/l;
genau: $c(NH_3) = 0{,}1499$, $c(OH^-) = 0{,}050054$, $c(NH_4^+) = 5{,}392 \cdot 10^{-5}$ mol/l.

2-27 Musterlösung:
Das Volumen des HCl-Überschusses beträgt $x = \frac{63{,}2 \cdot 0{,}105}{0{,}15} = 44{,}24$ ml, also wurden 100 − 44,24 = 55,76 ml HCl verbraucht.

$$\frac{55{,}76 \cdot 0{,}15}{1000} \mathrel{\hat{=}} x \text{ mol } NH_3 \rightarrow x = 8{,}364 \cdot 10^{-3} \text{ mol.}$$

Bei einem Molekulargewicht von 17,031 g/mol errechnet sich das Gewicht der Probe NH_3 zu 0,1425 g.

2-28 Lösung in Anlehnung an 2-19;
Da 40 ml NaOH zur Neutralisation erforderlich sind, resultiert ein Gesamtvolumen von 240 ml. Hierin sind 0,002 mol NaOOCH enthalten, was einer Endkonzentration von $8{,}333 \cdot 10^{-3}$ mol/l entspricht.
$c_{OH^-} = 6{,}8614 \cdot 10^{-7}$ mol/l $\rightarrow c_{H_3O^+} = 1{,}457 \cdot 10^{-8}$ mol/l $\rightarrow$ pH = 7,836.

2-29 Lösung wie 2-28; $c(NH_3) = 8{,}33 \cdot 10^{-2}$ mol/l, $c(NH_4^+) = 0{,}05$ mol/l, daraus errechnet sich eine $c(OH^-)$ von $2{,}964 \cdot 10^{-5}$ mol/l $\rightarrow$ pH = 9,472.

2-30 Musterlösung:

$$c_{Na^+} = \frac{0{,}002 \cdot 0{,}01}{0{,}05} = 4 \cdot 10^{-4} \text{ mol/l;}$$

es gilt: c(HX-undiss.) = c(HX) − c(NaOH) (Neutralisation) − $c(H_3O^+)$ (Dissoziation)

und $c(X^-)$ = c(NaOH) (Neutralisation) + $c(H_3O^+)$ (Dissoziation)

Mit den bekannten Größen erhält man nach $c_{H_3O^+} = \frac{K_s \cdot c_{HX}}{c_{X^-}}$:

$c_{H_3O^+} = 2{,}875 \cdot 10^{-3}$ mol/l $\rightarrow$ pH = 2,541,
$c_{X^-} = 2{,}875 \cdot 10^{-3} + 4 \cdot 10^{-4} = 3{,}275 \cdot 10^{-3}$ mol/l,
$c_{HX} = 0{,}01 - 4 \cdot 10^{-4} - 2{,}875 \cdot 10^{-3} = 6{,}725 \cdot 10^{-3}$ mol/l.

2-31 Musterlösung:
Zur vollständigen Neutralisation seien x ml NaOH erforderlich.
Die eigentliche Berechnung erfolgt nach der einfachen Gleichung:
$c_{H_3O^+} = K_s \cdot \frac{c_{HX}}{c_{X^-}}$ und wir gehen näherungsweise davon aus, daß die Protolyse der schwachen Säure HX keine nennenswerte Konzentrationserniedrigung verursacht.

Für den ersten Zusatz gilt dann $c_{X^-} = c_{NaOH}$ und $c_{HX} = x - c_{NaOH}$

also: $pH = 5{,}8 \rightarrow c_{H_3O^+} = 1{,}585 \cdot 10^{-6} = K_s \dfrac{x-10}{10}$.

Für den zweiten Meßwert gilt: $pH = 6{,}4 \rightarrow c_{H_3O^+} = 3{,}981 \cdot 10^{-7} = K_s \cdot \dfrac{x-20}{20}$.

Aus diesen beiden Gleichungen mit 2 Unbekannten erhält man $K_s = 7{,}888 \cdot 10^{-7}$ und $x = 30{,}094$ ml NaOH.

2-32 Durch Einsetzen der gegebenen Werte in die Formel der Säurekonstante der Säure HIn erhält man $pH_1 = 6{,}569$ und $pH_2 = 8{,}348$ als Grenzen des pH-Bereiches des Indikator-Farbumschlages.

2-33 Lösung entsprechend 2-34; die Anfangskonzentrationen – bezogen auf mol/l – entsprechen jeweils der Hälfte der angegebenen Größen, damit ergibt sich für $K_s(HAc)$ der Wert von $1{,}842 \cdot 10^{-5}$ (grob).

2-34 Lösung nach $c_{H_3O^+} = \sqrt{K_{S1} \cdot C_{S1} + K_{S2} \cdot C_{S2}}$ wobei $C_{S1} = 150/1000$ und $C_{S2} = 200/1000$ mol/l ist.

$c_{H_3O^+} = 3{,}91 \cdot 10^{-3}$ mol/l $\rightarrow pH = 2{,}408$.

2-35 Lösungen nach den Formeln auf S. 36 ff. und der Sammlung auf S. 86:

1) $c_{H_3O^+}(HCl) = 10^{-3}$ mol/l, $c_{H_3O^+}(HBr) = 5 \cdot 10^{-3}$ mol/l, $c_{H_3O^+}(\Sigma) = 6 \cdot 10^{-3}$ mol/l $\rightarrow$ $pH = 2{,}222$

2) $c_{H_3O^+}(HCl) = 2 \cdot 10^{-4}$ mol/l, $c_{H_3O^+}(HAc) = 7{,}259 \cdot 10^{-4}$ mol/l, $c_{H_3O^+}(\Sigma) = 8{,}416 \cdot 10^{-4}$ mol/l $\rightarrow pH = 3{,}075$

3) $c_{OH^-}(NaOH) = 5 \cdot 10^{-2}$ mol/l, $c_{OH^-}(NH_3) = 1{,}255 \cdot 10^{-4}$ mol/l, $c_{OH^-}(\Sigma) = 5 \cdot 10^{-2}$ mol/l $\rightarrow pH = 12{,}7$

4) $c_{H_3O^+}(HCOOH) = 1{,}248 \cdot 10^{-3}$ mol/l, $c_{H_3O^+}(NH_4^+) = 4{,}08 \cdot 10^{-6}$ mol/l, $c_{H_3O^+}$ (Σ-grob) $= 1{,}333 \cdot 10^{-3}$ mol/l $\rightarrow pH = 2{,}875$.

2-36 Lösung wie 2-1, 2-14 und 2-17;

$c_{H_3O^+}$(Beginn) $= 1{,}3327 \cdot 10^{-3}$ mol/l $\rightarrow pH = 2{,}8753$

$c_{H_3O^+}$(30 %) $= 4{,}2 \cdot 10^{-5}$ mol/l $\rightarrow pH = 4{,}377$

$c_{H_3O^+}$(Ende) $= 1{,}342 \cdot 10^{-9}$ mol/l $\rightarrow pH = 8{,}872$.

2-37 Lösung wie 2-33 und 2-34;

$c_{OH^-} = 6{,}708 \cdot 10^{-4}$ mol/l $\rightarrow pH = 10{,}826$;

$c_{NH_4^+} = 6{,}7079 \cdot 10^{-4}$ mol/l, $c_{PyH^+} = 5{,}59 \cdot 10^{-8}$ mol/l.

2-38 Musterlösung:

$c_{H_3O^+}$(Anfang) nach Lösungsweg 2-1: $3{,}04 \cdot 10^{-2}$ mol/l $\rightarrow pH = 1{,}517$

1. Äquivalenzpunkt $c_{H_3O^+} = \sqrt{K_{S1} \cdot K_{S2}} = 3{,}742 \cdot 10^{-5}$ mol/l, $\rightarrow pH = 4{,}427$

2. Äquivalenzpunkt $c_{H_3O^+} = \sqrt{K_{S2} \cdot K_{S3}} = 4{,}099 \cdot 10^{-10}$ mol/l, $\rightarrow pH = 9{,}387$

3. Äquivalenzpunkt $c_{OH^-} = -\dfrac{K_{b3}}{2} + \sqrt{\dfrac{K_{b3}^2}{4} + K_{b3} \cdot c_{H_3b}} = 0{,}1$ mol/l $\rightarrow pH = 13{,}0$.

Am 1. Äquivalenzpunkt gilt: $c_{H_3b} = c_{Hb^{--}}$ und $C_{H_3b} = c_{H_3b} + c_{H_2b^-} + c_{Hb^{--}}$, mit Hilfe des MWG für K_{S1} erhält man für $c_{H_2b^-} = 3{,}884 \cdot 10^{-1}$ mol/l.

Am 2. Äquivalenzpunkt gilt: $c_{H_2b^-} = c_{b^{---}}$ und $c_{H_3b} = c_{H_2b^-} + c_{Hb^{--}} + c_{b^{---}}$, mit Hilfe des MGW für K_{S2} erhält man für $c_{Hb^{--}} = 3{,}994 \cdot 10^{-1}$ mol/l.

Da der Wert für $c_{H_2b^-} = c_{b^{---}}$ mit $2{,}924 \cdot 10^{-4}$ mol/l am 2. Äquivalenzpunkt (etwas) kleiner ist als der Wert für $c_{H_3b} = c_{Hb^{--}} = 5{,}837 \cdot 10^{-3}$ mol/l am 1. Äquivalenzpunkt, sollte bis zu diesem Punkt $pH = 9{,}387$ titriert werden.

2-39 Lösung wie 2-1 für die H_3O^+-Konzentration: $c_{H_3O^+} = c_{H_2PO_4^-} = 5{,}59 \cdot 10^{-3}$ mol/l, $c_{H_3PO_4} = 4{,}41 \cdot 10^{-3}$ mol/l, $c_{HPO_4^{--}} = 6{,}2 \cdot 10^{-8}$ mol/l, $c_{PO_4^{---}} = 4{,}88 \cdot 10^{-18}$ mol/l.

2-40 Nach Umrechnung der pK_s- in K_s-Werte Lösung wie 2-39;
$c_{H_3O^+} = c_{H_2X^-} = 1{,}385 \cdot 10^{-2}$ mol/l, $c_{H_3X} = 2{,}361 \cdot 10^{-1}$ mol/l, $c_{HX^{--}} = 1{,}77 \cdot 10^{-5}$ mol/l, $c_{X^{---}} = 4{,}973 \cdot 10^{-10}$ mol/l.

2-41 Musterlösung:
Für die Hydrolyse von Fe^{2+} gilt: $K_1 = \frac{c_{H_3O^+} \cdot c_{Fe(OH)^+}}{c_{Fe^{2+}}}$;
hieraus errechnet sich $c_{H_3O^+}$ zu $1{,}9998 \cdot 10^{-5}$ mol/l → pH = 4,699
Für die zweite Stufe der Hydrolyse gilt entsprechend: $K_2 = \frac{c_{H_3O^+} \cdot c_{Fe(OH)_2}}{c_{Fe(OH)^+}}$
bei Kenntnis der H_3O^+-Konzentration ergibt sich für $c(Fe(OH)_2)$ der Wert von 10^{-10} mol/l. Da eine gesättigte $Fe(OH)_2$-Lösung aber eine $Fe(OH)_2$-Konzentration von $1{,}992 \cdot 10^{-5}$ mol/l besitzt
(errechnet nach $L = \sqrt[3]{\frac{K_L}{4}}$), wird aus der Lösung kein Eisenhydroxid ausfallen.

2-42 Lösung wie 2-36 (und die dort genannten Aufgaben); das Gesamtvolumen beträgt 83 ml, die Essigsäure hat eine Ausgangskonzentration von 0,165 mol/l. Am Äquivalenzpunkt liegt NaAc vor, die Lösung ist auf Grund der Verdünnung $9{,}938 \cdot 10^{-2}$ molar und besitzt eine $c_{H_3O^+}$ von $1{,}3457 \cdot 10^{-9}$ mol/l, d.h. pH = 8,871.
Ohne Berücksichtigung der eintretenden Verdünnung läßt sich der zweite Aufgabenteil nach
$c_{H_3O^+} = K_s \cdot \frac{c_{HAc}}{c_{Ac^-}}$ lösen: $9{,}120 \cdot 10^{-6} = 1{,}8 \cdot 10^{-5} \cdot \frac{50 \cdot 0{,}165 - 0{,}25 \cdot x}{0{,}25 \cdot x}$ →
x = 21,902 ml NaOH.

2-43 Lösung wie 2-1 und 2-35;
a) $C_{HAc} = 0{,}24$ mol/l, $c_{H_3O^+} = 2{,}0695 \cdot 10^{-3}$ mol/l → pH = 2,684
b) $C_{HAc} = 0{,}016$ mol/l, $c_{H_3O^+} = 5{,}277 \cdot 10^{-4}$ mol/l → pH = 3,277
c) $C_{HCl} = c_{H_3O^+} = 4{,}5 \cdot 10^{-4}$ mol/l → pH = 3,347
d) $C_{HAc} = 6 \cdot 10^{-3}$ mol/l, $c_{HCl} = 2{,}8125 \cdot 10^{-4}$ mol/l, $c_{H_3O^+}(\Sigma) = 4{,}981 \cdot 10^{-4}$ mol/l → pH = 3,303.

2-44 Lösung in Anlehnung an 2-22: $K_s = 1{,}352 \cdot 10^{-10}$ (pH = 5,085 → $c(H_3O^+) = 8{,}222 \cdot 10^{-6}$).
Nach $K_s = \frac{10^{-8} \cdot (c(b) + x)}{(c(Hb^+) - x)}$ erhält man $x = 6{,}62 \cdot 10^{-3}$ (mol NaOH), was bei einem Formelgewicht von 39,997 für NaOH einer Menge von 266,45 mg NaOH entspricht.

2-45 Durch Einsetzen der molaren Verhältnisse in die nach $c(OH^-)$ (bzw. nach pH) aufgelöste Gleichung der Basenkonstanten für NH_3 erhält man folgende Reihe von pH-Werten: pH = 7,95; 8,55; 10,25 und 10,55.

2-46 Musterlösung:
100 ml der 0,8-molaren Benzoesäurelösung enthalten $8 \cdot 10^{-2}$ mol der Säure; hinzugefügt werden müssen x ml an 0,8-molarer NaOH-Lösung, d.h. $\frac{0{,}8 \cdot x}{1000} = 8 \cdot 10^{-4} \cdot x$ mol NaOH. Es gilt:
$K_s = \frac{c(H_3O^+) \cdot c(Bz^-)}{c(HBz)}$ oder mit den Angaben: $6 \cdot 10^{-5} = \frac{10^{-4} \cdot 8 \cdot 10^{-4} \cdot x}{8 \cdot 10^{-2} - 8 \cdot 10^{-4} \cdot x}$
Die Berechnung ergibt x = 37,5 ml an 0,8-molarer NaOH-Lösung.

2-47 Musterlösung:

a) Die Säurekonstante der Säure HCN dient als Ausgangsgleichung:

$$4{,}8 \cdot 10^{-10} = \frac{(0{,}01 - x) \cdot 3{,}162 \cdot 10^{-9}}{x}$$

wobei x die HCl-Menge (in Molen) darstellt und $3{,}162 \cdot 10^{-9}$ der H_3O^+-Konzentration bei pH = 8,5 entspricht. x errechnet sich damit zu $8{,}682 \cdot 10^{-3}$ mol HCl, die zugesetzt werden müssen; d.h. die Cyanidionenkonzentration sinkt von 0,01 auf $1{,}318 \cdot 10^{-3}$ mol/l ab.

b) Ein Zusatz von $5 \cdot 10^{-5}$ mol $HClO_4$ zu 100 ml Pufferlösung entspricht einer Konzentration von $5 \cdot 10^{-4}$ mol/l. Durch Einsetzen in die nach pH aufgelöste Form der Säurekonstanten erhält man:

$$pH = pK_s + \log \frac{c(CN^-) - c(HClO_4)}{c(HCN) + c(HClO_4)}$$ oder pH = 8,268 bzw. ΔpH = – 0,2314.

c) $$pH = pK_s + \log \frac{c(CN^-) + c(NaOH)}{c(HCN) - c(NaOH)}$$ oder pH = 8,665 bzw. ΔpH = + 0,1655.

2-48 Lösung wie 2-45 oder 2-47, Teil b und c;
$c(H_2PO_4^-) = 0{,}01$ mol/l; $c(HPO_4^{2-}) = 0{,}02$ mol/l: nach der Umrechnung der Gewichtsangaben; $pH_1 = 7{,}511$; $pH_2 = 6{,}909$; ΔpH = – 0,602 Einheiten.

2-49 Lösung in Anlehnung an 2-48 und Formel für β;
$c(H_2PO_4^-) = 0{,}1237$ mol/l, $c(HPO_4^{2-}) = 0{,}0763$ mol/l und $\beta = 0{,}1085$ mol/l.

2-50 Lösung in Anlehnung an 2-6 und 2-46; $MG(C_6H_5COOH)$ = 122,125 g/mol; C_o = $1{,}3304 \cdot 10^{-1}$ mol/l, d.h. 8,124 g/500 ml. Für Teil b) ist die grobe Überlegung c(NaOH) = $c(C_6H_5COO^-)$ genau genug. c(NaOH) = $5{,}0406 \cdot 10^{-2}$ mol/l, d.h. 1,0081 g/500 ml.

2-51 Lösung in Anlehnung an 2-17 (s. aber auch 2-1); der pH-Wert zu Beginn beträgt 7,218 (identisch für grobe und exakte Berechnung nach 2-1). Nach Zusatz von HCl resultiert ein Gemisch aus 0,05 mol HCl (Überschuß) und 0,15 mol Dichloressigsäure pro Liter. pH-Wert-Berechnung nach Formel für Gemische starker und schwacher Säuren: pH = 0,9237.
Genau nach $$c(H_3O^+) = \frac{C(HCl) - K_s}{2} + \sqrt{\frac{(C(HCl) - K_s)^2}{4} + K_s \cdot C_s} \rightarrow pH = 1{,}054.$$

2-52 Lösung ähnlich 2-49 (für Pufferkapazität) und 3-11, 3-40(für $Mg(OH)_2$-Fällung).
Für die $Mg(OH)_2$-Fällung erforderlich: $c(OH^-) = 1{,}122 \cdot 10^{-5}$ mol/l. Aus der Gleichung für die Pufferkapazität erhält man $c(b^-) \triangleq c(Ac^-) \cong 0{,}1$ mol/l und aus Gleichung 88b (S. 80) erhält man c(NaOH) = 0,1999 mol/l ≙ 0,01999 mol/100 ml ≙ 0,8 g.

2-53 Lösung in Anlehnung an 2-36 und 2-42; a) $c(H_3O^+) = 1{,}342 \cdot 10^{-3}$ mol/l ≙ pH = 2,87; b) pH = pK_s = 4,74; c) Gesamtvolumen = 90 ml und $c(H_3O^+) = 4{,}5 \cdot 10^{-6}$ mol/l ≙ pH = 5,35; d) Ende der Titration bei 100 ml Gesamtvolumen, $c(H_3O^+) = 1{,}897 \cdot 10^{-9}$ mol/l ≙ pH = 8,72; e) Gesamtvolumen 101 ml, Berechnung für starke und schwache Base; $c(OH^-) = 9{,}901 \cdot 10^{-4}$ mol/l ≙ pH = 10,996.

2-54 Lösung in Anlehnung an 2-42 und 2-55; die vorgegebene HCl-Menge enthält 0,006 mol HCl, diese ≙ 0,006 mol NH_3 ($C(NH_3)$ ist demnach 0,12 mol/l). Am Äquivalenzpunkt enthalten insgesamt 80 ml Lösung auch 0,006 mol NH_4Cl ($c(NH_4Cl) = 0{,}075$ mol/l). Mit der einfachen Formel errechnet sich damit eine $c(H_3O^+)$ von $6{,}437 \cdot 10^{-6}$ mol/l (pH = 5,19). Um einen pH-Wert von 7 zu erreichen, müssen 29,8 ml der HCl-Lösung zugesetzt werden.

2-55 Lösung in Anlehnung an 2-36, 2-42 oder/und 2-47;
Die Volumenzunahme und die damit verbundenen Konzentrationsänderungen sind zu beachten! Sie ergeben eine NH_3-Konzentration im Gemisch von 0,4 mol/l und eine Ammoniumionenkonzentration von 0,6 mol/l.
Der pH-Wert der Mischung = 9,079; nach Zusatz von 1 ml HCl (= 0,0333 mol/l) fällt das pH auf 9,018 ab.
Das pH der verdünnten Pufferlösung beträgt nur mehr 8,079; ihre Pufferkapazität reicht nicht aus, um bei Zusatz von 1 ml HCl eine beträchtliche pH-Änderung zu verhindern.

2-56 Musterlösung:
Für die Säure gilt allgemein: $K_s = \frac{c(H_3O^+) \cdot c(X^-)}{c(HX)}$ oder auch $c(H_3O^+) = \frac{K_s \cdot c(HX)}{c(X^-)}$.
7 ml an NaOH sind der Menge an vorgelegter Säure äquivalent. Unter Vernachlässigung der sicherlich eintretenden Hydrolyse können wir näherungsweise schreiben: $c(HX) \cong 7$. Andererseits ist die Konzentration an $c(X^-)$ zum Zeitpunkt der partiellen Neutralisation der c(NaOH) gleichzusetzen. Durch Einsetzen in obige Gleichung erhalten wir:
$$10^{-6} = \frac{K_s \cdot (7-5)}{5} \text{ oder } K_s = 2{,}5 \cdot 10^{-6}.$$

2-57 Lösung wie 2-1;
a) pH = 10,471   b) pH = 5,477   und
c) ja, da das pH am Äquivalenzpunkt innerhalb des Indikatorumschlagsbereiches von $pK_I = \pm 1$, also zwischen pH = 4 und pH = 6 liegt.

2-58 Lösung wie 2-45 für Teil a) und wie 2-1 für Teil b);
a) pH = 2,75
b) da die zugesetzte HCl die Gesamtmenge an Formiat zu Ameisensäure umwandelt, liegt nur 0,1 + 0,01 = 0,11 mol Ameisensäure vor. Der pH-Wert dieser Lösung ist dann 2,363.

2-59 Lösung wie 2-1;
a) $c(N_2H_5^+) = c(OH^-) = 1{,}414 \cdot 10^{-4}$ mol/l (grob; $1{,}404 \cdot 10^{-4}$ mol/l genau)
b) pH = 10,15.

2-60 Musterlösung:
Die Äquivalentleitfähigkeit der Essigsäure ergibt sich aus:
$\Lambda_\infty(HAc) = \Lambda_\infty(HCl) + \Lambda_\infty(NaAc) - \Lambda_\infty(NaCl)$ zu $\Lambda_\infty(HAc) = 390{,}702$ cm^2/Ohm · g-Äquiv.
Der Dissoziationsgrad errechnet sich dann nach $\alpha = \frac{\Lambda_c}{\Lambda_\infty}$ oder hier $\alpha = 1{,}331 \cdot 10^{-2}$ (= 1,331 %).

2-61 Lösung wie 2-60;
a) $\alpha = 0{,}0133$ b) $K_D = \frac{\alpha^2 \cdot C_o}{1-\alpha}$, danach ergibt sich K_D zu $1{,}793 \cdot 10^{-5}$.

Aufgaben zu Kapitel 3: Fällungsanalyse, Löslichkeit, Berechnung des Löslichkeitsprodukts

3-1 Das Löslichkeitsprodukt K_L für PbF_2 beträgt $3{,}162 \cdot 10^{-8}$. Wie groß ist die Löslichkeit dieses Salzes und wie groß sind die Konzentrationen an F^-- und Pb^{2+}-Ionen (in mol/l) in der gesättigten PbF_2-Lösung?

3-2 Die Löslichkeit von Bi_2S_3 beträgt (unter Vernachlässigung jeglicher Hydrolyse) $2{,}47 \cdot 10^{-20}$ mol/l. Wie groß ist das Löslichkeitsprodukt K_L?

3-3 Das Löslichkeitsprodukt von Strontiumoxalat beträgt $1{,}5 \cdot 10^{-7}$. Wie groß ist die Löslichkeit dieses Oxalats? Wieviel g sind in 200 ml einer gesättigten Lösung enthalten und wie groß ist die Sr^{2+}- bzw. $C_2O_4^{--}$-Konzentration in dieser Lösung, (unter Vernachlässigung der Hydrolyse)?

3-4 Eine gesättigte $BaSO_4$-Lösung ist $3{,}9 \cdot 10^{-5}$ molar. Wie groß ist die Löslichkeit von $BaSO_4$ in einer 0,05 molaren Na_2SO_4-Lösung?

3-5 Bei 25 °C lösen sich 0,00188 g AgCl in einem Liter Wasser. Wie groß ist K_L?

3-6 Die molare Löslichkeit von Ag_3PO_4 beträgt $1{,}608 \cdot 10^{-5}$ mol/l. Wie groß ist der K_L-Wert des Silberphosphats? Wie groß ist die Löslichkeit des Salzes in einer 0,1 molaren Na_3PO_4-Lösung, (unter Vernachlässigung der Hydrolyse des Ag_3PO_4)?

3-7 10 ml einer 0,25 molaren Lösung von $Mg(NO_3)_2$ und 25 ml einer 0,2 molaren NaF-Lösung werden gemischt. Wie groß sind die Konzentrationen an Mg^{2+}- und F^--Ionen in der entstehenden Lösung, $K_L(MgF_2) = 8 \cdot 10^{-8}$?

3-8 Welches Oxalat, $Ag_2C_2O_4$ oder CaC_2O_4, besitzt die niedrigere molare Löslichkeit? ($K_L(Ag_2Ox) = 1{,}1 \cdot 10^{-11}$; $K_L(CaOx) = 1{,}3 \cdot 10^{-9}$). Wie stark müßte die Oxalationenkonzentration für die besser lösliche Verbindung angehoben werden, damit die Löslichkeit dem schwerer löslichen Oxalat entspricht (unter Vernachlässigung der Protolyse von $C_2O_4^{2-}$)?

3-9 Die Ba^{2+}-Ionenkonzentration einer Lösung sei 0,3 mol/l. Wie hoch muß die Pb^{2+}-Ionenkonzentration derselben Lösung mindestens sein, damit bei Zugabe von Na_2SO_4 zuerst $PbSO_4$ ausfällt, $K_L(BaSO_4) = 1{,}5 \cdot 10^{-9}$; $K_L(PbSO_4) = 1{,}3 \cdot 10^{-8}$?

3-10 Eine Lösung ist 0,3 molar an Mn^{2+} und 0,25 molar an NH_4^+. Welche Konzentration an NH_3 muß erreicht werden, damit $Mn(OH)_2$ gerade auszufallen beginnt, $K_b(NH_3) = 1{,}8 \cdot 10^{-5}$; $K_L(Mn(OH)_2) = 2 \cdot 10^{-13}$?

3-11 Wieviel g festes NH_4Cl muß man einer Mischung von 50 ml einer 1 molaren NH_3- und 50 ml einer 1 molaren $MgCl_2$-Lösung zufügen, damit sich das gebildete $Mg(OH)_2$ gerade wieder auflöst, $K_b(NH_3) = 1{,}8 \cdot 10^{-5}$; $K_L(Mg(OH)_2) = 1{,}22 \cdot 10^{-11}$?

3-12 Die Löslichkeit von Tl_2S beträgt $1{,}42 \cdot 10^{-5}$ g pro Liter. a) Wie groß ist K_L von Tl_2S? b) Welches Volumen einer 0,05 molaren Na_2S-Lösung löst die gleiche Menge Tl_2S, wie ein Liter reines Wasser, (unter Vernachlässigung der Hydrolyse von Tl_2S)?

3-13 Das Löslichkeitsprodukt von CaC_2O_4 berträgt $1{,}8 \cdot 10^{-9}$. Es soll ein Niederschlag von 850 mg Oxalat ausgewaschen werden. Wieviel ml Wasser können dazu benützt werden, wenn nicht mehr als 0,05% des Niederschlages gelöst werden dürfen, (unter Vernachlässigung von Hydrolyse)?

3-14 Welche Konzentration an F^--Ionen ist notwendig, um die Fällung von SrF_2 aus einer gesättigten Lösung von $SrSO_4$ auszulösen, $K_L(SrSO_4) = 7{,}6 \cdot 10^{-7}$; $K_L(SrF_2) = 7{,}9 \cdot 10^{-10}$?

3-15 Die Formel des Quecksilber(I)-Ions ist Hg_2^{2+}. Das Löslichkeitsprodukt K_L von Hg_2CO_3 ist $9 \cdot 10^{-17}$. Bestimmen Sie die molare Löslichkeit L von Hg_2CO_3. Wie groß würde K_L dieser Verbindung sein, wenn die Formel des Quecksilber(I)-Ions Hg^+ lautete (unter Vernachlässigung der Hydrolyse)?

3-16 Berechnen Sie die Endkonzentrationen (in mol/l) von Sr^{2+}, NO_3^-, Na^+ und F^- in einer Lösung, die durch Zugabe von 50 ml 0,3 molarer $Sr(NO_3)_2$-Lösung zu 150 ml 0,12 molarer NaF-Lösung hergestellt wurde. Um eine quantitative Fällung zu erreichen (stöchiometrischer Umsatz) muß von einer der Lösungen dem Gemisch noch etwas zugesetzt werden. Von welcher Lösung und wieviel (in ml), $K_L(SrF_2) = 7{,}9 \cdot 10^{-10}$?

3-17 1 Liter einer gesättigten Silberphosphatlösung ($K_L = 1{,}8 \cdot 10^{-18}$) wird mit 1 Liter einer gesättigten Calciumphosphatlösung ($K_L = 1{,}3 \cdot 10^{-32}$) vermischt. Welche Löslichkeiten besitzen die beiden Salze in den Ausgangslösungen und welche Ionenkonzentrationen an $c(Ag^+)$, $c(Ca^{2+})$ und $c(PO_4{}^{3-})$ liegen jeweils vor (Hydrolyse sei vernachlässigt)? Welches Salz fällt in der Mischung aus und welche Löslichkeit besitzt es hier?

3-18 Ein Liter einer 1,5 molaren Ni^{2+}-Salzlösung wird bei 3 A elektrolysiert. Wie lange muß diese Elektrolyse betrieben werden, damit aus der verbleibenden Lösung mit einem pH von 0,5229 bei Sättigung mit H_2S ($c(H_2S\text{-ges.}) = 0{,}12$ mol/l) kein NiS mehr ausfällt? ($K_L(NiS) = 3 \cdot 10^{-21}$; $K_{S1}(H_2S) = 10^{-7}$, $K_{S2}(H_2S) = 1.26 \cdot 10^{-13}$).

3-19 Eine Lösung ist 0,1 molar an CrO_4^{--} und 0,15 molar an SO_4^{--}. Hierzu wird langsam eine hochkonzentrierte Ba^{2+}-Salzlösung hinzugegeben. (Volumenzunahme vernachlässigen). Berechnen Sie die Konzentrationen von Ba^{2+}, die erforderlich sind, um $BaCrO_4$ und $BaSO_4$ zu fällen. Welche Verbindung fällt zuerst aus? Wie hoch ist die CrO_4^{--}-Konzentration, wenn das $BaSO_4$ auszufallen beginnt und wie hoch ist diese CrO_4^{--}-Konzentration, wenn die Hälfte des SO_4^{--} als $BaSO_4$ ausgefällt ist? K_L-($BaCrO_4$) $= 8{,}5 \cdot 10^{-11}$; $K_L(BaSO_4) = 1{,}5 \cdot 10^{-9}$ (unter Vernachlässigung der Hydrolyse).

3-20 Berechnen Sie die maximale Mg^{2+}-Ionenkonzentration in einer Lösung, die in 100 ml 10 ml 25%ige NH_3-Lösung (Dichte 0,91 g/ml) und 1 g NH_4Cl enthält, $K_b(NH_3) = 1{,}79 \cdot 10^{-5}$; $K_L(Mg(OH)_2) = 5{,}5 \cdot 10^{-12}$.

3-21 In einer gesättigten Lösung von $Ca_3(PO_4)_2$ beträgt die Phosphationenkonzentration $3{,}3 \cdot 10^{-7}$ mol/l. Berechnen Sie K_L und die Löslichkeit L in einer Lösung, die 0,1 molar an PO_4^{---} ist.

3-22 Berechnen Sie die Löslichkeit von AgSCN in 0,003 molarer NH_3-Lösung. $K_L(AgSCN) = 10^{-12}$; $K_D(Ag(NH_3)_2{}^+) = 5{,}9 \cdot 10^{-8}$.

3-23 Berechnen Sie die Löslichkeit von AgSCN bei Anwesenheit von AgBr. $K_L(AgSCN) = 10^{-12}$; $K_L(AgBr) = 5{,}0 \cdot 10^{-13}$.

3-24 Die gesättigte Lösung von AgCN enthält bei pH = 7 $2{,}122 \cdot 10^{-2}$ mg AgCN pro Liter Lösung. Wie groß ist K_L von AgCN? ($K_s(HCN) = 4{,}8 \cdot 10^{-10}$).

3-25 Die Löslichkeit von TlBr ist 0,0476 g pro 100 ml, die von TlI ist $6{,}3 \cdot 10^{-3}$ g pro 100 ml. Berechnen Sie die Ionenkonzentrationen in einer Lösung, die für beide Salze gesättigt ist.

3-26 Für die Mohrsche Chloridtitration mit einer eingestellten $AgNO_3$-Lösung wird Na_2CrO_4 als Indikator verwendet. Wie groß muß die CrO_4^{--}-Konzentration sein, damit der Fehler bei der Cl^--Bestimmung Null wird, $K_L(AgCl) = 1{,}1 \cdot 10^{-10}$; $K_L(Ag_2CrO_4) = 4 \cdot 10^{-12}$?

3-27 Eine Lösung enthält 0,1 mol Cl^-- und ebenfalls 0,1 mol CrO_4^{--}-Ionen in einem Liter. Wird bei allmählicher Zugabe von Silbernitrat (keine Volumenänderung) zuerst AgCl oder Ag_2CrO_4 ausfallen? Wie groß ist die Cl^--Konzentration, wenn die leichter lösliche Komponente gerade auszufallen beginnt und wieviel % der ursprünglichen Chloridionen verbleiben an diesem Punkt in der Lösung, $K_L(AgCl) = 1{,}1 \cdot 10^{-10}$; $K_L(Ag_2CrO_4) = 4 \cdot 10^{-12}$?

3-28 Bei der Mohrschen Chloridbestimmung wird Ag_2CrO_4 ($pK_L = 11.7$) als Fällungsindikator benutzt. Die Löslichkeit dieses Salzes der zweibasigen Säure H_2CrO_4 ($pK_{S1} = 0.74$, $pK_{S2} = 6.49$) ist natürlich pH-abhängig. Welche Löslichkeit besitzt es bei pH = 8 und welche bei pH = 3?

3-29 Bei der Fällung von AgCl aus einer Silbersalzlösung mit Salzsäure ist einerseits ein Überschuß an Fällungsmittel (Cl^-) zur Erniedrigung der Löslichkeit von AgCl wünschenswert, andererseits soll ein Überschuß wegen der Bildung löslicher Chlorkomplexionen des Silbers nicht zu groß sein. Wie groß ist die Löslichkeit von AgCl in 0,1 molarer HCl

a) unter der Voraussetzung, daß keine Chlorkomplexionen gebildet werden?

b) bei Berücksichtigung von $AgCl_2^-$ als einzig relevantem Komplexion (festes AgCl steht im Gleichgewicht mit der Lösung)?

c) Vergleichen Sie die Löslichkeit von a) und b) mit jener von AgCl in reinem Wasser.

d) Wie groß müßte die Konzentration der Salzsäure sein, damit die Löslichkeit bei Bildung des Chlorkomplexes (siehe b)) gleich der in reinem Wasser wäre? ($K_L(AgCl) = 1{,}1 \cdot 10^{-10}$; Stabilitätskonstante $Ag^+ + 2Cl^- \rightleftharpoons AgCl_2^-$; $K_\beta = 1{,}8 \cdot 10^5$).

3-30 Wie groß ist die Löslichkeit von AgCl in 0,1 molarer Salzsäure
a) unter Vernachlässigung jeglicher Komplexbildung, und b) unter Berücksichtigung von $[AgCl_2]^-$-Komplexionen als einzig relevantem Komplex? (Festes AgCl sei im Gleichgewicht stets vorhanden! $K_L(AgCl) = 1{,}8 \cdot 10^{-10}$; für die Stabilitätskonstante $Ag^+ + 2\,Cl^- \rightleftharpoons AgCl_2^-$ gilt $K_\beta = 1{,}8 \cdot 10^5$).

3-31 Wie groß ist die Konzentration der Mg^{++}, Ba^{++} und CO_3^{--}-Ionen in einer Lösung, die in bezug auf diese beiden Salze gesättigt ist? $K_L(MgCO_3) = 2{,}6 \cdot 10^{-5}$; $K_L(BaCO_3) = 7{,}9 \cdot 10^{-9}$ (unter Vernachlässigung der Hydrolyse).

3-32 Berechnen Sie die Löslichkeit von AgCN in einer Pufferlösung mit dem pH = 3; $K_L(AgCN) = 1{,}2 \cdot 10^{-16}$; $K_s(HCN) = 4{,}8 \cdot 10^{-10}$.

3-33 Nachdem festes $SrCO_3$ in eine Pufferlösung vom pH = 8,5 gegeben wurde, enthielt die Lösung $7{,}991 \cdot 10^{-5}$ mol/l Sr^{2+}. Welches K_L hat $SrCO_3$? $K_{S1}(H_2CO_3) = 4{,}5 \cdot 10^{-7}$; $K_{S2}(H_2CO_3) = 5{,}7 \cdot 10^{-11}$. Wie groß ist die Löslichkeit L dieser Verbindung in einer Lösung vom pH = 5,2?

3-34 Zu einem Liter einer $5 \cdot 10^{-3}$ molaren Lösung von $AgNO_3$ werden 0,1 mol NH_3 hinzugegeben. (Keine Volumenänderung). Wie groß sind die Konzentrationen an Ag^+, $[AgNH_3]^+$ und $[Ag(NH_3)_2]^+$ sowie an NH_3 in dieser Lösung, $K_{D1}(Ag(NH_3)_2^+) = 1{,}4 \cdot 10^{-4}$; $K_{D2}(Ag(NH_3)_2^+) = 4{,}3 \cdot 10^{-4}$?

3-35 Zu einer 0,08 molaren NH_3-Lösung werden $3 \cdot 10^{-5}$ mol Cu^{2+} (als $CuSO_4$) hinzugegeben. Wie hoch ist die Konzentration an freiem Cu^{2+} in dieser Lösung? Der Anteil des Cu, der in anderen Komplexen, als $Cu(NH_3)_4^{2+}$ enthalten ist, sei vernachlässigt. Wieviel S^{2-} muß mindestens zugegeben werden, damit aus obiger Lösung CuS ausfällt, $K_D = 4{,}7 \cdot 10^{-15}$; $K_L(CuS) = 9 \cdot 10^{-36}$?

3-36 Eine Lösung enthält 100 g $BaCl_2 \cdot 2H_2O$; eine zweite 50 g K_2CO_3 in einem Liter Lösung. Die Lösungen werden gemischt. Welche Bestandteile enthält das Filtrat und der Niederschlag und in welchen Mengen, $K_L(BaCO_3) = 6{,}918 \cdot 10^{-9}$?

3-37 Der pK_L-Wert eines schwerlöslichen Metallhydroxids beträgt 32,7. Kann die Fällung dieses Hydroxids in einer Lösung, die 0,05 molar an M^{3+} und 0,05 molar an NH_3 ist, durch Zusatz von festem NH_4Cl experimentell verhindert werden, $K_b(NH_3) = 1{,}8 \cdot 10^{-5}$?

3-38 Nachdem festes $CaCO_3$ in eine Pufferlösung vom pH = 7 gegeben wurde, herrscht in dieser Lösung eine $CaCO_3$-Konzentration von 550 mg/Liter vor. Welches Löslichkeitsprodukt K_L besitzt $CaCO_3$ und wie groß ist seine Löslichkeit in einer Lösung vom pH = 3, $K_{S1}(H_2CO_3) = 5{,}01 \cdot 10^{-4}$; $K_{S2} = 3{,}98 \cdot 10^{-11}$?

3-39 Die molare Löslichkeit des Salzes $Ba^{2+}X^{2-}$ ist bei einem pH-Wert von 10,4 (und höher) konstant und beträgt $3{,}1 \cdot 10^{-8}$ mol/l. Berechnen Sie den pH-Wert, bei welchem in einer ebenfalls gesättigten Lösung eine Löslichkeit von $2{,}6 \cdot 10^{-2}$ mol/l vorherrscht; ($K_{S1}(H_2X) = 4{,}5 \cdot 10^{-7}$).

3-40 Oberhalb eines pH-Wertes von 10,32 ist die Löslichkeit von $CaCO_3$ mit $685{,}59 \cdot 10^{-7}$ mol/l konstant. Bei welchem pH-Wert besitzt $SrCO_3$ dieselbe Löslichkeit wie $CaCO_3$ oberhalb pH = 10,32, $K_L(SrCO_3) = 7 \cdot 10^{-10}$; $K_{S1}(H_2CO_3) = 4{,}3 \cdot 10^{-7}$?

3-41 Die molare Löslichkeit von Ag_3PO_4 beträgt $1{,}608 \cdot 10^{-5}$ mol/l, wenn der pH-Wert der Lösung 14 (oder mehr als 14) beträgt. Wie groß ist der K_L-Wert des Silberphosphats und welche Löslichkeit besitzt dieses A_3B-Salz bei pH = 5, (K_s-Werte für H_3PO_4 siehe Aufgabe 2-39)?

3-42 Wieviel NH_3 (in mol/l) muß man zu einer $1{,}5 \cdot 10^{-3}$ molaren $Cu(NO_3)_2$-Lösung geben, um die Cu^{2+}-Konzentration auf 10^{-12} mol/l zu reduzieren? Für $Cu(NH_3)_4^{2+}$ ist die Dissoziationskonstante $K_D = 4{,}7 \cdot 10^{-15}$. Der Anteil an Komplexionen, in denen weniger als vier NH_3 gebunden sind, kann vernachlässigt werden.

3-43 Einem Liter einer 0,5 molaren NH_3-Lösung werden 0,01 mol $AgNO_3$ zugesetzt, was zur Bildung von $Ag(NH_3)_2^+$ führt. (Keine Volumenänderung). Wird AgCl ausfallen, wenn die Lösung 0,01 molar an Cl^- gemacht wird? Wird AgI ausfallen, wenn die Lösung 0,001 molar an I^- gemacht wird, $K_L(AgCl) = 1{,}8 \cdot 10^{-10}$; $K_L(AgI) = 8{,}5 \cdot 10^{-17}$; $K_D(Ag(NH_3)_2^+) = 5{,}8 \cdot 10^{-9}$?

3-44 Eine Lösung, die 0,05 molar an Cd^{2+} und 0,1 molar an H^+ ist, wird mit H_2S gesättigt. Welche Cd^{2+}-Konzentration herrscht nach der Fällung von CdS in der Lösung noch vor? (Beachte: bei der Fällung werden H^+ gebildet!!) $K_L(CdS) = 10^{-28}$; $K(H_2S) = K_1 \cdot K_2 = 1{,}26 \cdot 10^{-20}$.

3-45 Wie groß muß die H^+-Konzentration einer Lösung sein, die 0,055 molar an Ni^{2+} ist, um die Fällung von NiS zu verhindern, wenn die Lösung mit H_2S gesättigt wird, $K_L(NiS) = 3{,}2 \cdot 10^{-21}$; $K(H_2S) = K_1 \cdot K_2 = 1{,}26 \cdot 10^{-20}$?

3-46 Ein Liter einer $HClO_4$-Lösung, deren pH-Wert 2,523 beträgt und die je $2 \cdot 10^{-4}$ mol Mn^{2+} und Cu^{2+}-Ionen enthält, wird mit H_2S gesättigt. Fallen beide Ionen in Form ihrer Sulfide aus? Wie groß muß das pH der Lösung mindestens sein, damit Fällung eintritt? (Falls die erste Frage mit „nein" beantwortet wurde). Die Löslichkeit von H_2S (0,12 mol/l) soll unabhängig von der Gegenwart anderer Stoffe in der Lösung sein. $K_L(MnS) = 5 \cdot 10^{-15}$; $K_L(CuS) = 9 \cdot 10^{-36}$; $K_{S1} = 10^{-7}$; $K_{S2} = 1{,}26 \cdot 10^{-13}$.

3-47 Es sind je 0,001 mol Cd^{2+} und Fe^{2+} in einem Liter einer 0,02 molaren HCl-Lösung enthalten. Die Lösung wird mit H_2S gesättigt. Geben Sie an, ob die Metallkationen als Sulfide ausfallen oder nicht. Wieviel Cd^{2+} bleibt in Lösung, $K_L(CdS) = 8 \cdot 10^{-27}$; $K_L(FeS) = 5 \cdot 10^{-18}$; $K_1(H_2S) = 10^{-7}$; $K_2(H_2S) = 1{,}26 \cdot 10^{-13}$?

3-48 Eine Lösung ist jeweils 0,05 molar an Cd^{2+}, Zn^{2+} und H_3O^+. Diese Lösung wird mit H_2S gesättigt. Welche Konzentrationen an Cd^{2+} und Zn^{2+} herrschen in der Lösung nach Fällung von CdS und ZnS vor und welchen pH-Wert (welche H^+-Konzentration) müßte die Ausgangslösung besitzen, damit die ZnS-Fällung ausbleibt? Beachten Sie, daß die Fällung mit einer Erhöhung der H^+-Konzentration verbunden ist! $K_L(CdS) = 1{,}1 \cdot 10^{-28}$; $K_L(ZnS) = 1{,}6 \cdot 10^{-23}$.

3-49 In 10^{-4} molarer Natronlauge, in reinem Wasser oder auch in einem idealen HAc/Ac^--Puffer ist die Löslichkeit von Calciumoxalat mit 0,0134 g pro Liter weitgehend konstant. In einer Lösung mit pH = 3,75 lösen sich 0,0228 g pro Liter, in einer Lösung mit pH = 1,25 sind 0,4934 g CaC_2O_4 pro Liter enthalten. (Jeweils gesättigte Lösungen!). Wie groß sind die Säurekonstanten K_{S1} und K_{S2} der Oxalsäure und welches Löslichkeitsprodukt K_L besitzt Calciumoxalat, wenn zusätzlich noch zur Abschätzung der Rechengrößen bekannt sei, daß eine 0,1 molare Lösung von Oxalsäure einen pH-Wert von 1,34 aufzuweisen hat?

3-50 Bildet sich bei Mischung von 10 ml einer $2 \cdot 10^{-3}$ molaren $Mg(NO_3)_2$-Lösung mit 10 ml einer NaOH-Lösung vom pH = 10 ein $Mg(OH)_2$-Niederschlag, $K_L(Mg(OH)_2) = 8{,}9 \cdot 10^{-12}$? Wieviel g NaAc (wenn keine Fällung eintritt) bzw. wieviel g NH_4Cl (wenn die Fällung stattfindet) sind der Mischung zuzusetzen, damit die $Mg(OH)_2$-Fällung gerade eben einsetzt bzw. ausgefallenes $Mg(OH)_2$ gerade eben wieder in Lösung geht, $K_s(HAc) = K_b(NH_3) = 1{,}8 \cdot 10^{-5}$?

Lösungen

3-1 Musterlösung:
Für ein Salz des Typs A_mB_n erhält man die Löslichkeit nach: $L = \sqrt[m+n]{\frac{K_L}{m^m \cdot n^n}}$ und $c(A) = m \cdot L$ bzw. $c(B) = n \cdot L$.
In diesem Fall ergibt sich $L = 1{,}992 \cdot 10^{-3}$ mol/l, was auch der $c(Pb^{2+})$ entspricht; $c(F^-) = 2 \cdot L = 3{,}984 \cdot 10^{-3}$ mol/l.

3-2 Umformen der allgemeinen Gleichung aus 3-1 ergibt: $K_L = L^{(m+n)} \cdot m^m \cdot n^n$, damit ergibt sich hier $K_L = 9{,}929 \cdot 10^{-97}$ und $pK_L = 96{,}003$.

3-3 Lösung wie 3-2; $L = 3{,}873 \cdot 10^{-4}$ mol/l, d.h. in 200 ml sind 20% dieser Menge = $7{,}746 \cdot 10^{-5}$mol enthalten; was bei einem Molekulargewicht von 175,638 g/mol einem Gehalt von $1{,}360 \cdot 10^{-2}$ g/200 ml entspricht. Da es sich hier um ein Salz vom einfachen AB-Typ handelt, ist $c(Sr^{2+}) = c(Ox^{2-}) = L = 3{,}873 \cdot 10^{-4}$ mol/l.

3-4 Lösung wie 3-2; $K_L(BaSO_4) = 1{,}521 \cdot 10^{-9}$, $pK_L = 8{,}818$.
Für die geänderte Sulfationenkonzentration gilt $L = c(Ba^{2+}) = \frac{K_L}{c(SO_4^{--})}$ oder mit den gegebenen Werten $L = c(Ba^{2+}) = 3{,}042 \cdot 10^{-8}$ mol/l.

3-5 Lösung wie 3-2;
0,00188 g AgCl ≙ $1{,}31 \cdot 10^{-5}$ mol; $K_L = L^2 = 1{,}716 \cdot 10^{-10}$.

3-6 Lösung wie 3-2;
$K_L = 1{,}805 \cdot 10^{-18}$, $L = \frac{1}{3} c(Ag^+) = 8{,}744 \cdot 10^{-7}$ mol/l.

3-7 Lösung wie 3-1; wobei zuerst die Frage zu klären ist, ob sich die Mengen an F^- und Mg^{2+} entsprechen oder ob eine Komponente im Überschuß vorhanden ist. Hier steht bei einem Gesamtvolumen von 35 ml einer $c(Mg^{2+})$ von 0,0714 mol/l eine $c(F^-)$ von 0,1428 mol/l gegenüber. Es handelt sich also um äquimolare Mengen. Somit ist $c(Mg^{2+}) = L = 2{,}72 \cdot 10^{-3}$ mol/l und $c(F^-) = 2L = 5{,}44 \cdot 10^{-3}$ mol/l.

3-8 Lösung wie 3-1;
$L(Ag_2C_2O_4) = 1{,}4 \cdot 10^{-4}$ mol/l, $L(BaC_2O_4) = 3{,}6 \cdot 10^{-5}$ mol/l.
$L(Ag_2C_2O_4)$ soll $3{,}6 \cdot 10^{-5}$ mol/l werden, damit muß $c(Ag^+)$ auf $2L = 7{,}2 \cdot 10^{-5}$ mol/l absinken.
Also $c(Ox^{2-}) = \frac{K_L}{c^2(Ag^+)} = 0{,}00212$ mol/l.

3-9 Lösung wie 3-1 und 3-8;
Für die $BaSO_4$-Fällung erforderlich: $c(SO_4^{--}) = 5 \cdot 10^{-9}$ mol/l. $c(Pb^{2+})$ muß mindestens 2,6 mol/l betragen, damit zuerst eine $PbSO_4$-Fällung eintritt.

3-10 Musterlösung:
Nach $K_L = c(Mn^{2+}) \cdot c^2(OH^-)$ ergibt sich eine Mindestkonzentration $c(OH^-)$ von $8{,}165 \cdot 10^{-7}$ mol/l. Aus der Gleichgewichtskonstante für NH_3 errechnet sich dann bei einer $c(NH_4^+)$ von 0,25 mol/l eine NH_3-Konzentration von $1{,}134 \cdot 10^{-2}$ mol/l, die mindestens eingestellt werden muß.

3-11 Lösung in Anlehnung an 3-2 und 3-10;
Eine $c(OH^-)$ von $4{,}94 \cdot 10^{-6}$ mol/l darf nicht überschritten werden. Die dazu notwendige $c(NH_4^+) = 1{,}822$ mol/l, was bei einem Molekulargewicht von 53,5 g/mol einer Menge von 97,469 g/l oder für die vorliegenden 100 ml Lösung einer NH_4Cl-Menge von 9,747 g entspricht.

3-12 Lösung wie 3-2 und 3-6;
$c(Tl^+) = 2L = 6{,}4 \cdot 10^{-8}$ mol/l, $K_L = 1{,}337 \cdot 10^{-22}$.
$c(Tl^+)$ (in 0,05 molarer Na_2S) $= 5{,}171 \cdot 10^{-11}$ mol/l, d.h. in 1246 Litern 0,05 molarer Na_2S-Lösung ist ebensoviel Tl_2S enthalten, wie in einem Liter Wasser.

3-13 Lösung entsprechend 3-1;
$L = 4{,}243 \cdot 10^{-5}$ mol/l $\triangleq 5{,}435 \cdot 10^{-3}$ g/l. 0,05 % von 850 mg sind $4{,}25 \cdot 10^{-4}$ g, d.h. es dürfen 78,2 ml H_2O für den Waschvorgang verwendet werden.

3-14 Lösung entsprechend 3-1; $L(SrSO_4) = c(Sr^{2+}) = 8{,}718 \cdot 10^{-4}$ mol/l.
$c^2(F^-) = \frac{K_L(SrF_2)}{c(Sr^{2+})}$ daraus ergibt sich $c(F^-) = 9{,}519 \cdot 10^{-4}$ mol/l.

3-15 Lösung wie 3-1;
$L = 9{,}487 \cdot 10^{-9}$ mol/l; falls die Formel Hg^+ lautete, gilt: $K_L = c^2(Hg^+) \cdot c(CO_3^{--})$ und damit $K_L = 3{,}415 \cdot 10^{-24}$.

3-16 Lösung wie 3-31 oder/und 3-36; (Volumenänderung beachten!) zu Beginn: $c(Sr^{2+}) = 0{,}075$; $c(Na^+) = 0{,}09$; $c(NO_3^-) = 0{,}15$ und $c(F^-) = 0{,}09$ jeweils mol/l. Am Ende: $c(Na^+)$ und $c(NO_3^-)$ wie oben; $c(Sr^{2+}) = 0{,}03$ und $c(F^-) = 1{,}6228 \cdot 10^{-4}$ mol/l. Für die quantitative Fällung sind insgesamt 250 ml NaF-Lösung erforderlich, also zusätzlich 100 ml Lösung.

3-17 Lösung in Anlehnung an 3-6 und 3-25; $L(Ag_3PO_4) = 1{,}607 \cdot 10^{-5}$ mol/l; $c(Ag^+) = 4{,}8206 \cdot 10^{-5}$ mol/l und $c(PO_4^{3-}) = 1{,}607 \cdot 10^{-5}$ mol/l. $L(Ca_3(PO_4)_2) = 1{,}645 \cdot 10^{-7}$ mol/l; $c(Ca^{2+}) = 4{,}934 \cdot 10^{-7}$ mol/l und $c(PO_4^{3-}) = 3{,}289 \cdot 10^{-7}$ mol/l. Aus der Mischung (2 Liter!) fällt Calciumphosphat aus, es hat hier eine Löslichkeit von $1{,}928 \cdot 10^{-8}$ mol/l.

3-18 Lösung nach 3-47 Teil b; $c(Ni^{2+}\text{-max}) = 0{,}1786$ mol/l, d.h. es müssen 1,5-0,1786 = 1,3214 mol Ni abgeschieden werden; dafür sind 255.009,28 Cb erforderlich. Bei 3 A ist also 23 h 36'43" zu elektrolysieren.

3-19 Lösung wie 3-1 und 3-8 oder 3-9;
a) $BaCrO_4$ fällt aus, wenn $c(Ba^{2+}) = 8{,}5 \cdot 10^{-10}$ mol/l ist;
$BaSO_4$ fällt aus, wenn $c(Ba^{2+}) = 10^{-8}$ mol/l ist, also fällt $BaCrO_4$ zuerst aus.
b) $c(CrO_4^{--}) = K_L/c(Ba^{2+})$, daraus $c(CrO_4^{--}) = 8{,}5 \cdot 10^{-3}$ mol/l.
c) $c(SO_4^{--}) = 0{,}075$; $c(Ba^{2+}) = 2 \cdot 10^{-8}$; $c(CrO_4^{--}) = 4{,}25 \cdot 10^{-3}$ mol/l.

3-20 Lösung in Anlehnung an 3-10 und 3-11;
$c(NH_4^+) = 0{,}1871$ mol/l; $c(NH_3) = 1{,}338$ mol/l; $c(OH^-) = 1{,}28 \cdot 10^{-4}$ mol/l und $c(Mg^{2+}) = 3{,}355 \cdot 10^{-4}$ mol/l.

3-21 Lösung wie 3-4, 3-6 oder 3-12;
$L_1 = 0{,}5 \cdot c(PO_4^{---}) = 1{,}65 \cdot 10^{-7}$ mol/l; $K_L = 1{,}321 \cdot 10^{-32}$ und
$L_2 = 0{,}333 \cdot c(Ca^{2+}) = 3{,}657 \cdot 10^{-11}$ mol/l.

3-22 Lösung nach: $L = c(NH_3) \cdot \sqrt{K_1 \cdot K_2 \cdot K_L}$ wobei $K_1 \cdot K_2 = 1/K_D$ ist.
$L = 1{,}235 \cdot 10^{-5}$ gegenüber 10^{-6} mol/l in Wasser.

3-23 Musterlösung:
Es gilt: (1) $c(Ag^+) \cdot c(SCN^-) = 10^{-12}$ und (2) $c(Ag^+) \cdot c(Br^-) = 5 \cdot 10^{-13}$.
Da die Ag^+-Konzentration für beide Dissoziationsvorgänge identisch ist, können die Gleichungen (1) und (2) zusammengefaßt werden:
$\frac{5 \cdot 10^{-13}}{c(Br^-)} \cdot c(SCN^-) = 10^{-12}$ oder $c(Br^-) = 0{,}5 \cdot c(SCN^-)$. Aufgrund der Elektroneutralität gilt aber auch $c(Ag^+) = c(Br^-) + c(SCN^-)$ oder $c(Ag^+) = 1{,}5 \cdot c(SCN^-)$.
Eingesetzt in (1) ergibt sich $1{,}5 \cdot c^2(SCN^-) = 10^{-12}$, d.h.
$c(SCN^-) = 8{,}165 \cdot 10^{-7}$; $c(Br^-) = 4{,}082 \cdot 10^{-7}$ und $c(Ag^+) = 1{,}224 \cdot 10^{-6}$ mol/l.

3-24 Lösung in Anlehnung an 3-32; $L = 1{,}585 \cdot 10^{-7}$ mol/l, K_L(grob) $= 1{,}206 \cdot 10^{-16}$ (K_L(genau) $= 1{,}2001 \cdot 10^{-16}$).

3-25 Lösung wie 3-23; $c(I^-) = 2{,}146 \cdot 10^{-5}$; $c(Br^-) = 1{,}664 \cdot 10^{-3}$; $c(Tl^+) = 1{,}685 \cdot 10^{-3}$ mol/l.

3-26 $\frac{K_L(Ag_2CrO_4)}{K_L(AgCl)} = c(CrO_4^{--}) = 3{,}636 \cdot 10^{-2}$ mol/l.

3-27 Lösung wie 3-19 und 3-26;

a) $L(AgCl) = 1{,}1 \cdot 10^{-9}$; $L(Ag_2CrO_4) = 6{,}32 \cdot 10^{-6}$ mol/l: AgCl fällt zuerst aus.

b) $c(Cl^-) = \frac{K_L}{c(Ag^+)} = \frac{1{,}1 \cdot 10^{-10}}{6{,}32 \cdot 10^{-6}} = 1{,}74 \cdot 10^{-5}$ mol/l.

c) $\frac{1{,}74 \cdot 10^{-5}}{0{,}1} = 1{,}74 \cdot 10^{-4} \mathrel{\hat{=}} 1{,}74 \cdot 10^{-2}\%$ der ursprünglichen Cl^--Konzentration.

3-28 Musterlösung:

Es handelt sich um ein Salz A_2B der Säure H_2B. Für die grobe Berechnung der pH-abhängigen Löslichkeit gelten die entsprechend abgewandelten Formeln nach S. 99:

1) für $pH > pK_{S2}$ statt $L = \sqrt{K_L} \rightarrow L = \sqrt[3]{\frac{K_L}{4}}$

2) für $pK_{S1} < pH < pK_{S2}$ statt $L = \sqrt{\frac{K_L \cdot c(H_3O^+)}{K_{S2}}} \rightarrow L = \sqrt[3]{\frac{K_L \cdot c(H_3O^+)}{4 \cdot K_{S2}}}$

3) für $pH < pK_{S1}$ statt $L = \sqrt{\frac{K_L \cdot c^2(H_3O^+)}{K_{S1} \cdot K_{S2}}} \rightarrow L = \sqrt[3]{\frac{K_L \cdot c^2(H_3O^+)}{4 \cdot K_{S1} \cdot K_{S2}}}$

d.h. für pH = 8 gilt Formel 1) $L = 7{,}9307 \cdot 10^{-5}$ mol/l und
für pH = 3 gilt Formel 2) $L = 1{,}1551 \cdot 10^{-3}$ mol/l.

Soll genau gerechnet werden, ist die Formel:

$L = \sqrt[3]{\frac{K_L}{4}\left(1 + \frac{c(H_3O^+)}{K_{S2}} + \frac{c^2(H_3O^+)}{K_{S1} \cdot K_{S2}}\right)}$ anzuwenden $L(pH{=}8) = 8{,}0116 \cdot 10^{-5}$ mol/l
$L(pH{=}3) = 1{,}1574 \cdot 10^{-3}$ mol/l.

3-29 Lösung wie 3-30; a) $L = c(Ag^+) = 1{,}1 \cdot 10^{-9}$ mol/l; b) $L = c(AgCl_2^-) = 1{,}98 \cdot 10^{-6}$ mol/l; c) $L = c(Ag^+) = c(Cl^-) = 1{,}049 \cdot 10^{-5}$ mol/l; d) $c(Cl^-) \mathrel{\hat{=}} c(HCl) = 0{,}53$ mol/l.

3-30 Lösung für a) in Anlehnung an 3-4; $c(Ag^+) \mathrel{\hat{=}} L = 1{,}8 \cdot 10^{-9}$ mol/l. Lösung für b) in Anlehnung an 3-43 $c(AgCl_2^-) \mathrel{\hat{=}} L = 3{,}24 \cdot 10^{-6}$ mol/l.

Es gilt $L = c(Ag^+) + c(AgCl) + c(AgCl_2^-) \rightarrow$ näherungsweise $L = c(AgCl_2^-)$.

$K = 1{,}8 \cdot 10^5 = \frac{c(AgCl_2^-)}{c(Ag^+) \cdot c^2(Cl^-)}$ und $c(Ag^+) = \frac{K_L}{c(Cl^-)}$

Durch Einsetzen und Auflösen nach $c(AgCl_2^-)$ erhält man obigen Wert.

3-31 Lösung wie 3-23; $c(Mg^{2+}) = 5{,}098 \cdot 10^{-3}$; $c(Ba^{2+}) = 1{,}549 \cdot 10^{-6}$ und $c(CO_3^{--}) = 5{,}0998 \cdot 10^{-3}$ mol/l.

3-32 Musterlösung:

Herrscht keine pH-Abhängigkeit für L, so gilt $L = c(Ag^+) = c(CN^-) = 1{,}095 \cdot 10^{-8}$ mol/l.
Hier gilt aber aufgrund der Protolyse: $L = c(Ag^+) = c(CN^-) + c(HCN)$ und für $c(CN^-)$ gilt:

$c(CN^-) = \frac{K_s\, c(HCN)}{c(H_3O^+)}$, also für L: $L = c(Ag^+) = \frac{K_s\, c(HCN)}{c(H_3O^+)} + c(HCN)$

oder mit den gegebenen Werten $L = c(Ag^+) + c(HCN) \cdot (4{,}8 \cdot 10^{-7} + 1)$, wobei $4{,}8 \cdot 10^{-7}$ gegenüber 1 natürlich vernachlässigt werden kann und damit die einfache Form resultiert. Aus $c(HCN) = \frac{c(H_3O^+) \cdot c(CN^-)}{K_s}$ und $c(CN^-) = \frac{K_L}{c(Ag^+)}$ erhalten wir

$L = c(HCN) = c(Ag^+) = \frac{c(H_3O^+) \cdot K_L}{K_s \cdot c(Ag^+)} = \sqrt{\frac{c(H_3O^+) \cdot K_L}{K_s}}$

Die Löslichkeit von AgCN bei pH = 3 ergibt sich damit zu $1{,}581 \cdot 10^{-5}$ mol/l.

3-33 Lösung in Anlehnung an 3-32;
$K_L = 1{,}151 \cdot 10^{-10}$; $L = 1{,}337 \cdot 10^{-2}$ mol/l genau; grob $1{,}531 \cdot 10^{-2}$ mol/l.

3-34 Musterlösung:

	Ag^+	+	NH_3	$\longrightarrow$	$Ag(NH_3)_2^+$	+ ......
Anfangskonzentration	$5 \cdot 10^{-3}$		0,1		–	
Endkonzentration	x		$0{,}1 - 2 \cdot 5 \cdot 10^{-3}$		$5 \cdot 10^{-3} - x$	

$K_D = K_1 \cdot K_2 = \frac{c(Ag^+) \cdot c^2(NH_3)}{c(Ag(NH_3)_2^+)}$; nach Einsetzen der gegebenen Größen erhält man

$x = c(Ag^+) = 3{,}716 \cdot 10^{-8}$, $c(NH_3) = 9 \cdot 10^{-2}$ und $c(Ag(NH_3)_2{}^+) = 4{,}99996 \cdot 10^{-3}$ mol/l.

$c(Ag(NH_3)^+) = \frac{K_1 \cdot c(Ag(NH_3)_2{}^+)}{c(NH_3)} = 7{,}777 \cdot 10^{-6}$ mol/l.

3-35 Lösung wie 3-34;
$c(Cu^{2+}) = 3{,}442 \cdot 10^{-15}$; $c(S^{--}) = K_L/c(Cu^{2+}) = 2{,}614 \cdot 10^{-21}$ mol/l.
(Die genaue Berechnung ergibt für $c(S^{--})$ den Wert von $2{,}599 \cdot 10^{-21}$ mol/l).

3-36 Lösung: Aufstellung der Reaktionsgleichung, Umrechnung der gegebenen in molare Größen und Einsetzen in $K_L = c(Ba^{2+}) \cdot c(CO_3^{--})$ ergibt:
Rückstand = 71,395 g $BaCO_3$, in Lösung verbleiben 53,94 g KCl, 9,913 g $BaCl_2$ (dies entspricht 11,628 g $BaCl_2 \cdot 2H_2O$) und $1{,}147 \cdot 10^{-4}$ g $BaCO_3$ ($\triangleq 5{,}816 \cdot 10^{-7}$ mol CO_3^{--}) pro 2 Liter.

3-37 Lösung wie 3-10 und 3-20;
um die Fällung zu verhindern, müßten $2{,}634 \cdot 10^4$ mol/l Ammoniumchlorid zugesetzt werden, was experimentell natürlich nicht realisierbar ist.

3-38 Lösung wie 3-33; $K_L = 1{,}203 \cdot 10^{-8}$, $pK_L = 7{,}9197$, L(bei pH = 3) = $7{,}763 \cdot 10^{-1}$ mol/l = 77,705 g/l (grober Wert).

3-39 Lösung wie 3-24, 3-28 oder 3-40; $K_{S2} = 3{,}98 \cdot 10^{-11}$, damit ist $K_L = 9{,}61 \cdot 10^{-16}$.
pH (für $L = 2{,}6 \cdot 10^{-2}$ mol/l) = 2,45.
Überschlagsmäßig muß hier zunächst auch die L für den Bereich $pK_{S1} < pH < pK_{S2}$ ermittelt werden, um auch bei Anwendung der Näherungsformeln zu erkennen, daß der gesuchte pH-Wert im Bereich $pH < pK_{S1}$ liegt.

3-40 Lösung in Anlehnung an 3-33 und 3-49;
$K_L(CaCO_3) = 4{,}7 \cdot 10^{-9}$, konstante Löslichkeit ab $pK_{S2} = 10{,}32$, daraus $K_{S2} = 4{,}786 \cdot 10^{-11}$.
Die gesuchte $c(H_3O^+)$ kann nach Umformung der genauen Formel für die pH-abhängige Löslichkeit ohne weiteres errechnet werden: $c(H_3O^+) = 2{,}75 \cdot 10^{-10}$ mol/l (pH = 9,56). Wird nur die Näherungsformel verwendet, dann ist erst aus einem einfachen pH/logL-Diagramm klar zu erkennen, daß nur der Bereich $pK_{S1} < pH < pK_{S2}$ in Frage kommt:
aus $L = \sqrt{\frac{K_L \cdot c(H_3O^+)}{K_{S2}}}$ ergibt sich $c(H_3O^+)$ zu $3{,}213 \cdot 10^{-10}$ mol/l (pH = 9,493).

3-41 Lösung in Anlehnung an 3-28 mit der Abwandlung der Formeln auf eine Säure H_3b;
$K_L = 1{,}8051 \cdot 10^{-18}$, L(bei pH = 5) = $3{,}957 \cdot 10^{-3}$ mol/l.
Genaue Werte: K_L(pH = 14) = $1{,}765 \cdot 10^{-18}$, K_L(pH = 15) = $1{,}8010 \cdot 10^{-18}$, K_L(pH = 16) = $1{,}8047 \cdot 10^{-18}$, L(pH = 5, ber. mit K_L bei pH = 15) = $3{,}962 \cdot 10^{-3}$ mol/l.

3-42 Lösung in Anlehnung an 3-34, 3-35;
$c(NH_3$ – im Gleichgewicht) = $5{,}15 \cdot 10^{-2}$ mol/l,
$c(NH_3$ – im Komplex gebunden) = $4 \cdot 1{,}5 \cdot 10^{-3} = 6 \cdot 10^{-3}$ mol/l,
$c(NH_3$ – zuzufügende Gesamtmenge) = $5{,}75 \cdot 10^{-2}$ mol/l.

3-43 Lösung wie 3-22 oder 3-34; $L(AgCl) = 8,46 \cdot 10^{-2}$ mol/l, es fällt also kein AgCl aus; $L(AgI) = 5,81 \cdot 10^{-5}$ mol/l, AgI fällt also aus.

3-44 Musterlösung:
$Cd^{2+} + H_2S \longrightarrow CdS + 2\,H^+$, d.h. der Umsatz der 0,05-molaren Cd^{2+}-Lösung führt zu einer Erhöhung der H^+-Ionenkonzentration um $2 \cdot 0,05 = 0,1$ mol/l. Die Gesamtkonzentration am Ende der Fällung beträgt dann $0,1 + 0,1 = 0,2$ mol/l. Für H_2S gilt:
$K_1 \cdot K_2 = \dfrac{c^2(H_3O^+) \cdot c(S^{--})}{c(H_2S)}$, wobei eine gesättigte H_2S-Lösung stets als 0,12 molar anzusehen ist.
Damit ergibt sich für $c(S^{--}) = \dfrac{K_1 \cdot K_2 \cdot c(H_2S)}{c^2(H_3O^+)}$, hier also $= 3,78 \cdot 10^{-20}$ mol/l.

Da $c(Cd^{2+}) = K_L/c(S^{--})$ ist, erhält man für $c(Cd^{2+})$ den Wert von $2,645 \cdot 10^{-9}$ mol/l.

3-45 Lösung in Anlehnung an 3-44; K_L von NiS darf nicht überschritten werden, d.h. die $c(S^{--})$-Konzentration darf den Wert von $5,8182 \cdot 10^{-20}$ mol/l nicht übersteigen. Die erforderliche H_3O^+-Konzentration der Lösung muß $1,612 \cdot 10^{-1}$ mol/l betragen.

3-46 Lösung wie 3-44 und 3-45; $pH = 2,523 \triangleq c(H_3O^+) = 0,003$ mol/l; $c(S^{--}) = 1,68 \cdot 10^{-16}$ mol/l;
für MnS gilt: $2 \cdot 10^{-4} \cdot 1,68 \cdot 10^{-16} = 3,36 \cdot 10^{-20} < K_L$, also keine MnS-Fällung,
für CuS gilt: $2 \cdot 10^{-4} \cdot 1,68 \cdot 10^{-16} = 3,36 \cdot 10^{-20} > K_L$, also fällt CuS aus.
Damit auch eine MnS-Fällung eintritt, muß $c(H_3O^+) = 7,777 \cdot 10^{-6}$ mol/l sein.
(Bei diesen Rechnungen blieb die Erhöhung der H-Ionenkonzentration unberücksichtigt!)

3-47 Lösung wie 3-44 – 3-46; a) $c(S^{--}) = 3,78 \cdot 10^{-18}$ mol/l, CdS fällt aus, FeS nicht.
b) Für $c(Cd^{2+})$ gilt: $L = c(Cd^{2+}) = \dfrac{K_L \cdot c^2(H_3O^+)}{1,512 \cdot 10^{-21}} = 2,561 \cdot 10^{-9}$ mol/l.

(Für den Lösungsteil b) ist die Zunahme der H-Ionenkonzentration während der Fällung berücksichtigt; ohne Berücksichtigung dieser Zunahme erhält man $c(Cd^{2+}) = 2,116 \cdot 10^{-9}$ mol/l).

3-48 Lösung wie 3-44 – 3-47; $c(Cd^{2+}) = 4,547 \cdot 10^{-9}$; $c(Zn^{2+}) = 6,614 \cdot 10^{-4}$ mol/l;
b) $c(H_3O^+) = 2,174 - 0,1 = 2,074$ mol/l für die Ausgangslösung.

3-49 Musterlösung:
Calciumoxalat hat ein MG von 128,102 g/mol, d.h. 0,0134 g/l $\triangleq 1,046 \cdot 10^{-4}$ mol/l, 0,0228 g/l $\triangleq 1,7805 \cdot 10^{-4}$ mol/l und 0,4934 g/l $\triangleq 3,852 \cdot 10^{-3}$ mol/l.
Für konstante Löslichkeit gilt ($pH > pK_{S2}$) $K_L = L^2 = 1,094 \cdot 10^{-8}$.
Zur Abschätzung von K_{S1} berücksichtigt man die 1. Dissoziationsstufe der Oxalsäure:
$K_{S1} \cong \dfrac{c(H_3O^+) \cdot c(HOx^-)}{c(H_2Ox) - c(H_3O^+)} \cong 3,85 \cdot 10^{-2}$, d.h. $pH = 1,25 < pK_{S1}$ und $pH = 3,75 > pK_{S1}$.
$K_{S1} = 3,799 \cdot 10^{-2}$ und $K_{S2} = 6,138 \cdot 10^{-5}$.

3-50 Musterlösung:
$c(Mg^{2+}$-Mischung$) = 0,001$, $c(OH^-$-Mischung$) = 5 \cdot 10^{-5}$ mol/l. Da $c(Mg^{2+}) \cdot c^2(OH^-) < K_L$, erfolgt keine $Mg(OH)_2$-Fällung. $c(OH^-$-minimal$) = \sqrt{\dfrac{K_L}{c(Mg^{2+})}} = 9,434 \cdot 10^{-5}$ mol/l.

Nach der allgemeinen Formel für die Mischung starker und schwacher Basen (Gl. (72); S. 44), wobei c(stark) $= 5 \cdot 10^{-5}$, c(schwach) = x mol/l und $K_b = K_w/K_s$ ergibt sich x = c(NaAc) zu 7,529 mol/l $\triangleq$ 12,35 g NaAc/20 ml.
(Die Grobrechnung ergibt $9,434 \cdot 10^{-5} - 5 \cdot 10^{-5} = 4,434 \cdot 10^{-5}$ mol/l $\triangleq$ 5,804 g NaAc/20 ml).

Aufgaben zu Kapitel 5: Oxidations- und Reduktionsanalyse, EMK- und Potentialberechnungen

5-1 Von einer Kette $Cu/CuSO_4//ZnSO_4/Zn$ soll die EMK bestimmt werden, wenn die Konzentration für $CuSO_4$ 0,25 mol/l, die für $ZnSO_4$ 0,1 mol/l beträgt. $E_0(Cu/Cu^{2+}) = +0{,}345$ V, $E_0(Zn/Zn^{2+}) = -0{,}760$ V.

5-2 Von einer Kette $Ag/Ag^+//Cd^{2+}/Cd$ soll die EMK bestimmt werden. Die Metallionenkonzentrationen seien: $c(Ag^+) = 0{,}28$ mol/l; $c(Cd^{2+}) = 1{,}05$ mol/l; $E_0(Ag/Ag^+) = +0{,}799$ V, $E_0(Cd/Cd^{2+}) = -0{,}403$ V.

5-3 Beschreiben Sie die Wirkung auf das Elektrodenpotential einer Teilreaktion der Form: $Me^{2+} + 2e^- \rightleftharpoons Me$, wenn $c(Me^{2+})$ verdoppelt bzw. halbiert wird.

5-4 50 ml einer 0,1 molaren Sn^{2+}-Lösung werden mit einer 0,2 molaren Lösung von Ce^{4+} titriert. Bestimmen Sie die Gleichgewichtskonstante der Reaktion, errechnen Sie die Gleichgewichtsionenkonzentrationen am Äquivalenzpunkt, $E_0(Ce^{3+}/Ce^{4+}) = 1{,}61$; $E_0(Sn^{2+}/Sn^{4+}) = 0{,}15$ V.

5-5 Zu einer 0,01 molaren Lösung von $CdSO_4$ wird Eisen im Überschuß hinzugegeben, wobei ein Teil des Eisens in Lösung geht und Cadmium ausfällt. Wie groß ist die Gleichgewichtskonstante der Reaktion? Wie groß ist das Potential der Lösung am Äquivalenzpunkt und welche Cd^{2+}- und Fe^{2+}-Ionenkonzentrationen herrschen nach Eintritt des Gleichgewichts vor, $E_0(Cd/Cd^{2+}) = -0{,}403$ V, $E_0(Fe/Fe^{2+}) = -0{,}44$ V?

5-6 Wie groß ist das Potential der Kette Ni/Ni^{2+}(0,01 mol/l)//Cl^-(0,2 mol/l)/Cl_2 (1,013 bar)/Pt? Wie groß ist die Gleichgewichtskonstante K der Reaktion? Wie groß ist das Potential nach Einstellung des Gleichgewichts, $E_0(Ni/Ni^{2+}) = -0{,}25$ V, $E_0(Cl^-/Cl_2) = +1{,}36$ V?

5-7 Berechnen Sie die EMK für die Kette $Sn/Sn^{2+}//Pb^{2+}/Pb$ mit jeweils 1-molaren Metallsalzlösungen. Wie lautet die Reaktionsgleichung der Kette? Wie groß sind die Sn^{2+}- und Pb^{2+}-Ionenkonzentrationen, wenn die EMK der Kette = 0 ist, $E_0(Sn/Sn^{2+}) = -0{,}136$ V, $E_0(Pb/Pb^{2+}) = -0{,}126$ V?

5-8 Das Potential einer Lösung, die Cu^{2+}-Ionen enthält, beträgt + 0,3207 V. Dieser Lösung werden 16,89 g Cd-Metall zugefügt. Wie verändert sich das Potential der Lösung, welche Cu^{2+}-Konzentration herrscht zu Beginn und am Ende der Reaktion vor, $E_0(Cu/Cu^{2+}) = +0{,}345$ V, $E_0(Cd/Cd^{2+}) = -0{,}403$ V?

5-9 Berechnen Sie die Gleichgewichtskonstante der Reaktion $Cr^{2+} + Fe^{3+} \rightleftharpoons Fe^{2+} + Cr^{3+}$. Wie groß sind die Gleichgewichtskonzentrationen in einer Lösung, die durch Vermischen von 50 ml 0,05 molarer Cr^{2+}-Lösung und 50 ml 0,05 molarer Fe^{3+}-Lösung hergestellt wurde? Berechnen Sie das Potential am Äquivalenzpunkt. $E_0(Fe^{2+}/Fe^{3+}) = +0{,}771$ V, $E_0(Cr^{2+}/Cr^{3+}) = -0{,}408$ V.

5-10 Um welchen Betrag (in Volt) wird das Oxidationsvermögen einer MnO_4^-/Mn^{2+}-Zelle verringert, wenn (<u>nur</u>) die H^+-Ionenkonzentration von 1 mol/l auf 0,0001 mol/l herabgesetzt wird? ($E_0(MnO_4^-/Mn^{2+}) = 1{,}51$ V.

5-11 Für eine Kette, die eine Lösung unbekannten pH-Wertes enthält, wird mit der Kombination: Wasserstoffelektrode ($p(H_2) = 1{,}013$ bar)/Normalkalomelelektrode ($E = 0{,}283$ Volt) eine EMK von 0,533 Volt gemessen. Berechnen Sie den pH-Wert der Lösung und den K_s-Wert der vorgelegten schwachen Säure, wenn eine 0,01 molare Lösung zur EMK-Messung verwendet worden ist.

5-12 Bestimmen Sie die EMK der Kette Pt/H_2 (1,013 bar)/H^+(0,025-mol/l)//H^+(5-mol/l)/H_2 (1,013 bar)/Pt. Geben Sie die „Reaktionsgleichung" der Kette an. Bestimmen Sie ihr Potential, wenn der H_2-Partialdruck in der Zelle mit der geringeren H^+-Konzentration 2,026 bar, in der anderen (der Kathoden-)Zelle 0,1013 bar beträgt.

5-13 Das Normalpotential einer Cu-Elektrode gegen Cu^{2+}-Ionen ist 0,345 V, gegen Cu^+ = 0,42 V. Welchen Wert hat die Konstante $K = c(Cu^{2+})/c^2(Cu^+)$ zwischen Cu^+ und Cu^{2+} in Gegenwart von metallischem Cu? Welches Potential hat eine Cu-Platte, die in eine gesättigte CuCl-Lösung, die 0,1 molar an HCl ist, eintaucht, $L(CuCl) = 1{,}1 \cdot 10^{-3}$ mol/l?

5-14 Wie groß ist die EMK der aus folgenden Zellen konstruierbaren Ketten:
1. Ag/Ag^+(0,01 mol/l); 2. Ag/AgCl(gesättigt in 0,1 mol/l KCl); 3. Ag/Ag^+(0,01 mol/l + NH_3(1 mol/l))? $K_L(AgCl) = 1{,}8 \cdot 10^{-10}$; $K_D(Ag(NH_3)_2{}^+) = 5{,}4 \cdot 10^{-8}$.

5-15 Berechnen Sie die EMK der Kette Ag/Ag^+(0,1 mol/l)//Ag^+(AgCl gesättigt in 1 mol/l KCl)/Ag. $E_0(Ag/Ag^+) = + 0{,}799$ V; $K_L(AgCl) = 1{,}8 \cdot 10^{-10}$.

5-16 In eine 0,1 molare In^{3+}-Salzlösung wird metallisches Zn eingetragen. Zu berechnen ist die Gleichgewichtskonstante K, das Potential am Äquivalenzpunkt und die Gleichgewichtsionenkonzentrationen. Für diese Berechnung stehen zur Verfügung: $E_O(Zn/Zn^{2+}) = -0{,}7628$ V und die EMK der Kette Zn/Zn^{2+}(1 mol/l)//In^{3+}(1 mol/l)/ In mit + 0,4198 V.

5-17 Bestimmen Sie die EMK der Kette Sn/Sn^{2+}//Ag^+/Ag bei jeweils 0,05 molaren Metallsalzlösungen. Wie lautet die Reaktionsgleichung? Wie groß ist die Gleichgewichtskonstante, $E_0(Ag/Ag^+) = + 0{,}799$ V, $E_0(Sn/Sn^{2+}) = - 0{,}136$ V?

5-18 Die EMK einer Kette mit einer Lösung von unbekanntem pH beträgt bei Benutzung einer Wasserstoffelektrode (p_{H_2} = 1,013 bar) und einer Kalomelvergleichselektrode 0,608 V. Das Potential der Kalomelelektrode betrage + 0,2812 V. Es sind das pH der Lösung und die Wasserstoffionenkonzentration zu berechnen.

5-19 Berechnen Sie die Cd^{2+}-Konzentration der Kette Cd/Cd^{2+}(× mol/l)//Ni^{2+}(2 mol/l)/Ni, wenn die EMK dieser Kette 0,20026 Volt beträgt. Wie lautet die Reaktionsgleichung der Kette, wie groß ist die Gleichgewichtskonstante K und wie groß ist die Ni^{2+}-Ionenkonzentration, wenn die EMK den Wert Null erreicht hat, $E_0(Cd/Cd^{2+}) = - 0{,}403$ V, $E_0(Ni/Ni^{2+}) = - 0{,}25$ V?

5-20 Eine Kette Ag/Ag^+(0,1 mol/l)//Ag^+(AgCl-gesättigt)/Ag hat eine EMK von 0,22 V. Der Dissoziationsgrad des Silbernitrats beträgt 81,5 %. Bestimmen Sie das Löslichkeitsprodukt des Silberchlorids.

5-21 Bestimmen Sie die EMK für folgende Kette: Hg/Hg_2Cl_2,KCl(1 mol/l)//HX(0,1 mol/l)/ H_2(1,013 bar)/Pt, wenn die Dissoziationskonstante K_s der Säure HX = $5 \cdot 10^{-6}$, der pK_L-Wert für Hg_2Cl_2 = 17,5 und das Potential $E_0(Hg/Hg_2^{2+}) = 0{,}79$ V ist.

5-22 Das Potential einer Cu-Elektrode, die in eine Cu^{2+}-Lösung eintaucht, sei 0,2986 V. Wie groß ist die Cu^{2+}-Konzentration? In diese Elektrolytlösung soll überschüssiges Ni eingetragen werden. Wie lautet die Reaktionsgleichung? Wie groß ist die Gleichgewichtskonstante K? Welche Cu^{2+}-Gleichgewichtskonzentration herrscht vor, $E_0(Cu/Cu^{2+}) = + 0{,}345$ V, $E_0(Ni/Ni^{2+}) = - 0{,}25$ V?

5-23 Die EMK einer Kette, die aus einer Normalsauerstoff- und einer Normalwasserstoffelektrode zusammengesetzt ist, beträgt 1,29 V. Wie groß ist die EMK der Kette, wenn in beiden Halbzellen ein pH von 7 vorherrscht und wie groß sind dabei die Potentiale der Sauerstoff- bzw. der Wasserstoffelektrode, wenn die Partialdrücke der Gase stets zu 1,013 bar angenommen werden?

5-24 50 ml einer 0,1 molaren Sn^{4+}-Salzlösung werden gemäß der Gleichung 2 Cr^{2+} + Sn^{4+} $\rightleftharpoons$ 2 Cr^{3+} + Sn^{2+} mit dem erforderlichen Quantum einer ebenfalls 0,1 molaren Cr^{2+}-Salz-Lösung zur Reaktion gebracht. Wie groß ist die Gleichgewichtskonstante K, wie groß sind alle Gleichgewichtsionenkonzentrationen, und welchen Wert hat das Potential am Äquivalenzpunkt für obige Umsetzung, $E_O(Sn^{2+}/Sn^{4+})$ = + 0,15 V, $E_0(Cr^{2+}/Cr^{3+})$ = – 0,41 V?

5-25 Berechnen Sie die Gleichgewichtskonstante der Reaktion Zn + Cu^{2+} $\rightleftharpoons$ Cu + Zn^{2+}. Wie hoch sind die Konzentrationen an Zn^{2+} und Cu^{2+}-Ionen im Gleichgewicht, wenn metallisches Zn zu einer 0,08 molaren Lösung von $CuSO_4$ gegeben wird? Welches Lösungsvolumen würde (theoretisch) ein einzelnes Cu^{2+}-Ion enthalten? E_0-Werte wie in 5-1.

5-26 Berechnen Sie die EMK der Kette: Cd/Cd^{2+}(0,15 mol/l)//Cd^{2+}(10^{-4} mol/l)/Cd. Wie lautet die Reaktionsgleichung der Kette, wie groß ist die Gleichgewichtskonstante K und wie groß ist die Cd-Ionenkonzentration in den Zellen, wenn die EMK auf Null gesunken ist? Wie groß ist das Potential einer Zelle in diesem Fall, $E_0(Cd/Cd^{2+})$ = – 0,403 V?

5-27 Die Kette Cu/Cu^{2+}(0,76 mol/l)//Ni^{2+}(x mol/l)/Ni hat ein EMK von 0,6039 V. Welche Ni^{2+}-Konzentration herrscht zu Beginn in der Ni-Zelle vor und welche für den Gleichgewichtsfall EMK = 0? Welches Potential hat das Cu/Cu^{2+}-Halbelement für diesen Zustand (Gleichgewicht) und welche Cu^{2+}-Konzentration liegt hier vor, E_0(Cu) = 0,345 V; E_0(Ni) = – 0,25 V?

5-28 Gegeben sei die Kette Co/Co^{2+}(2 mol/l)//Ni^{2+}(0,1 mol/l)/Ni. Berechnen Sie die EMK der Kette. Formulieren Sie die zugehörige Redoxgleichung. Welche Metallionenkonzentrationen herrschen vor, wenn die EMK der Kette auf 0 gesunken ist (Gleichgewichtszustand) und wie groß ist dann das Potential in jedem der Halbelemente, E_0(Ni) = – 0,25 V; E_0(Co) = – 0,277 V?

5-29 Zur Bestimmung des Löslichkeitsproduktes von Ag_2CrO_4 wurde die EMK der Kette Ag/Ag_2CrO_4(fest) + K_2CrO_4(0,1 mol/l)//$AgNO_3$(0,1 mol/l)/Ag zu 0,257 V bestimmt. Berechnen Sie $K_L(Ag_2CrO_4)$.

5-30 Aus der Kette: Ag/Ag^+(gesättigt in 0,1 molarer KBr)//Ag^+(0,1 molar)/Ag ist das Löslichkeitsprodukt von AgBr zu bestimmen. Die EMK der Kette beträgt 0,584 V; der Dissoziationsgrad von $AgNO_3$ ist zu 70,8 %, derjenige von KBr zu 79,5 % bestimmt worden.

5-31 Wie hoch ist die Ni^{2+}-Konzentration der Kette: Ni/Ni^{2+}(x mol/l)//Cu^{2+}(0,75 mol/l)/Cu, wenn die EMK der Kette 0,601 V beträgt? Welche Metallionenkonzentrationen herrschen vor, wenn die EMK der Kette auf Null gesunken ist? E_0-Werte wie in 5-22.

5-32 Welche EMK besitzt die Kette: Fe/Fe^{2+} (0,2 mol/l)//Cd^{2+} (0,01 mol/l)/Cd, wie lautet die Reaktionsgleichung und wie groß ist die Gleichgewichtskonstante der Reaktion, (E_0(Fe) = – 0,44 V; E_0(Cd) = – 0,403 V)?
Wie ändert sich die EMK, wenn zu Beginn mit Hilfe von NaOH jeweils eine Gesamt-Hydroxylionenkonzentration von 0,4 mol/l [c(OH^--gesamt) = c(OH^--gebunden) + c(OH^-frei)] eingestellt wird, $K_L(Fe(OH)_2) = 1{,}8 \cdot 10^{-15}$; $K_L(Cd(OH)_2) = 2 \cdot 10^{-14}$?

5-33 Welches Potential (gegenüber der Normal-Wasserstoff-Elektrode) zeigt ein Halbelement, das aus einer a) 1 molaren $AgNO_3$-Lösung b) 0,1 molaren $AgNO_3$-Lösung und einem darin eintauchenden Silberstab besteht, E_0(Ag) = 0,799 V?
Welche Konzentrationen an Ag^+, CN^- und $Ag(CN)_2^-$ liegen vor, wenn zu 10 ml der Lösung b) 50 ml 0,2 molare NaCN-Lösung gegeben werden, und welches Potential liegt hier vor, $\beta_2 = 1{,}26 \cdot 10^{21}$ (Stabilitätskonstante des Komplexions $Ag(CN)_2^-$)?

5-34 Bei der Reduktion von Cu^{2+} mit I^- (Iodometrie) wird zuerst Cu^{2+} in geringem Umfang zu Cu^+ reduziert: $2Cu^{2+} + 3I^- \leftrightarrows 2Cu^+ + I_3^-$ [1]. Durch Ausfällen des gebildeten Cu^+ als schwerlösliches CuI ($Cu^+ + I^- \leftrightarrows CuI\downarrow$) wird das Gleichgewicht [1] nach rechts verschoben.

a) Berechnen Sie die Gleichgewichtskonstante der Reaktion [1] ($E_0(Cu^+/Cu^{2+})$ = 0,153 V, $E_0(I^-/I^{3-})$ = 0,536 V).

b) Wie groß ist die Restkonzentration an Cu^{2+} am Ende, wenn hier die Gleichgewichtskonzentrationen $c(I^-)$ = 0,2 mol/l und $c(I_3^-)$ = 0,1 mol/l sind, ($K_L(CuI) = 10^{-12}$)?

5-35 Für die Konzentrationskette Hg/Quecksilber(I)nitrat (0,01 mol/l)//Quecksilber(I)nitrat (0,1 mol/l)/Hg bestimmt man die EMK zu 0,029 V. Berechnen Sie, aus wievielen „Quecksilberatomen" das Quecksilber (I)-Ion besteht.

5-36 Zwei Elektrolysezellen A und B werden gleichzeitig an eine Gleichstromquelle von etwa 5 V angeschlossen. Zelle A enthält eine Lösung von Ag_2SO_4 und Platinelektroden, Zelle B eine Lösung von $CuSO_4$ und Kupferelektroden. Man betreibt die Elektrolyse so lange, bis sich an der Anode in Zelle A 1,6 g Sauerstoff entwickelt haben. Was ist während dieser Zeit an den anderen Elektroden der Zelle A bzw. B geschehen?

5-37 Die Elektroden eines Bleiakkumulators bestehen aus schwammigem Blei und Bleidioxid. Wie lautet die Entladungsreaktionsgleichung eines Bleiakkus? Welche Masse an Pb(in allen Pb-Verbindungen) ist mindestens erforderlich, wenn der Akku 100 Ampèrestunden liefern soll? Dabei ist vorauszusetzen, daß nur 25 % des Bleis der Kathode und Anode tatsächlich für die Elektrodenprozesse verwertbar sind.

5-38 Um Nickel aus einem Galvanisierbad mit Nickelsulfat abzuscheiden, wird ein Strom von 15 A verwendet. An der Kathode entwickelt sich (neben der Ni-Abscheidung) auch noch Wasserstoff. Die Stromausbeute in bezug auf Nickel beträgt 60 %. Wieviel g Nickel und wieviel Liter Wasserstoff werden in der Stunde gebildet?

5-39 100 ml einer 0,1 molaren ZnI_2-Lösung werden mit 3 V und 0,1 A elektrolysiert. Kathoden- und Anodenraum seien durch ein Diaphragma getrennt. Das pH der Lösung sei so eingestellt, daß weder die Hydrolyse von ZnI_2 noch die Abscheidung von Wasserstoff berücksichtigt werden muß. Nach 1 Stunde wird die Gleichspannungsquelle durch ein Voltmeter ersetzt. Welche Spannung zeigt es an? (Mögliche Folgereaktionen des abgeschiedenen Iods bleiben unberücksichtigt! $E_0(I_2/2I^-)$ = 0,535 V; $E_0(Zn^{2+}/Zn)$ = – 0,76 V).

Lösungen

5-1 Musterlösung:
Einsetzen der gegebenen Werte in die allgemeine Gleichung:

$$\begin{aligned} EMK = E_1 - E_2 &= E_0(Cu) + \frac{0{,}059}{2}\log c(Cu^{2+}) - E_0(Zn) - \frac{0{,}059}{2}\log c(Zn^{2+}) \\ &= 0{,}345 - 0{,}017762 \qquad\qquad + 0{,}76 + 0{,}0295 \end{aligned}$$

$$EMK = 1{,}1167\ V.$$

5-2 Lösung wie 5-1; EMK = 0,7664 – (–0,4024) = 1,1688 V.

5-3 Lösung in Anlehnung an 5-1; $E = E_0 \pm 0{,}00888$ V.

5-4 Musterlösung:

Es tritt folgende Reaktion ein: $Sn^{2+} + 2\,Ce^{4+} \rightleftharpoons Sn^{4+} + 2\,Ce^{3+}$.

Die Gleichgewichtskonstante K ergibt sich nach: $\log K = \frac{n \cdot (E_{01} - E_{02})}{0{,}059}$; durch Einsetzen der gegebenen Werte erhält man $\log K = 49{,}4915$ und daraus $K = 3{,}101 \cdot 10^{49}$. Das Gleichgewicht liegt also weitgehend auf der rechten Seite. Zur Oxidation von 50 ml der 0,1 molaren Sn^{2+}-Lösung benötigt man ebenfalls 50 ml der 0,2 molaren Ce^{4+}-Lösung. Die Endkonzentrationen an Sn^{4+} bzw. Ce^{3+} sind auf ein Gesamtvolumen von 100 ml zu beziehen und entsprechen damit jeweils der Hälfte der Ausgangskonzentration der korrespondierenden Ionenart; also $c(Sn^{4+}) = 1/2\,C(Sn^{2+}) = 0{,}05$ und $c(Ce^{3+}) = 1/2\,C(Ce^{4+}) = 0{,}1$ mol/l. Das Potential am Äquivalenzpunkt errechnet sich einfach nach der allg. Gleichung:

$E_{Äq} = \frac{y \cdot E_{01} + x \cdot E_{02}}{x + y}$ oder hier $E_{Äq} = \frac{1 \cdot 1{,}61 + 2 \cdot 0{,}15}{1 + 2} = 0{,}63666$ V.

Für $c(Sn^{2+})$ erhält man durch Einsetzen in

$E = E_0 + \frac{0{,}059}{n} \log \frac{c(Ox)}{c(Red)}$, hier also $0{,}6366 = 0{,}15 + \frac{0{,}059}{2} \log \frac{0{,}05}{x \text{ mol/l}}$

und x mol/l $= c(Red) = 1{,}591 \cdot 10^{-18}$ mol/l.

Als zweite Möglichkeit für die Ermittlung von $c(Sn^{2+})$ bzw. $c(Ce^{4+})$ kann die Formel:

$\frac{c(Ox_2)}{c(Red_2)} = \frac{c(Sn^{4+})}{c(Sn^{2+})} = \sqrt[3]{K} = 3{,}1418 \cdot 10^{16}$ benutzt werden.

Man erhält $c(Sn^{2+}) = 1{,}591 \cdot 10^{-18}$ mol/l und $c(Ce^{4+}) = 2 \cdot c(Sn^{2+}) = 3{,}182 \cdot 10^{-18}$ mol/l.

5-5 Musterlösung:

Lösung für Teil 1 wie 5-4; Reaktionsgleichung: $Cd^{2+} + Fe \rightleftharpoons Fe^{2+} + Cd$;
$\log K = 1{,}2542$, $K = 17{,}957$.

Die Gleichgewichtskonstante ist erheblich kleiner, als in Aufgabe 5-4; man kann nicht mehr von einem vollständigen Reaktionsablauf sprechen. Für den Gleichgewichtszustand gilt hier: $K = 17{,}957 = \frac{c(Fe^{2+})}{c(Cd^{2+})} = \frac{x}{0{,}01 - x}$, daraus $x = c(Fe^{2+}) = 9{,}472 \cdot 10^{-3}$ mol/l und somit $c(Cd^{2+}) = 5{,}275 \cdot 10^{-4}$ mol/l.

(Würde man, wie in 5-4, einen vollständigen Umsatz annehmen, so resultierten folgende Konzentrationen: $c(Fe^{2+}) = 0{,}01$ und $c(Cd^{2+}) = 0{,}01/K = 5{,}569 \cdot 10^{-4}$ mol/l).

Für das Potential am Äquivalenzpunkt errechnet sich nach Einsetzen in

$E = E_0 + \frac{0{,}059}{n} \log \frac{c(Ox)}{c(Red)}$ ein E-Wert von $-0{,}4997$ V, wobei es gleichgültig ist, ob die Berechnung für das Fe/Fe^{2+}- oder das Cd/Cd^{2+}-Redoxpaar durchgeführt wird.

5-6 Lösung wie 5-4 und 5-5; $\log K = 54{,}576$, $K = 3{,}769 \cdot 10^{54}$, EMK $= 1{,}7102$ V, $E_{Äq} = 0{,}2807$ V, wobei dieser Zustand natürlich nicht in der Kette erreichbar ist, weil dazu eine $c(Ni^{2+})$ von $9{,}804 \cdot 10^{17}$ mol/l erforderlich wäre (Ausgangskonzentration vernachlässigbar).

5-7 Lösung wie 5-4 und 5-5; $\log K = 0{,}339$, $K = 2{,}183$, EMK $= 0{,}01$ V; $c(Sn^{2+}) = 1{,}372$ und $c(Pb^{2+}) = 0{,}628$ mol/l.

5-8 Lösung in Anlehnung an 5-4; $c(Cu^{2+}\text{-Beginn}) = 0{,}15$ mol/l, 16,89 g Cd = 0,15 mol Cd. $\log K = 25{,}356$, $K = 2{,}27 \cdot 10^{25}$, $c(Cu^{2+}\text{-Ende}) = 6{,}609 \cdot 10^{-27}$ mol/l, $E_{Äq} = -0{,}4273$ V.

5-9 Lösung wie 5-4 und 5-5; logK = 19,983, K = $9,617 \cdot 10^{19}$, $c(Fe^{2+}) = c(Cr^{3+}) = 0,025$ und $c(Cr^{2+}) = c(Fe^{3+}) = 2,549 \cdot 10^{-12}$ mol/l, $E_{Äq} = 0,1815$ V.

5-10 Lösung in Anlehnung an 5-1; Reaktionsgleichung: $MnO_4^- + 8\,H^+ + 5\,e^- \rightarrow Mn^{2+} + 4\,H_2O$. EMK ≙ Abnahme des Oxidationsvermögens = 0,3776 V.

5-11 Lösung: EMK = E(Kalomel) – $E(H_2) \rightarrow E(H_2) = -\,0,250$ V; daraus ergibt sich pH = 4,237 bzw. $c(H_3O^+) = 5,79 \cdot 10^{-5}$ mol/l. In Anlehnung an 2-2 erhält man für $K_s = 3,352 \cdot 10^{-7}$.

5-12 Lösung wie 5-1; EMK(1) = 0,1358 V, EMK(2) = 0,1741 V.

5-13 Lösung wie 5-4 und 3-2; logK = 2,5424, K = 348,6; $K_L = 1,21 \cdot 10^{-6}$, daraus $c(Cu^+)$ bei 0,1 molarer HCl = $1,21 \cdot 10^{-5}$ mol/l; E(Cu/Cu^+ für gesättigte CuCl-Lösung in 0,1 molarer HCl) = 0,1299 V.

5-14 Lösung wie 5-1, 5-12 und 3-34;
Zellen 1 + 2: EMK = 0,3979 V ($c(Ag^+)$ für Zelle 2 = $1,8 \cdot 10^{-9}$ mol/l)
Zellen 1 + 3: EMK = 0,4278 V ($c(Ag^+)$ für Zelle 3 = $5,623 \cdot 10^{-10}$ mol/l)
Zellen 2 + 3: EMK = 0,0298 V.

5-15 Lösung wie 5-1; EMK = 0,5159 V.

5-16 Lösung wie 5-4 und 5-5; $E_0(In/In^{3+}) = -\,0,343$ V; logK = 42,6915, K = $4,915 \cdot 10^{42}$, $c(Zn^{2+}$-Äq) = 0,15 mol/l, $c(In^{3+}$-Äq) = $2,6204 \cdot 10^{-23}$ mol/l, $E_{Äq} = -\,0,7871$ V.

5-17 Lösung wie 5-1 und 5-4; Reaktionsgleichung: $Sn + 2\,Ag^+ \longrightarrow Sn^{2+} + 2\,Ag$
EMK = 0,8966 V; K = $4,954 \cdot 10^{31}$.

5-18 Lösung in Anlehnung an 5-1; $c(H_3O^+) = 2,891 \cdot 10^{-6}$ mol/l, pH = 5,539.

5-19 Lösung wie 5-1 und 5-4; Reaktionsgleichung: $Ni^{2+} + Cd \longrightarrow Ni + Cd^{2+}$
$c(Cd^{2+}$-Anfang) = 0,05 mol/l, logK = 5,1864, K = $1,536 \cdot 10^5$, $c(Cd^{2+}$-Äq) = 0,05 + 2 = 2,05 mol/l; $c(Ni^{2+}$-Äq) = $1,334 \cdot 10^{-5}$ mol/l. $E_{Äq} = -\,0,3938$ V.

5-20 Lösung in Anlehnung an 5-1 und 3-2; $c(Ag^+) = 1,524 \cdot 10^{-5}$ mol/l, $K_L = 2,32 \cdot 10^{-10}$.

5-21 Lösung in Anlehnung an 5-1; EMK = 0,4596 V.

5-22 Lösung wie 5-4; $c(Cu^{2+}) = 2,674 \cdot 10^{-2}$ mol/l; Reaktionsgleichung: $Cu^{2+} + Ni \longrightarrow Cu + Ni^{2+}$, K = $1,477 \cdot 10^{20}$; $c(Ni^{2+}$-Äq) = $2,674 \cdot 10^{-2}$ mol/l; $c(Cu^{2+}$-Äq) = $1,81 \cdot 10^{-22}$ mol/l.

5-23 Lösung wie 5-1; $E_0(O_2/H_2O) = 1,29$ V; EMK = 1,29 V, $E_1 = 0,877$ V, $E_2 = -\,0,413$ V.

5-24 Lösung wie 5-4 und 5-5; Gesamtvolumen 150 ml, K = $9,617 \cdot 10^{18}$, am Äquivalenzpunkt gilt:
$c(Cr^{3+}) = 6,66\ldots \cdot 10^{-2}$ und $c(Sn^{2+}) = 1/2\,c(Cr^{3+}) = 3,33\ldots \cdot 10^{-2}$ mol/l,
$c(Cr^{2+}) = 3,135 \cdot 10^{-8}$ und $c(Sn^{4+}) = 1/2\,c(Cr^{2+}) = 1,567 \cdot 10^{-8}$ mol/l, $E_{Äq} = -\,0,0366\ldots$ V.

5-25 Lösung wie 5-4; K = $2,868 \cdot 10^{37}$, $c(Zn^{2+}$-Äq) = 0,08 und $c(Cu^{2+}$-Äq) = $2,789 \cdot 10^{-39}$ mol/l. In $5,430 \cdot 10^{14}$ Litern Lösung wäre ein einzelnes Cu^{2+}-Ion enthalten.

5-26 Lösung wie 5-1, 5-4 und 5-5; Reaktionsgleichung: Cd + Cd^{2+}(0,15 mol/l) $\longrightarrow$ Cd + Cd^{2+}(10^{-4} mol/l), EMK = 0,0937 V, K = 1, $c(Cd^{2+}$-Äq) = $7,505 \cdot 10^{-2}$ mol/l, $E_{Äq} = -\,0,4362$ V.

5-27 Lösung wie 5-31; $c(Ni^{2+}$-Anfang) = 0,3794 mol/l, K = $1,477 \cdot 10^{20}$, $c(Ni^{2+}$-Äq) = 0,76 + 0,3794 = 1,1394 mol/l, $E_{Äq} = -\,0,2483$ V, $c(Cu^{2+}$-Äq) = $7,71 \cdot 10^{-21}$ mol/l.

5-28 Lösung wie 5-7, 5-9 oder 5-24; (Achtung! Das System Ni/Ni^{2+} besitzt gegenüber dem System Co/Co^{2+} das größere Normalpotential, aufgrund der Ionenkonzentration ist hier aber das Ni-Halbelement das reduzierende System!). E(Ni) = – 0,2795 V, E(Co) = – 0,2685 V, K = 0,12155; $Co^{2+} + Ni \rightarrow Ni^{2+} + Co$; $E_{Äq}$ = – 0,2690 V; c(Ni^{2+}-Äq) = 0,2276 und c(Co^{2+}-Äq) = 1,8724 mol/l.

5-29 Lösung wie 5-20; $K_L = 1{,}941 \cdot 10^{-12}$.

5-30 Lösung in Anlehnung an 5-1 und wie 3-4; $c(Ag^+) = 8{,}9648 \cdot 10^{-12}$ mol/l, daraus $K_L = c(Ag^+) \cdot c(Br^-) = 7{,}127 \cdot 10^{-13}$ (dabei ist $c(Br^-) = 0{,}1 \cdot 0{,}795$ mol/l).

5-31 Lösung wie 5-1 und 5-4; c(Ni^{2+}-Anfang) = 0,469 mol/l, $K = 1{,}477 \cdot 10^{20}$, c(Ni-Äq) = 0,75 + 0,469 = 1,219 mol/l; c(Cu^{2+}-Äq) = $8{,}251 \cdot 10^{-21}$ mol/l, $E_{Äq}$ = – 0,2475 V.

5-32 Lösung wie 5-28; EMK(1) = – 0,0014 V; K = 0,0557; $c(Fe^{2+})$(nach OH^--Zugabe) = $7{,}663 \cdot 10^{-6}$ mol/l; $c(Cd^{2+})$(nach OH^--Zugabe) = $1{,}385 \cdot 10^{-13}$ mol/l; $Fe^{2+} + Cd \rightarrow Fe + Cd^{2+}$; EMK(2) = –0,1914 V.

5-33 Musterlösung:

a) Lösung in Anlehnung an 5-14: E = 0,799 V

b) wie a) E = 0,740 V

c) Gesamtvolumen 60 ml. Die hohe Komplexbildungskonstante und der Überschuß an CN^- erlauben den Ansatz, alles Ag^+ zu $Ag(CN)_2^-$ umzuwandeln. Es bleiben 0,008 mol CN^- übrig; d.h. $c(Ag(CN)_2^-) = 0{,}0167$ mol/l.

$\beta_2 = \dfrac{c(Ag(CN)_2^-)}{c(Ag^+) \cdot c^2(CN^-)}$ daraus ergibt sich $c(Ag^+)$ zu $7{,}46 \cdot 10^{-22}$ mol/l und E zu – 0,4475 V.

5-34 Lösung in Anlehnung an 5-7 oder 5-13; a) logK = – 12,98 ≙ $K = 1{,}047 \cdot 10^{-13}$; b) $c(Cu^{2+}) = 5{,}46 \cdot 10^{-5}$ mol/l.

5-35 Lösung ähnlich 5-21 und 5-30;

$$EMK = 0{,}029 = E_O + \frac{0{,}059}{n} \log c_1(=0{,}1) - E_O - \frac{0{,}059}{n} \log c_2(=0{,}01)$$

n ≅ 2 also $Hg_2(NO_3)_2$.

5-36 In Zelle A werden für 1,6 g O_2 19300 Cb benötigt, also werden 21,574 g Ag abgeschieden. In Zelle B werden in derselben Zeit 6,354 g Cu abgeschieden bzw. aufgelöst.

5-37 Reaktionsgleichung der Entladung: $Pb + PbO_2 + 2\,H_2SO_4 \longrightarrow 2\,PbSO_4 + 2\,H_2O$, es werden also von 96501 Cb insgesamt 207,19 g Pb „umgesetzt". 100 Ah ≙ $3{,}6 \cdot 10^5$ Cb, was 772,929 g Pb entspricht. Bei einer „Ausbeute" von nur 25 % sind mindestens 3091,7 g Pb erforderlich.

5-38 $5{,}4 \cdot 10^4$ Cb scheiden 0,3357 g-Äquiv. Ni ≙ 9,8545 g Ni und 0,2238 g-Äquiv. H_2 ≙ 2,5066 l H_2-Gas ab.

5-39 Musterlösung:

1 h mit 0,1 A elektrolysiert → 360 Cb; diese ergeben $\dfrac{0{,}5 \cdot 360}{96500} = 1{,}8653 \cdot 10^{-3}$ g-Äquiv. Zn bzw. I_2.

Anfangskonzentrationen: $0{,}1 \cdot 0{,}1$ mol/100 ml Zn^{2+} und $2 \cdot 0{,}1 \cdot 0{,}1$ mol/100 ml I^-

Endzustand: $0{,}1 \cdot 0{,}1 - 1{,}8653 \cdot 10^{-3} = 8{,}1347 \cdot 10^{-3}$ mol/100 ml Zn^{2+}

und $2 \cdot 0{,}1 \cdot 0{,}1 - 2 \cdot 1{,}8653 \cdot 10^{-3} = 1{,}6269 \cdot 10^{-2}$ mol/100 ml I^-

und $1{,}8653 \cdot 10^{-3}$ mol/100 ml I_2.

$$EMK = E_O(I_2/I^-) + \frac{0{,}059}{2} \log \frac{c(I_2)}{c^2(I^-)} - E_O(Zn^{2+}/Zn) - \frac{0{,}059}{2} \log c(Zn^{2+}).$$

Nach Einsetzen der oben errechneten Werte (umgerechnet auf mol/l!) ergibt sich die EMK zu 1,3227 V.

Aufgaben zu Kapitel 10: Radiochemie

10-1 Kohlenstoff aus dem Innern eines Baumes ergibt 10,8 $^{14}_{6}C$-Impulse/min, C aus der Rinde (also außen) gibt 14,3 Impulse/min. Wie alt ist der Baum? HWZ ^{14}C = 5760 Jahre.

10-2 Das Nuklid $^{22}_{11}Na$ zerfällt unter Positronenemission. Die Zerfallsrate führt dazu, daß 76,6% der ursprünglichen Menge nach einem Jahr noch übrig sind. Wie groß ist die Zerfallskonstante k, wie groß die HWZ dieses Na-Isotops?

10-3 Das Nuklid $^{198}_{79}Au$ hat eine Halbwertszeit von 64,8 Stunden. Welche Menge einer Probe von 0,01 g bleibt am Ende von 1 Tag übrig?

10-4 Die Zerfallskonstante von $^{31}_{14}Si$ ist $k = 0{,}2772/h$. Nach einer Zerfallsdauer von 16 Stunden sind von einer bestimmten Menge noch 0,01661 g des Nuklids übrig. Wie groß war die Ausgangsmenge zu Beginn der Beobachtungszeit?

10-5 Eine Probe eines radioaktiven Nuklids ergibt 3000 Impulse pro Minute und 20 Minuten später nur noch 2500 Impulse pro Minute. Wie groß ist die Zerfallskonstante und die Halbwertszeit des Nuklids?

10-6 In einem radioaktiven Präparat finden um 13.35 Uhr 4280 Zerfallsreaktionen pro Minute statt, um 16.55 Uhr nur mehr 1070 pro Minute. Welche HWZ und welche Zerfallskonstante hat das Material?

10-7 Es wurde eine Atombatterie für Taschenuhren entwickelt, die als Energiequelle β-Teilchen des ^{147}Pm-Zerfalls benutzt. Die HWZ für Pm ist 2,65 Jahre. Nach welcher Zeit ist die Stärke der β-Emission in der Batterie auf 10% ihres ursprünglichen Wertes abgesunken?

10-8 Kohlenstoff aus dem Türrahmen eines Hauses, das zur Zeit Hammurabis gebaut wurde, hat eine Aktivität von 10,1 Zerfällen/min/g C. (Die Aktivität von lebendem Holz beträgt 16 Zerfälle/min/g C.) Wann lebte Hammurabi, wenn das Haus unmittelbar nach dem Fällen des Baumes gebaut worden ist? HWZ ^{14}C = 5760 Jahre.

10-9 Die HWZ von $^{65}_{30}Zn$ beträgt 243 Tage. Wie groß ist die Aktivität einer Probe von 10^{-4} g $^{65}_{30}Zn$? Die relative Atommasse von ^{65}Zn beträgt 64,9.

10-10 Beim Zerfall von $^{18}_{9}F$ sind nach 369 Minuten noch 10% der ursprünglichen Menge vorhanden. Bestimmen Sie k und HWZ von $^{18}_{9}F$.

10-11 Radium E ist ein β-Strahler mit einer HWZ von 5 Tagen. Wie groß ist die Aktivität einer Probe von $5{,}2308 \cdot 10^{-3}$ g Radium E und auf welchen Wert ist die Aktivität (in Bq) nach 18 Stunden gesunken?

10-12 Alle natürlichen Rb-Erze enthalten ^{87}Sr aus dem β-Zerfall des ^{87}Rb. Im natürlichen Rb sind in 1000 Atomen 278 Atome ^{87}Rb enthalten. Die Analyse eines Minerals, das 0,85% Rb enthält, ergab einen ^{87}Sr-Gehalt von 0,0098%. Bestimmen Sie das Alter des Minerals. HWZ $^{87}Rb = 5{,}7 \cdot 10^{10}$ Jahre.

10-13 In einer Uranerzprobe sind 0,277 g ^{206}Pb auf jeweils 1,668 g ^{238}U enthalten. Wie alt ist das Erz? HWZ $^{238}U = 4{,}5 \cdot 10^{9}$ Jahre. Welche Aktivität hat die analysierte Probe?

10-14 Die Halbwertszeit von $^{23}_{12}Mg$ beträgt 12 Sekunden. Wie groß ist die Aktivität einer Probe nach einer Minute, wenn sie eine Aktivität von $1{,}85 \cdot 10^{5}$ Bq besitzt und nach welcher Zeit ist nur noch ein Atom des Mg-Isotops vorhanden?

10-15 Eine Probe Radongas enthält $9{,}764 \cdot 10^{-8}$ g des radioaktiven Isotops ^{210}Rn und zeigt eine Zerfallsrate von $2{,}2278 \cdot 10^{10}$ Bq. Welche Zerfallskonstante und welche HWZ besitzt das Rn-Isotop und nach welcher Zeit wären noch 1000 Radonatome vorhanden?

10-16 Ein angeblich altes Gemälde wird mit Hilfe der ^{14}C-Methode untersucht. Ein Stück der Leinwand hat einen ^{14}C-Gehalt, der 94% des ^{14}C-Gehaltes lebender Pflanzen entspricht. Wie alt kann das Bild maximal sein? HWZ des ^{14}C = 5760 Jahre.

10-17 Berechnen Sie die bei der folgenden Spaltungsreaktion freigesetzte Energie in MeV:

$$^{235}_{92}U + ^{1}_{0}n \longrightarrow ^{139}_{54}Xe + ^{94}_{38}Sr + 3\,^{1}_{0}n$$

Die genauen Atomgewichte sind: U = 235,0439, Xe = 138,9179, Sr = 93,9154 und die Masse des Neutrons = 1,0087 ME. Welcher Prozentsatz der Gesamtmasse des Ausgangsmaterials wird in Energie umgesetzt?

10-18 Es wird vorgeschlagen, durch die Kernfusion $2\,^{2}_{1}H \longrightarrow ^{4}_{2}He + E$ elektrische Energie in industriellem Maßstab zu gewinnen. Wieviel g Deuterium werden als Brennstoff pro Tag benötigt, wenn 50000 kW bei einem Wirkungsgrad von 30% erzeugt werden sollen? (Leistung(Watt) = Joule/s; Nuklidmassen: $^{2}_{1}H$ = 2,0141 ME; $^{4}_{2}He$ = 4,0026 ME).

10-19 Das Nuklid $^{192}_{78}Pt$ zerfällt unter α-Emission zu $^{188}_{76}Os$. Die Masse von $^{192}_{78}Pt$ beträgt 191,9614 ME und diejenige von $^{188}_{76}Os$ 187,9560 ME. Berechnen Sie die bei diesem Prozeß freiwerdende Energie.

10-20 Das Nuklid $^{21}_{11}Na$ (Masse 20,99883 ME) zerfällt unter Positronenemission zu $^{21}_{10}Ne$ (Masse 20,99395 ME). Wie groß ist die bei diesem radioaktiven Zerfallsprozeß freigesetzte Energie? (Masse des Positrons = 0,0011 ME).

10-21 Das Nuklid $^{76}_{35}Br$ hat eine Halbwertszeit von 16,5 Stunden. Welche Menge bleibt von 0,0100 g nach einem Tag übrig?

10-22 Die HWZ von $^{112}_{47}Ag$ beträgt 3,20 Tage. Nach welcher Zeit sind 25,0% einer Probe zerfallen?

10-23 Die HWZ von $^{59}_{26}Fe$ beträgt 45 Tage. a) Wie viele Atome befinden sich in einer Probe der Aktivität $2{,}775 \cdot 10^{10}\ s^{-1}$? b) Welche Masse besitzt die Probe?

10-24 Ausgehend von $^{154}_{68}Er$ sind die nachfolgenden Stufen einer künstlichen Zerfallskette: α, β^{+}, Elektroneneinfang, α, α. Welches sind die Tochterglieder dieser Kette?

10-25 Man nimmt an, daß einstmals in der Natur eine $^{237}_{93}Np$-Zerfallsreihe existierte. Die Glieder dieser Reihe sind jedoch (mit Ausnahme des stabilen Nuklids am Ende der Reihe) seit Entstehung der Erde praktisch durch radioaktiven Zerfall verschwunden. Die nacheinander in der $^{237}_{93}Np$-Reihe emittierten Partikel sind: α, β, α, α, β, α, α, α, β, α, β. Bestimmen Sie der Reihe nach die Tochterglieder der Kette.

10-26 Die HWZ von $^{100}_{43}Tc$ beträgt 16 s. Wie viele Tc-Atome sind in einer Probe der Aktivität $7{,}4 \cdot 10^{3}\ s^{-1}$ vorhanden? Wie groß ist die Masse der Probe?

10-27 Die Zerfallsenergie für den Zerfall von $^{51}_{24}Cr$ beträgt 0,75 MeV, die Masse des entstehenden Isotops $^{51}_{23}V$ ist 50,9440 ME.
Welches ist die genaue Masse von $^{51}_{24}Cr$ und wieviel g dieses Isotops sind in einer Probe der Aktivität $1{,}702 \cdot 10^{11}$ Bq vorhanden, wenn diese Aktivität nach 10 Tagen auf $1{,}332 \cdot 10^{11}$ Bq absinkt?

10-28 In einer Uranerzprobe wird das Massenverhältnis $^{206}Pb/^{238}U = 0{,}048$ gefunden. Wie alt ist die Erzprobe? Welche Aktivität (in Becquerel) hat eine Erzprobe in welcher ein Gehalt von 1 g ^{238}U festgestellt wurde? HWZ $^{238}U = 4{,}5 \cdot 10^9$ Jahre.

10-29 Für die Untersuchung von Fe-haltigen Substanzen nach der Methode von Mößbauer wird das radioaktive Isotop ^{57}Co (HWZ = 270 Tage) benutzt. Proben, die dieses Isotop enthalten werden mit etwa DM 500,– je mCi gehandelt. Mit welchem Verlust hat ein Käufer zu rechnen, wenn er eine Probe der Aktivität 0,5 mCi bestellt und die frisch hergestellte Probe 2 Wochen unterwegs ist und welche Menge ^{57}Co erhält er dann tatsächlich? (1 mCi $\triangleq 3{,}7 \cdot 10^7$ Bq).

10-30 Die HWZ für das in der Asche nach Atombombenexplosionen vorhandene Radioisotop ^{90}Sr beträgt 28 Jahre. Wieviel Massenprozente dieses Nuklids sind nach 600 Jahren noch vorhanden?

10-31 Zum Zeitpunkt des radioaktiven Gleichgewichts wird das Isotopenverhältnis N(Po)/N(Rn) wie 1/1800 angegeben. Andererseits nimmt die Aktivität von zunächst reinstem $^{218}_{84}Po$ in jeder Minute um 20 % ab. a) Welche HWZ besitzen die beiden Isotope von Po und Rn? und b) nach welcher Zeit wird das radioaktive Gleichgewicht erreicht, wenn zu Beginn der Beobachtung eine Probe von reinem $^{222}_{86}Rn$ eine Aktivität von $1{,}11 \cdot 10^7$ Bq zeigt, und zum Zeitpunkt des Gleichgewichts die Gesamtprobe eine Aktivität von $7{,}4 \cdot 10^6$ Bq besitzt?

10-32 Das Isotop ^{18}F (rel. Masse M = 18,00094 ME) ist ein Positronenstrahler ($M(\beta^+) = 0{,}000545$ ME) und geht dabei in ^{18}O (M = 17,99916 ME) über. Eine Probe, die 1 mg des Fluorisotops enthält, hat zu Beginn der Beobachtung eine Zerfallsenergie-Leistung von 670 Watt. a) Wie groß ist die HWZ von ^{18}F? b) Welche Aktivität (in Bq) hat die Probe?

Lösungen

10-1 Musterlösung:
Mit Hilfe der allgemeinen Gleichung $\log \frac{N_0}{N} = \frac{k \cdot t}{\ln 10}$ $(\ln 10 = 2{,}303\ldots)$ lassen sich viele der folgenden Aufgaben lösen, wobei diese Gleichung je nach der gesuchten Größe (also nach N_0, N, k oder t) aufgelöst werden muß. k und HWZ hängen nach $k = \ln 2/\text{HWZ}$ oder $\text{HWZ} = \ln 2/k$ $(\ln 2 = 0{,}693\ldots)$ zusammen.
In diesem Fall ist $N_0 = 14{,}3$ und N = 10,8; die HWZ ist gegeben, damit ist k bekannt. Das Alter des Baumes beträgt t = 2333 Jahre.

10-2 Lösung wie 10-1; HWZ = 2,6 Jahre, $k = 0{,}2666$/Jahr.

10-3 Lösung wie 10-1; nach 1 Tag sind noch $7{,}736 \cdot 10^{-3}$ g $^{198}_{79}Au$ übrig.

10-4 Lösung wie 10-1; die Ausgangsmenge an $^{31}_{14}Si$ betrug 1,401 g.

10-5 Lösung wie 10-1; HWZ = 76,035 min, $k = 0{,}009116$/min.

10-6 Lösung wie 10-1; HWZ = 100 min, $k = 0{,}00693$/min.

10-7 Lösung wie 10-1; nach 8,803 Jahren ist die β-Emission auf 10 % des Ausgangswertes abgesunken.

10-8 Lösung wie 10-1; das Alter des Holzes beträgt t = 3823 Jahre (Hammurabi lebte also (etwa) 1840 Jahre vor Christus).

10-9 Musterlösung:
k = ln2/HWZ d.h.: k = 2,852 · 10^{-3}/Tag. 1 mol Zn = 64,9 g ≙ 6,023 · 10^{23} Zn-Atomen, d.h. 10^{-4} g Zn ≙ 9,279 · 10^{17} Zn-Atomen. Für die Aktivität gilt: Aktivität = k · N. Da die Aktivität aber auf Zerfälle/s bezogen wird, ergibt sich hier:
Aktivität = 2,852 · 10^{-3}/Tag · 9,279 · 10^{17} Atome = 2,646 · 10^{15} Atome/Tag = 3,063 · 10^{10} Atome/s und da 1 Ci ≙ 3,7 · 10^{10} Zerfällen (= Atomen)/s, hat hier die Probe eine Aktivität von 0,8281 Ci-Einheiten ≙ 3,064 · 10^{10} Bq.

10-10 Lösung wie 10-1; HWZ = 111,1 min, k = 6,24 · 10^{-3}/min.

10-11 Lösung wie 10-1 und 10-9; RaE = $^{210}_{83}Bi$; 5,2308 · 10^{-3} g RaE ≙ 1,5 · 10^{19} Atomen (≙ N_0) 4,7143 · 10^{-3} g RaE ≙ 1,352 · 10^{19} Atomen (≙ N); Anfangsaktivität = 6,505 · 10^2 Ci, Aktivität nach 18 h = 5,863 · 10^2 Ci (jeweils · 3,7 · 10^{10} → Bq).

10-12 Lösung wie 10-1; zunächst ist hier die Ausgangs- und Endmenge an ^{87}Rb zu berechnen.
N = 0,85 · 0,278 = 0,2363 % ^{87}Rb
N_0 = 0,0098 + 0,2363 = 0,2461 % ^{87}Rb; t = 3,342 · 10^9 Jahre.

10-13 Lösung wie 10-1 und 10-9;
N = 1,668 g U, N_0 = 1,668 g U + 0,32003 g U (führten zur Bildung von 0,277 g Pb).
t = 1,139 · 10^9 Jahre, Akt. = k · N = 2,06164 · 10^4 Bq.

10-14 Lösung wie 10-1;
Nach 1 min. ist die Aktivität auf 5,7831 · 10^3 Bq gesunken. Es zerfallen 1,85 · 10^5 Atome/s, d.h. es sind N = Akt./k, also 3,203 · 10^6 Atome vorhanden. Nach 10-1 erhält man nach der Zeit t = 259,3 s noch 1 ^{23}Mg-Atom.

10-15 Lösung wie 10-1 und 10-14;
9,764 · 10^{-8} g ^{210}Rn ≙ 2,8 · 10^{14} Rn-Atome; k = Akt./N = 7,956 · 10^{-5}/s; HWZ = 8,712 · 10^3 s.
Nach 3,313 · 10^5 s (3,834 Tage) wären noch 1000 Rn-Atome vorhanden.

10-16 Lösung wie 10-1; das Alter des Bildes ist t = 514,2 Jahre.

10-17 Musterlösung:
Der in Energie umgewandelte Massenverlust beträgt bei dieser Reaktion 235,0439 + 1,0087 − 138,9179 − 93,9154 − 3 · 1,0087 = 0,1932 Masseneinheiten (ME).
Da 1 ME ≙ 931 MeV, werden hier 179,869 MeV an Energie freigesetzt; was für den molaren Umsatz einem Wert von 1,74 · 10^{10} kJ entspricht. Bezogen auf ^{235}U als Ausgangsmaterial werden 0,0818 % in Energie umgewandelt.

10-18 Lösung wie 10-17;
ΔM = 0,0256 ME ≙ 23,834 MeV ≙ 3,819 · 10^{-12} Joule/ME oder 2,3 · 10^{12} Joule/mol (d.h. pro 4,0282 g D_2). Bei einem Wirkungsgrad von 30 % wären dies 7,987 · 10^3 kW/Tag. Um 50000 kW/Tag zu erzeugen, wären 25,217 g D_2 erforderlich.

10-19 Lösung wie 10-17; ΔM = 2,8 · 10^{-3} ME ≙ 2,6068 MeV d.h. 2,516 · 10^8 kJ/mol.

10-20 Lösung wie 10-17; ΔM = 3,78 · 10^{-3} ME ≙ 3,5192 MeV.

10-21 Lösung wie 10-1; nach 1 Tag sind noch 3,649 · 10^{-3} g übrig.

10-22 Lösung wie 10-1; nach 1,328 Tagen sind 25 % zerfallen.

10-23 Lösung in Anlehnung an 10-9;
$k = 0{,}0154/\text{Tag} = 1{,}7828 \cdot 10^{-7}/\text{s}$; N = Akt./$k$ = $1{,}556 \cdot 10^{17}$ Atome, d.h. $1{,}5247 \cdot 10^{-5}$ g ^{59}Fe.

10-24 $^{154}_{68}Er \rightarrow ^{150}_{66}Dy \rightarrow ^{150}_{65}Tb \rightarrow ^{150}_{64}Gd \rightarrow ^{146}_{62}Sm \rightarrow ^{142}_{60}Nd$.

10-25 $^{237}_{93}Np \rightarrow ^{233}_{91}Pa \rightarrow ^{233}_{92}U \rightarrow ^{229}_{90}Th \rightarrow ^{225}_{88}Ra \rightarrow ^{225}_{89}Ac \rightarrow ^{221}_{87}Fr \rightarrow ^{217}_{85}At \rightarrow ^{213}_{83}Bi \rightarrow ^{213}_{84}Po \rightarrow ^{209}_{82}Pb \rightarrow ^{209}_{83}Bi$.

10-26 Lösung wie 10-9; $k = 0{,}0433/\text{s}$, N = $1{,}709 \cdot 10^5$ Atome ≙ $2{,}837 \cdot 10^{-17}$ g Tc.

10-27 Lösung wie 10-20 und 10-23; 0,75 MeV ≙ 0,000806 ME, Masse von $^{51}_{24}Cr$ = 50,944806 ME.
HWZ = 28,278 Tage (nach 10-2); die Probe enthält $5{,}9991 \cdot 10^{17}$ Atome ≙ $5{,}074 \cdot 10^{-5}$ g des Isotops.

10-28 Lösung wie 10-5 und 10-13; HWZ = $3{,}504 \cdot 10^8$ Jahre; Akt. = 12361,7 Bq.

10-29 Lösung für Teil A wie 10-3; 0,48236 mCi kommen beim Käufer an, d.h. der Verlust ist $1{,}7644 \cdot 10^{-2}$ mCi ≙ 8,82 DM. (Umrechnung auf Bq durch Multiplizieren mit $3{,}7 \cdot 10^7$)
Lösung Teil B wie 10-9 und 10-26; nach Aktivität = $k \cdot N$ erhält man für die Anzahl der Atome N = $6{,}0078 \cdot 10^{14}$ Atome ≙ $5{,}686 \cdot 10^{-8}$ g ^{57}Co.

10-30 Lösung wie 10-1; nach 600 Jahren sind noch $3{,}56 \cdot 10^{-5}$% vorhanden.

10-31 Musterlösung:
Lösung für Teil a) nach 10-1; nach der gegebenen allgemeinen Formel ergibt sich für die HWZ(Po) = 3,105 min.

Beim radioaktiven Gleichgewicht gilt: $\frac{N(Po)}{N(Rn)} = \frac{HWZ(Po)}{HWZ(Rn)} = \frac{1}{1800} = \frac{3{,}105}{HWZ(Rn)}$

daraus resultieren für die HWZ von Rn: 3,881 Tage.

Im Gleichgewichtsfalle gilt: A(Po) = A(Rn) ($\Sigma A = 7{,}4 \cdot 10^6$ Bq, also $k_{Rn} \cdot N_{Rn} = k_{Po} \cdot N_{Po}$ ≙ $3{,}7 \cdot 10^6$ Bq.
Anfangszustand: $k_{Rn} \cdot N_{Rn} = 1{,}11 \cdot 10^7$ Bq. Endzustand: $k_{Rn} \cdot N_{Rn} = 3{,}7 \cdot 10^6$ Bq.

$\log \frac{N_O}{N} = \frac{k \cdot t}{2{,}303}$, wobei $N_O = 1{,}11 \cdot 10^7$; $N = 3{,}7 \cdot 10^6$ Bq;

$k = \frac{HWZ}{0{,}693}$ und t gesucht ist.

t = 6,154 Tage.

10-32 Lösung wie 10-18, 10-20 (Massendefekt), 10-2 (Halbwertszeit), 10-11 (Aktivität); $\Delta M = 1{,}235 \cdot 10^{-3}$ ME ≙ $1{,}842 \cdot 10^{-13}$ Joule/Atom. 670 Watt ≙ 670 Joule/s → $3{,}6374 \cdot 10^{15}$ Atome/s (= ΔN) · k (bzw. HWZ) ist nach $\Delta N/N = -k \cdot t$ zu berechnen → $k = 1{,}0871 \cdot 10^{-4}$ (pro s), daraus HWZ = 6374,76 s ≙ 106,25 min; Aktivität = k · N → $3{,}6374 \cdot 10^{15}$ Bq.

Periodensystem der Elemente mit Angabe der auf ^{12}C = 12,0000 bezogenen Atomgewichte

1 **H** 1,00794																	2 **He** 4,0026
3 **Li** 6,941	4 **Be** 9,012											5 **B** 10,811	6 **C** 12,011	7 **N** 14,0067	8 **O** 15,9994	9 **F** 18,9984	10 **Ne** 20,179
11 **Na** 22,9898	12 **Mg** 24,305											13 **Al** 26,9815	14 **Si** 28,086	15 **P** 30,9738	16 **S** 32,066	17 **Cl** 35,453	18 **Ar** 39,948
19 **K** 39,098	20 **Ca** 40,08	21 **Sc** 44,956	22 **Ti** 47,88	23 **V** 50,941	24 **Cr** 51,996	25 **Mn** 54,9380	26 **Fe** 55,847	27 **Co** 58,9332	28 **Ni** 58,69	29 **Cu** 63,546	30 **Zn** 65,39	31 **Ga** 69,723	32 **Ge** 72,61	33 **As** 74,922	34 **Se** 78,96	35 **Br** 79,904	36 **Kr** 83,80
37 **Rb** 85,47	38 **Sr** 87,62	39 **Y** 88,905	40 **Zr** 91,22	41 **Nb** 92,906	42 **Mo** 95,94	43 **Tc** (99)	44 **Ru** 101,07	45 **Rh** 102,905	46 **Pd** 106,4	47 **Ag** 107,868	48 **Cd** 112,40	49 **In** 114,82	50 **Sn** 118,71	51 **Sb** 121,75	52 **Te** 127,60	53 **I** 126,9045	54 **Xe** 131,29
55 **Cs** 132,905	56 **Ba** 137,327	57 ***La** 138,91	72 **Hf** 178,49	73 **Ta** 180,948	74 **W** 183,85	75 **Re** 186,207	76 **Os** 190,2	77 **Ir** 192,22	78 **Pt** 195,08	79 **Au** 196,967	80 **Hg** 200,59	81 **Tl** 204,38	82 **Pb** 207,19	83 **Bi** 208,980	84 **Po** (210)	85 **At** (210)	86 **Rn** (222)
87 **Fr** (223)	88 **Ra** (226)	89 ****Ac** (227)															
			*	58 **Ce** 140,12	59 **Pr** 140,908	60 **Nd** 144,24	61 **Pm** (147)	62 **Sm** 150,35	63 **Eu** 151,96	64 **Gd** 157,25	65 **Tb** 158,925	66 **Dy** 162,50	67 **Ho** 164,930	68 **Er** 167,26	69 **Tm** 168,934	70 **Yb** 173,04	71 **Lu** 174,97
			**	90 **Th** 232,038	91 **Pa** (231)	92 **U** 238,03	93 **Np** (237)	94 **Pu** (242)	95 **Am** (243)	96 **Cm** (247)	97 **Bk** (249)	98 **Cf** (251)	99 **Es** (254)	100 **Fm** (253)	101 **Md** (256)	102 **No** (254)	103 **Lr** (257)

Sachregister